谨以此书纪念刘光鼎先生、我的老师姚伯初先生！

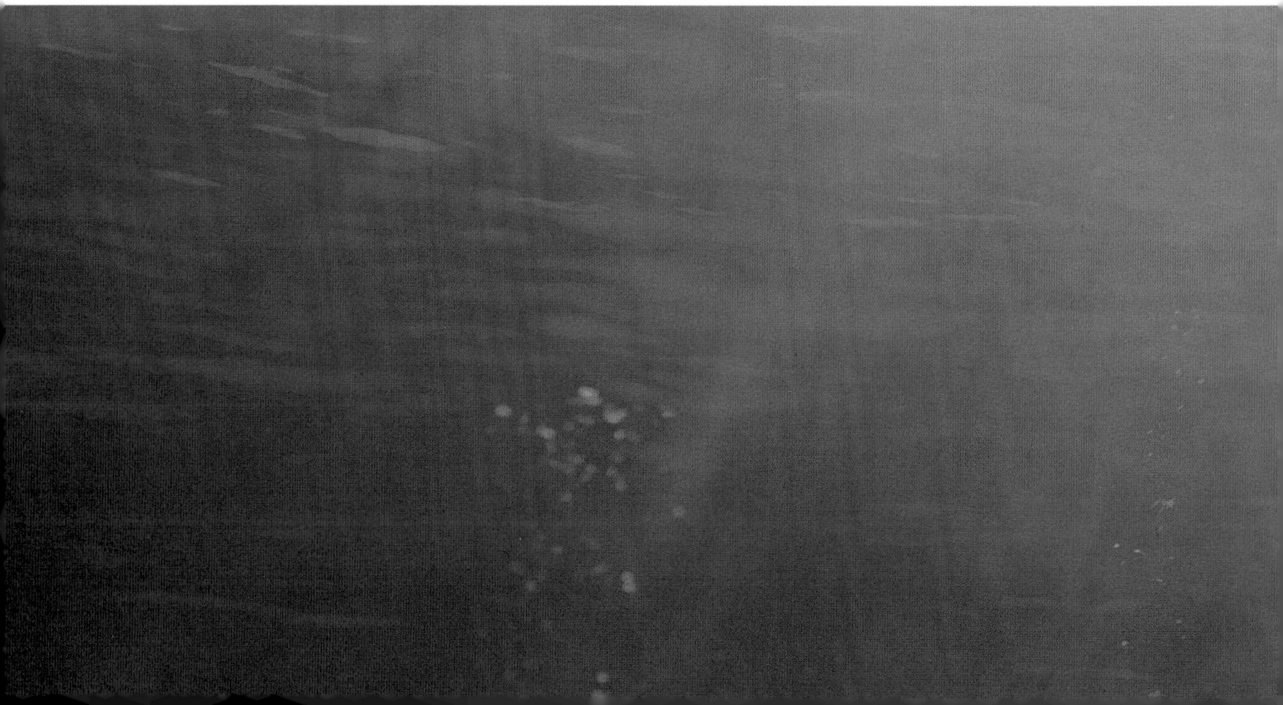

海洋地球物理丛书

吴时国　张　健　郝天珧　主编

海洋地球物理

理论与方法

张　健 等/编著

科 学 出 版 社
北 京

内 容 简 介

本书是一本系统介绍海洋地球物理理论及其实际应用方法的专著。全书共4章，第1章全面介绍海洋地球物理的学科定位与体系，回顾其发展历程，展望其未来趋势。第2章为海洋地球物理基本理论部分，系统介绍海洋地球物理场的基本理论、物理本质与几何表示。第3章为海洋地球物理数据分析部分，重点介绍数据与计算方法、积分变换与谱分析方法、反演解释方法。第4章为应用部分，详细介绍海底浅层结构探测、海底热流探测、海洋重磁与地震探测的技术要求、仪器设备、工作方法、资料整理与地质解释。

本书由中国科学院大学海洋地质教研室核心授课团队撰写，资料翔实，论据充分，反映出海洋地球物理理论及应用研究的最新进展。本书可作为高等学校海洋地质、海洋地球物理、大气海洋等专业高年级本科生和研究生教材，也可供其他专业研究人员和工程技术人员参考。

图书在版编目(CIP)数据

海洋地球物理：理论与方法/张健等编著．—北京：科学出版社，2020.6

(海洋地球物理丛书/吴时国，张健，郝天珧主编)

ISBN 978-7-03-064969-0

Ⅰ.①海… Ⅱ.①张… Ⅲ.①海洋地球物理学-教材 Ⅳ.①P738

中国版本图书馆 CIP 数据核字（2020）第072449号

责任编辑：周 杰 王勤勤／责任校对：樊雅琼

责任印制：肖 兴／封面设计：无极书装

科学出版社 出版

北京东黄城根北街16号

邮政编码:100717

http://www.sciencep.com

北京通州皇家印刷厂 印刷

科学出版社发行 各地新华书店经销

*

2020年6月第 一 版 开本：787×1092 1/16

2020年6月第一次印刷 印张：20 1/2 插页：2

字数：480 000

定价：188.00 元

（如有印装质量问题，我社负责调换）

《海洋地球物理丛书》编委会

《海洋地球物理：理论与方法》
撰写名单

主　笔　张　健

成　员　（按姓氏笔画排序）

王蓓羽　方　桂　艾依飞　刘丽华

张汉羽　南方舟　徐　亚　黄　松

董　淼

丛书序

板块构造学说的提出是20世纪海底科学取得的最辉煌的成就，它引发了整个地球科学的革命。海洋地球物理探测在板块构造学说的建立和发展过程中，发挥了关键性的作用。海洋地球物理探测技术在大陆边缘地质演化、海洋国土划界、地球内部动力学、海洋资源探测、海洋地质灾害监测、海洋国防安全等方面占有举足轻重的地位。

我国是海洋大国。要建设海洋强国，就要“关心海洋、认识海洋、经略海洋”，就要做好战略部署，因势利导，走向海洋，开发海洋。在此过程中，海洋地球物理技术创新和发展是海洋探索的先行官，任重而道远。

我国的海洋地球物理学是在艰难的条件下起步、发展的。早在1958年，刘光鼎先生等老一辈科学家就组建了中国第一个海洋物探队，开展渤海、南黄海等海域的海洋地球物理探测实验。1974年，上海海洋地质调查局在东海开展区域地球物理调查发现了东海海底的“三隆两盆”构造格局，在西湖拗陷古近系地层中发现了工业油气流，实现了东海油气资源的突破。1978年，中国科学院海洋研究所在金翔龙、秦蕴珊先生领导下，建立了“科学一号”船载地质地球物理实验室，引进当时先进的海洋地球物理探测仪器设备，使用地震、重力、地磁等手段，开始了科学意义上的海洋地球物理调查。20世纪90年代以来，我国开展了大规模海洋地球物理调查，针对中国海海底地形地貌、重磁异常和地壳结构等，进行了系统探测和研究，形成了中国海全海区的海洋地球物理基础图件，出版了《中国海区及邻域地质地球物理图集》。2000年以来，我国海洋地球物理调查进入了崭新的阶段——海底地球物理探测时代，我国成功研制了海底地震仪并在南海和西南印度洋海区首先实施了探测，逐步组建了有国际竞争力的科技团队。目前正朝着研发海底电磁仪、海底重力仪、海底智能遥测物探仪等新装备的方向发展。进入2020年之后，我国迎来了以全海深载人潜器、ROV、AUV、海底原位科学实验站为代表的深海进入技术的大发展，构建了ROV、AUV和HOV系统等组成的一系列水下智能探测体系，为高精度的海底地球物理探测提供了有效平台。大规模的海洋地球物理探测在两轮973计划项目——“中国边缘海的形成演化及重大资源的关键问题”（2000～2005年）、“南海大陆边缘动力学及油气资源潜力”（2007～

2011 年）中的成功应用，提高了人们对中国海地球物理场和海底构造演化规律的认识，为中国海洋地球物理学科的发展奠定了扎实的基础。观测对象的广泛性和解决问题的多样性，使海洋地球物理探测在研究海底各圈层相互作用和影响方面发挥了不可或缺的作用。中国海洋地球物理学者经过逾 60 年的努力，已在大陆边缘、大洋中脊、深海盆地、洋底岩石圈及其动力学演化等多方面都取得了许多创新性的成果，培养和锻炼出了大批专业人才。

《海洋地球物理丛书》是一套十分难得的著作，不仅凝聚了中国海洋地球物理科学的主要研究成果，而且反映了国内外海洋地球物理的最新研究进展。近年来，中国科学院、自然资源部和教育部涉海院校与研究机构，取得了一系列地球物理探测重大科研成果，为我国培养了许多优秀的海洋地球物理学人才，对推动我国海洋强国建设不断取得新成就做出了重大贡献。这套系列丛书从教学实际需求出发，全面综合海洋地球物理的发展历史与科技前沿，从海洋地球物理基础理论、技术发展到应用示范，从传统的成熟技术到突破性的新方法探索，既是对我国半个多世纪以来海洋地球物理发展历程的回顾，也是对我国未来海洋地球物理发展前景的展望，更是对优秀海洋科技人才培养的企盼。我很乐意为这套丛书作序，也希望有更多的年轻学者投身海洋地球物理探测事业，实现中华民族的海洋强国梦！

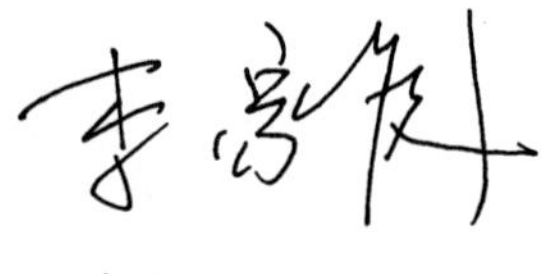

中国工程院院士

2020 年 6 月

总　前　言

《海洋地球物理丛书》编写的初衷是专门为中国科学院大学海洋地球物理教研室海洋地质、海洋地球物理、大气海洋等相关专业研究生编写的通用教材。本丛书由中国科学院各相关研究所长期从事海洋地球物理理论与探测研究的核心团队集体撰写，反映了海洋地球物理学研究领域的最新进展，主要服务于中国科学院大学相关专业研究生的教学，也可作为高等学校海洋地质、海洋地球物理、大气海洋等专业高年级本科生和研究生教材，是相关高校和科研院所的科技工作者从事海底资源开发、海洋空间利用和科学探索的重要工具书。

在实现我国海洋强国的道路上，海洋地球物理学科任重道远，中国科学院各海洋单位在海洋地球物理探测方面，进展迅速，硕果累累。为了培养更多的海洋地球物理学科的人才，满足中国科学院大学相应学科的教学要求，吴时国、张健、郝天珧发起并出版了本丛书。《海洋地球物理丛书》共分5册，具体如下：第1册《海洋地球物理：理论与方法》、第2册《海洋地球物理：探测技术与仪器设备》、第3册《海洋地球物理：油气综合地球物理探测与实践》、第4册《海洋地球物理：海洋地质灾害》、第5册《海洋地球物理：海斗深渊的前世今生》。

呈现在读者面前的这套《海洋地球物理丛书》，是中国科学院大学研究生培养工作的客观需求，凝聚了中国科学院海洋地球物理学科老师和学生的研究结晶。本丛书反映了他们在海洋地球物理研究领域带领各自科研团队攻坚的国际前沿发展方向，在海洋地球物理基本理论、方法、前沿技术的探索，在油气资源、水合物、地质灾害探测的实践。希望本丛书的出版和推广能够服务于更多的海洋学科研究生培养，为我国海洋地球物理学科发展和社会经济建设谱写新的篇章。

本丛书得到国家自然科学基金（U1701245、41906056、41676042）、中国地球物理学会院士专家工作站和海南省海底资源与探测院士工作站专项（E05004010、

Y840031）、南方海洋科学与工程广东省实验室（广州）人才团队引进重大专项（GML2019ZD0204）、中国科学院战略性先导科技专项（A 类）南海环境变化（XDA13010100）资助。

吴时国　张健　郝天珧

2019 年 12 月

前　　言

海洋地球物理是海洋科学中一门重要的分支学科，海洋地球物理的理论与方法为海洋地质、海洋化学、海洋环境、大气海洋、石油工程等学科提供了支撑。海洋地球物理科学技术是国家海洋高科技实力的具体体现，也是建设海洋强国的重要组成部分。

当前，海洋地球物理在某些重要方面仍处于探索阶段，在我国实现海洋强国的道路上，中国科学院海洋地球物理专业的研究生任重道远，必须努力学习物理、数学理论，牢牢掌握海洋地球物理科学相关基本知识、基本技能，在加快建设海洋强国、大力推进海洋强国建设的路上，勇攀科学高峰。

本书是《海洋地球物理丛书》的第一册，由张健担任本书主编。本书被列为中国科学院大学海洋地球物理教研室指定的海洋地质、海洋地球物理、大气海洋等相关专业研究生的通用教材，在中国科学院大学“海洋地球物理与海底构造学”“海洋地球物理探测”“海洋地球物理：理论与实践”“海沟系统前世今生”“海洋地球物理数据处理方法”等课程讲义基础上，以《海底构造与地球物理学》(2014 年)、《海洋地球物理探测》(2017 年) 为蓝本，提炼总结近 5 年的教学实践和教学经验，按照教科书体例编著完成。

按照中国科学院大学专业课“海洋地球物理：理论与实践”教学大纲，遵循少而精的原则，本书对海洋地球物理相关内容进行精简和调整。书中系统阐述海洋地球物理重、热、震、电磁场的物理理论，海洋地球物理数据处理、综合解释的数学原理，海洋地球物理探测资料采集基本方法、仪器设备等方面的技术要求。根据近年来的发展趋势，作者充实了中国科学院等各研究单位在海洋地球物理领域的最新进展，使本书更贴近前沿。本书中列有若干例题或习题，可以培养学生发现问题、解决问题的能力。

本书共 4 章，由中国科学院大学海洋地质教研室、中国科学院地质与地球物理研究所油气资源研究室、中国科学院深海科学与工程研究所深海地球物理与资源研究室相关课题组共同执笔完成。其中，第 1 章为绪论，由张健编写；第 2 章为海洋地球物理基本理论，由张健、王蓓羽、艾依飞、方桂编写；第 3 章为海洋地球物理数学分析，由张健、王蓓羽、艾依飞、方桂编写；第4章为海洋地球物理调查方法，由徐亚、黄松、刘丽华、张汉羽、董淼、南方舟、张健编写。全书由张健统稿，王蓓羽、艾依飞、方桂校对。

在本书完成之际，特别感谢《海洋地球物理丛书》另两位主编吴时国、郝天珧及其课题组博士生们的努力工作，以及《海洋地球物理丛书》其他各分册作者的支持和关心。

本书出版得到了国家自然科学基金项目（U1701245、41174085、41574074、41906056）、中国地球物理学会院士专家工作站和海南省海底资源与探测院士专家工作站专项（E05004010、Y840031）、中国科学院战略性先导科技专项（B类）（XDB4202010403）的资助。

张　健

2020年1月6日

目　录

第 1 章　绪　论

1.1　海洋地球物理及其研究对象

本书内容包括海洋地球物理基本理论、海洋地球物理数学分析以及海洋地球物理调查方法三个部分。

海洋地球物理学将很多相关的学科联系在一起，是物理学、地球科学、海洋科学、化学与生物科学及技术领域相互促进的结果，很难将其所涉及的内容在一本书中介绍清楚。本书没有关注与海洋地球物理相关的大气层和海水层，而是把重点放在海水之下与固体地球有关的地学研究。

理论数学和理论物理是海洋地球物理学研究引力场、温度场、弹性波场、电磁场的基础，求解数学物理方程是海洋地球物理学研究的主要内容之一。为提高方程求解的计算效率，海洋地球物理研究者开展了一系列有关计算方面的研究。

然而，许多时候，地球物理学的计算与地质学的观测会出现矛盾。一个著名的例子——19 世纪最有影响的英国物理学家开尔文（Kelvin）利用傅里叶（Fourier）热传导理论计算地球演化和结构产生的争论。按照拉普拉斯（Laplace）的星云假说，行星普遍是伴随着恒星的诞生而形成的，原始太阳是一个高热旋转气云团，云团收缩冷却，热量释放，这与板块构造之前的地质学理论非常相似。按照早期的地质学理论，地球是一个热流体球冷却形成的，球的外层最先固化，由于固体地壳没有内部流体收缩快，地壳必须发生褶皱来匹配内核收缩，这可以解释地表山脉形成等特征。开尔文利用傅里叶热传导理论，采用冷却模型计算出地球从热流体状态冷却到现在只需要 20 ~ 100Ma，远小于地质学家猜想的数百个百万年。直到板块构造说出现，这些矛盾才得以解决。

尽管地球物理学家的计算常常由于边值条件而出现错误，但地质学家仍以地球物理方法为最信赖的手段，并依靠地球物理方法建立了海底构造演化的地磁极性年表、壳-幔-核的地震学结构。

地磁学为研究地球内部属性提供了最初线索。英国物理学家威廉·吉尔伯特（William Gilbert）认为罗盘是由地球内部磁力控制的，并采用球形磁铁矿来模拟地球磁场。为了解释地磁场的西向漂移，英国天文学家埃德蒙·哈雷（Edmond Halley）提出地磁场源于地核，地核与地壳之间被流体隔开且都向东旋转，但地核旋转速度比地壳稍慢，因此地磁场相对地壳向西漂移。1820 ~ 1831 年，丹麦物理学家奥斯特（Oersted）和英国物理学家、化学家法拉第（Faraday）的电磁感应实验，根据该实验结果，爱尔兰数学家、物理学家拉莫尔（Larmor）在 1919 年提出地球磁场“自激发电”模式。1946 年，德裔美国物理学家 Walter M Elsasser 发现，地核环形场可以由磁偶极子场产生，“自激发电”过程可以被流动液体的诱导效应维持，进而可以解释地球磁场的主要特征（包括其长期变化）。进一步地，英国地球物理学家 Edward Crisp Bullard 在 Elsasser 理论基础上，提出地球的整个偶极磁场能够自发性（或由外界影响）衰减到零，然后在相反方向自我重建，被称为 Elsasser-Bullard 理论。该理论在磁场倒转模式、海底扩张与地磁极性年表的建立中发挥了关键性作用。

Elsasser-Bullard 理论需要依赖地震学对地壳及地球内部整体结构的推论，尤其是地震学证据推导出的地核流动性与地磁发电机之间的联系。1889 年，德国物理学家 Ernst von Rebeur-Paschwitz 制造的测量地球表面运动的钟摆仪，第一次探测到穿过地球内部的来自日本的地震脉冲，从此为研究地球内部结构提供了一种新方法。

爱尔兰地质学家 Oldham 是第一批利用地震波传播路径分析地球内部结构的科学家。1902 年，Oldham 分析危地马拉地震波在地球内部的传播路径时发现，地震波到达地球一定深度时会以一定角度改变传播方向，地震波以不同角度弯曲进入地核，然后再弯曲离开，形成所谓的地震波“阴影区”，并由此推测，地球存在一个大的中央地核，地震波在地核中传播的速度明显低于在周围物质中传播的速度。1912 年，德裔美国地震学家 Beno Gutenberg 进一步分析确认 2900km 深处地震波速度急剧减少 30% 以上，此深度地震波速度界面称为 Gutenberg 不连续面，是地幔和地核的分界面。与此同时，克罗地亚地球物理学家 Andrija Mohorovicic 在海底之下约 5km 深度和大陆表面之下约 50km 深处发现一个较小但明显的地震波速度变化，称为 Mohorovicic 不连续面（莫霍面），是地壳与地幔的分界面。1925 年，地震学家已经普遍认识到，没有观测到 S 波（横波或剪切波）穿过地核，暗示地核是液体的。1936 年，丹麦地震学家 Inge Lehmann 分析地震波时发现，地震波经过地球中心附近时，波速发生了一个小的跳跃，为此她提出地球内部存在一个半径大约为 1400km 的内核。直到今天，地震学仍然是研究地球内部结构的主要方法（Aki et al.，1977）。

任何有关地球结构和状态的分析都会涉及地球内部流动的假设。在板块构造说出现之前，地球内部流变学假设曾引起物理学的广泛争论。Kelvin 认为整个地球是固态的，地球内部尤其接近地表的浅部不可能存在流变体，否则潮汐力就可能打碎地壳。但地质学家坚持认为地壳下面应该有薄的流体或塑性层，这样才能解释造山运动、火山作用和地壳运动。

1924 年，英国著名地球物理学家、应用数学家 Harold Jeffreys 针对 Alfred Wegener 提出的大陆漂移说，定量计算了极移力和潮汐力，证明硅镁层不能流动，大陆漂移说提出的驱动力不足以推动大陆在硅镁层上运动。1926 年，Jeffreys 通过地震波速精确测出地幔的刚度，提供了地核一定存在液态物质的决定性证据，但他仍然认为地幔是固态，一直向下到 2900km 深处都满足 Kelvin 的计算结果。尽管 Jeffreys 在物理学、应用数学方面（如基于地震波速的地球圈层结构分析、基于贝叶斯方法重建统计理论等）有许多重大贡献，是一个伟大的地球物理学家和应用数学家，但他始终是板块构造说的主要批评家。

数学和物理学在地球科学中占有举足轻重的地位，尽管 Kelvin 关于地球年龄的热物理学计算结论和 Jeffreys 关于地幔流变计算的结论不合理，但是地质学家仍然相信地球物理证据比地质证据更可靠。

1928 年，英国地球物理学家 Arthur Holmes 认为地球内部的放射性矿物能够产生足够的热量以致在地幔中产生对流流体，这些对流流体能够抬升地壳并像一个传递带一样推动大陆运动（Holmes，1931）。1952 年，英国地球物理学家 Patrick Maynard Stuart Blackett 制造出灵敏的无定向磁力计来测量岩石剩磁方向，最终得到关于大陆漂移实质性的物理学证据。之后，英国古地磁学家 Stanley Keith Runcorn 测定了北美和欧洲的岩石剩磁极移路径，证明美洲和欧洲曾经连在一起然后漂移分开（Runcorn，1962）。1960 年，美国地球物理学家 Harry Hess 综合了洋脊型地震和热流数据，认为地幔存在大规模的对流，提出海底扩张假说（Hess，1965）。1963 年，Vine 和 Matthews 提出，海底磁异常条带是地幔物质通过洋脊上涌并冷却的产物，离洋脊远的海底部分保留了早期地磁场记录，离洋脊近的海底部分则保留了晚期信息。

1964 年之后，许多科学家独立或合作研究，将所有能够解释大陆漂移、地震带与地热带的地理分布、海底扩张与磁异常条带的成果归结为板块构造理论。迄今为止，板块构造理论仍然在指导我们不断推进对海底构造及演化历史的认识。

依据板块构造理论，海洋地球物理学研究能够超前预测大地震，更好地理解地幔结构和动力学机制，获得海洋沉积矿产和石油资源的位置，或许将来还能够为驱动板块运动的与对流有关的海洋地热能的开发利用提供指导。

海洋地球物理学研究是海洋科学研究领域的重要组成部分，其主要任务是：针对海洋过程及其资源、环境效应，利用物理学原理和数学计算方法，观测与提取海底地质构造、结构及演化信息，研究岛弧-洋中脊系统、板块汇聚过程与俯冲带动力学、洋陆过渡带及边缘海盆结构构造形成演化、海洋沉积地层与矿产资源类型等。

虽然海洋地球物理学在海洋科学研究领域不断发展和突破，但在某些重要方面仍处于探索阶段，一些前沿研究迄今还无定论，如海水层的电磁效应、海底莫霍面与居里面的动力学关系、俯冲起始的物理条件、洋陆软流层的深度与温度差异成因机制、上下地幔分界相变对俯冲活动的影响等，需要海洋地球物理学家通过观测和计算，不断提供物理学证据，确认和预测新理论。

1.2 理论基础

海洋地球物理学是物理学在海洋科学中的应用，主要运用物理学中的引力场、温度场、弹性波场、电磁场等理论研究海洋地质问题。

物理场中，牛顿定律、傅里叶定律、胡克定律、库仑定律、安培定律、法拉第定律等常常通过力、场强、位或势确定的关系，将场的性质与场源物质密切联系（刘光鼎等，2018）。

场和场源之间的关系是海洋地球物理研究海洋地质问题的主要切入点，在观测基础上，通过计算，解释物理参量与地质规律之间的关系，利用重、热、震、电磁等方法研究海底地质构造和寻找资源（吴时国和张健，2014）。海洋地球物理学涉及的物理原理包含在场论中，物理场论是海洋地球物理的理论基础。

海洋中的各种地球物理过程总存在物理场的作用。例如，重力场的加速度效应，地温场的聚热效应，弹性波场的振动效应，电磁场的涡旋与感生效应。物理场具有质量 m、能量 E 和动量 p 等粒子性质，也具有频率 f、波长 λ 等波动性质，二者的关系由普朗克常量 h 确定，即

$$E = hf \quad p = h/\lambda \quad m = E/c^2 = hf/c^2 \tag{1-1}$$

物理场中发生的一切物理过程遵守质量守恒及转换定律、能量守恒及转换定律、质量与能量相互联系定律、动量和动量矩守恒及转换定律。同一空间的不同物理场之间不会相互影响，即便是电磁波，如果来源不同，也不会相互作用。

物理场的研究离不开数学工具。定义物理场规律时，需要用数学公式表示其数量关系。无论物理场变量是标量还是矢量，随时间变化还是不随时间变化，都需要研究其空间积分变换与空间微分变化。

空间微分主要是求标量场的梯度和二次微商，或求矢量场的散度和旋度。梯度、散度和旋度均表示物理量的空间变化率。梯度表示物理场中某一标量函数在任意点的最大空间变化率，即最大方向导数。散度表示物理场中某一矢量函数沿各个分量方向的空间变化率。旋度表示物理场中某一标量函数在垂直于矢量分量方向上的空间变化率。

物理场的许多规律都是用这些空间变化率表示的，如果不依靠梯度、散度和旋度来表示物理量的空间变化率，一些物理学定律则很难表示。此外，除了这三个“度”表示场量的一阶偏导数外，还需要场量的二阶偏导数，即场量的空间变化率的变化率。物理学中最常用的一个二阶偏导数就是标量场的散度、梯度，常用拉普拉斯算符 ∇^2 表示

$$\nabla^2 U = \mathrm{div}(\mathrm{grad} U) = \frac{\partial^2 U}{\partial x^2} + \frac{\partial^2 U}{\partial y^2} + \frac{\partial^2 U}{\partial z^2} \tag{1-2}$$

这个二阶偏导数表示出来的泊松方程和拉普拉斯方程展示了许多物理问题的客观规律。除了标量场外，矢量场的 ∇^2 运算为

$$\nabla^2 \boldsymbol{A} = \nabla^2(A_x \boldsymbol{i} + A_y \boldsymbol{j} + A_z \boldsymbol{k}) \tag{1-3}$$

式（1-3）表示矢量场的拉普拉斯运算等于其三个分量 A_x、A_y、A_z 拉普拉斯运算的矢量和。通常，一个矢量场的拉普拉斯运算不等于零，除非三个分量 A_x、A_y、A_z 的拉普拉斯运算均等于零时，它才等于零。

空间积分通过环量（线积分）、通量（面积分）来描述。环量由斯托克斯定理给出的面积分与线积分之间的关系式表示，即

$$\oint_L \boldsymbol{F} \cdot \mathrm{d}\boldsymbol{l} = \iint_S \mathrm{rot} \boldsymbol{F} \cdot \mathrm{d}\boldsymbol{s} \tag{1-4}$$

通量由高斯定理给出的体积分与面积分之间的关系式表示，即

$$\oiint_S \boldsymbol{F} \cdot \boldsymbol{n} \mathrm{d}s = \iiint_V \mathrm{div} \boldsymbol{F} \mathrm{d}v \tag{1-5}$$

1.3 数学方法

海洋地球物理学源于物理学，以海底构造为研究对象。由于海底一定深度以下，无法直接取样观察，计算就成了除观测以外进行地球物理研究的主要手段，需要通过数学方法计算物理场与场源之间数量、结构、时空变化等信息。

海洋地球物理研究实践活动中，数学计算和模拟是实现理论突破与创新必不可少的环节。海洋地球物理研究必须重视计算方法，不断提高数据计算能力，以计算技术推动理论创新。

海洋地球物理问题的计算内容主要集中在数值逼近（曲线拟合、数值微分、数值积分）、求解方程（非线性方程、常微分方程、偏微分方程、代数方程组）、积分变换、数值模拟、反演解释等几个方面。

数值逼近与求解方程主要是关于计算的数学方法。虽然对海洋地球物理观测数据进行拟合、求方程是一个非常简单的数学工作，但是如果处理不当会引起两种后果：①计算结果误差过大，无法应用；②计算结果准确，但是计算速度太慢，达不到实际应用中对计算速度的要求。

积分变换是海洋地球物理数据处理中最重要的数学方法。无论是正演还是反演，都会遇到一些无法求积的初等函数、特殊函数，以及含有这些函数的无穷或有限积分，需要在复变函数基础上开展积分变换处理。例如，波场褶积滤波、位场频谱分析等都需要利用积分变换这个核心数学方法。

数值模拟的目的是在给定海底地质构造的物理模型基础上，通过求解数学物理方程的数值解，了解地球物理场的时空分布。海洋地球物理问题基本都满足二阶线性偏微分方程（双曲型、抛物型、椭圆型），即

$$
\begin{aligned}
&a^2\left(\frac{\partial^2 u}{\partial x^2}+\frac{\partial^2 u}{\partial y^2}+\frac{\partial^2 u}{\partial z^2}\right)=\frac{\partial^2 u}{\partial t^2}\\
&a^2\left(\frac{\partial^2 u}{\partial x^2}+\frac{\partial^2 u}{\partial y^2}+\frac{\partial^2 u}{\partial z^2}\right)=\frac{\partial u}{\partial t}\\
&a^2\left(\frac{\partial^2 u}{\partial x^2}+\frac{\partial^2 u}{\partial y^2}+\frac{\partial^2 u}{\partial z^2}\right)=0
\end{aligned}
\tag{1-6}
$$

根据地球物理场论中重、热、震、电磁等问题引出的偏微分方程和边界条件，针对研究对象的特点，利用数学方法（数值分析）对研究对象进行分析、描述、计算和推导，找出能反映已知事物的本质联系和数学规律，通过定量分析取得创新和突破。

反演解释需要根据观测数据求出地下场源的物理属性或几何属性，进而根据物理场源结构求出地质结构。由于地球物理场的时空分布受偏微分方程控制，地球物理反演解释问题就是偏微分方程的反问题求解。通常，反演解释问题最终都归结为目标函数的最优化问题，即修改模型、计算理论数据、求解理论数据与观测数据差在最小二乘意义下的最优解。因此，反演解释所用数学方法包括微分方程或积分方程数值分析方法、最优化算法、

大型代数方程组数值解法。

1.4 海洋地球物理观测方法

海洋地球物理学是一门实践性很强的应用科学，观测数据是其前进和发展的基础。人类对海洋的探索离不开海洋地球物理观测技术，同时人类对海底地球物理的观测推动了海洋地球科学的发展。

海洋地球物理用物理学理论发展出各种观测方法，包括船载地球物理调查、海底地球物理观测。本书主要介绍海底浅层结构探测、海底热流测量、海洋重力测量、海洋地磁测量、海洋地震调查、海底地震（OBS）探测六种方法的技术要求、仪器设备、海上测量、资料整理与地质解释等（吴时国和张健，2017）。

参考文献

刘光鼎，王家林，吴健生，2018. 地球物理通论．上海：上海科学技术出版社．

吴时国，张健，2014. 海底构造与地球物理学．北京：科学出版社．

吴时国，张健，2017. 海洋地球物理探测．北京：科学出版社．

AKI K，CHRISTOFFERSSON A，HUSEBYE E S，1977. Determination of the three-dimensional seismic structure of the lithosphere. Journal of Geophysical Research，82：277-296.

HESS H H，1965. Mid-oceanic ridges and tectonics of the sea-floor. Submarine Geology and Geophysics，Colston Papers，17：317-334.

HOLMES A，1931. Radioactivity and earth movements. Nature，128：419.

RUNCORN S K，1962. Continental Drift. New York：Academic Press.

第 2 章　海洋地球物理基本理论

2.1　场的物理本质与几何表示

2.1.1　场的物理本质

各种物理现象（如力、声、光、电、磁、热、核等）随空间、时间的分布，即为物理场。例如，引力场、静电场、电流场、稳定电流磁场、交变电磁场、弹性波场、地热场（地温场）等（谢树艺，2012）。

物理场通常以某种确定的关系与场中实际物质的某种物理性质保持密切联系。例如，引力场与实际物质的引力质量有密切联系，稳定电流磁场与实际物质的电流分布有密切联系。通常具有某种物理性质的实际物质，如果与某种物理场存在确定关系，则称其为此物理场的场源。引力质量可以视为引力场的场源，电流可以视为稳定电流磁场的场源。人们根据大量实验结果已经总结出场与场源的一些基本关系、基本定律。例如，牛顿 1687 年依据物体质量间的相互吸引力得出的万有引力定律，库仑 1785 年依据静电荷间的相互作用力得出的库仑定律，安培 1825 年依据电流间的相互作用得出的安培定律，法拉第 1831 年依据变化磁场激发电场得出的电磁感应定律等。在这些基本关系、基本定律基础上，深入研究场的性质和具体场源间的关系，是地球物理学的重要研究课题。

场与场源并存，没有主从之分，是具有密切联系的两种不同物质形态的客体。客观世界中的各种物理过程可以通过某种客体被人们认识。这些客体可能是实物，如分子、原子、电子、中微子等，容易被人们感知其真实存在；也可能不是实物，不易被直接觉察到，如场的存在，只能通过某些物理作用、物理性质认识其客观存在。引力场对密度体施加的机械作用、电磁场对电荷或电流施加的机械作用，是物理场通过物理作用显示其非实物客体的一种方式（薛琴访，1978）。引力波、电磁波传播时对实物的压力则是物理场通过自身质量、动量、能量等物理性质显示其非实物客体存在的另一种形式。例如，1811 年傅里叶由热与温度的关系，归结出傅里叶热传导方程，并在求解该方程时发现了傅里叶级数，建立了傅里叶变换理论。1873 年麦克斯韦研究了电磁现象的内在规律，归结出麦克斯韦方程，发现了电磁波，并建立了光的电磁理论。

2.1.1.1　场的物质属性

场是物质的一种形态，不依赖人的意识而存在，但却是可以被人的意识所反映的客观存在。它与物质的另一种形态——实物同时存在、相互联系，不仅相互决定各自的运动状态和属性，而且在一定条件下还可以相互转换（薛琴访，1978）。

场和实物都具有形式、结构、属性多样性。例如，实物包括地质体、岩石、矿物、分子、原子等，场也具有多种形式和种类，如重力场、地磁场、地热场（地温场）等。

场和实物都具有质量、动量、能量等基本物质属性。实物的这些物质属性比较明显，场的这些物质属性需要借助物理实验证明。例如，列别捷夫 1900 年通过实验证明电磁波传播时会对实物产生压力，此压力等于电磁波的动量改变量。假设光（电磁波）照射在绝对黑体表面（完全吸收面）上，光速由 c 变为零，则光子的动量改变量为 mc，光压等于 E/c（E 为单位时间照射到完全吸收表面上光通量的能量），得 $mc=E/c$，即 $E=mc^2$。列别捷夫实验得出的关系式 $E=mc^2$ 确定了电磁场的质量 m 与能量 E 之间的关系，1905 年爱因斯坦的相对论证明了这个关系式对能量和质量的任何形态都正确。

场和实物都具有波动性和粒子性。场的波动性特别明显，如电磁波的绕射、干涉现象。1923 年德布罗意提出实物粒子的波粒二象性假设，1927 年以后，戴维孙和革末等陆续在实验室证明分子、原子、中子等实物微粒也有绕射现象，表明实物粒子也具有波动性。实物的粒子性特别明显，现在已知的组成实物的基本粒子有数百种，新的粒子种类还在继续被发现。1900 年普朗克提出量子理论以后，发现电磁场也具有粒子性。电磁场的基本粒子是光子。如果波长 λ、频率 f 表示波动性质，能量 E、动量 p、质量 m 表示粒子性质，则场和实物粒子运动状态的波动观点与粒子观点之间的数量关系可以通过普朗克常量 h 表示，即 $E=hf$，$p=h/\lambda$，$m=E/c^2=hf/c^2$。场与实物粒子的波动性和粒子性在量子力学中是对立统一的，而在宏观物理现象中这两个属性是不相容的。

场和实物粒子是两种基本的物质形态，不会无中生有，也不会凭空消失，只能由一种形态转换到另一种形态。实物粒子可以转换为场，如正电子和负电子结合，可以产生 γ 射线场。场可以转换为实物粒子，如量子纠缠现象。不同场之间也可以相互转换，如 LC 电路中电场与磁场的相互转换。场和场、场和实物粒子之间的相互转换过程服从质量守恒及转换定律、能量守恒及转换定律、动量和动量矩守恒及转换定律、质量与能量相互联系定律。

2.1.1.2 场与实物的差异性

任何实物相互接触都会产生机械作用，但不同场相互接触时并不产生机械作用。不同场对不同实物粒子产生不同的机械作用，如引力场仅对引力质量产生机械作用，电场仅对电荷产生机械作用。

一个实物所占有的空间，不能同时又是另一个实物占有的空间，但同一空间内可以同时存在许多不同的场，且互不影响。例如，同一空间内，不同来源、任意数量的电磁波或光子，彼此互不影响。场和实物可以占有同一空间，二者相互渗透，在此空间中，场可以改变实物的状态，实物也可以影响场的分布。例如，电场中的电介质会被电场极化，同时极化介质又会改变电场分布。

实物在外力作用下会做加速或减速运动，并由于做变速运动而存在静止质量。但场则不同，如自由传播的电磁场，在真空中不存在变速运动，只能以光速运动，否则就不能存在，且没有静止质量。

实物具有比场大且无法比较的质量密度，场的质量密度极其微小，一般情况下，不可能度量场的质量，只有在核聚变、核裂变反应中，场的质量才可以度量。但是场的能量容易被发现，因为场的能量比质量大 c^2 倍。

总之，场与实物一样，是物质的一种形态。场的物质属性与物质本身不能混淆，场空间和场不能分离，场和场的作用也不能分离。

2.1.2 场的几何表示

如果某个空间里的每一点都对应着某个物理量的一个确定值，则这个空间存在确定了该物理量的一个场。如果这个物理量是标量，就称这个场为标量场（数量场），如地温场、电位场等。如果这个物理量是矢量，就称这个场为矢量场（向量场），如重力场、速度场等。此外，如果场中的物理量在各点处的对应值不随时间变化，则称该场为稳定场，如重力场。如果场中的物理量在各点处的对应值随时间变化，则称该场为不稳定场或瞬变场，如电磁场。

物理场中的客观规律，必须用一定的数学形式表示出来。例如，标量场的等值面、矢量场的矢量线最基本的几何表示方法是函数法和图形法。

2.1.2.1 标量场分析

在一个物理场中，如果任何一点 M 上，描述该点物理性质的物理量是一个标量 u，则定义这个物理场为标量场。分布于该物理场中各点处的标量 u 是场中之点 M 的函数 $u=u(M)$，当取定了 $Oxyz$ 直角坐标系后，u 就是点 $M(x, y, z)$ 的函数，即

$$u = u(x, y, z) \tag{2-1}$$

也就是说，一个标量场可以用一个数性函数来表示。本书中若无特别说明，假定标量场为单值、连续且有一阶连续偏导数的数性函数。

（1）标量场的等值面

在标量场中，为了直观地研究标量 u 在场中的分布状况，常常将标量函数值相等的点连接起来，构成一个或几个曲面，这些面称为等值面。所谓等值面，是指由场中使函数 u 取相同数值的点所组成的曲面。例如，温度场的等值面，就是由温度相同的点所组成的等温面；电位场的等值面，就是由电位相同的点所组成的等位面。

标量 u 的等值面方程为

$$u(x, y, z) = c \tag{2-2}$$

式中，c 为常数。给常数 c 以不同的数值，就得到不同的等值面。

因为标量场中的每一点 $M_0(x_0, y_0, z_0)$ 都有一等值面 $u(x, y, z)=u(x_0, y_0, z_0)$ 通过，且 u 为单值函数，即一个点只能在一个等值面上，所以这一系列等值面互不相交，充满标量场所在的空间。

例如，均匀弹性介质中，弹性地震波传播过程中的时间场 $t(x, y, z)$

$$t=\sqrt{R^2-x^2-y^2-z^2} \tag{2-3}$$

所在的空间区域为一个以原点为中心，半径为 R 的球形区域

$$x^2+y^2+z^2 \leqslant R^2 \tag{2-4}$$

时间场 t 的等值面，是在此区域内以原点为中心的一簇同心球面

$$\sqrt{R^2-x^2-y^2-z^2}=c \quad 或 \quad x^2+y^2+z^2=R^2-c^2 \tag{2-5}$$

而通过场中之点 $M_0(0, 0, R/2)$ 的等值面，则为半径 $r=R/2$ 的一个球面

$$\sqrt{R^2-x^2-y^2-z^2}=\sqrt{R^2-\frac{R^2}{4}} \quad 或 \quad x^2+y^2+z^2=\left(\frac{R}{2}\right)^2 \tag{2-6}$$

标量场的等值面，可以直观地帮助我们了解场中物理量的分布状况。每间隔一定的函数值，给出某一些等值面，可以得到一系列等值面。这些等值面的稀疏或密集程度表示标量场函数的分布状态。等值面密集之处，标量函数的空间变化快；等值面稀疏之处，标量函数的空间变化慢。

（2）平行平面标量场

如果一个标量场 $u=u(M)$ 具有这样的几何特点：在垂直于场中某一直线 l 的所有平行平面上，标量 u 的分布情况都是相同的，或者说，在场中与直线 l 平行的任意一条直线的所有点上，标量 u 都是相同的，则称此标量场为平行平面标量场。

平行平面标量场可以简化为一个平面标量场来研究，即任取一块与直线 l 相垂直的平面作为 xOy 平面，研究标量 u 在其上的情况。此时，u 的表达式为 $u=u(x, y)$。

例如，无限长均匀带电直导线 l，其上电荷线密度为 q，那么，在 l 周围空间产生的电位 $v(M)$ 所构成的标量场就是一个与 l 相垂直的平行平面标量场。

对此 $v(M)$ 平行平面标量场，任取一块与 l 相垂直的平面作为 xOy 平面，原点 O 取在垂足处，则

$$v=\frac{q}{2\pi\varepsilon}\ln\frac{1}{\sqrt{x^2+y^2}}+c \tag{2-7}$$

式中，ε 为介电系数；c 为常数。

平行平面标量场可以简称为平面场。与一般标量场的等值面同理，在函数 $u(x, y)$ 所表示的平面标量场中，连接具有相同数值 c 的点，就组成此标量场的等值线 $u(x, y)=c$。例如，根据平面电位图上的等值线及电位值，就能了解不同区域电位的高低，还可以根据等值线分布的稀密程度，判断不同区域各个方向上电位的变化。较密的方向电位变化剧烈，较稀的方向电位变化舒缓。

（3）标量场的方向导数和梯度

标量场中，通过等值面或等值线可以大致了解 $u=u(M)$ 在场中的整体性分布情况。要详细认识标量场局部性特征，考察标量 u 在场中各个点的邻域内沿每一方向的变化情况，就需要引入方向导数的概念。

方向导数：设 M_0 为标量场 $u=u(M)$ 中的一点，从点 M_0 出发引一条射线 l，在 l 上取点 M_0 的邻近一动点 M。当 $M \to M_0$ 时，$[u(M)-u(M_0)]/M_0M$ 的极限存在，则称它为函

数 u（M）在点 M_0 处沿 l 方向的方向导数。记作

$$\left.\frac{\partial u}{\partial l}\right|_{M_0} = \lim_{M \to M_0} \frac{u(M) - u(M_0)}{\overline{M_0 M}} \tag{2-8}$$

方向导数 $\partial u/\partial l$ 是在一个点 M 处，沿方向 $\boldsymbol{l}$ 的函数 u（M）对距离的变化率。当 $\partial u/\partial l>0$ 时，函数 u 沿 $\boldsymbol{l}$ 方向就是增加的；当 $\partial u/\partial l<0$ 时，函数 u 沿 $\boldsymbol{l}$ 方向就是减少的。

在直角坐标系中，方向导数有如下定理给出的计算方式。

定理：在直角坐标系中，若函数 u（x，y，z）在点 M_0（x_0，y_0，z_0）处可微，$\cos\alpha$、$\cos\beta$、$\cos\gamma$ 为 $\boldsymbol{l}$ 方向的方向余弦，则 u 在 M_0 处，沿 $\boldsymbol{l}$ 方向的方向导数为

$$\begin{gathered}\frac{\partial u}{\partial l} = \frac{\partial u}{\partial x}\cos\alpha + \frac{\partial u}{\partial y}\cos\beta + \frac{\partial u}{\partial z}\cos\gamma \\ \cos\alpha = \frac{l_x}{|l|},\quad \cos\beta = \frac{l_y}{|l|},\quad \cos\gamma = \frac{l_z}{|l|}\end{gathered} \tag{2-9}$$

以上是函数 u 沿直线的方向导数。有时还需要研究函数 u 沿曲线的方向导数，其定义如下。

有向曲线的方向导数：若在有向曲线 C 上取一点 M_0 作为计算弧长 s 的起点，并以 C 之正向作为 s 增大的方向。M 为 C 上一点，在点 M 处沿 C 之正向作与 C 相切的射线 l。从点 M 出发沿 C 之正向取一点 M_1，两点之间曲线 C 的弧长为 Δs。当 $M_1 \to M$ 时，[u（M_1）$-$ u（M）]$/\Delta s$ 的极限存在，则称它为函数 u 在点 M 处沿曲线 C（正向）的方向导数。记作

$$\left.\frac{\partial u}{\partial s}\right|_{M} = \lim_{M_1 \to M} \frac{u(M_1) - u(M)}{\widehat{MM_1}} \tag{2-10}$$

定理：若在点 M 处函数 u 可微，曲线 C 光滑，则有

$$\frac{\partial u}{\partial s} = \frac{\partial u}{\partial l} \tag{2-11}$$

式（2-11）表明，函数 u 在点 M 处沿曲线 C（正向）的方向导数与函数 u 在点 M 处沿切线 l 方向（指向 C 的正向一侧）的方向导数相等。

方向导数解决了函数 u（M）在给定点处沿某个方向的变化率问题，但在实际地球物理场问题中，往往需要知道给定点处函数 u（M）最大变化率的方向及最大变化率。

为了解决上述问题，需要分析式（2-9）。式（2-9）中，$\cos\alpha$、$\cos\beta$、$\cos\gamma$ 为 l 方向的方向余弦，也就是这个方向上的单位矢量 $\boldsymbol{l}^0=\cos\alpha\,\boldsymbol{i}+\cos\beta\,\boldsymbol{j}+\cos\gamma\,\boldsymbol{k}$ 的坐标。若将式（2-9）右端的其余三个数 $\partial u/\partial x$、$\partial u/\partial y$、$\partial u/\partial z$ 也视为一个矢量的坐标，即 $\boldsymbol{G}=\partial u/\partial x\boldsymbol{i}+\partial u/\partial y\boldsymbol{j}+\partial u/\partial z\boldsymbol{k}$，则式（2-9）可以写成 $\boldsymbol{G}$ 与 $\boldsymbol{l}^0$ 的数量积

$$\frac{\partial u}{\partial l} = \frac{\partial u}{\partial x}\cos\alpha + \frac{\partial u}{\partial y}\cos\beta + \frac{\partial u}{\partial z}\cos\gamma = \boldsymbol{G}\cdot\boldsymbol{l}^0 = |\boldsymbol{G}|\cos(\boldsymbol{G},\ \boldsymbol{l}^0) \tag{2-12}$$

式（2-12）表明，函数 u 在 $\boldsymbol{l}$ 方向上的方向导数等于矢量 $\boldsymbol{G}$ 在 $\boldsymbol{l}$ 方向上的投影。因此，当方向 $\boldsymbol{l}$ 与 $\boldsymbol{G}$ 的方向一致时，即 $\cos(\boldsymbol{G},\ \boldsymbol{l}^0)=1$ 时，方向导数取得最大值，其值为 $|\boldsymbol{G}|$。

由此可见，矢量 $\boldsymbol{G}$ 的方向就是函数 u（M）变化率最大的方向，其模也正好是这个最大变化率的数值。我们把 $\boldsymbol{G}$ 叫作函数 u（M）在给定点处的梯度，其定义如下。

梯度：若存在一个矢量 $\boldsymbol{G}$，其方向为标量场函数 u（M）在点 M_0 处变化率最大的方向，其模 $|\boldsymbol{G}|$ 等于这个最大变化率的数值，则矢量 $\boldsymbol{G}$ 为函数 u（M）在点 M_0 处的梯度，记为 grad u，即 grad $u=\boldsymbol{G}$。

梯度的定义与坐标系无关，它由标量场中标量函数 u（M）的分布决定。由方向导数公式［式（2-9）］推出梯度在直角坐标系中的表达式为

$$\text{grad}\ u = \frac{\partial u}{\partial x}\boldsymbol{i} + \frac{\partial u}{\partial y}\boldsymbol{j} + \frac{\partial u}{\partial z}\boldsymbol{k} \tag{2-13}$$

由直角坐标与柱面坐标之间的关系 $x=\rho\cos\varphi$，$y=\rho\sin\varphi$，$z=z$，可得梯度在柱面坐标系中的表达式为

$$\text{grad}\ u = \frac{\partial u}{\partial \rho}\boldsymbol{e}_\rho + \frac{1}{\rho}\frac{\partial u}{\partial \varphi}\boldsymbol{e}_\varphi + \frac{\partial u}{\partial z}\boldsymbol{e}_z \tag{2-14}$$

由直角坐标与球面坐标之间的关系 $x=r\sin\theta\cos\varphi$，$y=r\sin\theta\sin\varphi$，$z=r\cos\theta$，可得梯度在球面坐标系中的表达式为

$$\text{grad}\ u = \frac{\partial u}{\partial r}\boldsymbol{e}_r + \frac{1}{r}\frac{\partial u}{\partial \theta}\boldsymbol{e}_\theta + \frac{1}{r\sin\theta}\frac{\partial u}{\partial \varphi}\boldsymbol{e}_\varphi \tag{2-15}$$

曲线坐标系与直角坐标系的根本区别：柱面、球面坐标系中，单位矢量 $\boldsymbol{e}_1$、$\boldsymbol{e}_2$、$\boldsymbol{e}_3$ 的方向随点 M 变化，是点 M 的矢性函数。直角坐标系中，单位矢量 $\boldsymbol{i}$、$\boldsymbol{j}$、$\boldsymbol{k}$ 是沿坐标轴方向上的常矢。

梯度的两个重要性质：①梯度 $\boldsymbol{G}$ 等于方向导数在该方向上的投影；②标量场 u（M）中每一点 M 处的梯度，垂直于过该点的等值面，且指向函数 u（M）增大的方向。

梯度的上述两个重要性质，给出了梯度矢量和方向导数、等值面（线）之间的关系，使梯度成为研究标量场的一个重要物理量。如果把标量场中每一点的梯度与场中之点一一对应起来，就得到一个矢量场，称为由此标量场产生的梯度场。梯度与梯度场的概念在地球物理科学技术问题中有较广泛的应用。

例如，地温场 T（M）中，热量由温度较高点向温度较低点传递，“场中任一点处，沿任一方向的热流强度 $\boldsymbol{q}$（热流密度）与该方向上的温度变化率成正比”。若以物质热导率 k 为比例系数，可得 $\boldsymbol{q}=-k$ grad T。此式表明，温度场中，热流强度（热流密度）等于温度的负梯度与热导率的乘积。温度梯度前面的负号表示热流方向与温度升高方向相反，或者说，热流方向指向温度减小的方向。在温度场中任一点处，热流强度 $\boldsymbol{q}$ 的方向指向热流最大的方向，其模就是最大热流的数值。

又如，地电场 v（M）中，任一点电荷在其周围空间任一点产生的电位 v 的梯度与电场强度 E 的关系：$\boldsymbol{E}=-$grad v。此式表明，电位场中，电场强度等于电位的负梯度。电位梯度前面的负号表示电场强度方向与电位增大方向相反，或者说，电场强度方向指向电位减小的方向。在电位场中任一点处，电场强度 $\boldsymbol{E}$ 的方向指向场强最大的方向，其模就是最大场强的数值。

梯度运算基本公式

1） $\text{grad}\ c = 0$ （c 为常数）

2） $\text{grad}(cu) = c\ \text{grad}\ u$ （c 为常数）

3） $\text{grad}(u \pm v) = \text{grad}\ u \pm \text{grad}\ v$

4） $\text{grad}(uv) = u\ \text{grad}\ v + v\ \text{grad}\ u$ （2-16）

5） $\text{grad}\left(\dfrac{u}{v}\right) = \dfrac{1}{v^2}(v\ \text{grad}\ u - u\ \text{grad}\ v)$

6） $\text{grad}\ f(u) = f'(u)\,\text{grad}\ u$

2.1.2.2 矢量场分析

在一个物理场中，如果任何一点 M 上，描述该点物理性质的物理量是一个矢量 $\boldsymbol{A}$，则定义这个物理场为矢量场。

（1）矢性函数

矢量代数中，经常遇到模和方向都保持不变的矢量——常矢。而地球物理场的许多科学技术问题中，经常遇到模和方向或其中之一会改变的矢量——变矢，如当质点 M 沿曲线 l 做变速运动时，质点 M 的速度矢量 $\boldsymbol{v}$ 的模和方向就随时间 t 而变化，需要引入矢性函数概念进行分析。

矢性函数：设，有数性变量 t 和变矢 $\boldsymbol{A}$，如果对于 t 在某个范围 G 内的每一个数值，$\boldsymbol{A}$ 都有一个确定的矢量和它对应，则称 $\boldsymbol{A}$ 为数性变量 t 的矢性函数，记作 $\boldsymbol{A}=\boldsymbol{A}(t)$，并称 G 为矢性函数 $\boldsymbol{A}$ 的定义域。

矢性函数 $\boldsymbol{A}(t)$ 在 $Oxyz$ 直角坐标系中的三个坐标（即 $\boldsymbol{A}$ 在三个坐标轴上的投影）A_x、A_y、A_z 都是 t 的函数，所以，矢性函数 $\boldsymbol{A}=\boldsymbol{A}(t)$ 的坐标表达式为

$$\boldsymbol{A} = A_x(t)\boldsymbol{i} + A_y(t)\boldsymbol{j} + A_z(t)\boldsymbol{k} \tag{2-17}$$

如果矢量场中分布在各点处的矢量 $\boldsymbol{A}$ 是场中之点 M 的函数 $\boldsymbol{A}=\boldsymbol{A}(M)$，取定 $Oxyz$ 直角坐标系后，它就成为点 $M(x, y, z)$ 的函数，即

$$\boldsymbol{A}(x, y, z) = A_x(x, y, z)\boldsymbol{i} + A_y(x, y, z)\boldsymbol{j} + A_z(x, y, z)\boldsymbol{k} \tag{2-18}$$

式（2-18）表明，一个矢性函数和三个有序的数性函数（坐标）构成一一对应的关系。

如果把矢性函数 $\boldsymbol{A}(t)$ 的起点取在坐标原点，当 t 变化时，矢性函数 $\boldsymbol{A}(t)$ 的终点 M 描绘出的曲线叫作矢性函数 $\boldsymbol{A}(t)$ 的矢端曲线，式（2-18）就是此矢端曲线的矢量方程。

矢性函数分析中，矢量均指自由矢量，所谓自由矢量就是当两个矢量的模和方向都相同时，就认为此二矢量是相等的。自由矢量的乘积分为：①标积（点乘）；②矢积（叉乘）；③混合积。运算规则如下

1） $\boldsymbol{A}\cdot\boldsymbol{B} = AB\cos\theta = A_xB_x + A_yB_y + A_zB_z \quad \cos\theta = \dfrac{A_xB_x + A_yB_y + A_zB_z}{|A|\,|B|}$

2） $\boldsymbol{A}\times\boldsymbol{B} = \begin{vmatrix} \boldsymbol{i} & \boldsymbol{j} & \boldsymbol{k} \\ A_x & A_y & A_z \\ B_x & B_y & B_z \end{vmatrix} \quad |\boldsymbol{A}\times\boldsymbol{B}| = AB\sin\theta$

3） $\boldsymbol{a}\cdot(\boldsymbol{b}\times\boldsymbol{c})=\begin{vmatrix} a_1 & a_2 & a_3 \\ b_1 & b_2 & b_3 \\ c_1 & c_2 & c_3 \end{vmatrix}=\boldsymbol{b}\cdot(\boldsymbol{c}\times\boldsymbol{a})=\boldsymbol{c}\cdot(\boldsymbol{a}\times\boldsymbol{b})$ （2-19）

$$\boldsymbol{a}\times(\boldsymbol{b}\times\boldsymbol{c})=\boldsymbol{b}(\boldsymbol{a}\cdot\boldsymbol{c})-\boldsymbol{c}(\boldsymbol{a}\cdot\boldsymbol{b})\quad(\boldsymbol{a}\times\boldsymbol{b})\times\boldsymbol{c}=\boldsymbol{b}(\boldsymbol{a}\cdot\boldsymbol{c})-\boldsymbol{a}(\boldsymbol{b}\cdot\boldsymbol{c})$$

矢性函数的极限和连续性是矢性函数微分与积分的基础。矢性函数 $\boldsymbol{A}(t)$ 在 t_0 处连续的充要条件是：$\boldsymbol{A}(t)$ 的三个坐标函数 $A_x(t)$、$A_y(t)$、$A_z(t)$ 都在 t_0 处连续。求矢性函数的极限，可以归结为求三个数性函数的极限，由矢量方程得

$$\lim_{t\to t_0}\boldsymbol{A}(t)=\lim_{t\to t_0}A_x(t)\boldsymbol{i}+\lim_{t\to t_0}A_y(t)\boldsymbol{j}+\lim_{t\to t_0}A_z(t)\boldsymbol{k} \tag{2-20}$$

矢性函数 $\boldsymbol{A}(t)$ 的导数简称为导矢，求导矢可以归结为求三个数性函数 $A_x(t)$、$A_y(t)$、$A_z(t)$ 的导数，即

$$\boldsymbol{A}'(t)=A_x'(t)\boldsymbol{i}+A_y'(t)\boldsymbol{j}+A_z'(t)\boldsymbol{k} \tag{2-21}$$

导矢在几何上为一矢端曲线的切向矢量，指向对应 t 值增大的一方。

矢性函数的导数公式：设矢性函数 $\boldsymbol{A}=\boldsymbol{A}(t)$、$\boldsymbol{B}=\boldsymbol{B}(t)$ 及数性函数 $u=u(t)$ 在 t 的某个范围内可导，则

1） $\frac{\mathrm{d}}{\mathrm{d}t}\boldsymbol{C}=0$ （$\boldsymbol{C}$ 为常数矢量）

2） $\frac{\mathrm{d}}{\mathrm{d}t}(\boldsymbol{A}\pm\boldsymbol{B})=\frac{\mathrm{d}\boldsymbol{A}}{\mathrm{d}t}\pm\frac{\mathrm{d}\boldsymbol{B}}{\mathrm{d}t}$

3） $\frac{\mathrm{d}}{\mathrm{d}t}(u\boldsymbol{A})=\frac{\mathrm{d}u}{\mathrm{d}t}\boldsymbol{A}+u\frac{\mathrm{d}\boldsymbol{A}}{\mathrm{d}t}$

4） $\frac{\mathrm{d}}{\mathrm{d}t}(\boldsymbol{A}\cdot\boldsymbol{B})=\boldsymbol{A}\cdot\frac{\mathrm{d}\boldsymbol{B}}{\mathrm{d}t}+\frac{\mathrm{d}\boldsymbol{A}}{\mathrm{d}t}\cdot\boldsymbol{B}$ （2-22）

5） $\frac{\mathrm{d}}{\mathrm{d}t}(\boldsymbol{A}\times\boldsymbol{B})=\boldsymbol{A}\times\frac{\mathrm{d}\boldsymbol{B}}{\mathrm{d}t}+\frac{\mathrm{d}\boldsymbol{A}}{\mathrm{d}t}\times\boldsymbol{B}$

6） $\frac{\mathrm{d}\boldsymbol{A}}{\mathrm{d}t}=\frac{\mathrm{d}\boldsymbol{A}}{\mathrm{d}u}\frac{\mathrm{d}u}{\mathrm{d}t}\quad[\boldsymbol{A}=\boldsymbol{A}(u)\quad u=u(t)]$

矢性函数的不定积分定义和数性函数完全类似。若矢量 $\boldsymbol{B}(t)$ 是矢量 $\boldsymbol{A}(t)$ 的一个原函数，则

$$\int\boldsymbol{A}(t)\mathrm{d}t=\boldsymbol{B}(t)+\boldsymbol{C} \tag{2-23}$$

矢性函数不定积分的基本性质

1） $\int[\boldsymbol{A}(t)\pm\boldsymbol{B}(t)]\mathrm{d}t=\int\boldsymbol{A}(t)\mathrm{d}t\pm\int\boldsymbol{B}(t)\mathrm{d}t$

2） $\int u(t)\boldsymbol{C}\mathrm{d}t=\boldsymbol{C}\int u(t)\mathrm{d}t$

3） $\int\boldsymbol{C}\cdot\boldsymbol{A}(t)\mathrm{d}t=\boldsymbol{C}\cdot\int\boldsymbol{A}(t)\mathrm{d}t$ （2-24）

4） $\int\boldsymbol{C}\times\boldsymbol{A}(t)\mathrm{d}t=\boldsymbol{C}\times\int\boldsymbol{A}(t)\mathrm{d}t$

若已知 $\boldsymbol{A}=A_x(t)\boldsymbol{i}+A_y(t)\boldsymbol{j}+A_z(t)\boldsymbol{k}$，则

$$\int \boldsymbol{A}(t)\,\mathrm{d}t=\boldsymbol{i}\int A_x(t)\,\mathrm{d}t+\boldsymbol{j}\int A_y(t)\,\mathrm{d}t+\boldsymbol{k}\int A_z(t)\,\mathrm{d}t \tag{2-25}$$

式（2-25）表明，求一个矢性函数的不定积分，可以归结为求三个数性函数 $A_x(t)$、$A_y(t)$、$A_z(t)$ 的不定积分。此外，数性函数的换元积分法与分部积分法亦适用于矢性函数。

求矢性函数的定积分也可归结为求三个数性函数的定积分，即

$$\int_{T_1}^{T_2}\boldsymbol{A}(t)\,\mathrm{d}t=\boldsymbol{i}\int_{T_1}^{T_2}A_x(t)\,\mathrm{d}t+\boldsymbol{j}\int_{T_1}^{T_2}A_y(t)\,\mathrm{d}t+\boldsymbol{k}\int_{T_1}^{T_2}A_z(t)\,\mathrm{d}t \tag{2-26}$$

（2）矢量场的矢量线

在矢量场中，为了直观地表示矢量的分布状况，常常作这样的曲线，使曲线上的矢量指向曲线的切线方向，这样的曲线称为矢量线。矢量线上每一点处，曲线都与对应于该点的矢量 $\boldsymbol{A}$ 相切。例如，静电场中的电力线、磁场中的磁力线、流速场中的流线等都是矢量线。

矢量 $\boldsymbol{A}$ 的矢量线微分方程为

$$\frac{\mathrm{d}x}{A_x}=\frac{\mathrm{d}y}{A_y}=\frac{\mathrm{d}z}{A_z} \tag{2-27}$$

解此矢量线微分方程，可得到一系列矢量线簇。

矢量场中，当函数 A_x、A_y、A_z 单值、连续且有一阶连续偏导数时，任意一条曲线 C（非矢量线）上的每一点处，有且仅有一条矢量线通过，因此这些矢量线充满矢量场所在的空间，且互不相交。

例如，均匀电介质 ε 中，点电荷 q 位于原点，其周围空间任一点 M（x，y，z）处矢径 $\boldsymbol{r}=x\boldsymbol{i}+y\boldsymbol{j}+z\boldsymbol{k}$ 的电场 $\boldsymbol{E}$（x，y，z）

$$\boldsymbol{E}=\frac{q}{4\pi\varepsilon r^3}(x\boldsymbol{i}+y\boldsymbol{j}+z\boldsymbol{k}) \tag{2-28}$$

矢量线所应满足的微分方程为

$$\frac{\mathrm{d}x}{\dfrac{qx}{4\pi\varepsilon r^3}}=\frac{\mathrm{d}y}{\dfrac{qy}{4\pi\varepsilon r^3}}=\frac{\mathrm{d}z}{\dfrac{qz}{4\pi\varepsilon r^3}}\rightarrow\frac{\mathrm{d}x}{x}=\frac{\mathrm{d}y}{y}=\frac{\mathrm{d}z}{z} \tag{2-29}$$

解之，得

$$\begin{cases}y=C_1x\\ z=C_2y\end{cases}\quad（C_1、C_2\ 为任意常数） \tag{2-30}$$

这就是电场强度 $\boldsymbol{E}$ 的矢量线方程，它是一簇由坐标原点出发的射线——电力线。

矢量场的矢量线有助于直观了解场中物理量的分布状况。矢量线既表示矢量函数的方向，又表示它的数值。矢量线的稀疏或密集程度与另一个重要的物理量——通量有关（见后续内容）。这些矢量线的全体，构成一张通过曲线 C 的曲面，称为矢量面。矢量面上，任一点 M 处，场的对应矢量 $\boldsymbol{A}$（M）都位于此矢量面在该点的切平面内。当 C 为一封闭曲线时，通过 C 的矢量面构成一管形曲面——矢量管。

（3）平行平面矢量场

如果一个矢量场 $\boldsymbol{A}=\boldsymbol{A}(M)$ 具有以下几何特点：①场中所有矢量都平行于某一平面 Plane；②在垂直于 Plane 的任一直线上的所有点，矢量 $\boldsymbol{A}$ 的大小和方向都相同。此时，称此矢量场为平行平面矢量场。

平行平面矢量场中，每一个与平面 Plane 平行的平面上，场矢量的分布都是相同的。因此，平行平面矢量场可以简化为一个平面矢量场来研究，即在平行于 Plane 的平面中，任取一块作为 xOy 平面，研究矢量场 $\boldsymbol{A}$ 在其上的情况。此时，$\boldsymbol{A}$ 的表示式为 $\boldsymbol{A}=A_x(x, y)\boldsymbol{i}+A_y(x, y)\boldsymbol{j}$。

例如，无限长均匀带电直导线 l，其上电荷线密度为 q，则 l 周围介电系数为 ε 的空间产生的电场强度 $\boldsymbol{E}(M)$ 所构成的矢量场就是一个与 l 相垂直的平行平面矢量场。任取一块与 l 相垂直的平面作为 xOy 平面，原点 O 取在垂足处，则场强 $\boldsymbol{E}(M)$ 在此平面上的表达式为

$$\boldsymbol{E}=\frac{q(x\boldsymbol{i}+y\boldsymbol{j})}{2\pi\varepsilon(x^2+y^2)} \tag{2-31}$$

（4）矢量场的通量和散度

为方便讨论矢量场的通量和散度，假定曲线都是分段光滑的简单曲线，曲面也都是分块光滑的简单曲面。对于取定正方向的有向曲线，规定其切向矢量 $\boldsymbol{t}$ 恒指向我们研究问题时所取的一方；对于取定正侧的有向曲面，规定其法矢 $\boldsymbol{n}$ 恒指向我们研究问题时所取的一侧。

例如，流体密度为 1 的流速场 $\boldsymbol{v}(M)$ 中，有向曲面 $\boldsymbol{S}$ 的法矢 $\boldsymbol{n}$ 指向 $\boldsymbol{S}$ 的正侧，那么单位时间流体向正侧穿过 $\boldsymbol{S}$ 的流量 $\boldsymbol{\Phi}$ 可以用曲面积分表示为

$$\boldsymbol{\Phi}=\iint_S v_n \mathrm{d}S=\iint_S \boldsymbol{v}\cdot \mathrm{d}\boldsymbol{S} \tag{2-32}$$

在地球物理场中，常常需要研究这种形式的曲面积分。例如，地热场中，热流密度矢量 $\boldsymbol{q}$ 穿过曲面 S 的热通量；地电场中，电位移矢量 $\boldsymbol{D}$ 穿过曲面 S 的电通量；地磁场中，磁感应强度矢量 $\boldsymbol{B}$ 穿过曲面 S 的磁通量等。为便于研究，把上述曲面积分称为通量，定义如下。

通量：在矢量场 $\boldsymbol{A}(M)$ 中，沿其中有向曲面 S 某一侧的曲面积分 $\boldsymbol{\Phi}$，称为矢量场 $\boldsymbol{A}(M)$ 向积分所沿一侧穿过曲面 S 的通量

$$\boldsymbol{\Phi}=\iint_S A_n \mathrm{d}S=\iint_S \boldsymbol{A}\cdot \mathrm{d}\boldsymbol{S} \tag{2-33}$$

在直角坐标系中，设

$$\begin{gathered}\boldsymbol{A}=P(x, y, z)\boldsymbol{i}+Q(x, y, z)\boldsymbol{j}+R(x, y, z)\boldsymbol{k}\\ \mathrm{d}\boldsymbol{S}=\mathrm{d}y\mathrm{d}z\boldsymbol{i}+\mathrm{d}x\mathrm{d}z\boldsymbol{j}+\mathrm{d}x\mathrm{d}y\boldsymbol{k}\end{gathered} \tag{2-34}$$

则通量可表示为

$$\boldsymbol{\Phi}=\iint_S \boldsymbol{A}\cdot \mathrm{d}\boldsymbol{S}=\iint_S P\mathrm{d}y\mathrm{d}z+Q\mathrm{d}x\mathrm{d}z+R\mathrm{d}x\mathrm{d}y \tag{2-35}$$

当 $\boldsymbol{\Phi}>0$ 或 $\boldsymbol{\Phi}<0$ 时，向正侧穿过 S 的通量多于或少于沿相反方向穿过 S 的通量，S 内

有正源或者有负源；当 $\Phi=0$ 时，向正侧穿过 S 的通量等于沿相反方向穿过 S 的通量，S 内正源、负源相互抵消或者无源。

依据通量 Φ 的大小，只能判断地球物理场曲面 S 内有否正源或负源。要了解源在 S 内的分布情况以及源的强弱程度，还需要引入矢量场的散度概念。

散度：在矢量场 $\boldsymbol{A}$（M）中，于场中一点 M 的某个邻域包含 M 点的任一闭曲面 ΔS，曲面所包区域 $\Delta\Omega$ 的体积为 ΔV，从其内穿出的通量为 $\Delta\Phi$，则 $\Delta\Phi$ 与 ΔV 比值的极限称为矢量场 $\boldsymbol{A}$（M）在点 M 处的散度，记为 $\mathrm{div}\boldsymbol{A}$

$$\mathrm{div}\boldsymbol{A}=\lim_{\Delta\Omega\to M}\frac{\Delta\Phi}{\Delta V}=\lim_{\Delta\Omega\to M}\frac{\oiint_{\Delta S}\boldsymbol{A}\cdot\mathrm{d}\boldsymbol{S}}{\Delta V} \tag{2-36}$$

式（2-36）表明，散度 $\mathrm{div}\boldsymbol{A}$ 为一数值，表示在场中一点处通量对体积的变化率。

如果把矢量场 $\boldsymbol{A}$ 中每一点的散度与场中之点一一对应起来，就得到一个数量场，称为由此矢量场产生的散度场。散度与散度场的概念在地球物理科学技术问题中有较广泛的应用（据新刚和欧海峰，2004）。例如，$\mathrm{div}\boldsymbol{A}>0$ 或 $\mathrm{div}\boldsymbol{A}<0$，表示该点处有散发通量的正源或有吸收通量的负源，其绝对值 $|\mathrm{div}\ \boldsymbol{A}|$ 表示该点处散发通量或吸收通量的场源强度；当 $\mathrm{div}\boldsymbol{A}=0$ 时，表示该点处无源，$\mathrm{div}\boldsymbol{A}\equiv 0$ 表示矢量场 $\boldsymbol{A}$ 为无源场。

在直角坐标系中，矢量场 $\boldsymbol{A}=P(x,y,z)\boldsymbol{i}+Q(x,y,z)\boldsymbol{j}+R(x,y,z)\boldsymbol{k}$ 在点 M 处的散度可以写为

$$\mathrm{div}\boldsymbol{A}=\frac{\partial P}{\partial x}+\frac{\partial Q}{\partial y}+\frac{\partial R}{\partial z} \tag{2-37}$$

散度的定义与坐标系无关，由直角坐标与柱面坐标之间的关系 $x=\rho\cos\varphi$，$y=\rho\sin\varphi$，$z=z$，可得散度在柱面坐标系中的表达式为

$$\mathrm{div}\boldsymbol{A}=\frac{1}{\rho}\left[\frac{\partial(\rho A_\rho)}{\partial\rho}+\frac{\partial A_\varphi}{\partial\varphi}+\frac{\partial(\rho A_z)}{\partial z}\right] \tag{2-38}$$

由直角坐标与球面坐标之间的关系 $x=r\sin\theta\cos\varphi$，$y=r\sin\theta\sin\varphi$，$z=r\cos\theta$，可得散度在球面坐标系中的表达式为

$$\mathrm{div}\boldsymbol{A}=\frac{1}{r^2\sin\theta}\left[\sin\theta\frac{\partial(r^2A_r)}{\partial r}+r\frac{\partial(\sin\theta A_\theta)}{\partial\theta}+r\frac{\partial A_\varphi}{\partial\varphi}\right] \tag{2-39}$$

平面矢量场的通量和散度：空间矢量场的通量和散度的定义不适用于平面矢量场。为此，需要将平面有向曲线上任一点处的法矢 $\boldsymbol{n}$ 的方向作如下规定：若将 $\boldsymbol{n}$ 按逆时针方向旋转 90°，则其与该点处曲线的切向矢量 $\boldsymbol{t}$ 共线且同指向，即 $\boldsymbol{n}$ 与 $\boldsymbol{t}$ 的相互位置关系，如同 Ox 轴与 Oy 轴的关系一样，满足右手螺旋定则。

遵循右手螺旋定则，平面矢量场的通量定义为：设有平面矢量场 $\boldsymbol{A}$（M），沿其中某一有向曲线 l 的曲线积分

$$\Phi=\int_l A_n\mathrm{d}l \tag{2-40}$$

式（2-40）叫作矢量场 $\boldsymbol{A}$（M）沿法矢 $\boldsymbol{n}$ 的方向穿过曲线 l 的通量。

在直角坐标系中，设矢量 $\boldsymbol{A}$、曲线 l 的单位法矢 $\boldsymbol{n}^0$ 为

$$\boldsymbol{A} = P(x, y, z)\boldsymbol{i} + Q(x, y, z)\boldsymbol{j} \quad \boldsymbol{n}^0 = \mathrm{d}y/\mathrm{d}l\boldsymbol{i} - \mathrm{d}x/\mathrm{d}l\boldsymbol{j} \tag{2-41}$$

则平面矢量场的通量可表示为

$$\Phi = \int_l A_n \mathrm{d}l = \int_l \boldsymbol{A} \cdot \boldsymbol{n}^0 \mathrm{d}l = \int_l P\mathrm{d}y - Q\mathrm{d}x \tag{2-42}$$

取平面曲线逆时针方向为正方向，平面矢量场的散度定义为：在平面矢量场 $\boldsymbol{A}$（M）中，于场中一点 M 的某个邻域作包含 M 点的任一闭曲线 Δl，曲线所包区域 $\Delta\sigma$ 的面积为 ΔS，从其内穿出 Δl 的通量为 $\Delta\Phi$，则 $\Delta\Phi$ 与 ΔS 比值的极限称为平面矢量场 $\boldsymbol{A}$（M）在点 M 处的散度，记为 $\mathrm{div}\boldsymbol{A}$

$$\mathrm{div}\boldsymbol{A} = \lim_{\Delta\sigma \to M} \frac{\Delta\Phi}{\Delta S} = \lim_{\Delta\sigma \to M} \frac{\oint_{\Delta l} A_n \mathrm{d}l}{\Delta S} \tag{2-43}$$

在直角坐标系中，平面矢量场的散度可以写为

$$\mathrm{div}\boldsymbol{A} = \frac{\partial P}{\partial x} + \frac{\partial Q}{\partial y} \tag{2-44}$$

散度运算基本公式

$$\begin{aligned} &\mathrm{div}(c\boldsymbol{A}) = c\,\mathrm{div}\boldsymbol{A} \quad (c\ \text{为常数}) \\ &\mathrm{div}(\boldsymbol{A} \pm \boldsymbol{B}) = \mathrm{div}\boldsymbol{A} \pm \mathrm{div}\boldsymbol{B} \\ &\mathrm{div}(u\boldsymbol{A}) = u\,\mathrm{div}\boldsymbol{A} + \mathrm{grad}u \cdot \boldsymbol{A} \end{aligned} \tag{2-45}$$

（5）矢量场的环量和旋度

地球物理场中，常常需要讨论场变量的曲线积分问题。例如，质点沿封闭曲线 l 运转一周时，场力 F 所做的功，就可用曲线积分表示为

$$\Gamma = \oint_l \boldsymbol{F} \cdot \mathrm{d}\boldsymbol{l} \tag{2-46}$$

式（2-46）这种形式的曲线积分，在其他矢量场中常常具有重要的物理意义。例如，流速场 $\boldsymbol{v}(M)$ 中，单位时间内，沿闭路 l 正向流动的环流 Q；电磁场中，磁场强度 $\boldsymbol{H}(M)$ 按安培环路定理积分得到的电流强度 I 等。数学上，把上述一类曲线积分概括为环量，定义如下

环量：在矢量场 $\boldsymbol{A}$（M）中，沿某一封闭的有向曲线 l 的曲线积分 Γ，称为矢量场 $\boldsymbol{A}$（M）按积分所取方向沿曲线 l 的环量

$$\Gamma = \oint_l \boldsymbol{A} \cdot \mathrm{d}\boldsymbol{l} \tag{2-47}$$

在直角坐标系中，设

$$\begin{aligned} \boldsymbol{A} &= P(x, y, z)\boldsymbol{i} + Q(x, y, z)\boldsymbol{j} + R(x, y, z)\boldsymbol{k} \\ \mathrm{d}\boldsymbol{l} &= \mathrm{d}x\boldsymbol{i} + \mathrm{d}y\boldsymbol{j} + \mathrm{d}z\boldsymbol{k} \end{aligned} \tag{2-48}$$

则环量可表示为

$$\Gamma = \oint_l \boldsymbol{A} \cdot \mathrm{d}\boldsymbol{l} = \oint_l P\mathrm{d}x + Q\mathrm{d}y + R\mathrm{d}z \tag{2-49}$$

环量面密度（环量对面积的变化率）：矢量场 $\boldsymbol{A}$ 在 M 点沿 Δl 之正向 $\boldsymbol{n}$ 方向由右手螺旋定则确定 $\Delta\Gamma$ 与面积 ΔS 之比，当曲面 ΔS 沿自身缩向 M 点时的极限，称为矢量场 $\boldsymbol{A}$ 在

点 M 处，沿方向 $\boldsymbol{n}$ 的环量密度，记为 μ_n

$$\mu_n = \lim_{\Delta S \to M} \frac{\Delta \Gamma}{\Delta S} = \lim_{\Delta S \to M} \frac{\oint_{\Delta l} \boldsymbol{A} \cdot \mathrm{d}\boldsymbol{l}}{\Delta S} \tag{2-50}$$

在直角坐标系中，设

$$\boldsymbol{A} = P(x, y, z)\boldsymbol{i} + Q(x, y, z)\boldsymbol{j} + R(x, y, z)\boldsymbol{k}$$
$$\mathrm{d}\boldsymbol{l} = \mathrm{d}x\boldsymbol{i} + \mathrm{d}y\boldsymbol{j} + \mathrm{d}z\boldsymbol{k} \tag{2-51}$$

则矢量场 $\boldsymbol{A}$ 在点 M 处的环量面密度为

$$\mu_n = \lim_{\Delta S \to M} \frac{\Delta \Gamma}{\Delta S} = \left(\frac{\partial R}{\partial y} - \frac{\partial Q}{\partial z}\right)\cos\alpha + \left(\frac{\partial P}{\partial z} - \frac{\partial R}{\partial x}\right)\cos\beta + \left(\frac{\partial Q}{\partial x} - \frac{\partial P}{\partial y}\right)\cos\gamma \tag{2-52}$$

式中，$\cos\alpha$、$\cos\beta$、$\cos\gamma$ 为 ΔS 在点 M 处的法矢 $\boldsymbol{n}$ 的方向余弦。

矢量场中的环量面密度与方向有关，正如数量场中的方向导数与方向有关一样。在数量场中，通过梯度矢量，可以确定某一点的最大方向导数的方向和数值，而且它在任一方向上的投影，就是该方向上的方向导数。受此启发，在矢量场中也找出这样一种矢量，它与环量面密度的关系，就像数量场中的梯度与方向导数之间的关系一样，这个矢量叫作矢量场 $\boldsymbol{A}$ 的旋度，其一般定义如下。

旋度：在矢量场 $\boldsymbol{A}$（M）中，于场中一点 M 处，存在一个矢量 $\boldsymbol{R}$，其模 $|\boldsymbol{R}|$ 为最大环量面密度，称矢量 $\boldsymbol{R}$ 为矢量场 $\boldsymbol{A}$（M）在点 M 处的旋度，记为 $\mathrm{rot}\boldsymbol{A}$

$$\mathrm{rot}\boldsymbol{A} = \boldsymbol{R} \tag{2-53}$$

在直角坐标系中，设

$$\boldsymbol{A} = P(x, y, z)\boldsymbol{i} + Q(x, y, z)\boldsymbol{j} + R(x, y, z)\boldsymbol{k} \tag{2-54}$$

则矢量场 $\boldsymbol{A}$ 在点 M 处的旋度为

$$\mathrm{rot}\boldsymbol{A} = \left(\frac{\partial R}{\partial y} - \frac{\partial Q}{\partial z}\right)\boldsymbol{i} + \left(\frac{\partial P}{\partial z} - \frac{\partial R}{\partial x}\right)\boldsymbol{j} + \left(\frac{\partial Q}{\partial x} - \frac{\partial P}{\partial y}\right)\boldsymbol{k} = \begin{vmatrix} \boldsymbol{i} & \boldsymbol{j} & \boldsymbol{k} \\ \frac{\partial}{\partial x} & \frac{\partial}{\partial y} & \frac{\partial}{\partial z} \\ P & Q & R \end{vmatrix} \tag{2-55}$$

旋度的重要性质就是在给定点处，旋度矢量 $\boldsymbol{R}$ 的方向就是最大环量面密度的方向，其模 $|\boldsymbol{R}|$ 即为最大环量面密度的数值；它在任一方向上的投影就是该方向上的环量面密度。

梯度的定义与坐标系无关，由直角坐标与柱面坐标之间的关系 $x=\rho\cos\varphi$，$y=\rho\sin\varphi$，$z=z$，可得旋度在柱面坐标系中的表达式为

$$\mathrm{rot}\boldsymbol{A} = \left[\frac{1}{\rho}\frac{\partial A_z}{\partial \varphi} - \frac{\partial A_\varphi}{\partial z}\right]\boldsymbol{e}_\rho + \left[\frac{\partial A_\rho}{\partial z} - \frac{\partial A_z}{\partial \rho}\right]\boldsymbol{e}_\varphi + \frac{1}{\rho}\left[\frac{\partial(\rho A_\varphi)}{\partial \rho} - \frac{\partial A_\rho}{\partial \varphi}\right]\boldsymbol{e}_z \tag{2-56}$$

由直角坐标与球面坐标之间的关系 $x=r\sin\theta\cos\varphi$，$y=r\sin\theta\sin\varphi$，$z=r\cos\theta$，可得旋度在球面坐标系中的表达式为

$$\mathrm{rot}\boldsymbol{A} = \frac{1}{r\sin\theta}\left[\frac{\partial(\sin\theta A_\varphi)}{\partial\theta} - \frac{\partial A_\theta}{\partial\varphi}\right]\boldsymbol{e}_r + \frac{1}{r}\left[\frac{1}{\sin\theta}\frac{\partial A_r}{\partial\varphi} - \frac{\partial(rA_\varphi)}{\partial r}\right]\boldsymbol{e}_\theta$$
$$+ \frac{1}{r}\left[\frac{\partial(rA_\theta)}{\partial r} - \frac{\partial A_r}{\partial\theta}\right]\boldsymbol{e}_\varphi \tag{2-57}$$

旋度运算基本公式

1）$\mathrm{rot}(c\boldsymbol{A})=c\,\mathrm{rot}\boldsymbol{A}$ （c 是常数）

2）$\mathrm{rot}(\boldsymbol{A}\pm\boldsymbol{B})=\mathrm{rot}\boldsymbol{A}\pm\mathrm{rot}\boldsymbol{B}$

3）$\mathrm{rot}(u\boldsymbol{A})=u\,\mathrm{rot}\boldsymbol{A}+\mathrm{grad}u\times\boldsymbol{A}$

4）$\mathrm{div}(\boldsymbol{A}\times\boldsymbol{B})=\boldsymbol{B}\cdot\mathrm{rot}\boldsymbol{A}-\boldsymbol{A}\cdot\mathrm{rot}\boldsymbol{B}$ （2-58）

5）$\mathrm{rot}(\mathrm{grad}u)=\boldsymbol{0}$

6）$\mathrm{div}(\mathrm{rot}\boldsymbol{A})=0$

（6）三个重要的矢量场：有势场、管形场、调和场

有势场：在矢量场 $\boldsymbol{A}$（M）中，若存在单值函数 u（M）满足

$$\boldsymbol{A}=\mathrm{grad}u \tag{2-59}$$

则称矢量场 $\boldsymbol{A}$（M）为有势场。令 $v=-u$，称 v 为这个有势场的势函数。矢量 $\boldsymbol{A}$ 与势函数 v 之间的关系

$$\boldsymbol{A}=-\mathrm{grad}v=-\mathrm{grad}(v+c)\quad（c\ 是常数） \tag{2-60}$$

由此可知：①有势场是一个梯度场；②有势场有无穷多个势函数（$v+c$），相互之间相差一个常数。

线单连域内，矢量场 $\boldsymbol{A}$ 为有势场的充分条件是：矢量场 $\boldsymbol{A}$ 旋度在场内处处为零，即 $\mathrm{rot}\boldsymbol{A}=\boldsymbol{0}$。一般地，称旋度恒为零的矢量场为无旋场，称具有曲线积分与路径无关的矢量场为保守场。在线单连域内，“场有势（梯度场）”“场无旋”“场保守”“表达式 $\boldsymbol{A}\cdot\mathrm{d}\boldsymbol{l}=P\mathrm{d}x+Q\mathrm{d}y+R\mathrm{d}z$ 是某个函数的全微分”，四者彼此等价。

由上可知，如果矢量场 $\boldsymbol{A}=P(x,y,z)\boldsymbol{i}+Q(x,y,z)\boldsymbol{j}+R(x,y,z)\boldsymbol{k}$ 为有势场，则存在函数 $u(x,y,z)$，且满足 $\boldsymbol{A}=\mathrm{grad}u$，即 $P=u_x$，$Q=u_y$，$R=u_z$。有势场与保守场等价，因此曲线积分与路径无关，在场中任选两点 $M_0(x_0,y_0,z_0)$、$M(x,y,z)$，逐段选取平行于坐标轴的折线作积分路线，得

$$\begin{aligned}u(x,y,z)&=\int_{M_0}^{M}\boldsymbol{A}\cdot\mathrm{d}\boldsymbol{l}\\&=\int_{x_0}^{x}P(x,y_0,z_0)\mathrm{d}x+\int_{y_0}^{y}Q(x,y,z_0)\mathrm{d}y+\int_{z_0}^{z}R(x,y,z)\mathrm{d}z\end{aligned} \tag{2-61}$$

由式（2-61）求出函数 u 后，再令 $v=-u$，就得到势函数。

管形场：在矢量场 $\boldsymbol{A}$（M）中，若其散度恒等于 0，则称此矢量场为管形场。或者说，管形场就是无源场，即

$$\mathrm{div}\boldsymbol{A}\equiv 0 \tag{2-62}$$

在管形场 $\boldsymbol{A}$（M）中，取任意两个法矢 $\boldsymbol{n}_1$ 和 $\boldsymbol{n}_2$ 都朝向矢量 $\boldsymbol{A}$ 所指一侧的横断面 S_1 与 S_2，它们截出的矢量管中，所有横断面的通量都相等，即

$$\iint_{S_1}\boldsymbol{A}\cdot\mathrm{d}\boldsymbol{S}=\iint_{S_2}\boldsymbol{A}\cdot\mathrm{d}\boldsymbol{S} \tag{2-63}$$

对于无源的矢量场，如流速场，流入某个矢量管的流量和从矢量管内流出的流量是相等的，流体在矢量管内流动，如同在真实水管内流动一样，因而称为管形场。

面单连域内，矢量场 $\boldsymbol{A}$ 为管形场的充要条件是：矢量场 $\boldsymbol{A}$ 为另一个矢量场 $\boldsymbol{B}$ 的旋度场，即

$$\boldsymbol{A} = \mathrm{rot}\boldsymbol{B} \tag{2-64}$$

调和场：在矢量场 $\boldsymbol{A}$（M）中，若其散度恒等于0，并且旋度也恒等于0，则称此矢量场为调和场，即

$$\mathrm{div}\boldsymbol{A} \equiv 0 \quad 且 \quad \mathrm{rot}\boldsymbol{A} \equiv \boldsymbol{0} \tag{2-65}$$

由梯度、散度、旋度的定义公式可推导出：梯度的旋度等于0、旋度的散度等于0，即 $\mathrm{rot}(\mathrm{grad}u)=\boldsymbol{0}$、$\mathrm{div}(\mathrm{rot}\boldsymbol{A})=0$。

调和场是指既无源又无旋的矢量场。对于调和矢量场 $\boldsymbol{A}$，由于其 $\mathrm{rot}\,\boldsymbol{A}=\boldsymbol{0}$，存在函数 u 满足 $\boldsymbol{A}=\mathrm{grad}u$；又由于其 $\mathrm{div}\boldsymbol{A}=0$，则有

$$\mathrm{div}\boldsymbol{A} = \mathrm{div}(\mathrm{grad}u) = 0 \tag{2-66}$$

在直角坐标系中，式（2-66）可写为

$$\mathrm{div}(\mathrm{grad}u) = \frac{\partial^2 u}{\partial x^2} + \frac{\partial^2 u}{\partial y^2} + \frac{\partial^2 u}{\partial z^2} = 0 \tag{2-67}$$

式（2-67）是一个二阶偏微分方程，叫作拉普拉斯方程。

调和函数：满足拉普拉斯方程且具有二阶连续偏导数的函数，叫作调和函数。调和场也是有势场，其势函数 $v=-u$ 也是调和函数。

为方便计算调和函数，拉普拉斯引进了一个微分算子 ∇^2

$$\nabla^2 = \frac{\partial^2}{\partial x^2} + \frac{\partial^2}{\partial y^2} + \frac{\partial^2}{\partial z^2} \tag{2-68}$$

利用此算子，拉普拉斯方程可简写为 $\nabla^2 u=0$。

调和量：称 $\nabla^2 u$ 为调和量，它是梯度的散度，即 $\nabla^2 u=\mathrm{div}(\mathrm{grad}u)$。

由直角坐标与柱面坐标之间的关系 $x=\rho\cos\varphi$，$y=\rho\sin\varphi$，$z=z$，可得调和量在柱面坐标系中的表达式为

$$\nabla^2 u = \frac{1}{\rho}\left[\frac{\partial}{\partial\rho}\left(\rho\frac{\partial u}{\partial\rho}\right) + \frac{\partial}{\partial\varphi}\left(\frac{1}{\rho}\frac{\partial u}{\partial\varphi}\right) + \frac{\partial}{\partial z}\left(\rho\frac{\partial u}{\partial z}\right)\right] \tag{2-69}$$

由直角坐标与球面坐标之间的关系 $x=r\sin\theta\cos\varphi$，$y=r\sin\theta\sin\varphi$，$z=r\cos\theta$，可得调和量在球面坐标系中的表达式为

$$\nabla^2 u = \frac{1}{r^2\sin\theta}\left[\sin\theta\frac{\partial}{\partial r}\left(r^2\frac{\partial u}{\partial r}\right)\right] + \frac{\partial}{\partial\theta}\left(\sin\theta\frac{\partial u}{\partial\theta}\right) + \frac{1}{\sin\theta}\frac{\partial^2 u}{\partial\varphi^2} \tag{2-70}$$

平面调和场：既无源又无旋的平面矢量场称为平面调和场。平面调和场与空间调和场概念类似，但具有以下特殊性质。

设，有平面调和场 $\boldsymbol{A}=P(x,\ y,\ z)\boldsymbol{i}+Q(x,\ y,\ z)\boldsymbol{j}$。

1）平面调和场中，$\mathrm{rot}\boldsymbol{A}=\boldsymbol{0}$，因此存在势函数 v 满足 $\boldsymbol{A}=-\mathrm{grad}v$，则

$$P = -\frac{\partial v}{\partial x}, \quad Q = -\frac{\partial v}{\partial y}, \quad v(x,\ y) = -\int_{x_0}^{x} P(x,\ y_0)\mathrm{d}x - \int_{y_0}^{y} Q(x,\ y)\mathrm{d}y \tag{2-71}$$

2）平面调和场中，$\mathrm{div}\boldsymbol{A}=\boldsymbol{0}$，因此存在矢量 $\boldsymbol{B}$ 满足 $\boldsymbol{A}=\mathrm{rot}\boldsymbol{B}$。由 $\mathrm{rot}\boldsymbol{A}=\boldsymbol{0}$、$\mathrm{div}\boldsymbol{A}=0$，推得 $\boldsymbol{B}=-Q(x,\ y,\ z)\boldsymbol{i}+P(x,\ y,\ z)\boldsymbol{j}$，且 $\mathrm{rot}\boldsymbol{B}=\boldsymbol{0}$。因此存在函数 u 满足 $\boldsymbol{B}=\mathrm{grad}u$，则

$$Q = -\frac{\partial u}{\partial x}, \quad P = -\frac{\partial u}{\partial y}, \quad u(x, y) = -\int_{x_0}^{x} Q(x, y_0)\,\mathrm{d}x + \int_{y_0}^{y} P(x, y)\,\mathrm{d}y \tag{2-72}$$

综上可得

$$\frac{\partial u}{\partial x} = \frac{\partial v}{\partial y} \quad \frac{\partial u}{\partial y} = -\frac{\partial v}{\partial x} \tag{2-73}$$

函数 u 称为平面调和场 $\boldsymbol{A}$ 的力函数，函数 v 称为平面调和场 $\boldsymbol{A}$ 的势函数。由平面调和场 $\boldsymbol{A}$ 的力函数 u 和势函数 v 的关系，可以得到两个二维拉普拉斯方程

$$\frac{\partial^2 u}{\partial x^2} + \frac{\partial^2 u}{\partial y^2} = 0 \quad \frac{\partial^2 v}{\partial x^2} + \frac{\partial^2 v}{\partial y^2} = 0 \tag{2-74}$$

力函数 u 和势函数 v 均为满足二维拉普拉斯方程的调和函数。u 和 v 的偏导数相互共轭，因此称 u 和 v 为共轭调和函数。二者的关系式为共轭调和条件，应用这个条件，可以由 u 和 v 中的一个求出另一个。

力函数 u 和势函数 v 的等值线称为平面调和场的力线与等势线，其切线斜率分别为

$$y' = -\frac{u_x}{u_y} = \frac{Q}{P} \quad y' = -\frac{v_x}{v_y} = -\frac{P}{Q} \tag{2-75}$$

由式（2-75）可知，平面调和场 $\boldsymbol{A}=P(x, y, z)\boldsymbol{i}+Q(x, y, z)\boldsymbol{j}$ 中：①任一点处，力线 u 的切线方向与场中矢量 $\boldsymbol{A}$ 的方向一致，因此，力线 u 就是场的矢量线；②力线 u 的切线斜率与等势线 v 的切线斜率互为负倒数，因此力线 u 与等势线 v 是互相正交的。

2.1.2.3 微分算子

(1) 矢性微分算子∇

矢性微分算子∇读作那勃勒（Nabla），是 W. R. Hamilton 引入矢性函数的一个矢性微分算子，也称哈密顿算子或∇算子

$$\nabla \equiv \frac{\partial}{\partial x}\boldsymbol{i} + \frac{\partial}{\partial y}\boldsymbol{j} + \frac{\partial}{\partial z}\boldsymbol{k} \tag{2-76}$$

∇是矢量微分的运算符号，具有矢量和微分的双重性，作用于数性函数 u、矢性函数 $\boldsymbol{A}$

$$\begin{aligned}
\nabla u &= \left(\frac{\partial}{\partial x}\boldsymbol{i} + \frac{\partial}{\partial y}\boldsymbol{j} + \frac{\partial}{\partial z}\boldsymbol{k}\right) u = \frac{\partial u}{\partial x}\boldsymbol{i} + \frac{\partial u}{\partial y}\boldsymbol{j} + \frac{\partial u}{\partial z}\boldsymbol{k} \\
\nabla \cdot \boldsymbol{A} &= \left(\frac{\partial}{\partial x}\boldsymbol{i} + \frac{\partial}{\partial y}\boldsymbol{j} + \frac{\partial}{\partial z}\boldsymbol{k}\right) \cdot (A_x\boldsymbol{i} + A_y\boldsymbol{j} + A_z\boldsymbol{k}) = \frac{\partial A_x}{\partial x} + \frac{\partial A_y}{\partial y} + \frac{\partial A_z}{\partial z} \\
\nabla \times \boldsymbol{A} &= \begin{vmatrix} \boldsymbol{i} & \boldsymbol{j} & \boldsymbol{k} \\ \frac{\partial}{\partial x} & \frac{\partial}{\partial y} & \frac{\partial}{\partial z} \\ A_x & A_y & A_z \end{vmatrix} = \left(\frac{\partial A_z}{\partial y} - \frac{\partial A_y}{\partial z}\right)\boldsymbol{i} + \left(\frac{\partial A_x}{\partial z} - \frac{\partial A_z}{\partial x}\right)\boldsymbol{j} + \left(\frac{\partial A_y}{\partial x} - \frac{\partial A_x}{\partial y}\right)\boldsymbol{k}
\end{aligned} \tag{2-77}$$

由此可见，数量场 u 的梯度 grad$u$ 与矢量场 $\boldsymbol{A}$ 的散度 div$\boldsymbol{A}$、旋度 rot$\boldsymbol{A}$ 正好可用∇算子表示为

$$\mathrm{grad}u = \nabla u \quad \mathrm{div}\boldsymbol{A} = \nabla \cdot \boldsymbol{A} \quad \mathrm{rot}\boldsymbol{A} = \nabla \times \boldsymbol{A} \tag{2-78}$$

（2）数性微分算子 $\boldsymbol{A} \cdot \nabla$

数性微分算子 $\boldsymbol{A} \cdot \nabla$是为计算方便引入的一种微分算子

$$\boldsymbol{A} \cdot \nabla = A_x \frac{\partial}{\partial x} + A_y \frac{\partial}{\partial y} + A_z \frac{\partial}{\partial z} \tag{2-79}$$

数性微分算子 $\boldsymbol{A} \cdot \nabla$既可作用于数性函数，也可作用于矢性函数 $\boldsymbol{B}$（M）

$$\begin{aligned} (\boldsymbol{A} \cdot \nabla) u &= A_x \frac{\partial u}{\partial x} + A_y \frac{\partial u}{\partial y} + A_z \frac{\partial u}{\partial z} \\ (\boldsymbol{A} \cdot \nabla) \boldsymbol{B} &= A_x \frac{\partial \boldsymbol{B}}{\partial x} + A_y \frac{\partial \boldsymbol{B}}{\partial y} + A_z \frac{\partial \boldsymbol{B}}{\partial z} \end{aligned} \tag{2-80}$$

值得注意的是，数性微分算子 $\boldsymbol{A} \cdot \nabla$与矢性微分算子$\nabla \cdot \boldsymbol{A}$ 完全不同。

（3）微分算子基本公式

矢性微分算子∇服从乘积的微分法则：当其作用于两个函数的乘积时，每次只对一个因子运算，另一个因子看作常数。满足矢性微分算子∇、数性微分算子 $\boldsymbol{A} \cdot \nabla$运算规则的常用公式如下（$u$ 与 v 为数性函数，$\boldsymbol{A}$ 与 $\boldsymbol{B}$ 为矢性函数）

$$\begin{aligned}
&1)\ \left|\begin{aligned} &\nabla(u \pm v) = \nabla u \pm \nabla v \\ &\nabla \cdot (\boldsymbol{A} \pm \boldsymbol{B}) = \nabla \cdot \boldsymbol{A} \pm \nabla \cdot \boldsymbol{B} \\ &\nabla \times (\boldsymbol{A} \pm \boldsymbol{B}) = \nabla \times \boldsymbol{A} \pm \nabla \times \boldsymbol{B} \end{aligned}\right. \\
&2)\ \left|\begin{aligned} &\nabla(uv) = u \nabla v + v \nabla u \\ &\nabla \cdot (u\boldsymbol{A}) = u \nabla \cdot \boldsymbol{A} + \nabla u \cdot \boldsymbol{A} \\ &\nabla \times (u\boldsymbol{A}) = u \nabla \times \boldsymbol{A} + \nabla u \times \boldsymbol{A} \end{aligned}\right. \\
&3)\ \left|\begin{aligned} &\nabla(\boldsymbol{A} \cdot \boldsymbol{B}) = \boldsymbol{A} \times (\nabla \times \boldsymbol{B}) + (\boldsymbol{A} \cdot \nabla)\boldsymbol{B} + \boldsymbol{B} \times (\nabla \times \boldsymbol{A}) + (\boldsymbol{B} \cdot \nabla)\boldsymbol{A} \\ &\nabla \cdot (\boldsymbol{A} \times \boldsymbol{B}) = \boldsymbol{B} \cdot (\nabla \times \boldsymbol{A}) - \boldsymbol{A} \cdot (\nabla \times \boldsymbol{B}) \\ &\nabla \times (\boldsymbol{A} \times \boldsymbol{B}) = (\boldsymbol{B} \cdot \nabla)\boldsymbol{A} - (\boldsymbol{A} \cdot \nabla)\boldsymbol{B} - \boldsymbol{B}(\nabla \cdot \boldsymbol{A}) + \boldsymbol{A}(\nabla \cdot \boldsymbol{B}) \end{aligned}\right. \\
&4)\ \left|\begin{aligned} &\nabla \cdot (\nabla u) = \nabla^2 u \\ &\nabla \times (\nabla u) = \boldsymbol{0} \\ &\nabla \cdot (\nabla \times \boldsymbol{A}) = 0 \\ &\nabla \times (\nabla \times \boldsymbol{A}) = \nabla(\nabla \cdot \boldsymbol{A}) - \Delta \boldsymbol{A} \\ &\Delta \boldsymbol{A} = \Delta A_x \boldsymbol{i} + \Delta A_y \boldsymbol{j} + \Delta A_z \boldsymbol{k} \end{aligned}\right.
\end{aligned} \tag{2-81}$$

矢径函数 $\boldsymbol{r}=x\boldsymbol{i}+y\boldsymbol{j}+z\boldsymbol{k}$、斯托克斯公式、奥-高公式、格林公式的$\nabla$算子表示

$$1)\ \left|\begin{aligned} &r = |\boldsymbol{r}| \\ &\nabla f(r) = f'(r)\, \nabla r \\ &\nabla r = \boldsymbol{r}/r \\ &\nabla \cdot \boldsymbol{r} = 3 \\ &\nabla \times \boldsymbol{r} = \nabla \times [f(r)\boldsymbol{r}] \\ &\qquad = \nabla \times (\boldsymbol{r}/r^{-3}) = \boldsymbol{0} \end{aligned}\right.$$

$$
2)\quad \begin{cases}
\oint_l \boldsymbol{A}\cdot \mathrm{d}\boldsymbol{l} = \iint_S (\nabla \times \boldsymbol{A})\cdot \mathrm{d}\boldsymbol{S} & \text{（斯托克斯公式）}\\
\oiint_S \boldsymbol{A}\cdot \mathrm{d}\boldsymbol{S} = \iiint_\Omega (\nabla \cdot \boldsymbol{A})\mathrm{d}V & \text{（奥-高公式）}\\
\oiint_S (u\nabla v)\cdot \mathrm{d}\boldsymbol{S} = \iiint_\Omega (\nabla v\cdot\nabla u + u\nabla^2 v)\mathrm{d}V & \text{（格林公式）}
\end{cases} \tag{2-82}
$$

这些基本公式是推导其他与矢性微分算子∇相关公式的基础，推导时应充分发挥矢量混合积的轮换性［式（2-19）中的第3式］，设法将常矢移到∇前面，变矢留在∇后面。

2.2 地球物理场论基础

海洋地球物理学研究和其他物理学专业研究一样，都是依据基本物理学定律（牛顿定律、傅里叶定律、库仑定律、安培定律、法拉第定律、胡克定律等），通过力、场强、位或势等物理概念，研究场变量之间的数量关系，并用数学形式表示其随时间、空间的演化规律（Garland，1987）。

场变量的演化规律通常通过积分、微分两个方面来研究。在积分方面，通过环量、通量来描述；在微分方面，通过梯度、散度、旋度来描述（见2.1节）。

梯度、散度、旋度是场变量的一阶偏导数，表示场变量的空间变化率，有助于了解场的特征、分布状态等，如从散度、旋度出发，根据纵波、横波振动方向，纵波为无旋波，横波为无散波，对胡克定律分别求散度、旋度，则可以区分纵波、横波。

为了深入研究场的演化规律，还要研究场变量的二阶偏导数，即变化率的变化率。海洋地球物理学研究中，最常用的二阶偏导数是梯度的散度，即拉普拉斯微分算子∇^2表示的二阶偏导数。这个二阶偏导数非常重要，许多海洋地球物理场的基本规律都是通过这个二阶偏导数表示的数学物理方程来描述的，如引力场中的椭圆型方程、温度场中的抛物型方程、电磁场中的抛物+双曲型方程、弹性波场中的双曲型方程等，都是拉普拉斯微分算子∇^2表示的二阶偏微分方程。

2.2.1 引力场

只要有物体存在，其周围空间中就有与它共存的引力场。确定场和场源之间的关系，是引力场论研究的基本问题。通过研究此问题，我们可以确定海底构造以及深部地质体的位置、大小、形状、性质等。

2.2.1.1 引力与引力场强度

引力$\boldsymbol{f}$和引力场强度$\boldsymbol{F}$是表征引力场的两个重要特征量。根据万有引力定律，质量M的物体对质量m的物体的引力$\boldsymbol{f}$为

$$\boldsymbol{f} = -G\frac{Mm}{r^3}\boldsymbol{r} \tag{2-83}$$

式中，$\boldsymbol{r}$ 为 M 的质心到 m 质心的矢径；负号表示引力 $\boldsymbol{f}$ 与 $\boldsymbol{r}$ 方向相反；G 为引力常数，国际单位制中取 $6.67\times10^{-11}\mathrm{m}^3/(\mathrm{kg}\cdot\mathrm{s}^2)$。

通常，一个试探质点放在引力场中某一点时，作用在它上面的力 $\boldsymbol{f}$ 的大小既与场的本身性质有关，也与试探质点的质量 m 有关。但在场中任意点，$\boldsymbol{f}/m$ 是不变的，即作用在单位质量上的力只与场的性质有关。因此，引力场强度定义为场中某点的场强度 $\boldsymbol{F}$ 等于一单位质点在该处所受的力，即

$$\boldsymbol{F} = \lim_{m\to0}\frac{\boldsymbol{f}}{m} \tag{2-84}$$

场强度是表示场性质的物理量，是坐标的函数，与试探质点无关。

（1）点质量的引力场场强

牛顿的万有引力定律是表示质点间相互作用的实验定律，它对于质点间的相互作用的描述是正确的。根据万有引力定律，某一场源质量 m 在 P 点产生的引力场强度为

$$\boldsymbol{F} = -G\frac{m}{r^3}\boldsymbol{r} \tag{2-85}$$

式中，负号表示引力与矢径方向相反。式（2-85）表明，引力场中，任意 P 点的场强 $\boldsymbol{F}$ 与场源质量 m 成正比，与该点至场源间的距离 r 的平方成反比。场强 $\boldsymbol{F}$ 的这种“距离平方反比”性质的空间变化规律是引力场最基本的特征，引力场的所有性质都可以由此特征导出。

（2）体质量的引力场场强

由场的叠加原理可知，引力场中任意一点 P 上的场强等于每一个质点单独存在时在 P 点产生的场强的矢量和，即

$$\boldsymbol{F} = -G\sum_{i=1}^{n}\frac{m_i}{r_i^3}\boldsymbol{r}_i \tag{2-86}$$

如果质量连续以体密度 ρ（ξ，η，ζ）分布在体积 V 中（图 2-1），V 中任一体积元 $\mathrm{d}v$ 的质量 $\mathrm{d}m=\rho\mathrm{d}v$，则对质量分布区外任一点 P（x，y，z），$\mathrm{d}m$ 产生的场强为

$$\mathrm{d}\boldsymbol{F} = -G\frac{\boldsymbol{r}}{r^3}\mathrm{d}m = -G\frac{\rho\boldsymbol{r}}{r^3}\mathrm{d}v \tag{2-87}$$

式中，$\boldsymbol{r}=\boldsymbol{r}_2-\boldsymbol{r}_1=(x-\xi)\ \boldsymbol{i}+(y-\eta)\ \boldsymbol{j}+(z-\zeta)\ \boldsymbol{k}$；$r=|\boldsymbol{r}|=[(x-\xi)^2+(y-\eta)^2+(z-\zeta)^2]^{1/2}$；$\boldsymbol{r}_2$、$\boldsymbol{r}_1$ 分别为由原点 O 至场源点 Q 和观测点 P 的矢径。由式（2-87）对所有质量分布 V 求积分，则全部质量在 P 点产生的场强 $\boldsymbol{F}$ 及其沿坐标轴的三个投影 F_x、F_y、F_z 分别为

$$\boldsymbol{F} = -G\iiint_V\frac{\rho\boldsymbol{r}}{r^3}\mathrm{d}v \Rightarrow \begin{cases} F_x = -G\iiint_V\dfrac{\rho(x-\xi)}{r^3}\mathrm{d}v \\ F_y = -G\iiint_V\dfrac{\rho(y-\eta)}{r^3}\mathrm{d}v \\ F_z = -G\iiint_V\dfrac{\rho(z-\zeta)}{r^3}\mathrm{d}v \end{cases} \tag{2-88}$$

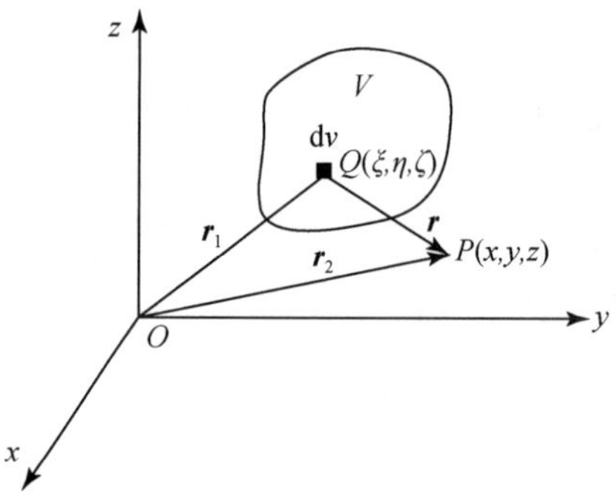

图 2-1　计算体质量分布的引力场

【例题】 设，海底存在一个垂直断层，形成一个无限长垂直台阶（图 2-2）。假设台阶的平均质量密度为 ρ，台阶厚度为 $\zeta_2-\zeta_1$。求：台阶在海面上的场强垂直分量 F_z？

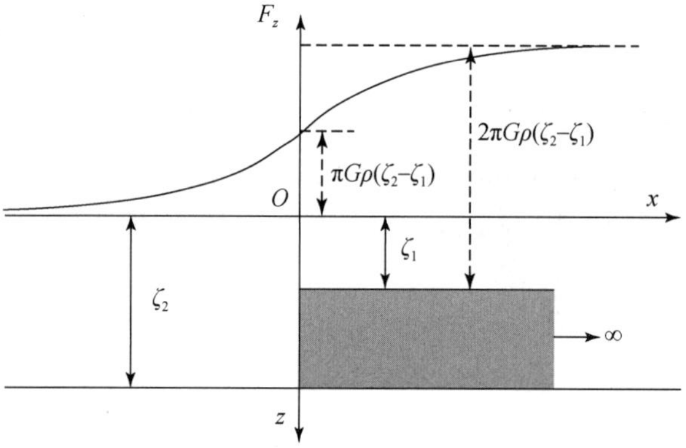

图 2-2　垂直台阶的引力场强度

解： 如图 2-2 所示，设，台阶上、下平面平行于海平面，观测船位于 Ox 轴上，则由场强计算公式中的 F_z 分量表达式，得

$$F_z = -G\iiint_V \frac{\rho(z-\zeta)}{r^3}\mathrm{d}v = G\rho\int_0^{\infty}\int_{-\infty}^{\infty}\int_{\zeta_1}^{\zeta_2}\frac{\zeta\,\mathrm{d}\xi\,\mathrm{d}\eta\,\mathrm{d}\zeta}{[(x-\xi)^2+y^2+z^2]^{\frac{3}{2}}}$$

$$= G\rho\left\{x\ln\frac{x^2+\zeta_2^2}{x^2+\zeta_1^2}+2\left[\zeta_2\left(\frac{\pi}{2}+\arctan\frac{x}{\zeta_2}\right)-\zeta_1\left(\frac{\pi}{2}+\arctan\frac{x}{\zeta_1}\right)\right]\right\}$$

在垂直台阶上方的海平面上，场强垂直分量 F_z 的变化如图 2-2 所示。当 $x\to-\infty$ 时，$F_z=0$；当 $x\to+\infty$ 时，$F_z=2\pi G\rho(\zeta_2-\zeta_1)$；当 $x=0$ 时，$F_z=\pi G\rho(\zeta_2-\zeta_1)$。

（3）力线

可以通过绘制力线的方法直观表示引力场强度的分布状况。力线是一种矢量线，其上每点的切线方向都和该点的场强矢量 $\boldsymbol{F}$ 方向相合。因此，力线上的线元 $\mathrm{d}\boldsymbol{l}$ 应该平行于场强矢量 $\boldsymbol{F}$，即

$$\frac{\mathrm{d}x}{F_x}=\frac{\mathrm{d}y}{F_y}=\frac{\mathrm{d}z}{F_z} \tag{2-89}$$

式（2-89）即引力场强 $\boldsymbol{F}$ 的力线的微分方程。其中，$\mathrm{d}x$、$\mathrm{d}y$、$\mathrm{d}z$ 为力线线元 $\mathrm{d}\boldsymbol{l}$ 的三个分量。求解此微分方程，积分后可得两个曲面方程

$$f_1(x,\ y,\ z)=c_1 \quad f_2(x,\ y,\ z)=c_2 \tag{2-90}$$

这两个曲面方程的交线就是力线方程。力线的概念本身没有物理意义，仅是为了辅助描述引力场强。通过单位横截面面积的力线数与该处的场强成正比，即 $\boldsymbol{F}$ 较大的地方，力线较密。场强与质量有密切的联系，因此力线与质量也有密切的联系。在引力场中，力线的起点在无限远处，终点则在质量所在处，通过绘制力线分布图，可以沿力线追踪场源位置。

【例题】设，有一点质量 m 位于直角坐标原点。求：其引力场强的力线方程？

解：由点质量的场强计算公式

$$\boldsymbol{F}=-G\frac{m}{r^3}\boldsymbol{r}$$

得到

$$F_x=-Gm\frac{x}{r^3},\quad F_y=-Gm\frac{y}{r^3},\quad F_z=-Gm\frac{z}{r^3}$$

由力线的微分方程

$$\frac{\mathrm{d}x}{F_x}=\frac{\mathrm{d}z}{F_z},\quad \frac{\mathrm{d}y}{F_y}=\frac{\mathrm{d}z}{F_z}$$

得到

$$\frac{\mathrm{d}x}{\mathrm{d}z}=\frac{F_z}{F_z}=\frac{x}{z},\quad \frac{\mathrm{d}y}{\mathrm{d}z}=\frac{F_y}{F_z}=\frac{y}{z}$$

求积分后，得 $x=c_1z$，$y=c_2z$。

此即点质量引力场强的力线方程，是指向质点的直线簇。

2.2.1.2 场强度的通量和散度

（1）点质量的场强通量

由 2.1 节中对矢量场通量的定义，可得引力场强 $\boldsymbol{F}$ 的通量 N

$$N=\iint_S \boldsymbol{F}\cdot\mathrm{d}\boldsymbol{s}=\iint_S \boldsymbol{F}\cdot\boldsymbol{n}\mathrm{d}s \tag{2-91}$$

式中，$\boldsymbol{n}$ 是沿 $\mathrm{d}s$ 面的正法线方向的单位矢量。将点质量引力场强公式代入式（2-91），得

$$N=-Gm\iint_S \frac{\boldsymbol{r}\cdot\boldsymbol{n}}{r^3}\mathrm{d}s=-Gm\iint_S \frac{\cos(\boldsymbol{r}\cdot\boldsymbol{n})}{r^2}\mathrm{d}s=-Gm\iint_S \mathrm{d}\Omega=-Gm\Omega \tag{2-92}$$

式中，$\cos(\boldsymbol{r}\cdot\boldsymbol{n})$ 为 $\mathrm{d}s$ 的法线与场源点到 $\mathrm{d}s$ 的矢径 $\boldsymbol{r}$ 间的夹角的余弦；$\mathrm{d}\Omega$ 为 $\mathrm{d}s$ 在垂直于 $\boldsymbol{r}$ 的平面上的投影对场源点所张的立体角。

Ω 为整个 S 面对质点所张的立体角。当 S 面为闭合面时，立体角 $\Omega=4\pi$ 或 0。点质量可以位于闭合面内，也可以位于闭合面外。如果点质量位于闭合面 S 外，$N=0$，即通过任

一不包含质量 m 的闭合面之场强 F 的通量等于零。如果点质量位于闭合面 S 内，那么 S 面对点质量所张的立体角 $\Omega=4\pi$，因此

$$N = \oint\!\!\!\oint_S \boldsymbol{F} \cdot \boldsymbol{n} \mathrm{d}s = -4\pi G m \tag{2-93}$$

式（2-93）为场论中的著名定律——高斯定律。它表明，场强矢量 $\boldsymbol{F}$ 对于任意一闭合面 S 的通量 N 等于 S 所包围质量的 $-4\pi G$ 倍。

（2）任意质量分布的场强通量

对于非点质量分布的空间，可以利用叠加原理求其场强通量，即

$$N = \oint\!\!\!\oint_S \boldsymbol{F} \cdot \boldsymbol{n} \mathrm{d}s = -4\pi G \sum_i m_i = -4\pi G \iiint_V \rho \mathrm{d}v \tag{2-94}$$

式中，V 为 S 面内所包含的体积；m_i 为各个质点的质量，如果质量按体积分布，体密度为 ρ，则每一体积元 $\mathrm{d}v$ 中的质量等于 $\rho \mathrm{d}v$。

式（2-94）给出了场强的空间积分与场源质量分布之间的关系，即场中任一区域表面上的场强通量与域内包含质量的数量关系。依据此关系，既可以从域内场源质量确定域面场强通量，也可以从域面场强通量确定域内场源质量。

（3）场强的散度

由 2.1 节中对矢量场散度的定义，可得引力场强 $\boldsymbol{F}$ 的散度

$$\mathrm{div}\boldsymbol{F} = \lim_{\Delta V \to 0} \frac{\oint\!\!\!\oint_{\Delta S} \boldsymbol{F} \cdot \mathrm{d}\boldsymbol{S}}{\Delta V} \tag{2-95}$$

式中，ΔV 为 S 面内所包围的微小体积。由高斯定理给出的体积分与面积分之间的关系式，即

$$\oint\!\!\!\oint_S \boldsymbol{F} \cdot \boldsymbol{n} \mathrm{d}s = \iiint_V \mathrm{div}\boldsymbol{F} \mathrm{d}v \tag{2-96}$$

结合场强通量的高斯定律，得

$$\oint\!\!\!\oint_S \boldsymbol{F} \cdot \boldsymbol{n} \mathrm{d}s = \iiint_V \mathrm{div}\boldsymbol{F} \mathrm{d}v = -4\pi G \iiint_V \rho \mathrm{d}v \tag{2-97}$$

不管积分区域如何选择，这两个积分总是相等的，即便积分定域到一点，也仍然成立。因此，两个被积函数在空间每一点上彼此相等。所以，由式（2-97）可得

$$\mathrm{div}\boldsymbol{F} = -4\pi G \rho \tag{2-98}$$

式（2-98）为场论高斯定律的微分表达形式，其表明引力场中某点场强度的散度只与该点的密度质量成比例，而与其他点上的质量分布无关。如果该点没有质量密度存在，则该点场强度的散度为零。

【例题】 利用高斯定理证明格林公式

$$\oint\!\!\!\oint_S U \nabla V \cdot \mathrm{d}\boldsymbol{s} = \iiint_\Omega (\nabla V \cdot \nabla U + U \nabla^2 V) \mathrm{d}v$$

$$\oint\!\!\!\oint_S (U \nabla V - V \nabla U) \cdot \mathrm{d}\boldsymbol{s} = \iiint_\Omega (U \nabla^2 V - V \nabla^2 U) \mathrm{d}v$$

证明：令，$\boldsymbol{A}=U\nabla V$，则 $\mathrm{div}\boldsymbol{A}=\nabla\cdot\boldsymbol{A}=\nabla\cdot(U\nabla V)=\nabla V\cdot\nabla U+U\nabla^2 V$

代入高斯定理 $\oint\!\!\oint_S \boldsymbol{A}\cdot\mathrm{d}\boldsymbol{s}=\iiint_\Omega \mathrm{div}\boldsymbol{A}\mathrm{d}v$

有 $\oint\!\!\oint_S U\nabla V\cdot\mathrm{d}\boldsymbol{s}=\iiint_\Omega(\nabla V\cdot\nabla U+U\nabla^2 V)\mathrm{d}v$

因此，格林第一公式成立。

令，$\boldsymbol{A}=U\nabla V-V\nabla U$，则 $\mathrm{div}\boldsymbol{A}=\nabla\cdot(U\nabla V-V\nabla U)=U\nabla^2 V-V\nabla^2 U$

代入高斯定理 $\oint\!\!\oint_S \boldsymbol{A}\cdot\mathrm{d}\boldsymbol{s}=\iiint_\Omega \mathrm{div}\boldsymbol{A}\mathrm{d}v$

有 $\oint\!\!\oint_S(U\nabla V-V\nabla U)\cdot\mathrm{d}\boldsymbol{s}=\iiint_\Omega(U\nabla^2 V-V\nabla^2 U)\mathrm{d}v$

因此，格林第二公式成立。

证毕。

2.2.1.3 场强度的环量和旋度

(1) 场强的环量

由 2.1 节中对矢量场环量的定义，可得引力场强 $\boldsymbol{F}$ 的环量 Γ

$$\Gamma=\oint_l \boldsymbol{F}\cdot\mathrm{d}\boldsymbol{l}=0 \tag{2-99}$$

式 (2-99) 表明，“引力场强的环量等于零”。引力场中，场力做功与路径无关，只与起点和终点位置有关。对于单位质量来说，如果它在引力场中有一微小位移 d$\boldsymbol{l}$，场力做功为 $\boldsymbol{F}\cdot\mathrm{d}\boldsymbol{l}$，如果它从场中某点出发，沿一闭合线移动又回到出发点时，场力做功等于零。

“引力场强的环量等于零” 这一性质实际上是能量守恒定律在引力场的特殊形式，不仅对点质量引力场成立，而且对任意质量分布的引力场都成立。任何质量分布都可以看作许多点质量的集合，它的场可看作点质量场的叠加。

(2) 场强的旋度

场强 $\boldsymbol{F}$ 的旋度是一种导微运算，它表示场强 $\boldsymbol{F}$ 的三个相互垂直分量的空间变化率。由 2.1 节中对矢量场旋度的定义，可知旋度是场矢量在某一确定区域的环量对面积之比的极限，即

$$\mathrm{rot}_n\boldsymbol{F}=\lim_{\Delta S\to 0}\frac{\oint_L \boldsymbol{F}\cdot\mathrm{d}\boldsymbol{l}}{\Delta S} \tag{2-100}$$

式中，ΔS 为曲线 L 所联系的微小面积；$\boldsymbol{n}$ 为 ds 面的法矢。由斯托克斯定理给出的面积分与线积分之间的关系式，即

$$\oint_L \boldsymbol{F}\cdot\mathrm{d}\boldsymbol{l}=\iint_S \mathrm{rot}\boldsymbol{F}\cdot\mathrm{d}\boldsymbol{s} \tag{2-101}$$

结合“引力场强的环量等于零” 这一性质，得

$$\mathrm{rot}\boldsymbol{F}=0 \tag{2-102}$$

式（2-102）表明，引力场强在各点的旋度等于零。斯托克斯定理中，积分区域是任意选择的，因此若积分值为零，被积函数必等于零。由于引力场中某点场强的旋度与围绕该点的环量是密不可分的关系，积分得到的“引力场强的环量等于零”与微分得到的“引力场强在各点的旋度等于零”是完全等效的。二者表明了引力场的同一物理特性，即引力场中，场力做功与路径无关。

2.2.1.4 引力场的势及势的梯度

引力做功与路径无关，做功大小只取决于路径的起点 P_0 和终点 P 的位置，因此可以引入两个与起点、终点位置相关的标量函数 U（P_0）和 U（P），使功 A 等于

$$A = \int_{P_0}^{P} \boldsymbol{F} \cdot \mathrm{d}\boldsymbol{l} = U(P) - U(P_0) \quad 或 \quad U(P) = U(P_0) + \int_{P_0}^{P} \boldsymbol{F} \cdot \mathrm{d}\boldsymbol{l} \tag{2-103}$$

标量函数 U（P）和 U（P_0）称为引力场的势，是位置坐标的单值函数。U（P）是某一观测点 P 的势；U（P_0）是任一选定点 P_0 的势，可以是任意固定常数。在一般计算中，当质量分布在有限空间时，常将 P_0 点选在无穷远处，且设 $U(\infty)=0$，则引力场中任意观测点 P 的势为

$$U(P) = \int_{\infty}^{P} \boldsymbol{F} \cdot \mathrm{d}\boldsymbol{l} \tag{2-104}$$

式（2-104）为引力势的定义式，其表明，引力场中，任意 P 点的势等于场力将单位质量的物体从无穷远处移至 P 点时所做的功。

引力势与引力场强一样，都是描述引力场特性的物理量（金旭和傅维洲，2003）。场强从力的观点描述引力场，势从功的观点描述引力场。因为引力做功与路径无关，所以引力场的势具有单值性；因为引力场内任一点 P 的势，是 P 点与 P_0 点（标准点）之间的势差，所以引力场的势具有相对性。

（1）点质量的势

将点质量的场强公式代入引力势的定义式中，得点质量 m 的场中任一点 P 的势为

$$U(P) = \int_{\infty}^{P} \boldsymbol{F} \cdot \mathrm{d}\boldsymbol{l} = -\int_{\infty}^{P} \frac{Gm}{r^3}\boldsymbol{r} \cdot \mathrm{d}\boldsymbol{l} = -\int_{\infty}^{P} \frac{Gm}{r^2}\mathrm{d}r = \frac{Gm}{r} \tag{2-105}$$

式中，$\boldsymbol{r}$ 为 m 到 P 点的矢径。

（2）体质量的势

对于连续分布的体质量密度 ρ，如果 P 点在质量分布区外，则将体质量分布的场强公式代入引力势的定义式中，得

$$\begin{aligned} U(P) &= \int_{\infty}^{P} \boldsymbol{F} \cdot \mathrm{d}\boldsymbol{l} = \int_{\infty}^{P}\iiint_V \frac{-G\rho\boldsymbol{r} \cdot \mathrm{d}\boldsymbol{l}}{r^3}\mathrm{d}v = -\iiint_V G\rho\left[\int_{\infty}^{r}\left(\frac{\mathrm{d}r}{r^2}\right)\right]\mathrm{d}v \\ &= G\iiint_V \frac{\rho\,\mathrm{d}v}{r} \end{aligned} \tag{2-106}$$

式中，r 为质量分布区外任一点 P（x，y，z）到质量分布区 V 中某一体积元 $\mathrm{d}v=\mathrm{d}\xi\mathrm{d}\eta\mathrm{d}\zeta$ 之间的距离，$r=[(x-\xi)^2+(y-\eta)^2+(z-\zeta)^2]^{1/2}$。

（3）引力势的梯度

引力势 U 是位置的单值标量函数，由 2.1 节中对标量场的梯度定义，可得 U 的梯度为

$$\mathrm{grad}U=\frac{\partial U}{\partial x}\boldsymbol{i}+\frac{\partial U}{\partial y}\boldsymbol{j}+\frac{\partial U}{\partial z}\boldsymbol{k} \tag{2-107}$$

由引力势的定义式，任意两点间引力势的增量为 $\mathrm{d}U=\boldsymbol{F}\cdot\mathrm{d}\boldsymbol{l}=F_x\mathrm{d}x+F_y\mathrm{d}y+F_z\mathrm{d}z$

因此，有 $F_x=\frac{\partial U}{\partial x}$，$F_y=\frac{\partial U}{\partial y}$，$F_z=\frac{\partial U}{\partial z}$，即

$$\begin{aligned}\boldsymbol{F}&=F_x\boldsymbol{i}+F_y\boldsymbol{j}+F_z\boldsymbol{k}=\frac{\partial U}{\partial x}\boldsymbol{i}+\frac{\partial U}{\partial y}\boldsymbol{j}+\frac{\partial U}{\partial z}\boldsymbol{k}\\&=\mathrm{grad}U\end{aligned} \tag{2-108}$$

式（2-108）表明，引力场中任一点的场强 $\boldsymbol{F}$ 等于该点的势的梯度，或者说，场强沿坐标轴方向的分量，等于势的梯度沿坐标轴方向的投影。

（4）等势面

引力势是标量函数，将标量函数 U 数值相等的点连接起来，就构成不同的曲面，这些面称为等势面。因为等势面上各点函数值相同，所以等势面方程为

$$U(x,\ y,\ z)=c \tag{2-109}$$

式中，c 为常数。给常数 c 不同的数值，就得到不同的等势面。等势面与力线正交，这一特性可以直接由等势面和力线的定义推出。等势面的概念与力线的概念一样，本身没有物理意义，仅是为了辅助描述引力场分布和变化。

2.2.1.5 面质量分布的引力场

实际问题中，常常会出现引力场源既不是点质量也不是体质量分布的情况，如断层带、含油地层、水热构造等，都是一些面质量分布的场源。面质量分布两侧的场强与势的连续性，是其引力场研究的重要方面。

（1）面质量分布的引力场强和势

对于面质量分布，其质量面 S 之外观测点 P 的引力场强 $\boldsymbol{F}$ 和势 U 为

$$\left.\begin{aligned}\boldsymbol{F}&=-G\iint\limits_S\frac{\sigma\boldsymbol{r}}{r^3}\mathrm{d}s\\U&=G\iint\limits_S\frac{\sigma}{r}\mathrm{d}s\end{aligned}\right\}\quad \boldsymbol{F}=\mathrm{grad}U \tag{2-110}$$

式中，σ 为质量面 S 上的面密度，其为连续函数；$\boldsymbol{r}$ 为 S 上任一点 Q（ξ，η，ζ）到观测点 P（x，y，z）的矢径，$r=[(x-\xi)^2+(y-\eta)^2+(z-\zeta)^2]^{1/2}$。

（2）面质量两侧引力场强和势的连续性

设，质量面 S 上的面密度为 σ。在观测点附近做一穿过质量面 S 高 $\mathrm{d}l$ 的小圆柱体，Δs 为圆柱体在 S 上切割出来的面积元。令，柱体的上、下底平行并近似等于 Δs，$\boldsymbol{n}_1$、$\boldsymbol{n}_2$ 为上、下底外法线方向的单位矢量。如果 Δs 充分小，则其上 σ 为常量，且上、下底各点的

场强 $\boldsymbol{F}_1$、$\boldsymbol{F}_2$ 也分别为常量。则由场论中的高斯定律，场强矢量 $\boldsymbol{F}$ 对于任意一闭合面 S 的通量 N 等于 S 所包围质量的 $-4\pi G$ 倍，得

$$N = F_1\cos(\boldsymbol{F}_1 \cdot \boldsymbol{n}_1)\Delta s + F_2\cos(\boldsymbol{F}_2 \cdot \boldsymbol{n}_2)\Delta s + N' = -4\pi G\sigma\Delta s \tag{2-111}$$

式中，N' 为柱体侧面的通量。$\boldsymbol{n}_1$、$\boldsymbol{n}_2$ 方向相反，且当 $\mathrm{d}l \to 0$ 时，$N' \to 0$，所以有

$$N = F_{1n}\Delta s - F_{2n}\Delta s = -4\pi G\sigma\Delta s \Rightarrow F_{1n} - F_{2n} = -4\pi G\sigma \tag{2-112}$$

式（2-112）表明，场强 $\boldsymbol{F}$ 的法向分量穿过面质量两侧时不连续，突变值等于 S 质量面上面密度 σ 的 $-4\pi G$ 倍。同时，由场强 $\boldsymbol{F}$ 与势的关系可以推知：当通过一具有面质量密度为 σ 的质量面 S 时，势函数 U 的变化是连续的，但其梯度的法向分量发生突变，其值等于面质量密度 σ 的 $-4\pi G$ 倍。

此外，由“引力场强的环量等于零”这一性质，可以证明在任意质量面 S 的两侧，场强的切向分量是连续的。

2.2.1.6 引力位场方程：泊松方程和拉普拉斯方程

将引力场强散度表示的高斯定律、引力场强旋度等于零的性质统一，就是利用势表示的位场方程。位场方程是求解引力场许多问题的基础。

（1）高斯定律与位场方程

引力场的重要特性是场力做功与路径无关，由此得到引力场强在各点的旋度等于零。在 2.1.2 节中曾论述过，旋度恒为零的矢量场为无旋场，称具有曲线积分与路径无关的矢量场为保守场。在线单连域内，“场有势（梯度场）”“场无旋”“场保守”“表达式 $\boldsymbol{A}\cdot \mathrm{d}\boldsymbol{l} = P\mathrm{d}x + Q\mathrm{d}y + R\mathrm{d}z$ 是某个函数的全微分”，四者彼此等价。因此引入了势的概念，并求得势的梯度 $\mathrm{grad}U$ 就是场强 $\boldsymbol{F}$。

由引力场论的高斯定律微分表达形式，得

$$\mathrm{div}\boldsymbol{F} = -4\pi G\rho \Rightarrow \mathrm{div}\boldsymbol{F} = \mathrm{div}(\mathrm{grad}U) = \nabla^2 U = -4\pi G\rho \tag{2-113}$$

式（2-113）为位场方程中的泊松方程。在直角坐标系中

$$\nabla^2 U = \frac{\partial^2 U}{\partial x^2} + \frac{\partial^2 U}{\partial y^2} + \frac{\partial^2 U}{\partial z^2} = -4\pi G\rho \tag{2-114}$$

对于场中没有质量分布的区域，$\rho=0$，因此，泊松方程变为

$$\nabla^2 U = \frac{\partial^2 U}{\partial x^2} + \frac{\partial^2 U}{\partial y^2} + \frac{\partial^2 U}{\partial z^2} = 0 \tag{2-115}$$

式（2-115）为位场方程中的拉普拉斯方程。

位场方程的物理意义：若在引力场中任一点 P 周围取无限小闭合面 S，其体积为 Δv，则势 U 沿 S 面法线的方向导数的通量 $\Delta\Phi_n$ 与 Δv 之比的极限值，在密度为 ρ 的质量分布区等于 $-4\pi G\rho$，在密度为 0 的区域则等于 0。势的这种分布规律反映了引力场的基本特性。

泊松方程和拉普拉斯方程是引力场的基本位场方程，场论中的正反演问题都可以归结为位场方程求解问题：如果知道密度分布，可以通过边界条件求解位场方程，确定场的势或场强；反之，如果知道场的势及其梯度，可以通过求解位场方程确定场中某点的密度，即

$$\nabla^2 U = -4\pi G\rho \quad \Leftrightarrow \quad \rho = -\frac{1}{4\pi G}\nabla^2 U \tag{2-116}$$

唯一性定理：如果已知某一区域 V 内各点的质量密度 ρ、区域边界面 S 上各点的势及其梯度（或场强），则此区域内由位场方程求解的势或场强是唯一的。

依据唯一性定理，在求解实际的海洋地球物理正演问题时，如果已知边界上各点的场强，可以确定区域内部各点场强有唯一解；如果已知边界上各点的势，可以确定区域内部各点的势有唯一解。

在求解实际的海洋地球物理反演问题时，由于观测的是海底、海面或空中某一区域的势及其微商，没有得到全部场域内势函数的值，要想唯一确定地下场源物质的分布规律是不可能的。只有给予附加条件，才能得到单值解。

引力场中，泊松方程的积分表达式就是体质量分布的势 U 的表达式

$$U(P) = G\iiint_V \frac{\rho \mathrm{d}v}{r} \tag{2-117}$$

引力场的基本问题之一就是根据已知密度分布，求出场的分布。如果已知密度分布，则在一定边界条件下求解泊松方程的积分，与之前推导出的体质量分布的势的积分公式相同。

（2）平面场的位场方程

如果质量对称分布，场中每一点的势函数 U 只需两个变量（x，y）来确定，不依赖 z 坐标，任何一个平行于轴 Oz 的直线上，势函数 U 保持相同的值，即平行于平面 Oxy 的任何平面上，U 值分布是相同的。这种场只需要考虑平面 Oxy 的势，所以称为平面场。

无限长线密度体是产生平面场的典型场源，如海底很长的水平圆柱状地质体（水平断层线、油气带、柱状矿体等），如果其埋藏深度与柱体长度相比很小，就可以作为平面场处理。

平面场的拉普拉斯方程为

$$\nabla^2 U = \frac{\partial^2 U}{\partial x^2} + \frac{\partial^2 U}{\partial y^2} = 0 \tag{2-118}$$

平面场的泊松方程为

$$\nabla^2 U = \frac{\partial^2 U}{\partial x^2} + \frac{\partial^2 U}{\partial y^2} = -2\pi G\sigma \tag{2-119}$$

式中，σ 为无限长柱体横截面 S 上的面密度（柱体中单位高度单位面积的质量）。

对于一条沿 z 轴方向无限长的均匀细线，如果其线密度（单位长度的质量）为 λ，则由高斯定律可得，Oxy 平面上任意一点 P 的场强 $\boldsymbol{F}$ 为

$$\boldsymbol{F} = -\frac{2\lambda G}{r^2}\boldsymbol{r} \quad \begin{cases} F_x = -2\lambda G\dfrac{x-\xi}{r^2} \\ F_y = -2\lambda G\dfrac{y-\eta}{r^2} \end{cases} \tag{2-120}$$

式中，$\boldsymbol{r}$ 为平面 Oxy 上质量线 Q（ξ，η）点到 P（x，y）点的矢径，$\boldsymbol{r}=(x-\xi)\boldsymbol{i}+(y-\eta)\boldsymbol{j}$；$r=[(x-\xi)^2+(y-\eta)^2]^{1/2}$。

由关系式 grad$U$=$\boldsymbol{F}$，得

$$\frac{\partial U}{\partial r}=F_r=-\frac{2\lambda G}{r} \tag{2-121}$$

求积分，并取 $U|_{r=1}=0$，得

$$U=2\lambda G\ln\frac{1}{r} \tag{2-122}$$

式（2-122）表明，平面场的势是一种对数势。

若集合一束不同线密度的细线构成一无限长柱体，利用场的叠加原理，可得柱体在 Oxy 平面上任意一点 P 的场强 $\boldsymbol{F}$ 为

$$\boldsymbol{F}=-2G\iint_S\frac{\sigma\boldsymbol{r}}{r^2}\mathrm{d}s\quad\begin{cases}F_x=-2G\iint_S\dfrac{\sigma(x-\xi)}{r^2}\mathrm{d}s\\F_y=-2G\iint_S\dfrac{\sigma(y-\eta)}{r^2}\mathrm{d}s\end{cases} \tag{2-123}$$

柱体在 Oxy 平面上任意一点 P 的势 U 为

$$U=2G\iint_S\sigma\ln\left(\frac{1}{r}\right)\mathrm{d}s \tag{2-124}$$

2.2.1.7 重力场与地球重力位

（1）地球重力与重力场强

地球不是一个静止质量体，它不但围绕太阳公转，而且围绕地轴自转，因此地球表面及其周围空间的重力 $\boldsymbol{p}$ 是地球引力 $\boldsymbol{f}$ 和离心力场 $\boldsymbol{c}$ 的总和，即

$$\boldsymbol{p}=\boldsymbol{f}+\boldsymbol{c} \tag{2-125}$$

由场强定义可知，重力场强 $\boldsymbol{g}$ 是地球表面附近空间任意一点 Q 上，单位质量的物体 m 在重力场中所受的重力 $\boldsymbol{p}$，即

$$\boldsymbol{g}=\frac{\boldsymbol{p}}{m}=\frac{(\boldsymbol{f}+\boldsymbol{c})}{m}=\boldsymbol{F}+\boldsymbol{C} \tag{2-126}$$

式中，$\boldsymbol{F}$ 为引力场强；$\boldsymbol{C}$ 为离心力场强。

由牛顿第二定律可知，重力与重力加速度的关系为 $\boldsymbol{p}=m\boldsymbol{g}\to\boldsymbol{g}=\boldsymbol{p}/m$。因此，重力场强 $\boldsymbol{g}$ 就是重力加速度 $\boldsymbol{g}$。重力场强的单位是 N/kg，重力加速度的单位是 $\mathrm{m/s^2}$。在重力测量学中，为纪念物理学家伽利略，也采用“伽”(Gal) 作为重力加速度的单位，$1\mathrm{Gal}=10^{-2}\mathrm{m/s^2}$。实际应用中，为了方便，常常将重力场强或重力加速度 $\boldsymbol{g}$ 称为重力，地球表面的重力值在 9.78～9.83$\mathrm{m/s^2}$ 或 980Gal 左右。

实测结果和理论计算都说明，重力的大小和方向随观察位置的变化而变化，同时也随时间而略微改变。地球表面及其周围空间的重力现象，实质上是牛顿万有引力在地球周围的具体表现。在地球上任一点 P 处的质量，受到整个地球内部和地表外日月星辰等一切物质的吸引力；同时，地球本身是一个旋转体系，其中的一切过程还受到惯性力（如离心力、科里奥利力）的作用。

由于不同时间物质分布状态的改变，不同时间同一地点的重力值会有所不同。但是，

重力随时间变化的量级很小，如日、月对地球重力场的最大影响分别约为 0.2mGal（毫伽）和 0.1mGal（1Gal=1000mGal），大气的影响约为 0.05mGal。这些影响和变化量在地表 980Gal 的重力值中太微弱，除非是特殊的高精度重力观测，否则可以忽略不计。

对于惯性力问题，涉及科里奥利力和离心力。地球相对于惯性坐标系转动所引起的科里奥利力 $\boldsymbol{K}$ 为

$$\boldsymbol{K} = 2\boldsymbol{v} \times \boldsymbol{\omega} \tag{2-127}$$

式中，$\boldsymbol{\omega}$ 为地球自转角速度矢量；$\boldsymbol{v}$ 为运动物体相对于地面的线速度矢量。如果采用静力平衡（弹簧秤）法观测重力，$\boldsymbol{v}=\boldsymbol{0}$，则 $\boldsymbol{K}=\boldsymbol{0}$，所以没有科里奥利力作用。如果利用动力（抛物线）法观测重力，可以通过设置观测运动速度方向与科里奥利力作用方向垂直的方法，消除科里奥利力的影响。

地球相对于惯性坐标转动所引起的离心力场强为

$$\boldsymbol{C} = \omega^2 \boldsymbol{R} \tag{2-128}$$

式中，$\boldsymbol{R}$ 为地球自转轴到计算点的矢径。

理论计算表明，离心力场强在赤道最大可达 3390mGal，这一量级约为地表 980Gal 重力的 1/300。对于海洋重力测量而言，这个数量级的重力变化不可以忽略。

图 2-3 给出了地球表面重力 $\boldsymbol{g}$ 与引力场强 $\boldsymbol{F}$ 和离心力场强 $\boldsymbol{C}$ 的几何关系。地表任意点处的引力场强 $\boldsymbol{F}$ 大致指向地心，$\boldsymbol{C}$ 与 $\boldsymbol{F}$ 的数值比约为 1/300，所以重力 $\boldsymbol{g}$ 无论大小和方向，都与引力场强 $\boldsymbol{F}$ 相近。离心力场强 $\boldsymbol{C}$ 则与 SN 永远保持垂直，且方向向外。其相应的方向余弦为 x/R、y/R、0，因此，离心力场强 $\boldsymbol{C}$ 沿各个坐标的分量为

$$\boldsymbol{C} = \omega^2 \boldsymbol{R} \Rightarrow \begin{cases} C_x = \omega^2 R \cdot \dfrac{x}{R} = \omega^2 x \\ C_y = \omega^2 R \cdot \dfrac{y}{R} = \omega^2 y \\ C_z = \omega^2 R \cdot 0 = 0 \end{cases} \tag{2-129}$$

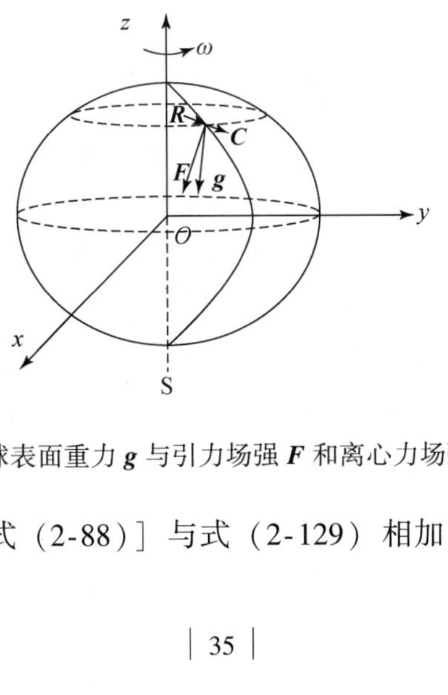

图 2-3　地球表面重力 $\boldsymbol{g}$ 与引力场强 $\boldsymbol{F}$ 和离心力场强 $\boldsymbol{C}$ 的关系

将引力场强分量公式［式（2-88）］与式（2-129）相加，即得重力沿直角坐标轴的分量

$$\boldsymbol{g} = \boldsymbol{F} + \boldsymbol{C} = -G\iiint_V \frac{\rho \boldsymbol{r}}{r^3}\mathrm{d}v + \omega^2 \boldsymbol{R}$$

$$\left.\begin{aligned} g_x &= -G\iiint_V \frac{\rho(x-\xi)}{r^3}\mathrm{d}v + \omega^2 x \\ g_y &= -G\iiint_V \frac{\rho(y-\eta)}{r^3}\mathrm{d}v + \omega^2 y \\ g_z &= -G\iiint_V \frac{\rho(z-\zeta)}{r^3}\mathrm{d}v \end{aligned}\right\} \quad g = \sqrt{g_x^2 + g_y^2 + g_z^2} \tag{2-130}$$

（2）地球重力势（位）

重力场的势函数称为重力势或重力位，通常用 W 表示。由场强与势的梯度关系式，得

$$\boldsymbol{g} = \mathrm{grad}W = g_x\boldsymbol{i} + g_y\boldsymbol{j} + g_z\boldsymbol{k} = \frac{\partial W}{\partial x}\boldsymbol{i} + \frac{\partial W}{\partial y}\boldsymbol{j} + \frac{\partial W}{\partial z}\boldsymbol{k} \tag{2-131}$$

式（2-131）表明，重力位沿任意方向的方向导数就是重力在该方向的分力。利用偏导数求原函数的方法，得

$$W = G\iiint_V \frac{\rho \mathrm{d}v}{r^2} + \frac{1}{2}\omega^2(x^2 + y^2) = U + V \tag{2-132}$$

式（2-132）表明，重力位 W 等于引力位 U 与离心力位 V 之和。

重力位是坐标 x、y、z 的单值函数，重力等位面方程是一个曲面方程，即

$$W(x, y, z) = c \tag{2-133}$$

给式（2-133）中常数 c 不同数值，可以得到一簇重力等位面，也称为水准面。其中，与平均海平面重合的重力等位面称为大地水准面。大地测量学中，把大地水准面作为地球形状的一级近似，由大地水准面作为起算面，地表任一点到大地水准面的垂直距离称为海拔。

由等势面定义可知，等势面与力线正交。因此，重力垂直于重力等位面，或者说，沿垂直于重力方向移动时，重力位不变。此外，重力等位面上各点的重力值等于重力等位面在该点沿内法线方向的梯度，即

$$g = -\frac{\partial W}{\partial n} \quad 或 \quad g \cdot \Delta n = -\Delta W \tag{2-134}$$

式（2-134）表明，两个水准面之间的距离 Δn 与重力值 g 成反比。水准面上各点的重力值 g 并不处处相等，相邻水准面之间的距离也不处处相等。由于 g 是有限值，Δn 永远不等于零，也就是说，任意两个重力等位面永不相交或相切，而是单值函数。

（3）重力位场方程

离心力位的二次偏导为

$$\frac{\partial^2 V}{\partial x^2} = \frac{\partial(\partial C_x/\partial x)}{\partial x} = \omega^2, \quad \frac{\partial^2 V}{\partial y^2} = \frac{\partial(\partial C_y/\partial y)}{\partial y} = \omega^2, \quad \frac{\partial^2 V}{\partial z^2} = 0 \tag{2-135}$$

即 $\nabla^2 V = 2\omega^2$，所以重力位场方程为

$$\begin{cases} \nabla^2 W = \nabla^2 U + \nabla^2 V = 2\omega^2 & \rho = 0 \\ \nabla^2 W = \nabla^2 U + \nabla^2 V = -4\pi G\rho + 2\omega^2 & \rho \neq 0 \end{cases} \tag{2-136}$$

式（2-136）表明，重力位的二阶导数是不连续的，在质量分布区外等于 $2\omega^2$，在质量分布区内等于 $2\omega^2-4\pi G\rho$。

重力位的导数可以根据相邻两点重力位差 ΔW 的多元函数泰勒级数展开表示

$$\begin{aligned}\Delta W = &\frac{\partial W}{\partial x}\Delta x + \frac{\partial W}{\partial y}\Delta y + \frac{\partial W}{\partial z}\Delta z \\ &+ \frac{1}{2!}\left[\frac{\partial^2 W}{\partial x^2}\Delta x^2 + \frac{\partial^2 W}{\partial y^2}\Delta y^2 + \frac{\partial^2 W}{\partial z^2}\Delta z^2 + \frac{\partial^2 W}{\partial x\partial y}\Delta x\Delta y + \frac{\partial^2 W}{\partial y\partial z}\Delta y\Delta z + \frac{\partial^2 W}{\partial z\partial x}\Delta z\Delta x\right] \\ &+ \frac{1}{3!}\left[\frac{\partial^3 W}{\partial x^3}\Delta x^3 + \cdots\right] + \cdots \end{aligned} \tag{2-137}$$

式（2-137）表明，重力位的一阶导数（或称一次微商）有 3 个，二阶导数（或称二次微商）有 6 个。重力位函数 W 的各阶导数（微商）通常以 W_x、W_{xy}、W_{xyz} 表示。

由场强与势的梯度关系式可知，重力位 W 的 3 个一阶导数 W_x、W_y、W_z 就是重力 $\boldsymbol{g}$ 的分量 g_x、g_y、g_z，即

$$\begin{aligned}\frac{\partial W}{\partial x} &= g_x = -G\iiint_V \frac{\rho(x-\xi)}{r^3}\mathrm{d}v + \omega^2 x \\ \frac{\partial W}{\partial y} &= g_y = -G\iiint_V \frac{\rho(y-\eta)}{r^3}\mathrm{d}v + \omega^2 y \\ \frac{\partial W}{\partial z} &= g_z = -G\iiint_V \frac{\rho(z-\zeta)}{r^3}\mathrm{d}v \end{aligned} \tag{2-138}$$

重力位的 6 个二阶导数的物理意义是 g_x、g_y、g_z 沿不同方向的变化率，因此比一阶导数复杂得多。在求重力位一阶导数时，无论观测点 P 在或不在质量分布区，都可在积分号下求导数，但在求重力位二阶导数时，只有观测点 P 在质量分布区以外，才能在积分号下求导数，否则不正确。在重力位 $W=U+V$ 的二阶导数计算中，离心力位 V 不存在积分号下求导数的问题，因此重力位 W 的二阶导数计算仅涉及引力位 U。

设，观测点 P 在质量分布区以外，引力位 U 的二阶导数在积分号下求微分，得

$$\begin{aligned}U_{xx} &= \frac{\partial^2 U}{\partial x^2} = G\iiint_V \frac{3(x-\xi)^2 - r^2}{r^5}\rho\,\mathrm{d}v \\ U_{yy} &= \frac{\partial^2 U}{\partial y^2} = G\iiint_V \frac{3(y-\eta)^2 - r^2}{r^5}\rho\,\mathrm{d}v \\ U_{zz} &= \frac{\partial^2 U}{\partial z^2} = 3G\iiint_V \frac{3(z-\zeta)^2 - r^2}{r^5}\rho\,\mathrm{d}v \\ U_{xy} &= \frac{\partial^2 U}{\partial x\partial y} = G\iiint_V \frac{(x-\xi)(y-\eta)}{r^5}\rho\,\mathrm{d}v \\ U_{yz} &= \frac{\partial^2 U}{\partial y\partial z} = G\iiint_V \frac{(y-\eta)(z-\zeta)}{r^5}\rho\,\mathrm{d}v \\ U_{zx} &= \frac{\partial^2 U}{\partial z\partial x} = G\iiint_V \frac{(z-\zeta)(x-\xi)}{r^5}\rho\,\mathrm{d}v \end{aligned} \tag{2-139}$$

可以证明，此情况下 U 满足位场方程的拉普拉斯方程。

设，观测点 P 在质量分布区以内，则引力位 U 的二阶导数不能在积分号下求微分，需要利用特殊的取极限方法求二阶导数，得

$$
\begin{aligned}
U_{xx} &= \frac{\partial^2 U}{\partial x^2} = G\iiint_V \rho \frac{\partial^2}{\partial x^2}\left(\frac{1}{r}\right) \mathrm{d}v - \frac{4}{3}\pi G\rho \\
U_{yy} &= \frac{\partial^2 U}{\partial y^2} = G\iiint_V \rho \frac{\partial^2}{\partial y^2}\left(\frac{1}{r}\right) \mathrm{d}v - \frac{4}{3}\pi G\rho \\
U_{zz} &= \frac{\partial^2 U}{\partial z^2} = G\iiint_V \rho \frac{\partial^2}{\partial z^2}\left(\frac{1}{r}\right) \mathrm{d}v - \frac{4}{3}\pi G\rho
\end{aligned}
\tag{2-140}
$$

此情况下 U 满足位场方程的泊松方程，即

$$
\begin{aligned}
\nabla^2 U &= \frac{\partial^2 U}{\partial x^2} + \frac{\partial^2 U}{\partial y^2} + \frac{\partial^2 U}{\partial z^2} \\
&= G\iiint_V \rho \left[\frac{\partial^2}{\partial x^2}\left(\frac{1}{r}\right) + \frac{\partial^2}{\partial y^2}\left(\frac{1}{r}\right) + \frac{\partial^2}{\partial z^2}\left(\frac{1}{r}\right)\right] \mathrm{d}v - 4\pi G\rho \\
&= G\iiint_V \rho \cdot 0 \mathrm{d}v - 4\pi G\rho \\
&= -4\pi G\rho
\end{aligned}
\tag{2-141}
$$

重力位的6个二阶导数中，W_{xz}、W_{yz}、W_{xy}、W_{Δ}（即 $W_{xx}-W_{yy}$）是可利用扭秤观察的物理量，其中，W_{xz}、W_{yz}称为重力梯度值，W_{xy}、W_{Δ} 称为重力曲率值。

重力梯度值 W_{xz}、W_{yz}既是重力位对不同坐标轴的二阶导数，也是重力对相应坐标轴的异常导数

$$
\begin{aligned}
W_{xz} &= \frac{\partial^2 W}{\partial x \partial z} = \frac{\partial}{\partial x}\left(\frac{\partial W}{\partial z}\right) = \frac{\partial}{\partial x}(g_z) \\
W_{yz} &= \frac{\partial^2 W}{\partial y \partial z} = \frac{\partial}{\partial y}\left(\frac{\partial W}{\partial z}\right) = \frac{\partial}{\partial y}(g_z)
\end{aligned}
\tag{2-142}
$$

式（2-142）表示重力垂直分量 g_z在水平方向 x 轴和 y 轴的变化率。由 W_{xz}、W_{yz}表示的重力梯度 $\boldsymbol{G}$ 是一个水平面 Oxy 上的矢量，设 ϕ 为其与 x 轴的夹角，则

$$
|\boldsymbol{G}| = \sqrt{W_{xz}^2 + W_{yz}^2} \quad \tan\phi = \frac{W_{yz}}{W_{xz}} \tag{2-143}
$$

重力曲率值 W_{xy}、W_{Δ} 与重力等位面在一点的弯曲程度有关。在一个很小范围内，重力等位面可以看作一个二次曲面，若以 $\boldsymbol{R}$ 矢量表示其弯曲程度，则曲率矢量 $\boldsymbol{R}$ 永远大于或等于零（当等位面为球面时，$\boldsymbol{R}=\boldsymbol{0}$）。$\boldsymbol{R}$ 的大小可以看作重力等位面在某一点与球面间的偏差度，称其为重力“曲率”，设 φ 为其与 x 轴的夹角，则

$$
|\boldsymbol{R}| = \sqrt{W_{\Delta}^2 + 4W_{xy}^2} \quad \tan 2\varphi = -\frac{2W_{xy}}{W_{\Delta}} \tag{2-144}
$$

【例题】已知地下埋藏一球体，球心埋深为 h，球体半径为 R，球体与围岩的密度差为 $\Delta\rho$。求：球体上方过球心投影点的某一测线上重力位二次微商？

解：由题意，得球体对围岩的相对质量 M 为

$$M = \frac{4}{3}\pi R^3 \Delta\rho$$

取坐标原点位于球心上方的测线上，Oz 轴垂直向下，球心位于 z 轴上，则 x 轴上各点重力位二次微商 W_{xz}、W_Δ 和 W_{zz} 为

$$W_{xz} = -3GM \frac{xh}{(x^2 + h^2)^{\frac{5}{2}}}$$

$$W_\Delta = -3GM \frac{x^2}{(x^2 + h^2)^{\frac{5}{2}}}$$

$$W_{zz} = GM \frac{2h^2 - x^2}{(x^2 + h^2)^{\frac{5}{2}}}$$

对上述任意一个重力位二次微商沿 x 轴求导，且令其为零，可得二次微商极大值、极小值对应的横坐标 x。如，令$\frac{\mathrm{d}W_{xz}}{\mathrm{d}x}=0$，得

$$x\big|_{(W_{xz})\max} = -\frac{1}{2}h, \quad x\big|_{(W_{xz})\min} = \frac{1}{2}h, \quad (W_{xz})_{\max} = \frac{48}{25\sqrt{5}}\frac{GM}{h^3}$$

根据实测 W_{xz} 曲线，即可求得球体埋深 h 和相对质量 M。同理，可以用于 W_Δ 和 W_{zz} 实测曲线。

（4）地球的正常重力场

地球的表面形状不规则，且内部质量分布不均匀，为了便于研究地球各点重力变化，引入一个与大地水准面形状接近的正常椭球体代替实际地球。假定正常椭球体表面光滑，内部密度均匀分布，各层界面都是共焦点的旋转椭球面，其表面各点重力位被称为正常重力位。

由正常重力位推算正常椭球面上重力的计算式称为正常重力公式。假定，地球质量 M 集中于地心，则在球对称条件下，距离地心 r 处的地表，指向地心的引力场强 $\boldsymbol{F}$ 的大小为

$$F = \frac{GM}{r^2} \tag{2-145}$$

若考虑地球两极扁平，赤道膨大，导致球对称偏离，产生径向附加引力 F_r，即

$$F = \frac{GM}{r^2} + F_r = \frac{GM}{r^2} - \frac{3G(C-A)}{2r^4}(3\sin^2\phi - 1), \quad \begin{cases} C = \int (X^2 + Y^2)\,\mathrm{d}m \\ A = \int (Y^2 + Z^2)\,\mathrm{d}m \end{cases} \tag{2-146}$$

式（2-146）称为轴对称体的麦克劳林公式的简化式。式中，C 为围绕旋转轴的惯性矩；A 为围绕赤道轴的惯性矩；ϕ 为地理纬度。

另外，地球以角速度 ω 旋转，离心加速度的径向分量为

$$C_r = -\omega^2 r \cos^2\phi \tag{2-147}$$

重力等于引力与离心力之和，由轴对称体的麦克劳林公式的简化式，得地球表面任意点重力 g 为

$$g = \frac{GM}{r^2} - \frac{3G(C - A)}{2r^4}(3\sin^2\phi - 1) - \omega^2 r\cos^2\phi \tag{2-148}$$

正常椭球面是由赤道半径 a 和极半径 c 定义的参考大地水准面，是一个旋转椭球面，其表达式为

$$\frac{r^2}{a^2}\cos^2\phi + \frac{r^2}{c^2}\sin^2\phi = 1 \tag{2-149}$$

将地球扁率 $\varepsilon=(a-c)/a$ 代入大地水准面参考椭球面方程，得

$$r = a\left[1 + \frac{2\varepsilon - \varepsilon^2}{(1 - \varepsilon)^2}\sin^2\phi\right]^{-\frac{1}{2}} \tag{2-150}$$

将 r 代入重力 g 表达式［式（2-148）］，得地面 r 处正常重力 g_0

$$g_0 = \frac{GM}{a^2}\left(1 + \frac{3}{2}J\cos^2\phi\right) + a\omega^2(\sin^2\phi - \cos^2\phi), \quad J = \frac{C - A}{Ma^2} \tag{2-151}$$

赤道处，$\phi=0$，$g_e=\frac{GM}{a^2}\left(1+\frac{3}{2}J\right)-a\omega^2$；两极处，$\phi=90°$，$\omega=0$，$g_p=\frac{GM}{a^2}$。因此地表各点与纬度 ϕ 相关的正常重力值 g_ϕ 为

$$g_\phi = g_e(1 + \beta\sin^2\phi - \beta_1\sin^2 2\phi), \quad \begin{cases}\beta = \dfrac{g_p - g_e}{g_e} \\ \beta_1 = \dfrac{1}{8}\varepsilon^2 + \dfrac{1}{4}\varepsilon\beta\end{cases} \tag{2-152}$$

式（2-152）就是正常椭球面上的正常重力公式。式中，g_ϕ 为地表地理纬度 ϕ 处的正常重力值；g_e为赤道重力值；g_p为两极重力值；β 为地球力学扁率；ε 为地球几何扁率。

正常重力公式中，g_e、β、β_1是计算重力公式的关键，由于观测结果的差别，不同科学家计算的正常重力值是有区别的，如

1909 年赫尔默特公式　$g_\phi = 9.780\,3(1 + 0.005\,302\sin^2\phi - 0.000\,007\sin^2 2\phi)$

1930 年卡西尼公式　$g_\phi = 9.780\,49(1 + 0.005\,288\,4\sin^2\phi - 0.000\,005\,9\sin^2 2\phi)$

地球正常重力场是根据科学研究的需要确定的，不是客观存在的。正常重力值只与计算点的纬度有关，其变化率在纬度 45°处最大。正常重力值在赤道处最小，两极处最大，二者约差 0.05m/s^2。正常重力值随高度增加而减小，其变化率约为$-0.000\,003\,086\text{s}^{-2}$。

【例题】 利用赫尔默特公式，求：①两极与赤道之间的正常重力值差？②南沙群岛（永暑礁）与钓鱼岛之间的正常重力值差？

解： 1）两极与赤道之间的正常重力值差为

$$\begin{aligned}\Delta g &= \Delta g_{90°} - \Delta g_0 \\ &= 9.780\,3(1 + 0.005\,302 - 0.000\,007) - 9.780\,3 \\ &\approx 9.832\,1 - 9.780\,3 \\ &= 0.051\,8(\text{m/s}^2)\end{aligned}$$

2）取南沙群岛（永暑礁）的纬度 9.62°，正常重力值 g_N；钓鱼岛的纬度 25.45°，正

常重力值 g_D。由赫尔默特公式计算得

$g_N = 9.7803(1 + 0.005302\sin^2 9.62 - 0.000007\sin^2 19.24) \approx 9.781741(m/s^2)$

$g_D = 9.7803(1 + 0.005302\sin^2 24.45 - 0.000007\sin^2 50.9) \approx 9.789145(m/s^2)$

$\Delta g = g_D - g_N = 0.007404(m/s^2)$ （约 740mGal）

（5）重力异常

广义上，实测重力值与观测点正常重力值的差值就是重力异常。但在重力勘探中，通常将地下岩石、矿物密度分布不均匀引起的重力变化称为重力异常（Oldenburg，1974）。

海洋重力观测资料经仪器零点改正和各种加速度干扰效应改正后，是各测点相对于总基点的相对重力值 g_0。这种重力资料含有不同纬度正常重力场产生的异常、海底地形与海水层变化产生的异常、海底地下密度不均匀地质体产生的异常等，为了方便比较各个测点重力异常的大小，需要将各测点相对重力值按统一标准校正。海洋重力观测包括正常场（纬度）校正、空间（高程）校正、布格校正、海底地形校正等，不同的校正得到不同地质-地球物理意义的重力异常（Parsons and Daly，1983）。

正常场（纬度）校正：消除测点与基点不在同一纬度产生的正常重力差。大面积重力测量中，将测点纬度 ϕ 代入正常重力公式，计算正常重力值，再从观测值中减去计算得到的正常重力值即可。小面积重力测量中，求正常重力公式［式（2-152）］中 ϕ 的微分，并忽略 β_1 相关的微小量，得正常场（纬度）改正量为

$$\Delta g_\phi = \frac{\partial g_\phi}{\partial \phi} \cdot \Delta\phi = g_e \beta \Delta\phi \sin 2\phi \tag{2-153}$$

空间（高程）校正和自由空间异常：地球正常重力场中，正常椭球面是一个参考大地水准面，其外部没有质量，空间校正就是将地表面或海面上的观测重力值归算到参考大地水准面上，消除测点与基准面之间基于高差的重力影响，这种高差相当于测点较之于基准面点与地心距离的差，其产生的重力值随测点高程增加而减小，与地下密度分布无关。这种重力校正仅考虑测点和基准面之间高度 h 的影响，不考虑二者之间的物质引力，所以称为自由空间（空气）校正或高程校正。数值计算表明，正常重力值随高度增加而减小，变化率在-0.3088 ~ -0.3083mGal/m，全球取平均，改正量为 0.3086mGal/m。高程校正公式为

$$\Delta g_h = 0.3086\Delta h \tag{2-154}$$

式中，Δh 为测点与基准面之间的高差（m）；校正值单位为 $10^{-5}m/s^2$。

对观测重力值进行高程校正和正常场校正后的重力异常，称为自由空间（空气）异常，即

$$\Delta g_f = g_0 + \Delta g_h - g_\phi \tag{2-155}$$

自由空间异常反映的是实际地球的形状和质量分布与参考椭球体的偏差。

中间层校正、布格校正和不完全布格异常：计算自由空间时，没有考虑测点和基准面之间的物质影响，其效应相当于把测点与基准面之间的物质“压缩”到大地水准面上，没有改变地球的实际质量。如果消除这些物质的重力效应，需要进行中间层校正。假设观测点附近，观测面与基准面平行，消除这两个平面之间密度 σ、厚度 h 的物质层对重力观测

值的影响的过程称为中间层校正，记为 Δg_{σ}。两个平面之间的物质层可以看作半径无限大的圆柱体，设重力观测点位于其顶面中心，则

$$\begin{aligned}\Delta g_{\sigma} &= -G\iiint_V \frac{\sigma(z-\zeta)}{r^3}\mathrm{d}v = -2\pi G\sigma\int_0^h \mathrm{d}z\int_0^{\infty}\frac{zr}{(z^2+r^2)^{\frac{3}{2}}}\mathrm{d}r \\ &= -2\pi G\sigma h \quad (\text{约} -0.0419\sigma h)\end{aligned} \tag{2-156}$$

式中，系数 0.0419 的单位 mGal；σ 单位为 $\mathrm{g/cm^3}$；h 单位为 m。

当测点高于参考大地水准面时，H 取正号，反之取负号。

通常将中间层校正与高程校正合并进行，称为布格校正。布格校正公式为

$$\Delta g_{\mathrm{b}} = (0.3086 - 0.0419\sigma)h \tag{2-157}$$

式中，h 为测点与基准面之间的高差（m）；σ 为中间层密度（$\mathrm{g/cm^3}$）；校正值单位为 $10^{-5}\mathrm{m/s^2}$。

由此得到的重力异常称为不完全布格异常，即

$$\Delta g_{\mathrm{b}} = g_0 + \Delta g_h + \Delta g_{\sigma} - g_{\phi} \tag{2-158}$$

海底地形校正和完全布格异常：在计算中间层物质的引力影响时，把观测点假设为观测平面，没有考虑海底地形的起伏，消除海底地形起伏引起的测点重力变化称为海底地形校正。由于地形的不规则性，需要将地形划分成许多小区域，将每个区域的高程当作常数，简单求出每个区域对测点的重力影响，然后累积求和，得到测点周围地形对重力观测值影响的校正值 Δg_{T}。经地形校正后的布格异常称为完全布格异常，即

$$\Delta g_{\mathrm{b}} = g_0 + \Delta g_{\mathrm{T}} + \Delta g_h + \Delta g_{\sigma} - g_{\phi} \tag{2-159}$$

完全布格异常是地形校正和布格校正之后得到一种重力异常，相当于消除了大地水准面以上多余的物质，又消除了大地水准面以下正常密度分布的物质，反映的是壳内各种地质体或构造的剩余密度的重力效应。

海洋重力测量中，布格校正及布格异常在大陆边缘可以消除水深变化引起的局部重力效应，并与陆地重力结合，识别海岸带的地质特征。但在深海区域，布格校正没有多少物理意义，布格异常并不适用，需要利用自由空间异常解释深部地质体引起的局部重力特征，判断深海区的重力均衡补偿效应。

（6）重力均衡

如果地形起伏仅仅是多余（或亏损）的物质附加在一个大致均匀的大地水准面上，则经过布格校正之后，重力异常应当不大，且无系统偏差。但事实并非如此，山区的重力异常往往是负值，海拔每升高 1000m，异常值约减小上百毫伽。这表明在高山之下有某种物质的短缺，因而对地形的重力影响产生一种补偿作用。

1854 年，普拉特在喜马拉雅山附近进行垂线偏差观测，结果表明，根据地形估计垂线应有 28″的偏差，但实际只有 5″，说明地下物质的变化起了某种补偿作用，部分抵消了高山质量的影响。为解释这种现象，普拉特提出一个假设：从地下某一深度算起（称补偿深度），以下物质的密度是均匀的，但以上物质，相同截面的柱体保持相同的总质量，因此地形越高，密度越小，即在垂直方向是均匀膨胀的。1855 年，艾里提出另一个假设：较轻的地壳均质岩石柱漂浮在较重的地幔均质物质上，且处于静力平衡状态。依据阿基米德浮

力定律，山越高，陷入地幔的地壳物质越深，形成山根；海越深，地幔的地壳物质向上抬升越高，缺失的地壳物质越多，形成反山根。虽然艾里均衡的物理意义更明确，但与普拉特均衡补偿计算效果一致。

均衡校正和均衡异常：在地形校正和布格校正基础上，把中间层校正和地形校正消除的物质作为补偿质量填充到大地水准面下方的质量亏损区域，求出其对测点的重力影响，即为均衡校正，记为 Δg_{i}。均衡校正的计算方法类似于地形校正的计算方法，均衡校正后的重力异常称为均衡异常 Δg_{C}，即

$$\Delta g_{\mathrm{C}} = g_0 + \Delta g_{\mathrm{T}} + \Delta g_h + \Delta g_\sigma - g_\varphi + \Delta g_{\mathrm{i}} = \Delta g_{\mathrm{b}} + \Delta g_i \tag{2-160}$$

均衡异常相当于在完全布格异常基础上加上均衡校正 Δg_{i} 的重力异常。均衡校正的目的是尽量将地球表层的质量分布调整到均匀状态，所以均衡异常是量级最小的一种重力异常。均衡异常反映了重力等位面异常（地形）与均衡质量的关系，均衡异常接近于零：大地水准面以上多出的物质正好补偿了大地水准面至均衡面之间缺失的物质。均衡异常为正值：填补进去的物质数量超过了下面缺失的质量，地壳下界面还未达到正常地壳的深度，称为补偿不足。均衡异常为负值：填补进去的物质数量还不足以弥补下面质量的亏损，地壳下界面已超过正常地壳的深度，称为补偿过剩（王谦身等，2009）。

均衡异常和地形高程可以求解地形-均衡模型，它是用球谐函数级数展开表示的大地水准面上、下剩余质量的引力位。空间大地测量及其他空间学科需要研究的地球重力场模型也是用引力位球谐函数级数形式表示。二者的球谐函数级数与密度的关系是相同的，都可以通过引力势的定义表达。

一般认为，引力扰动位的低阶项与地球深部剩余质量相关，可以通过卫星轨道数据求取；高阶项与地球浅部剩余质量相关，主要通过观测重力异常求取。布格异常与测点高程无关，但因为量值大，校正前后的质量分布效应差别大，一般不用作研究地球重力场。空间异常量值小，但与测点高程相关，难以由观测点重力异常内插其余点重力异常，也不便于用作研究地球重力场。均衡异常量值小，且与高程无关，因此通常采用均衡异常计算地球重力场模型参数。

2.2.2 温度场

物体内部空间中一切点的瞬间温度值的总和称为温度场。温度场是坐标和时间的函数，如果取直角坐标系，则物体内部空间某点（x，y，z）在瞬间 τ 的温度值 T 的数学表达式为

$$T = T(x, y, z, \tau) \tag{2-161}$$

温度场是一个数性函数表示的场，所以温度场是一个标量场（数量场）。

2.2.2.1 温度与温度梯度

（1）温度

温度是物质分子平均动能的度量，反映了组成系统的大量分子的无规则运动的剧烈程度，单位为℃、K。

温度的高低可以通过系统处于平衡态时，几何参量（体积）、力学参量（压强）、化学参量（摩尔数）、电磁参量（电磁场强度）等标志出来。例如，液体（水银或酒精）温度计测量体温，温度计与身体热平衡时，指示的温度由液体的体积来标志，并通过液面的位置显示出来。除体积外，物质的许多属性都随温度变化，如压强、电阻、电压、热阻、速度、密度等。一般来说，物质的任意一物理属性只要随温度发生单调、显著的变化，都可以用来标志温度。

温度的数值表示法称为温标。建立温标的三要素：①选择测温物质某一随温度变化的属性（测温属性）标志温度；②选定固定点；③规定测温属性随温度变化的关系。

如果规定某种测温物质的某种测温属性随温度线性变化，建立了温标，则其他测温属性就不再与温度保持严格线性关系。不同测温物质或同一测温物质的不同测温属性所建立的摄氏（Celsius）温标（℃），除冰点和汽点按规定相同外，其他温度并不严格一致。

摄氏温标：规定水的冰点为0℃，汽点为100℃，并认定其体积随温度线性变化，所以温度是将0～100℃按线性比例标记后得到的数值。

摄氏温标是一个客观性不太充分的温标。因此，实际中采用理想气体温标为标准温标，并用它来校准摄氏温标。1787年，查理（Charles）发现，气体压强一定时，由温度引起的膨胀系数与气体种类无关。1802年，盖-吕萨克（Gay-Lussac）再一次发现这个现象，并称之为查理定律：设，0℃时气体体积为 V_0，t℃时为 V，则气体压强 p 一定时，其膨胀率 α 为

$$\alpha(p)=\frac{V-V_0}{V_0}=\frac{1}{273.15} \tag{2-162}$$

即气体压强一定时，气体体积随温度变化，与气体种类无关。

所有气体充分稀释后，都可以看成与气体种类无关的理想气体。采用理想气体作为测温物质，使用气体压强作为温度的标志，既可以建立摄氏温标，也可以建立理想气体温标。

理想气体温标：以开（K）表示。规定 T（p）表示定容理想气体温度计与待测系统达到热平衡时的温度值，p 是此时温度计压强值，且 T（p）/p 的比值由水的三相点（水、冰、蒸汽三相平衡共存的状态）确定。1954年，国际规定建立温标的水的三相点温度值为273.16K。因此有

$$\frac{T(p)}{p}=\frac{273.16\mathrm{K}}{p_{\mathrm{tr}}}\rightarrow T(p)=273.16\mathrm{K}\frac{p}{p_{\mathrm{tr}}} \tag{2-163}$$

式中，p_{tr}为三相点的压强。利用此式就可以由气体压强 p 确定待测温度 T（p）。

热力学温标：1848年，开尔文提出绝对热力学温标，引入完全不依赖任何测温物质及测温属性的温标，也称开尔文温标。在理想气体温标所能确定的温度范围内，理想气体温标与热力学温标完全一致，因此二者均用K作为单位，简称开。1K等于水的三相点热力学温度的1/273.16。

在理想气体温度计中，水的沸点温度为273.15K所以，摄氏温标与理想气体温标之间的转换关系为

$$\{T\}_{℃} = \{T\}_{K} - 273.15 \tag{2-164}$$

绝对零度：−273.15℃或理想气体温标的原点（0℃），是最低温度，称为绝对零度。实际上，理想气体温标所能测量的最低温度为 1K，因为比这更低的温度下，不存在任何理想气体。在理想气体温标中，0K 只有形式上的意义。

华氏（Fahrenheit）温标：某些国家日常生活和商业活动中使用的一种温标。

华氏度（℉）与摄氏度（℃）的换算关系为

$$\{T\}_{℉} = 32 + \frac{9}{5}\{T\}_{℃} \tag{2-165}$$

0℃等于 32℉，100℃等于 212℉。

此外，还有兰氏温标、列氏温标等。

（2）等温面与温度场的梯度

温度场的等温面就是由温度相同的点所组成的等值面。温度场 T 的等值面方程为

$$T(x,\ y,\ z,\ \tau) = c \tag{2-166}$$

式中，c 为常数。给常数 c 不同的数值，就得到不同的等温面。

由于温度场中每一点 M_0（x_0，y_0，z_0）在每一时刻 τ_0 都有一等温面 T（x，y，z，τ）= T_0（x_0，y_0，z_0，τ_0）通过，且 T 为单值函数，一个点只能在一个等值面上，所以这一系列等温面互不相交。

通过等温面可以大致了解温度场的整体分布与变化状况，如等温面密集处，温度变化快；等温面稀疏处，温度变化慢。若要详细了解温度场的局部特征，考察标量 u 在场中各个点处的邻域内沿每一方向的变化情况，就需要考察温度场的方向导数及梯度。

温度场的方向导数 $\partial T/\partial l$ 是在一个点 M 处，沿方向 $\boldsymbol{l}$ 的温度函数 T（M）对距离的变化率。当 $\partial T/\partial l>0$ 时，T 沿 $\boldsymbol{l}$ 方向增大；当 $\partial T/\partial l<0$ 时，T 沿 $\boldsymbol{l}$ 方向减少。

方向导数给出了温度函数 T（M）在给定点处沿某个方向的变化率，但实际温度场研究中，需要知道给定点处温度场 T（M）的最大变化率的方向及最大变化率，即温度场的梯度。

由标量函数的梯度定义式可以推知，温度场的梯度就是等温面法线方向单位长度的温度变化。温度场的梯度是一个矢量，指向温度升高的方向。如果以矢量 $\boldsymbol{G}$ 表示温度场函数 T（M）在点 M_0 处的梯度，记为 $\mathrm{grad}T=\boldsymbol{G}$，则有

$$\boldsymbol{G} = \mathrm{grad}T = \nabla T = \frac{\partial T}{\partial l}\boldsymbol{n} \tag{2-167}$$

式中，$\boldsymbol{n}$ 为等温面法线方向或温度最大变化率方向的单位矢量。梯度的定义与坐标系无关，在直角坐标系中可表示为

$$\mathrm{grad}T = \frac{\partial T}{\partial x}\boldsymbol{i} + \frac{\partial T}{\partial y}\boldsymbol{j} + \frac{\partial T}{\partial z}\boldsymbol{k} \tag{2-168}$$

温度场梯度的两个重要性质：①温度梯度 $\boldsymbol{G}$ 等于方向导数在该方向上的投影；②温度场 T（M）中每一点 M 处的梯度，垂直于过该点的等值面，且指向温度函数 T（M）增大的方向。

温度梯度的上述两个重要性质，给出了梯度矢量、方向导数、等温面（线）之间的关

系，使温度梯度成为研究温度场的一个重要物理量。如果把温度场中每一点的梯度与场中空间点一一对应起来，就得到温度场的梯度场。温度梯度及梯度场在地热科学技术研究中有较广泛的应用。

2.2.2.2 热力学定律

当物体的温度发生变化时，物体的许多性质也随之变化。例如，物体受热后，温度升高，体积膨胀。钢件经过淬火（烧热后迅速冷却）硬度提高，经过退火（烧热后缓慢降温）可以变软。这些与温度有关的物理性质的变化，统称为热现象。

热现象是物体内部微观粒子（分子、原子）热运动的结果。热运动是宏观物体内部众多微观粒子一种永不停息的无规则运动。微观上看，单个粒子的运动具有很大的偶然性，但宏观上看，总体运动遵循确定的规律。以气体为例，气体的温度越高，分子运动就越剧烈，平均动能就越大。一定温度下，分子运动速度虽然有大有小，但在某一速度区间内，分子数目占总数的比例是确定的，并且由温度决定。这种微观上的偶然性与宏观上的确定性是热运动有别于其他一切运动形式的基本特点。

从观察和实验总结出发，研究宏观世界的热现象，叫作热力学。从分子、原子运动和相互作用出发，研究微观物质的热现象，叫作统计物理学。热力学与统计物理学的研究对象都是热现象，或者说，都是物体内部热运动的规律性，以及热运动对物体性质的影响。但是二者的研究方法不同。

热力学不涉及物质的微观结构，只是根据观测和实验总结出来的热力学定律，用逻辑推理方法，研究宏观物体的热性质。统计物理学则从物质微观结构出发，依据力学规律，用统计方法，研究宏观物体的热性质。

热力学对热现象给出普遍而可靠的结果，验证微观理论的正确性。统计物理学则可以深入热现象本质，求出宏观理论的控制因素。二者对热现象的研究相辅相成。

热力学与统计物理学的理论在生产实践中获得广泛应用，有力地推动了产业革命，在能源、资源、环境问题中日益重要。由于篇幅所限，本节只讨论热力学有关内容。

（1）热力学第一定律

从远古到18世纪初，人类对热的本质有不同的看法。18世纪初，蒸汽机的出现促使人们深入研究物质的热性质，通过计温学和量热学系统研究热的本质。1824年，卡诺（Carnot）研究热机效率，1842年，迈耶（Mayer）等提出热力学第一定律，使人们逐渐清晰温度与热量的关系。

热量是能量的一种形式，做功与传热是使系统能量发生变化的两种不同方式。1845年，焦耳（Joule）对功和热之间的关系进行了精密测定，给出了热量与机械能量的换算系数，即热功当量，1卡（cal）= 4.186焦耳（J）。例如，使1g纯净水，温度由14.5℃升高到15.5℃的热量为1cal。焦耳用35年的观测实验数据，为热运动与其他运动的相互转换提供了无可置疑的证据。

一定热量的产生（或消失），总是伴随着等量的其他形式的能量（机械能、电磁能等）的消失（或产生），即能量转化与守恒定律：自然界一切物质都具有能量，能量有各种不同的形式，能够从一种形式转化为另一种形式，从一个物体传递给另一个物体，在转化和传递中，能量的数量不变。能量守恒定律推广到热力学过程中，就是热力学第一定律。热力学第一定律的另一种表述是，第一类永动机（不需要任何动力和燃料，却能不断对外做功）不可能实现。

热力学第一定律的数学表述：设，经过某一过程，系统从平衡态 1 变到平衡态 2，外界对系统做功为 A，系统从外界吸收热量为 Q，系统内能的改变量为 U_2-U_1，那么

$$U_2 - U_1 = A + Q \rightarrow \mathrm{d}U = \mathrm{d}Q + \mathrm{d}A = \mathrm{d}Q - P\mathrm{d}V \tag{2-169}$$

【例题】求：外界对物体做功使其温度升高 ΔT 所需要的热量？

解：设，物体体积 V，外界做功的压强 P，温度升高 ΔT 需要的热量为 ΔQ。则由热力学第一定律的微分形式，得

$$\Delta Q = \Delta U + P\mathrm{d}V$$

当体积保持一定，即 $\mathrm{d}V \to 0$ 时，温度升高 ΔT 所需的热量为

$$\Delta Q = \left(\frac{\partial U}{\partial T}\right)_V \Delta T = C_V \Delta T, \qquad C_V = \left(\frac{\partial U}{\partial T}\right)_V$$

式中，C_V称为定容比热。

当压强保持一定时，温度升高 ΔT 所需的热量：

$$\Delta Q = \left(\frac{\partial U}{\partial T}\right)_V \Delta T + \left(\frac{\partial U}{\partial T}\right)_T \Delta V + P\Delta V = \left(\frac{\partial U}{\partial T}\right)_V \Delta T + \left[\left(\frac{\partial U}{\partial T}\right)_T + P\right] \Delta V$$

此时，比热称为定压比热 C_P

$$C_P = C_V + \left[\left(\frac{\partial U}{\partial T}\right)_T + P\right]\left(\frac{\partial V}{\partial T}\right)_P$$

当压强保持一定时，温度上升的体积增加率（热胀系数）α

$$\alpha = \frac{1}{V}\left(\frac{\partial V}{\partial T}\right)_P$$

（2）热力学第二定律

热能可转化为能够控制的机械能，对转化中的热力学过程与热力学状态的研究，推动了热力学第二定律的建立。热力学过程分为可逆、不可逆过程，一个系统，由某一状态，经过某一过程，到达另一状态，如果存在另一过程，能使系统完全复原（不但回到原来状态，而且消除原来过程对外界的一切影响），则原来过程称为可逆过程。反之，如果用任何方法都不能使系统和外界完全复原，则原来过程称为不可逆过程。热力学状态分为平衡、非平衡状态，两个热力学系统相互接触，发生传热，冷的系统变热，热的系统变冷，经过一段时间，两个系统温度相等，达到平衡，称为热平衡，否则为非平衡状态。

凡是涉及热现象的宏观热力学过程，都是不可逆过程，或者说，一切与热有关的自然现象都存在方向性。由此，形成热力学第二定律的不同表述。

热力学第二定律的克劳修斯表述：热从高温向低温传递的现象是不可逆的。换句话说，热由低温传向高温，而不留下任何变化是不可能的。

热力学第二定律的开尔文表述：功变为热的现象是不可逆的。换句话说，不可能制造出把从外部吸收的热量全部变成对外做功且其自身又能恢复原状的装置（第二类永动机）。

热力学第二定律的普朗克表述：摩擦生热的现象是不可逆的。

对热力学第二定律的发现和建立起重要作用的是对热机和热机效率的研究。凡是能把热变成功的装置就是热机，热机运转中，经过加热、膨胀、压缩、冷却，经过一个周期后，又回到原来的状态。任何热机在一个循环中，对外所做的功与所吸收的热量的比值，称为热机效率。

1824 年，卡诺提出了一个理想的热机循环模型，并归纳出卡诺定理：①在相同高温热源与相同低温热源之间工作的一切可逆热机，其效率都相同，与工作物质无关；②在相同高温热源与相同低温热源之间工作的一切不可逆热机，其效率都不可能大于可逆热机的效率。

卡诺循环是在两个热源之间工作的可逆热机，从高温 T_2 热源吸热 Q_2，向低温 T_1 热源放热 Q_1，热机效率为

$$\eta = \frac{Q_2 - Q_1}{Q_2} = \frac{T_2 - T_1}{T_2} \tag{2-170}$$

利用卡诺循环可以证明，热力学第二定律的克劳修斯表述与开尔文表述是等价的，即从单一热源吸收热量，在循环过程中全部转变为功而不引起任何其他影响是不可能的。卡诺循环还可以证明，工作于高、低温热源的循环热机效率只是温度的函数与工作物质无关，即绝对热力学温标与测温物质无关。

热力学第二定律的数学表述：热力学系统从平衡态 1 到平衡态 2 的热力学过程中，热量变化量 $\mathrm{d}Q$ 与温度 T 之比，由两个平衡状态的状态函数 S_1、S_2 决定，状态函数 S 称为熵，即

$$S_2 - S_1 = \int_1^2 \frac{\mathrm{d}Q}{T} \tag{2-171}$$

任意可逆过程 $\oint \frac{\mathrm{d}Q}{T} = 0$；任意不可逆过程 $\oint \frac{\mathrm{d}Q}{T} < 0$。此与热力学第二定律的开尔文表述一致。

对于非平衡状态的热力学系统，仿照微分的办法，将其分解为许多小的局域近似平衡状态，系统的熵为各个小部分熵的和。对于可逆过程

$$S_2 - S_1 = \sum_i \int_1^2 \frac{\mathrm{d}Q^{(i)}}{T^{(i)}} \tag{2-172}$$

对于不可逆过程，则

$$S_2 - S_1 > \sum_i \int_1^2 \frac{\mathrm{d}Q^{(i)}}{T^{(i)}} \tag{2-173}$$

如果热系统是孤立的或绝热的，则各个小部分熵的和为零，式（2-173）变为

$$S_2 - S_1 \geqslant 0 \tag{2-174}$$

此与热力学第二定律的克劳修斯表述一致。

2.2.2.3 热传导方程、温度场的边值问题

根据热力学第二定律，凡有温差存在的地方，就有热量转移现象，并且热量是由温度高的地区转移到温度低的地区。这种热量转移，称作“热传递”，简称“传热”。热传递

有三种不同的方式：固体内部的热量传递称为热传导，固体表面与流体间的热量传递称为热对流，物体表面与不直接接触的周围物体间的热量传递称为热辐射。三种热传递方式涉及传热理论中的热物理参数和热传导方程，它们是地温场研究的重要基础。

（1）热物理参数

热导率 k：沿热传导方向，物体单位长度上温度降低 1℃时，单位时间内通过单位面积的热量，单位为 W/(m·℃)。

热导率是表征物体导热能力的一个重要的物理量，也称导热系数。热导率越低，传热性能越差。热导率主要与物质成分、结构以及温度、压力条件有关。在加热的条件下，测量物体的温度变化，即可获得物体的热导率值。通常热传递的方向受不同热导率值接触界面的几何形态影响，传热过程中热量会从低热导率一侧向较高热导率一侧汇集，从而形成不同方向的热量的再分配，再分配的热量受控于界面两侧热导率的差和接触面的面积。

比热容 C：一定质量的某种物质，温度升高或降低 1℃时所吸收的热量，单位为 J/(kg·℃)。

比热容是表征不同物质吸热和放热量大小的物理量。理论上，物质的比热并不总是恒定的，而是与压力、温度相关。因为物质的体积与压力、温度有关，所以在提到比热时，常常需要说明是定容比热还是定压比热。但对于固体岩石，由于热膨胀系数一般较小，可不区别定容比热、定压比热。一般情况下，当温度变化范围不太大时，可近似为常量。

热扩散率 κ：单位时间内的温度变化率与单位长度内温度梯度的变化率之比，又称导温系数，单位为 m^2/s。其定义式为

$$\kappa = \frac{\partial T}{\partial \tau} \Big/ \frac{\partial\left(\frac{\partial T}{\partial L}\right)}{\partial L} = \frac{\partial T}{\partial \tau} \Big/ \frac{\partial^2 T}{\partial L^2} \tag{2-175}$$

热扩散率是表征物体在加热或冷却过程中，温度趋于均匀一致的能力。热扩散率高的物质中，热量扩散快，且传递距离远；热扩散率低的物质中，热量扩散慢。在非稳态热传导过程中，热扩散率是一个十分重要的热物理参数，需要采用非稳态法测量热扩散率，通过激光照射试样正面，测定试样背面的升温曲线，得到热扩散率值。在稳态热传导过程中，热扩散率等于热导率 k 与比热容 C 和密度 ρ 的乘积之比，即 $\kappa = k/(C\rho)$，测定热导率、比热容、密度即可得到热扩散率。

由热扩散率 κ 与热导率 k、比热容 C、密度 ρ 之间的关系及单位量纲，分析得

$$\begin{aligned} \kappa = \frac{k}{C\rho} &\Rightarrow [\kappa] = \frac{[k]}{[C][\rho]} = \left[\frac{m^2}{s}\right] = \frac{[L^2]}{[t]} \\ &\Rightarrow [t] = \frac{[L^2]}{[\kappa]}; \quad [L] = \sqrt{[k][t]} \\ &\Rightarrow L = \sqrt{kt} \quad t = \frac{L^2}{\kappa} \end{aligned} \tag{2-176}$$

式中，L 与 t 分别为特征距离和特征时间，其中 L 表示一个受热扰动显著影响的最大距离，t 表示明显感觉热扰动的所需时间。例如，如果热扩散系数为 $10^{-6}m^2/s$，则由特征时间可以计算出，一个热扰动传播 10km 大约需要 3.2Ma。

【例题】设，某热泉地区热导率 k 为 2.6W/(m·℃)，密度 ρ 为 2500kg/m^3，比热容 C 为 900J/(kg·℃)。求：5km 深处 0.1Ma 前的花岗岩浆侵入产生的热扰动，何时可以影响到地下 100m 深处的热泉温度？

解：由热扩散率 κ 的量纲分析 $[t]=\frac{[L^2]}{[\kappa]}$，将已知条件代入，得

$$[t]=\frac{[L^2]}{[\kappa]}=\frac{[L^2]}{\left[\frac{k}{C\rho}\right]}=\frac{(5000-100)^2}{\frac{2.6}{900\times 2500}}(\mathrm{s})\approx 0.66(\mathrm{Ma})$$

生热率 A：单位体积或单位质量物质中，热源在单位时间内产生的热量，单位为 J/(m^3·s)、J/(kg·s)、μW/m^3。

自然界中存在着放射性元素，这些元素在衰变过程中会释放热能，放射性生热是地球的主要热源。由于放射性元素不断衰变，丰富度不断降低，生热量随时间减少，且不同生热元素的半衰期不同，它们热贡献的相对比例也随时间变化。因此不同学者给出的生热率计算方法不完全一致。1976 年，Rybach 根据修正过的天然放射性核参数提出生热率计算公式，$A=10^{-5}\rho\ (9.52C_{\mathrm{U}}+2.56C_{\mathrm{Th}}+3.48C_{\mathrm{K}})$。其中，$\rho$ 为物质密度（kg/m^3）；C_{U}、C_{Th}、C_{K} 分别为物质中铀元素含量（ppm）①、钍元素含量（ppm）和钾元素含量（%）。

（2）热流密度与热传导方程

地温场研究中，常常要用到热流密度概念，这是一个重要的热物理量。

热流密度 $\boldsymbol{q}$：温度场中，单位时间 dt 内，流过单位面积 ds 的热量 Q。热流密度是一个矢量，以温度降低的方向为正，与温度场的梯度方向或等温面法线方向 $\boldsymbol{n}$ 相反，即

$$\boldsymbol{q}=-\frac{Q}{t\cdot S}\boldsymbol{n} \tag{2-177}$$

根据热力学第一定律，一个物体温度改变 ΔT，相应的热量也将改变 ΔQ，二者呈正比关系 $\Delta Q\propto\Delta T$。傅里叶通过圆盘实验提出，温度场中，通过圆盘的热量 Q 正比于圆盘上下表面的温差 ΔT、圆盘表面积 S、圆盘热导率 k、热量通过时间 t，反比于圆盘厚度 ΔD，即

$$Q=k\frac{\Delta T}{\Delta D}St \tag{2-178}$$

由温度梯度定义，得 $Q=k\ (\nabla T\cdot \boldsymbol{n})\ St$。与热流密度定义相比较，有

$$\boldsymbol{q}=-k\nabla T=-\left(k_x\frac{\partial T}{\partial x}\boldsymbol{i}+k_y\frac{\partial T}{\partial y}\boldsymbol{j}+k_z\frac{\partial T}{\partial z}\boldsymbol{k}\right)=q_x\boldsymbol{i}+q_y\boldsymbol{j}+q_z\boldsymbol{k} \tag{2-179}$$

式（2-179）称为傅里叶热传导第一方程。

傅里叶热传导第一方程表明，温度场中任意一点处，沿任意一方向的热流密度 $\boldsymbol{q}$ 与该方向上的温度变化率成正比。热流密度等于温度的负梯度与热导率的乘积。温度梯度前面的负号表示热流方向与温度升高方向相反，或者说，热流方向指向温度减小的方向。在温度场中任意一点处，热流密度 $\boldsymbol{q}$ 的方向指向热流最大的方向，其模是最大热流的数值（Davies，2013）。如果将热流密度看作温度梯度场的场强，则可以求其散度

---

① 1ppm=1×10^{-6}。

$$\mathrm{div}\boldsymbol{q} = \nabla \cdot \boldsymbol{q} = \frac{\partial q_x}{\partial x} + \frac{\partial q_y}{\partial y} + \frac{\partial q_z}{\partial z} \tag{2-180}$$

将傅里叶热传导第一方程和热力学第一定律结合，可以推导出傅里叶热传导第二方程。设，直角坐标系中，有热流通过体积元 $\mathrm{d}V=\mathrm{d}x\mathrm{d}y\mathrm{d}z$。沿 z 轴方向的热流量变化为

$$q_{z+\mathrm{d}z} - q_z = \mathrm{d}q_z = \frac{\partial q_z}{\partial z}\mathrm{d}z \tag{2-181}$$

单位时间热量变化，依据热流密度的定义式 $Q/t=S \cdot q$，有

$$(q_z - q_{z+\mathrm{d}z})\mathrm{d}x\mathrm{d}y = \left[-\frac{\partial q_z}{\partial z}\mathrm{d}z\right]\mathrm{d}S = -\frac{\partial q_z}{\partial z}\mathrm{d}V \tag{2-182}$$

对于热源为 A 的六面体三个方向，单位时间热量变化为 $A-\left(\frac{\partial q_x}{\partial x}+\frac{\partial q_y}{\partial y}+\frac{\partial q_z}{\partial z}\right)\mathrm{d}V$，单位时间内储存体积元内的热能为 $\rho \cdot C \cdot \mathrm{d}V \cdot \frac{\partial T}{\partial t}$。

根据热力学第一定律，流进体积元和流出体积元的热量差应等于保留在该体积元中的热能，即

$$A - \left(\frac{\partial q_x}{\partial x} + \frac{\partial q_y}{\partial y} + \frac{\partial q_z}{\partial z}\right) = \rho C \frac{\partial T}{\partial t} \tag{2-183}$$

将傅里叶热传导第一方程代入式（2-183），得

$$A + \frac{\partial\left(k_x \frac{\partial T}{\partial x}\right)}{\partial x} + \frac{\partial\left(k_y \frac{\partial T}{\partial y}\right)}{\partial y} + \frac{\partial\left(k_z \frac{\partial T}{\partial z}\right)}{\partial z} = \rho C \frac{\partial T}{\partial t} \tag{2-184}$$

式（2-184）称为傅里叶热传导第二方程。对于热导率 k 各向同性介质，可简化为

$$\frac{k}{\rho C}\left(\frac{\partial^2 T}{\partial x^2} + \frac{\partial^2 T}{\partial y^2} + \frac{\partial^2 T}{\partial z^2}\right) + \frac{A}{\rho C} = \frac{\partial T}{\partial t} \tag{2-185}$$

傅里叶热传导第二方程中，二阶偏微分量是梯度的散度，即 $\nabla^2 T=\mathrm{div}\,(\mathrm{grad}\ T)$。因此，傅里叶热传导第一、第二方程可以写为

$$\nabla T = -\frac{\boldsymbol{q}}{k}, \qquad \nabla^2 T = \frac{\rho C}{k}\frac{\partial T}{\partial t} - \frac{A}{k} \tag{2-186}$$

如果温度场不随时间变化，傅里叶热传导第二方程可简化为泊松方程，如果没有热源则可进一步简化为拉普拉斯方程

$$\nabla^2 T = -\frac{A}{k}, \qquad \nabla^2 T = 0 \tag{2-187}$$

（3）傅里叶方程的边值条件

热传导是指物体各部分或不同物质直接接触而发生能量传播的现象。物体各部分具有不同温度或不同温度的几种物质直接接触，热量就会从高温区向低温区转移，使各处温度在没有外界热源或冷源干扰的情况下趋于均匀化。

热传导微分方程建立了物体温度的时间空间变化关系。通过数学方法，可以求得方程的通解，但对于实际具体问题，需要求解满足附加条件的特解。为特定实际问题附加的条件，称为定解条件或边值条件。解热传导微分方程实质上就是求解满足定解条件的特解。

非稳定热传导问题的边值条件包括两个方面：①初始条件，即初始时刻物体内部的温度分布；②边界条件，即物体几何形状及物体表面与周围介质之间的相互作用规律。

稳定热传导问题只有边界条件，无初始条件。

初始时刻物体内部的温度分布 $T(x, y, x, t)|_{t=0}=\phi(x, y, z)$，其中，函数 ϕ 是物体内部初始瞬间的温度，是位置的函数或者常数。

边界条件可分为三类。

1）第一类边界条件，已知物体表面 Γ 任意瞬间的温度分布，即 $T(x, y, x, t)|_{(x,y,z)\in\Gamma}=f(x, y, z, t)$，其中，表面温度 f 是位置、时间的函数或常数。

2）第二类边界条件，已知物体表面 Γ 法线方向 n 任意时刻的热流密度是时间的函数，即

$$q_S(t) = -k\frac{\partial T}{\partial n}\bigg|_{(x, y, z)\in\Gamma} = f(x, y, z, t) \tag{2-188}$$

此类边界条件最简单的情况是 $q_S(t)$ 为常数或0。当边界热流密度为0时，为绝热边界，表面没有热量散出和吸收。

3）第三类边界条件，已知物体表面任意一点任意时刻的温度梯度与温度组合分布，即

$$\left(\frac{\partial T}{\partial n} + \sigma T\right)\bigg|_{(x, y, z)\in\Gamma} = f(x, y, z, t) \tag{2-189}$$

在一定边值条件下，求解傅里叶热传导第一、第二方程，即可得到温度场内热传导空间各点在任意时刻的温度。

傅里叶热传导第二方程是二阶线性偏微分方程，也称扩散方程或抛物型方程。1811年，傅里叶推导出热传导方程，并在求解该方程时，提出傅里叶级数理论。求解抛物型二阶线性偏微分方程常常采用分离变量法、积分变换法，对于实际问题的温度场，也常常采用有限单元法、有限差分法等数值解法近似求解。

2.2.2.4 地温场

地温场是地球内部空间各点在某一瞬间的温度值的总和。如果地温场内某点温度随时间变化，则为非稳定地温场。不随时间变化的地温场，为稳定地温场。

地温场可以用等温面或等温线表示，等温面法线方向单位长度的温度变化称为地温梯度。地温梯度一般指向地球中心（dT/dz），它的单位常以℃/100m、℃/km 表示。

地温场的分布特征与热导率关系密切。地球各圈层物质成分不同，压力状态不同，热导率也不相同，从而导致热传递的量与方向变化，影响地温场的空间分布。正常热传导情况下，地球内热由内向外沿径向（垂向）方向传递。但由于高热导率层具有较低的地温梯度，低热导率层具有较高的地温梯度，会引起地温梯度垂向折线状变化。1967年，柳彼莫娃（Lubimora）发现，在地球表层，结晶固体中的分子晶格因热振动而发生热交换，相应的晶格热导率 k_a 随压力增加而增大，随温度升高而减小，且热导率的温度影响大于压力影响，在100～150km的低速层附近，k_a 达到极小；此后，压力影响超过温度影响，k_a 开始随深度增加而增大。在地幔中，一定温度范围内，很多硅酸盐矿物对于红外辐射是“透明

的”，热能以辐射形式传播，相应的辐射热导率 k_b 在深度小于 100km 时数值很小，超过 500km 后，k_b 超过 k_a。此外，地幔深部热量还可以热激发方式，沿热流密度方向传递热量，相应的热导率 k_c 随温度呈指数变化，在地幔 200 ~ 300km 以深，k_c 传热效率大大超过 k_a 和 k_b。因此，地球固体介质的总热导率 k 在 100 ~ 150km 深度处时，出现一个极小值，然后随深度急剧增加。

地温场也称地热场，地热学中与热导率和地温梯度密切相关的重要物理量是大地热流密度。大地热流密度是指地表单位面积上、单位时间内，以热传导方式由地球内部传导到地表的热量。或者说，单位时间内，以热传导方式通过地球表面单位面积散失的热量：

$$q = -k\frac{\mathrm{d}T}{\mathrm{d}z} \tag{2-190}$$

式中，k 为热导率；z 为深度；负号表示大地热流由地球内部流向地表，与温度梯度的方向相反，单位为 $\mathrm{mW/m^2}$、$\mathrm{W/m^2}$。

大地热流密度可以看作地球内热在地球表面单位面积上的散热功率。依据海、陆平均大地热流密度与面积，可以计算出地球内热在全球表面的散热功率为 4.62×10^{13} W，每年由地球内部流出的总热能约为 14.6×10^{20} J。

【例题】 已知：地球表面积为 $5.1\times10^{14}\mathrm{m}^2$。设，表面积不变条件下，地球内热散热功率（大地热流密度）由现今地表平均 $87\mathrm{mW/m^2}$ 线性递减至 50 亿年后为 0。求：现今地球内热总量是多少？

解： 由功 A 与功率 W 的定义

$$A = \int_{t_0}^{t_1} W\mathrm{d}t$$

地温场中，地球表面总的散热功率为大地热流密度与地球表面积的乘积，即

$$A = \int_{t_0}^{t_1} W\mathrm{d}t = \int_{t_0}^{t_1} \boldsymbol{q}(t)\cdot\boldsymbol{S}(t)\,\mathrm{d}t$$

将已知条件、假说条件代入上式，得

$$\begin{aligned} A &= \int_{t_0}^{t_1} W\mathrm{d}t = \frac{1}{2}q(t_0)\times t_1\times S \\ &= \frac{1}{2}(87\times10^{-3})\cdot(50\times10^{9}\times365\times24\times60\times60)\times5.1\times10^{14} \\ &\approx 3.5\times10^{31}(\mathrm{J}) \end{aligned}$$

即现今地球内热约为 3.5×10^{31} J。

（1）地温场中的热传导

地球固体介质中通常以热传导方式传热。地温场中固体介质的热传导方程即是傅里叶热传导第二方程。设，地球固体介质中，某一区域 V 内有一个均匀各向同性的热源 A，S 为包围 V 的表面，则单位时间从表面 S 流出的热量通量 Q 为

$$Q = \oint\!\!\!\oint_S q_n\mathrm{d}S = \oint\!\!\!\oint_S \boldsymbol{q}\cdot\boldsymbol{n}\mathrm{d}S \tag{2-191}$$

式中，$\boldsymbol{n}$ 为 $\mathrm{d}S$ 的法矢。

表面 S 所包围的体积为 $\mathrm{d}V$（微小），密度为 ρ、比热容为 C 的物质单位时间 t 温度 T 升高所吸收的热量或冷却所释放的热量为

$$Q=\left(A-\rho C\frac{\partial T}{\partial t}\right)\mathrm{d}v \tag{2-192}$$

由热力学第一定律（能量守恒定律），得守恒等式

$$\oiint_S \boldsymbol{q}\cdot\boldsymbol{n}\mathrm{d}S=\iiint_V\left(A-\rho C\frac{\partial T}{\partial t}\right)\mathrm{d}v \tag{2-193}$$

由高斯定理，得守恒等式左边为

$$\oiint_S \boldsymbol{q}\cdot\boldsymbol{n}\mathrm{d}S=\iiint_V \nabla\cdot\boldsymbol{q}\mathrm{d}v \tag{2-194}$$

将傅里叶热传导第一方程代入，并与守恒等式右边比较，得

$$\oiint_S \boldsymbol{q}\cdot\boldsymbol{n}\mathrm{d}S=\iiint_V \nabla\cdot\boldsymbol{q}\mathrm{d}v=\iiint_V \nabla\cdot(-k\nabla T)\mathrm{d}v=\iiint_V\left(A-\rho C\frac{\partial T}{\partial t}\right)\mathrm{d}v \tag{2-195}$$

假定 k 为各向同性常数，有

$$\iiint_V \nabla\cdot(-k\nabla T)\mathrm{d}v=\iiint_V\left(A-\rho C\frac{\partial T}{\partial t}\right)\mathrm{d}v\Rightarrow\iiint_V\left(k\nabla^2T+A-\rho C\frac{\partial T}{\partial t}\right)\mathrm{d}v=0 \tag{2-196}$$

如果式（2-196）在地球内部任意一点都成立，则被积函数必须为零，即

$$k\nabla^2T+A-\rho C\frac{\partial T}{\partial t}=0 \tag{2-197}$$

式（2-197）与傅里叶热传导第二方程的形式、物理意义完全一致。

地温场的热传导方程给出了地球内部温度随时间、空间的分布。假定初始条件 $t=0$ 时的温度已知，由式（2-197）可以求不同时间、不同地点的温度。但是地球内部的生热率分布和热导率不能确切知道，而且热导率不仅是深度函数，还与温度、压力有关，因此直接求解方程有许多困难。

在一些简化条件下，可以利用热传导方程讨论一些地温场的问题。若计算区域不大，不考虑地球曲率影响，且在同一平面内不存在温度梯度，则热传导方程可简化为

$$\frac{\partial T}{\partial t}-\kappa\frac{\partial^2T}{\partial z^2}=\frac{A}{\rho C} \tag{2-198}$$

式中，z 为深度，向下为正，地表 $z=0$。

1）若无热源，即 $A=0$，则

$$\frac{\partial T}{\partial t}=\kappa\frac{\partial^2T}{\partial z^2} \tag{2-199}$$

这就是冷却方程。方程的解为 $T=T_0\mathrm{erf}\left(\frac{z}{2\sqrt{\kappa t}}\right)$，可用于讨论均匀半空间条件下，海底冷却过程中的温度变化。

2）若温度不随时间变化，则

$$\frac{\partial^2T}{\partial z^2}=-\frac{A}{k} \tag{2-200}$$

依据一定边界条件，如地表温度为 T_0，大地热流密度为 q_0，则解为

$$T(z) = T_0 + \frac{q_0}{k}z - \frac{1}{2}\frac{A}{k}z^2 \tag{2-201}$$

【例题】 已知：莺歌海某深水盆地平均海底热流值为 84.1mW/m²，盆地沉积层生热率平均值为 1.28μW/m³，热导率平均值为 1.73W/(m·℃)。设，海底表面温度为 20℃，求：此盆地 2km 深处的地温？

解：此为地温场稳态热传导问题，即 $T(z) = T_0 + \frac{q_0}{k}z - \frac{1}{2}\frac{A}{k}z^2$

代入已知条件、假设条件，得此盆地 2km 深度处的地温为

$$T(z) = T_0 + \frac{q_0}{k}z - \frac{1}{2}\frac{A}{k}z^2 = 20 + \frac{84.1\times 10^{-3}}{1.73}\times 2000 - \frac{1.28\times 10^{-6}}{2\times 1.73}\times 2000^2$$

$$\approx 115.75\ (℃)$$

(2) 地温场中的热对流

当物质具有一定流动性时，可以携带热能从高温地点移向低温地点，如地表热泉活动、地壳岩浆活动、地幔对流活动等，这些现象称为地温场的对流传热。

对流传热既是热量传递方式，也是物质迁移的一种形式。热对流是最有效、最直接的传热方式，只要物质迁移速率每年达到百分之几厘米，传热效率就和热传导的量级相当。

含有对流项的热传导方程：如果热传导中有对流活动，则热传递方程为

$$\frac{\partial T}{\partial t} + \rho C\boldsymbol{u}\cdot\nabla T + C_w\rho_w\boldsymbol{q}\cdot\nabla T = \kappa\nabla^2 T + \frac{A}{\rho C} \tag{2-202}$$

式中，C_w 为流体比热容；ρ_w 为流体密度；$\boldsymbol{u}$ 为对流介质运动速度。式（2-202）左端第二、第三项为对流项，它们共同表示地温场对流传热效应。其中，左端第二项表示岩石本身运动携带的热量，左端第三项表示岩石中孔隙流体流动传递的热量。

地温场中，含有对流项的热传输方程虽然仅在传导方程中增加了一项对流项，但却极大地增加了求解难度。既要注意方程假设岩石中孔隙流体相对岩石本身运动的速度不太快，以保持孔隙流体和周围岩石骨架的热平衡（温度相同），还要考虑质点坐标和空间坐标的对流效应。质点坐标也称拉格朗日坐标，是以不同质点作为参照，测定温度的时间变化率 $\mathrm{d}T/\mathrm{d}t$，如在随水漂流的船上，测定相对水流静止的某一质点的温度不同时刻的变化率 $\mathrm{d}T/\mathrm{d}t$。空间坐标也称欧拉坐标，如在岸边，测定一条流动河流中某一空间固定点不同时刻的温度变化率 $\partial T/\partial t$。这两种坐标下的温度变化率有如下关系

$$\frac{\mathrm{d}T}{\mathrm{d}t} = \frac{\partial T}{\partial t} + \boldsymbol{u}\cdot\nabla T \tag{2-203}$$

含对流项的热传递方程中，对流项与介质运动速度、密度、比热容有关；传导项与热扩散系数 $\boldsymbol{\kappa}$ 有关。对流项传递的热量与传导项传递的热量贡献可以通过无量纲数 Pe（Peclet number）来定义

$$Pe = \frac{Q_{\text{Convection}}}{Q_{\text{Conduction}}} = \frac{\left[\frac{\rho uT}{L}\right]}{\left[\frac{kT}{L^2}\right]} = \frac{C\rho uL}{K} = \frac{uL}{\kappa}\quad\left([\kappa] = \frac{[L]^2}{[t]}\right) \tag{2-204}$$

$Pe \gg 1$，对流占主导；$Pe \ll 1$，传导占主导；$Pe=1$，两项都有作用，不可忽略。

地幔中，虽然没有直接证据表明存在地幔对流活动，但如果假定地幔对流活动存在，则能圆满解释大陆漂移、造山运动、重力异常和地热流分布等观测现象。一般认为，地幔中某一区域的物质受热，积热太多而又传不出去时，就会引起体积膨胀和密度减小，或产生部分熔融，并以潜热方式积蓄热量；当温度梯度提高，物质黏度降低到一定程度时，地幔便形成流动状态（Dan et al.，2005）。在这种情况下，虽然热膨胀引起的密度减小量很小，但足以使物质漂浮起来，以0.1cm/a的量级缓慢上升，其周围较重的物质下沉。这样缓慢的运动，在普通的时间尺度内是察觉不到的，但如果以地质时间尺度计算，就会发现密度的这种微小变化能引起固态热物质长距离运动。

地幔对流方程组：假设地幔温度变化仅影响对流物质的密度，则描述这种密度变化的热对流方程包括黏滞体的运动学方程、不可压缩假设下的连续性方程，以及包括对流项的热传递方程，即

$$\begin{cases}\dfrac{\partial T}{\partial t} + \boldsymbol{V} \cdot \nabla T = \kappa \nabla^2 T + \dfrac{A}{\rho C} \\ \nabla \cdot \rho \boldsymbol{V} = 0 \\ \dfrac{\partial \boldsymbol{V}}{\partial t} + \boldsymbol{V} \cdot \nabla = \dfrac{\eta}{\rho} \nabla^2 V - \dfrac{1}{\rho} \nabla P - g\alpha T\end{cases} \tag{2-205}$$

式中，$\boldsymbol{V}$为对流速度；P为压力；g为重力加速度；η为黏滞系数；ρ为密度；κ为扩散系数；A为生热率；C为等压比热；T为温度；α为热膨胀系数。

式（2-205）方程组表明，热对流是具有相互作用机制的物质运动。运动学方程就是纳维-斯托克斯（Navier-Stokes）方程，这个方程中有黏滞力、压力差和体力。体力来自温差产生的浮力，浮力驱动热对流。加热作用通过热扩散加热项$\kappa \nabla^2 T$、内部热源生热项$A/\rho C$产生升高的温度场，温度场通过浮力项$-g\alpha T$产生和影响对流运动$\boldsymbol{V}$。对流开始后，对流传输热量$-\boldsymbol{V} \cdot \nabla T$又改变原先温度分布。

求解地幔对流方程组，需要合适的边界条件。热传递问题可以是温度边界条件，也可以是热流边界条件。运动学方程可以是应力边界条件，也可以是速度边界条件。

无量纲参数瑞利数Ra：如果流体层接受来自下方的热量，将会受热膨胀，进而受到一个周围物质施加的一个向上的浮力。流体层受浮力作用上升时，必然还会受到来自周围流体物质施加的与运动方向相反的黏滞力。流体层在浮力和黏滞力共同作用下运动。为表示这两种力施加于对流物质的综合效应，引入无量纲参数瑞利数Ra，其定义式为

$$\mathrm{Ra} = \frac{g\alpha D^3 (T_{\mathrm{L}} - T_{\mathrm{U}})}{\nu \kappa} \tag{2-206}$$

式中，g为重力加速度；α为热膨胀系数；D为对流层厚度；T_{L}为对流层底温度；T_{U}为对流层顶温度；ν为黏滞系数；κ为热扩散系数。

无量纲参数瑞利数Ra的物理实质是表示作用于物质的浮力和黏滞力的比值，可用于判断对流是否开始。地球内部能否发生对流，关键在于瑞利数能否达到和超过临界值。密度变化是地幔对流的起因，黏度变化是地幔对流的条件。人们对上、下地幔的黏滞系数的取值相差很大，能否发生对流，需要计算瑞利数Ra，因此对于地幔热对流的分布形态的

估计有很大出入。

（3）地温场中的热辐射

热辐射不同于热传导、热对流通过温差传热，而是通过物体表面温度辐射热差换热。自然界中，任何表面温度高于绝对零度的物体都在不停地向四周发出热辐射能，同时又不停地吸收外界的热辐射能，形成辐射换热。

地球温度高于绝对零度，其表面和内部都存在热辐射。在热稳定状态，地球介质中任意一体积元平均辐射能量与平均吸收能量相等。当介质中存在温度梯度时，相邻体积间温度高的体积元辐射的能量大，温度低的体积元辐射的能量小，热量通过热辐射方式从高温处向低温处传递。例如，深度超过 500km 的上地幔中，温度大于 2000℃ 的区域，硅酸盐矿物对红外辐射是“透明的”，其热能就会如同光子一样以热辐射形式传播出去。

（4）地球内部温度分布

地球内部温度随深度增加而升高。地表 40 ~ 50km 深度范围内，每 1km 增温 20 ~ 30℃。再向下，增温减慢，地温梯度减小，逐渐接近等温压缩状态。

地球内部温度的计算方法大致有两种：一是求解傅里叶热传导方程（可以包含热对流项的影响），在已知初始温度、热源分布、热导率等条件下，计算温度的空间和时间分布。二是通过分析地球内部某些与温度有关的现象，如岩石熔点、物质相变、相平衡等，给出实际深度的温度界限。两种方法结合，可以得到地球内部温度分布的大致轮廓。

地壳温度：地壳层中，热流垂直通过地层界面，常使用傅里叶热传导第一方程的一维形式计算地壳温度随深度 z 的分布

$$q(z) = -k(z)\frac{\mathrm{d}T}{\mathrm{d}z} \rightarrow \begin{cases} T(z) = T_0 + \int_0^Z \frac{q(z)}{k(z)}\mathrm{d}z \\ q(z) = q_0 - \int_0^Z A(z)\mathrm{d}z \end{cases} \tag{2-207}$$

式中，$T(z)$ 为深度 z 处温度；$q(z)$ 为深度 z 处热流；T_0 为地表温度；q_0 为地表热流；$k(z)$ 为深度 z 处热导率；$A(z)$ 为深度 z 处生热率。

地表浅层不考虑热源，温度随深度 z 线性增加。例如，取地表热流 $Q_s = 65\mathrm{mW/m^2}$，热导率 $k = 2.5\mathrm{W/(m \cdot ℃)}$，$T_s = 0℃$，则 $\mathrm{d}T/\mathrm{d}z = 26℃/\mathrm{km} = 2.6℃/100\mathrm{m}$。目前，直接测量地温的深度大多在 5km 以浅，这个深度范围地温在 50 ~ 150℃，地温梯度在 1 ~ 3℃/100m。在火山活动地区，温度随深度 z 线性增加的特征可以向下延伸到几十千米。例如，取火山喷发温度为 1000 ~ 1200℃，火山源深度为 40 ~ 100km，则平均地温梯度为 10 ~ 30℃/km。

地表浅层以下，存在壳内放射性热源，并且富集于地壳上部，其温度分布与放射性元素在地壳上部富集层厚度、生热率密切相关，需要依据实际条件，确定热源条件求解地温分布。

【例题】 已知：花岗岩、玄武岩总生热率分别为 $115.3\times10^{-11}\mathrm{W/kg}$、$17.17\times10^{-11}\mathrm{W/kg}$。设，陆壳花岗岩层厚 20km，密度为 $2.64\mathrm{g/cm^3}$；洋壳玄武岩层厚 5km，密度为 $2.82\mathrm{g/cm^3}$。求：陆壳花岗岩层、洋壳玄武岩层分别产生多大热流？

解：由题意，得

陆壳花岗岩层的热流为

$$q_G = A_G D_G \rho_G = 115.3\times10^{-11}\times20\times10^3\times2.6\times10^3 \approx 59.96\ (\mathrm{mW/m^2})$$

洋壳玄武岩层的热流为

$$q_B = A_B D_B \rho_B = 17.17\times10^{-11}\times5\times10^3\times2.82\times10^3 \approx 2.42\ (\mathrm{mW/m^2})$$

地幔温度：岩石圈地幔的垂向温度可以按大陆构造单元与大洋构造单元分别计算。通常采用稳态热传导方程计算大陆岩石圈垂向温度分布，采用非稳态热传导方程计算大洋岩石圈垂向温度分布。一维模型计算结果表明，大洋岩石圈的温度普遍高于大陆岩石圈温度，如在150km处，大洋岩石圈温度比大陆岩石圈温度高出200~400℃。这样大的温差导致与温度相关的黏滞性、岩石强度、应力场等出现巨大差异，这些差异造成大洋与大陆两个构造单元在岩石圈地幔形成明显不同的构造活动。

岩石圈以下的地幔内部放射性热源分布和热导率资料十分缺乏，无法用热传导方程计算地幔温度。并且按照目前的观点，深部地幔主要的热传输方式是热对流，而不是热传导，因此需要通过其他地球物理、地球化学的方法估算地幔温度界限。

假设地幔没有放射性热源，只是自身压力作用使温度升高。这种单纯由自压缩产生的温度，称为绝热自压缩温度。由于没有考虑内部热源，也没有考虑外部热输入，处于完全的物理绝热状态，所得温度可作为地幔温度的下限。绝热状态下 T–P 关系为

$$\frac{\partial T}{\partial P} = \alpha \frac{T}{\rho C_P} \tag{2-208}$$

式中，T 为温度；P 为压力；α 为热胀系数；ρ 为密度；C_P为定压比热。假定地幔处于静流体平衡状态 $\mathrm{d}P \approx -g\rho \mathrm{d}r$，$r$ 为地球半径，g 为重力加速度，则地幔垂向温度梯度为

$$\frac{\mathrm{d}T}{\mathrm{d}r} = -gT\frac{\alpha}{C_P} \tag{2-209}$$

对式（2-209）积分，得

$$\frac{\mathrm{d}T}{T} = -g\frac{\alpha}{C_P}\mathrm{d}r \rightarrow \ln\left(\frac{T}{T_1}\right) = \int_{r_1}^{r}\left(g\frac{\alpha}{C_P}\right)\mathrm{d}r \tag{2-210}$$

【例题】 已知：深度420km的地幔温度为2085℃，重力为10.5m/s²，α 为 10^{-5}/K，C_P 为630J/(kg·℃)。求：核幔边界2900km深度处温度？地幔平均自压缩绝热温度梯度？

解： 依据绝热温度计算公式 $\ln\left(\frac{T}{T_1}\right) = \int_{r_1}^{r}\left(g\frac{\alpha}{C_P}\right)\mathrm{d}r$，有 $\begin{cases} T_z = T_1 e^{r_0} \\ r_0 = g\dfrac{\alpha}{C_P}(r_z - r_1) \end{cases}$

令，$r_1 = 420\mathrm{km}$，$T_1 = 2085℃$，$g = 10.5\mathrm{m/s^2}$，$\alpha = 10^{-5}/\mathrm{K}$，$C_P = 630\mathrm{J/kg}$，$r_z = 2900\mathrm{km}$

则，$r_0 = 10.5\times\dfrac{10^{-5}}{630}\times(2900-420) \approx 0.413$

$$T_{2900\mathrm{km}} = 2085\times e^{0.413} \approx 3151\ (℃)$$

地幔平均自压缩绝热温度梯度：$G_m = \dfrac{3151-2085}{2900-420} \approx 0.43\ (℃/\mathrm{km})$

地核温度：地核温度主要来自绝热自压缩温度计算和熔点温度估计。假设外核没有放射性元素，温度分布单纯由自压缩产生，取外核热胀系数 $\alpha = 3.1\times10^{-5}/\mathrm{K}$，将相应的 g、

C_P估计值代入绝热自压缩温度梯度公式，则可得核幔边界温度为 4000℃。估计地心温度不超过 6000℃。

【例题】 已知：地球外核 $g=5\text{m/s}^2$，$\alpha=1.5\times10^{-5}/\text{K}$，$C_P=590\text{J/(kg}\cdot\text{K)}$。设，核幔边界温度为 3100℃，外核上界深度为 2900km、下界深度为 5100km。求，外核边界温度？外核平均自压缩绝热温度梯度？

解：依据绝热温度计算公式 $\ln\left(\dfrac{T}{T_1}\right)=\int_{r_1}^{r}\left(g\dfrac{\alpha}{C_P}\right)\mathrm{d}r$，有 $\begin{cases}T_z=T_1\mathrm{e}^{r_0}\\ r_0=g\dfrac{\alpha}{C_P}(r_z-r_1)\end{cases}$

令，$r_1=2900\text{km}$，$T_1=3100℃$，$g=5\text{m/s}^2$，$\alpha=1.5\times10^{-5}/\text{K}$，$C_P=590\text{J/kg}$，$r_z=5100\text{km}$

则，$r_0=5\times\dfrac{1.5\times10^{-5}}{590}\times(5100-2900)\times10^3\approx0.28$

$T_{5100\text{km}}=3100\times\mathrm{e}^{0.28}\approx4102$（℃）

外核平均自压缩绝热温度梯度：$G_\text{m}=\dfrac{4102-3100}{5100-2900}\approx0.455$（℃/km）

2.2.3 弹性波场

弹性波场是研究波在弹性介质中的传播，因此弹性波场研究内容包括两个方面：介质的弹性性质及波在弹性介质中的传播规律。

2.2.3.1 弹性介质和应变与应力

(1) 介质的弹性

当固体的外表受外力作用时，其体积和形状会发生变化，此时固体内部的内应力，会抵抗这种体变和形变。当外力消除时，由于内应力的作用，固体会趋于恢复原有的状态。液体也会产生由外力引起的体变，但液体不会产生形变。

物体在外力作用下产生形变，外力取消后，物体能迅速恢复到受力前的形态和大小，这种性质称为弹性。反之，若外力取消后，物体仍保持形变后的某种形态，不能恢复原状，这种性质称为塑性。

一个物体，当外力消除后能彻底恢复到其原始状态的，认为它是完全弹性体。只要形变或体变很小，物体都可以认为是完全弹性体。

自然界中的大部分固体介质，在外力作用下既显示弹性，又显示塑性。它们的形变特征与温度、压力、外力的大小和力作用时间长短等因素有关。在外力很大、作用时间很长的情况下，大部分物体表现为塑性性质；在外力很小、作用时间很短的情况下，大部分物体表现为弹性性质。

如果介质弹性性质与空间方向无关，称为各向同性弹性介质，反之称为各向异性弹性介质；如果介质弹性性质与坐标位置无关，称为均匀弹性介质，反之称为非均匀弹性介质；如果介质弹性性质随空间连续变化，称为连续弹性介质，反之称为非连续弹性介质。

（2）应力、应变与弹性系数

弹性理论研究的是外力和它引起的物体形变和体变之间的关系。一般把在弹性体上施加的外力称为应力，由外力引起的物体形变和体变称为应变，包括纵向（胀缩）应变和横向（剪切）应变。

应力定义为单位面积上的力，它等于作用力和面积之比，单位为 N/m^2，为纪念物理学家帕斯卡，也采用帕（Pa）作为应力单位，$1N/m^2=1Pa=10^{-6}MPa=10^{-9}GPa$。

应力计算需引入一个无穷小的面元，它等于作用在小面元上的力除以小面元的面积。如果作用力垂直作用于小面元，该应力称为法向应力或压力。如果作用力的方向和受力物体的面积相切，该应力称为剪切应力。当作用力和受力物体的面元既不平行又不垂直时，可以分解为两个分量，一个平行于面元，一个垂直于面元。任何应力 σ 都能分解为法向应力 σ_n 和剪切应力 τ（图 2-4）。

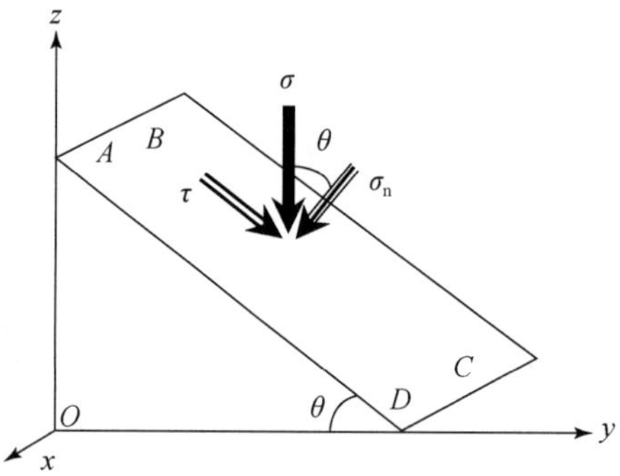

图 2-4　应力分解

考虑受力物体内的一个体元，作用在体元六个面上的应力，都可以按作用面分解成法向应力和剪切应力。应力标注方法：如果两脚标相同，如 σ_{xx}，说明该应力是法向应力；如果两个脚标不同，如 τ_{yx}，说明该应力是剪切应力，表示应力沿 y 方向，作用在垂直于 x 轴的面元上，且剪切应力 $\tau_{xy}=\tau_{yx}$、$\tau_{yz}=\tau_{zy}$、$\tau_{xz}=\tau_{zx}$。

应变表示弹性体受到应力作用时，物体形状和大小的相对变化。设，直角坐标系中，在应力作用下，物体内部任一点 P（x，y，z）移到点 Q（x，y，z），PQ 在 x 方向的分量为 u，y 方向的分量为 v，z 方向的分量为 w。$\varepsilon_{xx}=\partial u/\partial x$ 是在 x 方向上长度的相对增量，$\varepsilon_{yy}=\partial v/\partial y$ 是在 y 方向上长度的相对增量，$\varepsilon_{zz}=\partial w/\partial z$ 是在 z 方向上长度的相对增量，它们统称为法向应变。$\varepsilon_{xy}=\varepsilon_{yx}=\partial v/\partial x+\partial u/\partial y$、$\varepsilon_{yz}=\varepsilon_{zy}=\partial w/\partial y+\partial v/\partial z$、$\varepsilon_{zx}=\varepsilon_{xz}=\partial u/\partial z+\partial w/\partial x$ 是角度的减少量，它是形变的度量，称为剪切应变。

应力与应变之间存在线性关系，即胡克定律

$$\sigma = C\varepsilon \tag{2-211}$$

式中，C 为比例因子。

应力和应变之间的比例因子 C 称为弹性系数。弹性系数是描述介质弹性性质的一组参数，由 81 个弹性系数张量组成。由于研究的角度不同，采用的弹性参数也不同。例如，考虑应力与应变的对称性，$\tau_{ij}=\tau_{ji}$和$\varepsilon_{kl}=\varepsilon_{lk}$，因此，有 6 个分量相互独立，弹性系数张量由 81 个分量减少为 36 个，即

$$\sigma = C\varepsilon \rightarrow \begin{pmatrix}\sigma_{xx}\\ \sigma_{yy}\\ \sigma_{zz}\\ \tau_{xy}\\ \tau_{yz}\\ \tau_{zx}\end{pmatrix} = \begin{bmatrix} C_{11} & C_{12} & C_{13} & C_{14} & C_{15} & C_{16}\\ C_{21} & C_{22} & C_{23} & C_{24} & C_{25} & C_{26}\\ C_{31} & C_{32} & C_{33} & C_{34} & C_{35} & C_{36}\\ C_{41} & C_{42} & C_{43} & C_{44} & C_{45} & C_{46}\\ C_{51} & C_{52} & C_{53} & C_{54} & C_{55} & C_{56}\\ C_{61} & C_{62} & C_{63} & C_{64} & C_{65} & C_{66}\end{bmatrix}\begin{pmatrix}\varepsilon_{xx}\\ \varepsilon_{yy}\\ \varepsilon_{zz}\\ \varepsilon_{xy}\\ \varepsilon_{yz}\\ \varepsilon_{zx}\end{pmatrix} \tag{2-212}$$

考虑弹性能量是应变的单值函数，系数矩阵中$C_{ij}=C_{ji}$，则描述介质弹性性质所需系数减少为 21 个。进一步，当介质存在对称轴或对称面时，弹性性质进一步简化，所需系数进一步减少，对于均匀各向同性完全弹性介质，独立的弹性系数减少为 2 个，即

$$\begin{pmatrix}\sigma_{xx}\\ \sigma_{yy}\\ \sigma_{zz}\\ \tau_{xy}\\ \tau_{yz}\\ \tau_{zx}\end{pmatrix} = \begin{bmatrix} \lambda+2\mu & \lambda & \lambda & 0 & 0 & 0\\ \lambda & \lambda+2\mu & \lambda & 0 & 0 & 0\\ \lambda & \lambda & \lambda+2\mu & 0 & 0 & 0\\ 0 & 0 & 0 & \mu & 0 & 0\\ 0 & 0 & 0 & 0 & \mu & 0\\ 0 & 0 & 0 & 0 & 0 & \mu\end{bmatrix}\begin{pmatrix}\varepsilon_{xx}\\ \varepsilon_{yy}\\ \varepsilon_{zz}\\ \varepsilon_{xy}\\ \varepsilon_{yz}\\ \varepsilon_{zx}\end{pmatrix} \tag{2-213}$$

式（2-213）即为胡克定律的均匀各向同性完全弹性介质的矩阵方程。式中，两个独立的弹性系数分别是拉梅系数λ、剪切模量μ，也可以用杨氏模量E、泊松比γ、体变模量（不可压缩系数）K中的任意两个来表示。

杨氏模量E、泊松比γ、体变模量K、剪切模量μ、拉梅系数λ是表征各向同性均匀介质弹性性质的五个重要弹性系数。

杨氏模量E表示膨胀或压缩情况下应力与应变的关系，也称为压缩模量。力学上，杨氏模量E表示固体对所受作用力的阻力，固体介质对拉伸力的阻力越大，则杨氏模量E越大，物体越不易变形。坚硬的物体杨氏模量E大，不易变形。数学上，杨氏模量E等于物体受胀缩力时应力与应变之比。设，沿x方向受应力为F/S，产生的应变为$\Delta l/l$，则E为

$$E = \frac{(F/S)}{(\Delta l/l)} = \frac{\sigma_{xx}}{\varepsilon_{xx}} \tag{2-214}$$

泊松比γ表示介质横向应变与纵向应变的比值，即

$$\gamma = -\frac{(\Delta d/d)}{(\Delta l/l)} = -\frac{\varepsilon_{yy}}{\varepsilon_{xx}} = -\frac{\varepsilon_{zz}}{\varepsilon_{xx}} \tag{2-215}$$

式中，负号表示横向与纵向应变方向相反。泊松比γ是一个无量纲参数，变化范围在 0 ~ 0.5，坚硬、刚性很强的物质，泊松比小；刚度低、松软的物质，泊松比大。

任何复杂的形变均可分为体积形变和形状形变两种简单的形变类型，两种形变的应力与应变的比值分别称为体变模量K（或压缩模量，压力与体积变化之比）和剪切模量μ（或刚性模量，剪切应力τ与切应变形变角φ之比）

$$K=-\frac{P}{\frac{\Delta V}{V}}=-\frac{P}{\sigma_{xx}+\sigma_{yy}+\sigma_{zz}},\quad \mu=\frac{\tau}{\varphi} \tag{2-216}$$

式中，K 表示物体的抗压性质，有时也称为抗压缩系数，其倒数称为压缩系数；μ 表示阻止剪切应变的度量，μ 越大，切应变形变角 φ 越小，若流体没有抵抗剪切应力的能力，$\mu=0$，泊松比 $\gamma=0.5$，即液体不产生切变，只有体积变化。

拉梅系数 λ 是一个为简化数学运算引入的参数。物理意义是阻止横向压缩所需拉应力的度量，阻止横向压缩的拉应力越大，λ 值越大。拉梅系数 λ 表示介质抗形变的能力，其数值越大，表示该介质越难产生形变。

这五个弹性系数并不是相互独立的，而是具有一定的相互关系。对于均匀各向同性完全弹性介质只有两个独立的弹性参数，知道其中两个就可求出其余三个。例如，可由 μ、λ 计算 E、γ、K

$$E=\mu\left(\frac{3\lambda+2\mu}{\lambda+\mu}\right),\quad \gamma=\frac{\lambda}{2(\lambda+\mu)},\quad K=\lambda+\frac{2}{3\mu} \tag{2-217}$$

也可由 E、γ 计算 K、μ、λ

$$K=\frac{E}{3(1-2\gamma)},\quad \mu=\frac{E}{2(1+\gamma)},\quad \lambda=\frac{E\gamma}{(1+\gamma)(1-2\gamma)} \tag{2-218}$$

【例题】 如果：$\sigma_{xx}\neq 0$，$\sigma_{yy}=\sigma_{zz}=0$。证明：$E=\mu\ (3\lambda+2\mu)/(\lambda+\mu)$。

证明：将 $\sigma_{yy}=\sigma_{zz}=0$ 代入均匀各向同性完全弹性介质的矩阵方程

$$\begin{pmatrix}\sigma_{xx}\\0\\0\\\tau_{xy}\\\tau_{yz}\\\tau_{zx}\end{pmatrix}=\begin{bmatrix}\lambda+2\mu & \lambda & \lambda & 0 & 0 & 0\\\lambda & \lambda+2\mu & \lambda & 0 & 0 & 0\\\lambda & \lambda & \lambda+2\mu & 0 & 0 & 0\\0 & 0 & 0 & \mu & 0 & 0\\0 & 0 & 0 & 0 & \mu & 0\\0 & 0 & 0 & 0 & 0 & \mu\end{bmatrix}\begin{pmatrix}\varepsilon_{xx}\\\varepsilon_{yy}\\\varepsilon_{zz}\\\varepsilon_{xy}\\\varepsilon_{yz}\\\varepsilon_{zx}\end{pmatrix}$$

由矩阵方程，得

$$\begin{cases}\sigma_{xx}=(\lambda+2\mu)\varepsilon_{xx}+\lambda\varepsilon_{yy}+\lambda\varepsilon_{zz}\\0=\lambda\varepsilon_{xx}+(\lambda+2\mu)\varepsilon_{yy}+\lambda\varepsilon_{zz}\\\varepsilon_{yy}=\varepsilon_{zz}\end{cases}$$

解此方程组，得

$$\sigma_{xx}=(\lambda+2\mu)\varepsilon_{xx}+2\lambda\left[\frac{-\lambda}{2(\lambda+\mu)}\right]\varepsilon_{xx}=\mu\left(\frac{3\lambda+2\mu}{\lambda+\mu}\right)\varepsilon_{xx}$$

由杨氏模量 E 的定义，得

$$E=\frac{\frac{F}{S}}{\frac{\Delta x}{x}}=\frac{\sigma_{xx}}{\varepsilon_{xx}}=\frac{\mu(3\lambda+2\mu)}{\lambda+\mu}$$

2.2.3.2 质点振动与波的传播

介质中质点振动特征以及弹性波传播过程中的相位、频率、波长等概念，是描述力的作用在介质内传播规律的波动方程的基础。

(1) 简谐振动

振动是质点围绕平衡位置发生的往返运动。如果质点的振动是在与位移量成正比、与位移方向相反的力作用下的运动，则称为简谐振动。例如，弹簧振子的振动就是简谐振动。

简谐振动方程：以弹簧振子为例。设，弹性系数为 k，小球质量为 m，位移为 u，加速度 $a = \mathrm{d}^2u/\mathrm{d}t^2$，则由胡克定律与牛顿第二定律，得

$$\left.\begin{aligned} F &= -ku \\ F &= ma \end{aligned}\right\} \rightarrow -ku = ma \rightarrow -ku = m\frac{\mathrm{d}^2u}{\mathrm{d}t^2} \tag{2-219}$$

或者

$$\frac{\mathrm{d}^2u}{\mathrm{d}t^2} + \omega^2 u = 0, \quad \omega^2 = \frac{k}{m} \tag{2-220}$$

式（2-19）和式（2-20）即为简谐振动方程。

通过积分可以求解简谐振动方程。设 A 与 φ_0 为积分常数，简谐振动方程的解为

$$u = A\sin(\omega t + \varphi_0) = A\sin(2\pi ft + \varphi_0) \tag{2-221}$$

式（2-221）表明，简谐振动的位移满足三角函数的正弦规律。式中，A 为最大振幅；φ_0 为初始相位；f 为振动频率；ω 为振动角（圆）频率。

振动频率 f 是一秒钟内完成的振动次数，角（圆）频率 ω 是 2π 秒内完成的振动次数。振动周期 T 是完成一次振动所需的时间。周期与频率呈倒数关系

$$f = \frac{\omega}{2\pi} = \frac{1}{T} \tag{2-222}$$

振动物体任意时刻 t 的运动状态称为振动相位，用角变量表示为 $\varphi = \omega t + \varphi_0$。其中，$\varphi_0$ 称为初始相位，是振动质点在 $t=0$ 时刻角变量。

简谐振动方程解给出了简谐振动的位移 u 的表达式，因此可以求得简谐振动的速度 v、加速度 a

$$v = \frac{\mathrm{d}u}{\mathrm{d}t} = \omega A\cos(\omega t + \varphi_0), \quad a = \frac{\mathrm{d}^2u}{\mathrm{d}t^2} = -\omega^2 A\sin(\omega t + \varphi_0) \tag{2-223}$$

分析式（2-223）可知，简谐振动的位移相位比速度相位落后 $\pi/2$，速度相位比加速度相位落后 $\pi/2$，位移相位比加速度相位落后 π，二者反相。

【例题】 已知：一质点振动方程为 $u = A\sin(\omega t) + B\sin(2\omega t)$。求：质点振动的速度 v 和加速度 a？此质点振动是否为简谐振动？

解：由质点振动方程对时间 t 求一阶、二阶导数，得

$$v = \frac{\mathrm{d}u}{\mathrm{d}t} = A\omega\cos\omega t + 2B\omega\cos 2\omega t$$

$$a=\frac{\mathrm{d}^2u}{\mathrm{d}t^2}=-A\omega^2\sin\omega t-4B\omega^2\sin2\omega t$$
$$=-\omega^2(u+3B\sin2\omega t)$$

将质点振动加速度 a 表达式代入简谐振动方程左端，得

$$\frac{\mathrm{d}^2u}{\mathrm{d}t^2}+\omega^2u=-\omega^2(u+3B\sin2\omega t)+\omega^2u=-3B\omega^2\sin2\omega t\neq0$$

此质点振动不满足简谐振动方程，由此判断，质点振动不是简谐振动。

（2）波的传播

波以振动形式在介质中传播，是能量的传播形式。

一个周期 T 内，波传播的距离称为波长 λ。波每秒传播的距离，称为波速 V。单位距离上波的个数称为波数 k。波长、波速、波数与周期、频率、圆频率的关系

$$V=\lambda\cdot f=\frac{\lambda}{T}\quad k=\frac{2\pi}{\lambda}=\frac{\omega}{V} \tag{2-224}$$

如果固定一点观测波形变化，则每隔一个周期 T，波形就会重复，重复的频率为 $f=1/T$。如果固定某一个时刻观测波形变化，则每隔一定距离 λ，波形也会重复，重复的距离 λ 为波长。$1/\lambda$ 是波数，即单位距离上波的个数。

波传播过程中，振动状态相同的点所构成的面称为波阵面。因为波阵面上各点波函数的相位相同，所以波阵面是同相面。波阵面是平面的波称为平面波，是球面的波称为球面波。在某一时刻，波即将传到和刚刚停止振动的两个介质曲面，称为波前面和波后面（波尾）。波前面和波后面是两个特殊的等相位面，随时间不断推进。波面不断推进扫过介质内部，波面上各点是同时开始振动的，所以波面又叫等时面。

描述波传播路径和方向的线称为射线，是人为假想的描述波传播的概念，即假设波传播像光线一样沿一定的路线传播。射线与波前面处处垂直，平面波的射线是一组垂直于波阵面的平行线；球面波的射线是以波源为中心的径向辐射线。波在介质中传播，随着时间的延迟，波前面逐渐扩大，射线路径不断增长，因此根据波前和射线的几何图形，可以研究波在介质空间的位置。

弹性波的传播可以用波前面来描述，也可以用射线来描述。波前面利用惠更斯原理确定，射线利用费马原理确定。惠更斯原理又称波前原理，任何时刻，波前面上每一点都可以看作一个新的点震源，产生子波前，新的波前位置是该时刻各子波波前的包络。费马原理又称射线原理、时间最小原理，在均匀介质中，波的传播速度各处一样，其旅行时间正比于射线路径的长短，波从一点到另一点，最短的传播路径是直线，波沿射线传播的时间比其他任何路径传播的时间都少。

根据费马原理可以得到波传播的射线方程

$$\left(\frac{\partial t}{\partial x}\right)^2+\left(\frac{\partial t}{\partial y}\right)^2+\left(\frac{\partial t}{\partial z}\right)^2=\frac{1}{V^2(x,\ y,\ z)} \tag{2-225}$$

式（2-225）给出了弹性波传播过程中所经过的空间与时间的关系。将这种波至时间的空间分布定义为时间场。

时间场是标量场，其等值面为等时面。时间场中，波前传播时间 t 是观测点坐标 x、

y、z 的函数 $t=t(x, y, z)$。当振动质点或波源固定时，波传播的范围内介质中每一点 $M(x, y, z)$ 处都可以确定波前到达的时间。若已知空间任意一点坐标，就可以确定波到达此点的时间，也就确定了波传播时间的空间分布。不同时刻的等时面与相应时刻的波前面位置重合，等时面与射线正交，时间场的梯度方向指向射线路径方向。

在各向同性均匀介质中，波的传播速度是常数，射线方程的解为球面方程，波前是一系列以震源为中心点的球面，即

$$t=\frac{1}{V}(x^2+y^2+z^2)^{\frac{1}{2}} \tag{2-226}$$

【例题】 已知：频率为 3000Hz 的简谐波以 1600m/s 的传播速度沿射线路径传播，经过 A 点后到达 B 点，A、B 之间的距离为 32cm。求：B 点振动比 A 点振动晚多长时间？

解：设，波将振动能量由 A 点传播到 B 点的时间为 t_{AB}。由已知条件，得

$$t_{AB}=\frac{\overline{AB}}{V}=\frac{32\times10^{-2}\text{m}}{1600\text{m/s}}=2\times10^{-4}\ (\text{s})$$

（3）波的类型

根据弹性介质中质点运动特征及波传播规律，可以将弹性波分为两类。一类是体波，它在整个弹性体内传播，包括纵波（P 波）和横波（S 波）。另一类是面波，它只存在于岩层分界面附近，并沿介质的自由面或界面传播，包括瑞利波（R 波）和勒夫波（L 波）。

体波中，纵波又称 P 波，是弹性介质在正应力作用下发生体应变产生的波动。当弹性介质受胀缩力作用时，将发生伸缩形变，形成随时间交替变化的膨胀应变带和压缩应变带，形成纵波，又称为胀缩波。横波又称 S 波，是弹性介质在切应力作用下发生切应变产生的波动。当弹性介质受剪切力作用时，将发生切应变，质点产生横向运动，形成横波，又称为剪切波。横波质点振动方向与波传播方向垂直，又可分为 SH 波（质点的振动方向在波传播方向的水平面内）和 SV 波（质点的振动方向在波传播方向的垂直平面内）。

无限均匀弹性介质内，只存在纵波和横波。如果弹性介质非均匀，存在弹性分界面，则在界面附近会产生面波。

面波中，瑞利波又称 R 波或地滚波，是存在于自由表面附近的面波。瑞利波传播时，地面质点在波传播方向的垂直面内沿椭圆轨迹做倒转运动，椭圆轨道的长轴是垂向，这种运动可以理解为相位差为 90°的纵横两种振动的合成。由于介质的弹性系数随深度增加而增大，所以瑞利波的传播速度也随深度增加而增大。瑞利波的振幅随深度增加呈指数衰减，并且与波的频率和传播距离有关，因而波形也随传播距离的增加显著变化。勒夫波又称 L 波，是存在于表层低速介质底面的一种 SH 波。该波沿界面传播，其振幅在垂直方向上随离开界面距离的增大呈指数衰减。

2.2.3.3 弹性波方程

弹性波方程是描述弹性介质内波传播规律的基本方程，通过分析弹性介质中力的作用，可以建立弹性波方程。求解弹性波方程，可以研究弹性介质中能量的传播与交换。

（1）弹性体中的运动方程

设，直角坐标下，弹性体中作用于单位体元 $\Delta x\Delta y\Delta z$ 上单位质量的体积力 F 沿坐标轴 x、y、z 方向上的分量分别为 F_x、F_y、F_z，惯性力分别为 $-\rho \mathrm{d}^2u/\mathrm{d}t^2\Delta x\Delta y\Delta z$、$-\rho \mathrm{d}^2v/\mathrm{d}t^2\Delta x\Delta y\Delta z$、$-\rho \mathrm{d}^2w/\mathrm{d}t^2\Delta x\Delta y\Delta z$，所有应力在 x、y、z 方向上的分量分别为（$\partial\sigma_{xx}/\partial x+\partial\tau_{yx}/\partial y+v\tau_{zx}/\partial z$）$\Delta x\Delta y\Delta z$、（$\partial\tau_{xy}/\partial x+\partial\sigma_{yy}/\partial y+\partial\tau_{zy}/\partial z$）$\Delta x\Delta y\Delta z$、（$\partial\tau_{xz}/\partial x+\partial\tau_{yz}/\partial y+\partial\sigma_{zz}/\partial z$）$\Delta x\Delta y\Delta z$。

则，x、y、z 方向单位体积的合力为

$$
\begin{aligned}
\rho\frac{\mathrm{d}^2u}{\mathrm{d}t^2}&=\frac{\partial\sigma_{xx}}{\partial x}+\frac{\partial\tau_{xy}}{\partial y}+\frac{\partial\tau_{zx}}{\partial z}+\rho F_x\\
\rho\frac{\mathrm{d}^2v}{\mathrm{d}t^2}&=\frac{\partial\sigma_{xy}}{\partial x}+\frac{\partial\tau_{yy}}{\partial y}+\frac{\partial\tau_{zy}}{\partial z}+\rho F_y\\
\rho\frac{\mathrm{d}^2w}{\mathrm{d}t^2}&=\frac{\partial\sigma_{xz}}{\partial x}+\frac{\partial\tau_{yz}}{\partial y}+\frac{\partial\tau_{zz}}{\partial z}+\rho F_z
\end{aligned}
\tag{2-227}
$$

式（2-227）即为直角坐标下，由力平衡关系得到的 x、y、z 方向上一般弹性体运动方程。

各向同性完全弹性介质中，胡克定律普遍形式下的 6 个应力分量与 6 个应变分量的线性函数中的独立弹性系数减少为 2 个。因此，由均匀各向同性完全弹性介质的胡克定律应力与应变关系矩阵方程，得

$$
\left.
\begin{aligned}
&\sigma_{xx}=\lambda\theta+2\mu\frac{\partial u}{\partial x},\quad \sigma_{yy}=\lambda\theta+2\mu\frac{\partial v}{\partial y},\quad \sigma_{zz}=\lambda\theta+2\mu\frac{\partial w}{\partial z}\\
&\tau_{xy}=\mu\left(\frac{\partial u}{\partial y}+\frac{\partial v}{\partial x}\right),\quad \tau_{yz}=\mu\left(\frac{\partial v}{\partial z}+\frac{\partial w}{\partial y}\right),\quad \tau_{zx}=\mu\left(\frac{\partial w}{\partial x}+\frac{\partial u}{\partial z}\right)
\end{aligned}
\right\},\quad \theta=\frac{\partial u}{\partial x}+\frac{\partial v}{\partial y}+\frac{\partial w}{\partial z}
\tag{2-228}
$$

式中，两个独立的弹性系数分别是拉梅系数 λ、剪切模量 μ，也可以用杨氏模量 E、泊松比 γ、体变模量（不可压缩系数）K 中的任意两个来表示。

将式（2-228）代入一般弹性体运动方程，则有

$$
\begin{aligned}
\rho\frac{\partial^2u}{\partial t^2}&=(\lambda+2\mu)\frac{\partial\theta}{\partial x}+\mu\nabla^2u+\rho F_x\\
\rho\frac{\partial^2v}{\partial t^2}&=(\lambda+2\mu)\frac{\partial\theta}{\partial y}+\mu\nabla^2v+\rho F_y\\
\rho\frac{\partial^2w}{\partial t^2}&=(\lambda+2\mu)\frac{\partial\theta}{\partial z}+\mu\nabla^2w+\rho F_z
\end{aligned}
\tag{2-229}
$$

式（2-229）就是均匀各向同性完全弹性介质中，由位移 u、v、w 表示的运动方程。

（2）位移矢量与弹性波方程

数学上，在弹性介质中传播的所有波，无论纵波、横波，都可以用弹性波方程描述。波动方程是描述介质中波传播规律的基本方程，波动方程中的波函数可以是质点位移（如上述运动方程推导过程中的 u、v、w，质点运动速度 V，质点运动加速度 a，质点位置的压强 P（应力）等物理量，也可以是其他函数，如位移位（势）U 等。

均匀各向同性完全弹性介质中，如果质点在 x、y、z 方向上位移分量 u、v、w 用矢量

$\boldsymbol{s}$ 表示，即

$$\boldsymbol{s} = u\boldsymbol{i} + v\boldsymbol{j} + w\boldsymbol{k} \tag{2-230}$$

则，若无外力作用情况下（$F_x = F_y = F_z = 0$），位移 u、v、w 表示的弹性波运动方程可写为矢量形式

$$\rho \frac{\partial^2 \boldsymbol{s}}{\partial t^2} = (\lambda + 2\mu) \nabla \theta + \mu \nabla^2 \boldsymbol{s} \tag{2-231}$$

其中，位移矢量 $\boldsymbol{s}$ 的矢量散度、旋度为

$$\begin{aligned} \mathrm{div}\boldsymbol{s} &= \nabla \cdot \boldsymbol{s} = \frac{\partial u}{\partial x} + \frac{\partial v}{\partial y} + \frac{\partial w}{\partial z} = \theta \\ \mathrm{rot}\boldsymbol{s} &= \nabla \times \boldsymbol{s} = \left(\frac{\partial w}{\partial y} - \frac{\partial v}{\partial z}\right)\boldsymbol{i} + \left(\frac{\partial u}{\partial z} - \frac{\partial w}{\partial x}\right)\boldsymbol{j} + \left(\frac{\partial v}{\partial x} - \frac{\partial u}{\partial y}\right)\boldsymbol{k} \end{aligned} \tag{2-232}$$

一般地，运动方程表示的是一个质点振动产生的位移扰动，这个位移扰动包含等体积运动（$\theta=0$ 或 $\mathrm{div}\ \boldsymbol{s}=0$）和无旋运动（$\mathrm{rot}\ \boldsymbol{s}=0$）的传播。为分离这两种运动，引入一个表示膨胀位移函数的标量势 ϕ，一个表示旋转位移函数的矢量势 ψ（$=\psi_x\boldsymbol{i}+\psi_y\boldsymbol{j}+\psi_z\boldsymbol{k}$），则位移矢量 $\boldsymbol{s}$ 可写为

$$\boldsymbol{s} = \nabla \phi + \nabla \times \boldsymbol{\psi} \tag{2-233}$$

或者写成分量形式

$$\boldsymbol{s} = \nabla \phi + \nabla \times \boldsymbol{\psi} = u\boldsymbol{i} + v\boldsymbol{j} + w\boldsymbol{k} \quad \begin{cases} u = \dfrac{\partial \phi}{\partial x} + \dfrac{\partial \psi_z}{\partial y} - \dfrac{\partial \psi_y}{\partial z} \\ v = \dfrac{\partial \phi}{\partial y} + \dfrac{\partial \psi_x}{\partial z} - \dfrac{\partial \psi_z}{\partial x} \\ w = \dfrac{\partial \phi}{\partial z} + \dfrac{\partial \psi_y}{\partial x} - \dfrac{\partial \psi_x}{\partial y} \end{cases} \tag{2-234}$$

由位移矢量 $\boldsymbol{s}$ 的散度表达式，得

$$\theta = \mathrm{div}\boldsymbol{s} = \nabla \cdot (\nabla \phi + \nabla \times \boldsymbol{\psi}) = \nabla^2 \phi \tag{2-235}$$

将位移矢量 $\boldsymbol{s}$ 及其散度 θ 代入弹性波运动方程的矢量形式［式（2-231）］，得

$$\left[\rho \nabla \frac{\partial^2 \phi}{\partial t^2} - (\lambda + 2\mu) \nabla(\nabla^2 \phi)\right] + \left[\rho\left(\nabla \times \frac{\partial^2 \boldsymbol{\psi}}{\partial t^2}\right) - \mu \nabla^2(\nabla \times \boldsymbol{\psi})\right] = 0 \tag{2-236}$$

显然，标量势 ϕ、矢量势 $\boldsymbol{\psi}$ 分别满足下列两个波动方程：

$$\begin{aligned} \frac{\partial^2 \phi}{\partial t^2} &= \frac{\lambda + 2\mu}{\rho} \nabla^2 \phi = \alpha^2 \nabla^2 \phi \\ \frac{\partial^2 \boldsymbol{\psi}}{\partial t^2} &= \frac{\mu}{\rho} \nabla^2 \boldsymbol{\psi} = \beta^2 \nabla^2 \boldsymbol{\psi} \end{aligned} \tag{2-237}$$

上述两个波动方程分别表示纵波（P 波）和横波（S 波）的传播，其中横波是矢量，一般由三个函数 ψ_x、ψ_y、ψ_z来表示。式中，α、β 波分别表示弹性介质中纵波和横波传播速度，即

$$\left.\begin{aligned} \alpha &= V_\mathrm{P} = \sqrt{(\lambda + 2\mu)/\rho} \\ \beta &= V_\mathrm{S} = \sqrt{\mu/\rho} \end{aligned}\right\} \quad \frac{V_\mathrm{S}}{V_\mathrm{P}} = \sqrt{\frac{\mu}{\lambda + 2\mu}} = \sqrt{\frac{1 - 2\gamma}{2 - 2\gamma}} \tag{2-238}$$

由于弹性系数总是正值，纵波速度总是大于横波速度。泊松比范围在 0 ~ 0.5，纵波、横波速度比范围在 0 ~ 0.7，即横波速度最大为纵波速度的 0.7 倍。纵波传播速度最快，并可以同时在固体、液体中传播。横波不能在液体中传播。

（3）弹性波方程的解

标量势 ϕ、矢量势 ψ 表示的两个波动方程是二阶线性偏微分方程，它在数学上的一般形式为

$$a^2\left(\frac{\partial^2 U}{\partial x^2}+\frac{\partial^2 U}{\partial y^2}+\frac{\partial^2 U}{\partial z^2}\right)=\frac{\partial^2 U}{\partial t^2} \tag{2-239}$$

这种形式的二阶线性偏微分方程称为双曲型方程。其中，$U(x,\ y,\ z,\ t)$ 为波函数，表示弹性介质中质点振动状态的位移势 ϕ、ψ（或位移、形变、压强等）随时间和空间的变化。求解波动方程可得到波函数 $U(x,\ y,\ z,\ t)$。

求解双曲型方程常用的数学方法是叠加某个特殊积分，并使它满足所有给定条件，形成通解，也可以从波函数 $U(x,\ y,\ z,\ t)$ 的一般解出发，使一般解符合弹性介质中振动质点的波传播，并满足边界条件，形成通解。

由于一般波动方程解的形式比较复杂，我们只讨论简单的平面波和球面波的解。

平面波的解：如果在传播过程中，波函数 U 不依赖于 y 和 z，在垂直于 x 轴的任何平面上，波的扰动状态一致，波前面是同一相位的平面，这种波称为平面波。

平面波无论在数学上还是在物理上，都比较简单。任何具有弯曲波前面的波，都可以用平面波的叠加来近似。考虑 U 只是 x 和 t 的函数这种简单情况，波动方程形式为

$$\frac{\partial^2 U}{\partial x^2}=\frac{1}{V^2}\frac{\partial^2 U}{\partial t^2} \tag{2-240}$$

只要 U 的一阶、二阶导数存在且连续，则对该微分方程积分，得

$$U=f(x-Vt)+g(x+Vt) \tag{2-241}$$

这就是平面波波动方程的解，称为达朗贝尔解。它代表以速度 V 传播的两个平面波，一个沿 x 轴的正方向传播，另一个沿 x 轴的反方向传播。

达朗贝尔解是包罗无穷多个具有（$x\pm Vt$）任意函数形式的特解，如

$$U=\mathrm{e}^{h(x\pm Vt)},\quad U=\sin(x\pm t),\quad U=(x\pm Vt)^2,\quad \cdots \tag{2-242}$$

如果波函数 U 满足正弦或余弦规律，则为简谐波函数。对于频率 f、波长 λ、振幅 A、波数 k、圆频率 ω 的简谐波，其一维波动方程波函数的达朗贝尔解为

$$\begin{aligned}U&=A\cos\left[\frac{2\pi}{\lambda}(x-Vt)\right]=A\cos k(x-Vt)=A\cos(kx-\omega t)\\&=A\cos 2\pi\left(\frac{x}{\lambda}-ft\right)=A\cos 2\pi\left(\frac{x}{\lambda}-\frac{t}{T}\right)=A\cos\omega\left(\frac{x}{V}-t\right)\end{aligned} \tag{2-243}$$

其中，波函数的自变量称为相位，波速 V 是波的相位传播速度，又称为相速度。简谐波是最简单的波，既可以当作空间上的平面波，也可以当作时间上的平面波。任何复杂的波通过傅里叶变换，都能表示为简谐波的叠加。

对于沿任意直线 L 方向传播的平面波，假定 l、m、n 是直线 L 的方向余弦，那么，直线 L 上任意一点 $P(x,\ y,\ z)$ 到原点的距离 d 为

$$d = lx + my + nz \tag{2-244}$$

则波动方程的达朗贝尔解为

$$U = f(lx + my + nz - Vt) + g(lx + my + nz + Vt) \tag{2-245}$$

对于简谐波，则有

$$U = A\cos\omega\left(\frac{lx + my + nz}{V} - t\right) = A\sin\left[\omega\left(\frac{lx + my + nz}{V} - t\right) + \pi/2\right] \tag{2-246}$$

式（2-246）表示任意直线 L 方向传播的平面简谐波函数。将波函数的正弦和余弦函数合并成指数函数，有

$$U = A\mathrm{e}^{j\omega[(lx+my+nz)/V-t]} \tag{2-247}$$

取 U 的实部可以得到余弦函数，取虚部可以得到正弦函数。

球面波的解：球面波的波前面是一系列同心球壳，在球坐标系下，球面波的波动方程为

$$\frac{1}{r^2}\left[\frac{\partial}{\partial r}\left(r^2\frac{\partial U}{\partial r}\right) + \frac{1}{\sin\theta}\frac{\partial}{\partial\theta}\left(\sin\theta\frac{\partial U}{\partial\theta}\right) + \frac{1}{\sin^2\theta}\frac{\partial^2 U}{\partial\varphi^2}\right] = \frac{1}{V^2}\frac{\partial^2 U}{\partial t^2} \tag{2-248}$$

考虑一种特殊情况：波动不随 θ 和 φ 变化，U 只是 r 和 t 的函数，则球坐标系下的波动方程的形式简化为

$$\frac{1}{r^2}\frac{\partial}{\partial r}\left(r^2\frac{\partial U}{\partial r}\right) = \frac{1}{V^2}\frac{\partial^2 U}{\partial t^2} \tag{2-249}$$

同样，可以求出此方程的达朗贝尔解

$$U = \frac{1}{r}[f(r - Vt) + g(r + Vt)] \tag{2-250}$$

式（2-250）代表以速度 V 传播的两个球面波，一个沿 r 向外扩展，另一个沿 r 向球心收缩。

球面上，波函数 U 就是波的位移位 ϕ。在球对称条件下，其径向一阶导数就是径向位移 u（r，t），即

$$\phi = \frac{1}{r}f(r - Vt),\quad u(r,t) = \frac{\partial\phi}{\partial r} = -\left(\frac{1}{r^2}\right)f(r - Vt) + \left(\frac{1}{r}\right)\frac{\partial}{\partial r}[f(r - Vt)] \tag{2-251}$$

从原点发出的球面波，如果是振幅 A、圆频率 ω 的简谐波，则沿矢径 $\boldsymbol{r}$ 传播的球面波动方程波函数的达朗贝尔解的特解为

$$U = \frac{A}{r}\mathrm{e}^{\pm j\omega\left(\frac{r}{V}-t\right)} \tag{2-252}$$

式（2-252）是一个把表示简谐波的正弦函数和余弦函数合并成一个指数函数的波函数。取 U 的实部可以得到余弦函数，取虚部可以得到正弦函数。

【例题】 证明：$U=(1/r)\ [f\ (r-Vt)+g\ (r+Vt)]$ 是球面波动方程的解。

证明： 将 $U=(1/r)\ [f\ (r-Vt)+g\ (r+Vt)]$ 代入球面波动方程左端

$$\frac{1}{r^2}\frac{\partial}{\partial r}\left(r^2\frac{\partial U}{\partial r}\right) = \frac{1}{r^2}\frac{\partial}{\partial r}\left[r^2\left(\frac{rf' + rg' - f - g}{r^2}\right)\right] = \frac{1}{r}[f'' + g'']$$

将 $U=(1/r)\ [f\ (r-Vt)+g\ (r+Vt)]$ 代入球面波动方程右端

$$\frac{1}{V^2}\frac{\partial^2 U}{\partial t^2}=\frac{1}{rV^2}\frac{\partial}{\partial t}[-Vf'+Vg']=\frac{1}{r}[f''+g'']$$

左端=右端，证毕。

数学上，波动方程属于双曲型二阶偏微分方程，除了利用达朗贝尔一般解结合特定条件求解波函数 U 外，还可以利用叠加特殊积分的方法求解。例如，利用胡克定律线性叠加性，可将球面波传播在弹性介质中的任意一点波动看作一个体积分和一个闭合面积分的叠加，如果已知闭合面 Q 上波动的位移位 ϕ（x，y，z，t）及其导数，则 Q 面外任意一点 M（x_1，y_1，z_1，t）的波动方程波函数解 ϕ 为

$$\phi(x_1,\ y_1,\ z_1,\ t)=-\frac{1}{4\pi}\oiint_Q\left\{[\phi]\frac{\partial}{\partial n}\left(\frac{1}{r}\right)-\frac{1}{r}\frac{\partial[\phi]}{\partial n}-\frac{1}{Vr}\frac{\partial r}{\partial n}\frac{\partial[\phi]}{\partial t}\right\}\mathrm{d}Q \tag{2-253}$$

式（2-253）称为基尔霍夫公式。$[\phi]$ 表示 t_1时刻的位移位，也称延迟位，$t_1=t-r/V$。n 为球面的外法线单位矢量。

基尔霍夫公式的意义：把不同点不同时刻的波动，表示成同一时刻到达 M 点的波动。基尔霍夫公式的特例是泊松公式。

泊松公式：假设闭合面 Q 是球面，半径 $r=Vt$，且 M 点位于球心，则球心 M 点的波为

$$\phi=\frac{\partial}{\partial r}\left(r\,\overline{[\phi]_Q}\right)+t\,\overline{\left[\frac{\partial\phi}{\partial t}\right]_Q} \tag{2-254}$$

泊松公式说明：只要知道球面上延迟位及其对时间的一阶偏导，就可以求得球心 M 点的波场解 ϕ。泊松公式不仅可以用来描述波场，而且为波的运动学射线理论中的费马原理奠定了理论基础。

（4）波动方程的边界条件

求解波动方程得到波函数 U 的通解，表示在空间无限延伸的弹性介质中传播的扰动。当扰动到达边界时，就必须考虑边界条件。任一特定问题，都有其特定的边界条件。只有在满足边界条件的前提下，选择合适的特解组合，才能得到特定问题的波动方程解。

弹性波传播中，边界条件一般是应力和位移的情况。通常假定两种弹性介质的分界面是紧密接触的，经过边界的所有应力分量 σ_{ij}和位移分量 u、v、w 都是连续的。例如，在 xOz 平面传播与 y 轴无关的平面波，经过两种弹性介质的分界面 S_{xOy}时，位移分量、应力分量连续，即

$$\begin{aligned}&[u]_{1s}=[u]_{2s},\quad [w]_{1s}=[w]_{2s}\\&[\sigma_{zz}]_{1s}=[\sigma_{zz}]_{2s},\quad [\tau_{zx}]_{1s}=[\tau_{zx}]_{2s}\end{aligned} \tag{2-255}$$

且

$$\begin{pmatrix}u=\dfrac{\partial\phi}{\partial x}-\dfrac{\partial\psi}{\partial z}\\[2ex] w=\dfrac{\partial\phi}{\partial z}+\dfrac{\partial\psi}{\partial x}\end{pmatrix},\quad \begin{pmatrix}\sigma_{zz}=\lambda\theta+2\mu\dfrac{\partial w}{\partial z}=\lambda\nabla^2\phi+2\mu\left(\dfrac{\partial^2\phi}{\partial z^2}+\dfrac{\partial^2\psi}{\partial x\partial z}\right)\\[2ex] \tau_{zx}=\mu\left(\dfrac{\partial w}{\partial x}+\dfrac{\partial u}{\partial z}\right)=\mu\left(2\dfrac{\partial^2\phi}{\partial x\partial z}+\dfrac{\partial^2\psi}{\partial x^2}-\dfrac{\partial^2\psi}{\partial z^2}\right)\end{pmatrix} \tag{2-256}$$

无论什么时刻，只要波遇到弹性性质的分界面，一部分能量就会反射回来，而且反射能量与入射能量都在同一介质中，剩余能量则折射到另外一种介质中，并以不同方向

传播。

两种介质的密度和弹性系数决定了速度，速度决定了反射角与折射角。满足边界条件的唯一变量是所产生的各类波的振幅。利用策普里兹（Zoeppritz）方程，可以确定 P 波入射到平面时，反射波和折射波的振幅。

假定两种弹性介质的共同边界为平面 xOy，经过此界面与 y 轴无关的平面波的两个位移分量 u、w 连续和两个应力分量 σ_{zz}、τ_{zx}连续。P 波（或 S 波）从第一种弹性介质（λ_1，μ_1，ρ_1，α_1，β_1）以角 θ_1入射到界面时，必定会在第一种弹性介质中以角 θ_1反射 P 波和以角 δ_1反射 S 波，而在第二种弹性介质（λ_2，μ_2，ρ_2，α_2，β_2）中以角 θ_2折射 P 波和以角 δ_2折射 S 波（图 2-5）。

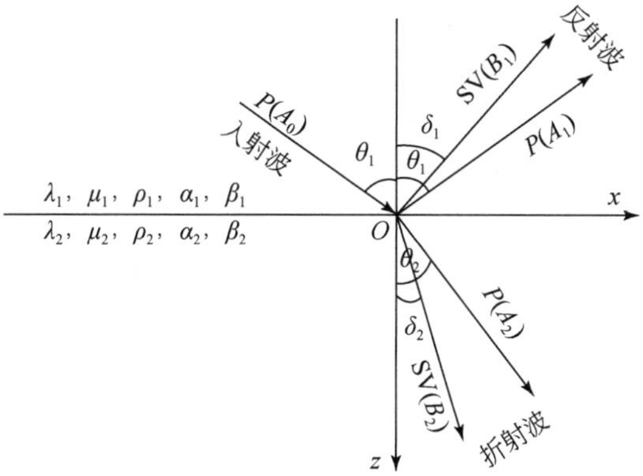

图 2-5　弹性边界的各种波

由斯涅尔定律（Snell's Law）可知

$$\frac{\sin\theta_1}{\alpha_1}=\frac{\sin\delta_1}{\beta_1}=\frac{\sin\delta_2}{\beta_2}=\frac{\sin\theta_2}{\alpha_2} \tag{2-257}$$

在界面处传播方式发生变化的波（如 P 波入射，反射 S 波与折射 S 波）称为转换波。S 波有两个自由度，在垂直于包含入射波的水平方向振动，如果 P 波垂直入射到界面，则不会产生转换 S 波。如果是水平界面，入射 P 波会产生反射 P 波、折射 P 波、反射 SV 波、折射 SV 波，但不会产生 SH 波。入射 SV 波会产生 P 波和 SV 波；入射 SH 波只产生反射和折射 SH 波。

设 A_0、A_1、A_2、B_1、B_2分别为入射 P 波、反射 P 波、折射 P 波、反射 S 波、折射 S 波的振幅。如果弹性波在 xOz 平面传播，反射界面为 xOy 平面，则由上述讨论的任意直线 L 方向传播的平面简谐波函数，可得入射波的波动方程波函数解为

$$U=A_0\mathrm{e}^{j\omega[(x\sin\theta_1+z\cos\theta_1)/\alpha_1-t]} \tag{2-258}$$

同理，可得反射波、入射波的波动方程波函数解。

利用边界条件：位移分量 u、w 连续和应力分量 σ_{zz}、τ_{zx}连续，忽略时间因子 $\mathrm{e}^{-j\omega t}$，求波函数沿 x、z 方向的分量，则可以导出四个方程

$$
\begin{aligned}
&A_0\cos\theta_1 = A_1\cos\theta_1 - B_1\sin\delta_1 + A_2 cos\theta_2 + B_2\sin\delta_2 \\
&A_0\sin\theta_1 = - A_1\sin\theta_1 - B_1\cos\delta_1 + A_2\sin\theta_2 - B_2\cos\delta_2 \\
&A_0 Z_1\cos 2\delta_1 = - A_1 Z_1\cos 2\delta_1 + B_1 W_1\sin 2\delta_1 + A_2 Z_2\cos 2\delta_2 + B_2 W_2\sin 2\delta_2 \\
&A_0\gamma_1 W_1\sin 2\theta_1 = A_1\gamma_1 W_1\sin 2\theta_1 + B_1 W_1\cos 2\delta_1 + A_2\gamma_2 W_2\sin 2\theta_2 - B_2 W_2\cos 2\delta_2 \\
&(\gamma_i = \alpha_i/\beta_i,\quad Z_1 = \rho_i\alpha_i,\quad W_i = \rho_i\beta_i)
\end{aligned}
\tag{2-259}
$$

式（2-259）方程组称为策普里兹方程。

策普里兹方程包含许多参数，很难简化。在给定界面上应用该方程时，需要先知道介质的密度ρ、P 波速度α和 S 波速度β。已知Z_1、Z_2、W_1、W_2、γ_1、γ_2，给定入射波A_0、入射角θ_1，则根据斯内尔定律可以求得θ_i和δ_i，由策普里兹方程可以确定反射波和折射波的振幅A_i和B_i。

垂直入射时，没有切向力与切向位移，策普里兹方程可以简化为非常简单的形式。此时，

$$\theta_1 = \theta_2 = 0 \quad B_1 = B_2 = 0 \tag{2-260}$$

策普里兹方程简化为

$$A_1 + A_2 = A_0,\quad Z_2A_2 - Z_1A_1 = Z_1A_0 \tag{2-261}$$

即

$$
\begin{aligned}
R &= \frac{A_1}{A_0} = \frac{Z_2 - Z_1}{Z_2 + Z_1} = \frac{\rho_2\alpha_2 - \rho_1\alpha_1}{\rho_2\alpha_2 + \rho_1\alpha_1} \\
T &= \frac{A_2}{A_0} = \frac{2Z_1}{Z_2 + Z_1} = \frac{2\rho_1\alpha_1}{\rho_2\alpha_2 + \rho_1\alpha_1}
\end{aligned}
\tag{2-262}
$$

式中，R、T是反射、透射（折射）波振幅与入射波振幅的比值，称为波的反射系数、透射（折射）系数。

2.2.3.4 地震波与地球内部结构

在地球介质中传播的弹性波称为地震波。用于探测地质结构的地震波速V一般在1.6～6.5km/s。记录到的地震波频率f在2～120Hz，其主频很窄。反射波主频一般在15～50Hz，折射波主频一般在5～20Hz。因此可得，反射波主波长λ范围为30～400m，折射波主波长λ范围为80～1300m。

由于地层或地球圈层存在弹性差异，地震波在传播过程中，振幅、相位会发生变化，利用这些变化，可以分析地球内部结构。

按照形变特征，固体地球介质可以分为弹性体和塑性体两类（严格来讲，实际岩石介质既不是理想的弹性，也不是理想的塑性，而是介于弹性和塑性之间或两种性质并存的黏弹性）。地球岩层的弹性性质满足胡克定律的一般表述，应力与应变关系的系数矩阵中，杨氏模量E、泊松比σ、体变模量（不可压缩系数）K、剪切模量μ、拉梅系数λ 5 个弹性系数中的任意两个是独立的，即

$$E=\frac{\mu(3\lambda+2\mu)}{\lambda+\mu},\quad \sigma=\frac{\lambda}{2(\lambda+\mu)},\quad K=\frac{3\lambda+2\mu}{3},\quad \mu=\frac{E}{2(1+\sigma)},\quad \lambda=K-\frac{2}{3}\mu \tag{2-263}$$

弹性岩层中，地震波的纵波（P 波）和横波（S 波）的传播速度 α、β 为

$$\alpha=V_{\mathrm{P}}=\sqrt{(\lambda+2\mu)/\rho},\quad \beta=V_{\mathrm{S}}=\sqrt{\mu/\rho} \tag{2-264}$$

（1）地震波的形成与描述

在激发脉冲的挤压下，质点产生围绕其平衡位置的振动，形成初始地震子波，在介质中沿射线方向四面八方传播，形成地震波（隋淑玲等，2012；邢磊，2012）。

地震波的运动方程与一般弹性波方程一致，通过分析弹性岩层介质中力的作用，利用胡克定律和牛顿第二定律推导。如图 2-6 所示，设，弹性岩层中，在 x 和 $x+\mathrm{d}x$ 处，垂直 X 轴方向的两个面 $YOZ|_x$、$YOZ|_{x+\mathrm{d}x}$ 的单元面积为 A，介质的单元体积为 $A\mathrm{d}x$。在 x 处的垂直面 $YOZ|_x$ 受到 X 方向的力 $\boldsymbol{F}$。如果，在 $\boldsymbol{F}$ 作用下，x 处垂直面 $YOZ|_x$ 的位移 $x+u$，而在 $x+\mathrm{d}x$ 处垂直面 $YOZ|_{x+\mathrm{d}x}$ 的位移受 x 处板位移速率（$\partial u/\partial x$）$\mathrm{d}x$ 的影响，其大小为 $x+\mathrm{d}x+(\partial u/\partial x)\mathrm{d}x$。

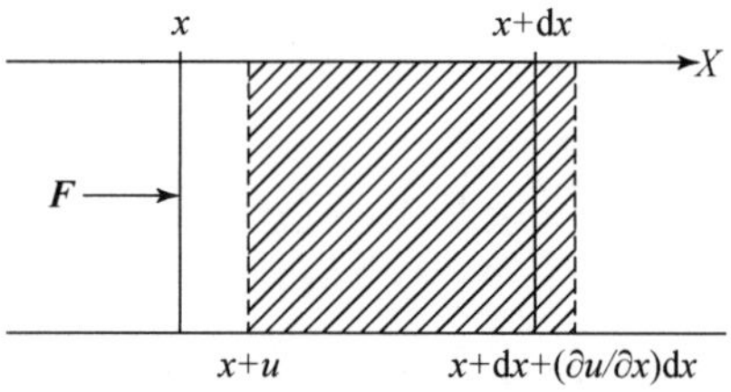

图 2-6　弹性岩层中的力与位移

X 方向的应变为 $\partial u/\partial x$，在 x 处的应力为 P_x，在 $x+\mathrm{d}x$ 处的应力为 $P_{x+\mathrm{d}x}$，如果 K 为 x 处的弹性模量，则由胡克定律得

$$\left.\begin{aligned}P_x&=P=K\cdot\frac{\partial u}{\partial x}\\ P_{x+\mathrm{d}x}&=P+\frac{\partial P}{\partial x}\mathrm{d}x=P+K\frac{\partial^2 u}{\partial x^2}\mathrm{d}x\end{aligned}\right\}\quad \Delta P=P_{x+\mathrm{d}x}-P_x=K\frac{\partial^2 u}{\partial x^2}\mathrm{d}x \tag{2-265}$$

式中，ΔP 为 x 与 $x+\mathrm{d}x$ 之间的应力差。

因为 $P=F/A$，所以 $\Delta F=A\Delta P$。

由牛顿第二定律，得

$$\left.\begin{aligned}\Delta F&=ma=(\rho A\mathrm{d}x)\cdot\left(\frac{\partial^2 u}{\partial t^2}\right)\\ \Delta F&=A\cdot\Delta P=A\cdot\left(K\frac{\partial^2 u}{\partial x^2}\mathrm{d}x\right)\end{aligned}\right\}\quad (\rho A\mathrm{d}x)\cdot\left(\frac{\partial^2 u}{\partial t^2}\right)=A\cdot\left(K\frac{\partial^2 u}{\partial x^2}\mathrm{d}x\right) \tag{2-266}$$

$$\therefore\quad \frac{\partial^2 u}{\partial x^2}=\frac{\rho}{K}\frac{\partial^2 u}{\partial t^2}\quad 或\quad \frac{\partial^2 u}{\partial x^2}=\frac{1}{V^2}\frac{\partial^2 u}{\partial t^2}$$

波速 V_{ph}（相速度）取决于介质的弹性 K 和惯性 ρ，等于弹性模量与密度之商的开方

$$V_{\mathrm{ph}} = \left(\frac{K}{\rho}\right)^{\frac{1}{2}} \tag{2-267}$$

三维情况下，波动方程

$$\frac{\partial^2 u}{\partial x^2} + \frac{\partial^2 u}{\partial y^2} + \frac{\partial^2 u}{\partial z^2} = \frac{1}{V^2}\frac{\partial^2 u}{\partial t^2}, \quad \nabla^2 U = \frac{1}{V^2}\frac{\partial^2 U}{\partial t^2} \tag{2-268}$$

地球固体介质能够产生切变、体变等各种弹性形变，所以在固体中既能传播与切变有关的横波，也能传播与体变有关的纵波。地球流体介质中只有体变弹性，没有切变，所以在流体中只能传播纵波，不能传播横波。

地震波方程是描述地层弹性介质内波传播规律的基本方程，求解弹性波方程，可以研究岩层中能量的传播与交换。均匀介质中，来自震源沿矢径 $\boldsymbol{r}$ 传播的球面简谐波函数的达朗贝尔解为

$$U = \frac{A}{r}\mathrm{e}^{\pm j\omega\left(\frac{r}{V}-t\right)} \tag{2-269}$$

地震波动实际上是机械能在岩石介质中的传播。点震源激发的地震波场，如果是炸药震源，在震源附近，不满足胡克定律，波动方程不成立。为解决这一难题，通常以一个半径为 r_0 的球面，把激发点包起来，当 $r \geqslant r_0$ 时，波动方程成立，如果给定此球面上的位移或压力，就可以外推球面以外的波场值。

【例题】 设，点震源在球面 $r=r_0$ 上的波场位移为 $u_0(t)$，求：球面以外波场位移值 $u(r,t)$？

解：令，$\zeta=t-(r-r_0)/V$，则由球面波的达朗贝尔解，位移位 $\phi(r, t)$ 可表示为

$$\phi(r, t) = \begin{cases} \frac{1}{r}f(\zeta), & \zeta \geqslant 0, \quad r \geqslant r_0 \\ 0, & \zeta < 0 \end{cases}$$

对位移位（势函数）求导，则得位移 $u(r, t)$，即

$$u(r, t) = \frac{\partial \phi}{\partial r} = -\left[\frac{1}{r^2}f(\zeta) + \frac{1}{rV}\frac{\mathrm{d}f(\zeta)}{\mathrm{d}\zeta}\right]$$

在球面 $r=r_0$ 上，$\zeta=t$，$u(r, t)=u_0(t)$，代入上式，得

$$u_0(t) = -\left[\frac{1}{r_0^2}f(t) + \frac{1}{r_0 V}\frac{\mathrm{d}f(t)}{\mathrm{d}t}\right]$$

$u_0(t)$ 取决于激发震源。$u_0(t)$ 表达式两边同乘因子 e^{Vt/r_0}

$$\mathrm{e}^{Vt/r_0} \cdot u_0(t) = -\left[\frac{1}{r_0^2}f(t) + \frac{1}{r_0 V}\frac{\mathrm{d}f(t)}{\mathrm{d}t}\right] \cdot \mathrm{e}^{Vt/r_0}$$

化简，得

$$\frac{\mathrm{d}}{\mathrm{d}t}\left[\mathrm{e}^{Vt/r_0} \cdot f(t)\right] = -r_0 V u_0(t) \cdot \mathrm{e}^{Vt/r_0}$$

此为常微分方程，求积分，得

$$f(t) = -r_0 V \mathrm{e}^{-Vt/r_0}\int_0^t u_0(t) \cdot \mathrm{e}^{Vt/r_0}\mathrm{d}t$$

积分下限 $t=0$，表示波刚刚到达 r_0 球面；在此之前，$u_0(t)=0$。因此，炸药震源在 r_0 球面产生的位移可表示为

$$u_0(t)=\begin{cases}k\mathrm{e}^{-at}, & t\geqslant 0, \quad a\geqslant 0\\ 0, & t<0\end{cases}$$

将此条件代入函数 $f(t)$ 积分表达式，得

$$f(t)=-r_0V\mathrm{e}^{-Vt/r_0}\int_0^t k\cdot\mathrm{e}^{(V/r_0-a)t}\mathrm{d}t=\frac{r_0Vk}{V/r_0-a}(\mathrm{e}^{-Vt/r_0}-\mathrm{e}^{-at})$$

将函数 $f(t)$ 中 t 替换成 $\zeta=t-(r-r_0)/V$，得球面 $r=r_0$ 上给定位移 $u_0(t)$ 条件下，球面以外的波场位移 $u(r,t)$ 值为

$$u(r,t)=-\left[\frac{1}{r^2}f(\zeta)+\frac{1}{rV}\frac{\mathrm{d}f(\zeta)}{\mathrm{d}\zeta}\right]=\frac{r_0k}{\left(\frac{V}{r_0}-a\right)}\left(\frac{V}{r_0}\mathrm{e}^{-V\zeta/r_0}-\frac{V}{r}\mathrm{e}^{-V\zeta/r_0}+\frac{V}{r}\mathrm{e}^{-a\zeta}-a\mathrm{e}^{-a\zeta}\right)$$

$$\approx\frac{r_0k}{r\left(\frac{V}{r_0}-a\right)}\left(\frac{V}{r_0}\mathrm{e}^{-V\zeta/r_0}-a\mathrm{e}^{-a\zeta}\right),\qquad r\gg r_0$$

此式仅当 $\zeta>0$ 时成立。在 $t=(r-r_0)/V$ 之前，r_0 球面以外，位移值 $u(r,t)=0$，地震波尚未到达；当 $t=(r-r_0)/V$ 时，$\zeta=0$，$u(r,t)=kr_0/r$，r_0 球面以外，位移值 $u(r,t)$ 随传播距离反比衰减。

地震波的位移 u 是空间和时间的多维函数，完整而精确地描述波动过程十分困难。实际描述方式基本上都是描述其一个方面或侧面，常用的描述方法有振动图与波剖面、波阵面与射线、时间场与等时面、傅里叶变换。

A. 振动图与波剖面

对于简单的一维波动方程，其解为 $u(x,t)=u(t\pm x/v)$。固定坐标 x，波函数 u 随时间 t 变化；固定时刻 t，波函数 u 随空间位置 x 变化。从而引出地震波的两种描述方式：振动图和波剖面。

振动图：在波传播过程中，介质中的质点只在平衡位置附近振动，是时间函数，$u=u(t)$。将质点的振动函数（如位移）随时间变化的曲线称为质点的振动图，或振动曲线。

描述振动图的参数有振幅 A、圆频率 ω（周期 T、频率 f）、相位 φ（φ_0）。其中，振幅 A 与系统结构和激发条件有关，激发能量不同，振幅不同；频率和周期（ω、f、T）是振动系统固有特征，与是否有振动无关；相位和初相位（φ、φ_0）描述某一时刻的振动状态，与振动函数和初始时间的选择有关。

脉冲波的质点振动图（图 2-7）：实际地震波是只有短暂延续时间的脉冲波，在 t_1 时刻，波传播到考察点，质点开始振动，在 t_2 时刻，波完全经过考查点，质点振动停止。这种情况下，描述振动的参数为振幅的极值、相邻极值之间的时间间隔（视周期）、主频（视周期的倒数）、延续时间（振动起止时间 $\Delta t=t_2-t_1$）。

波剖面：在波传播过程中，考察固定时刻 t，波函数 u 随空间位置 x 变化，是位置函数，$u=u(x)$。将质点的振动函数（如位移）随空间变化的分布所构成的图形称为波剖面，或波形图。

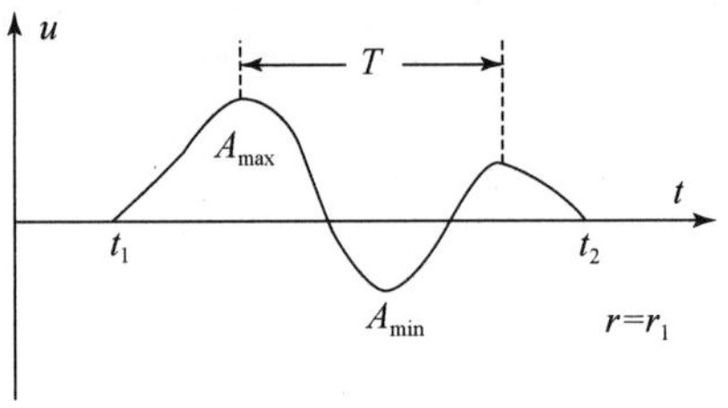

图 2-7　脉冲波的质点振动图

描述波剖面的参数有振幅 A、速度 V、波数 k（波长 λ、圆频率 ω）、相位 φ（ϕ_0）。

脉冲波的波剖面（图 2-8）：实际地震波是只有短暂延续时间的脉冲波，波还没有传播到的区域是静止的，波已经传播过去的区域也是静止的，因此波剖面的长度也是有限的。沿着波传播的方向，最前端是刚开始振动的点（可以理解为波前点），最后端是刚结束振动的点（可以理解为波尾点），中间是正在振动的点。这种情况下，描述波剖面的参数为波峰、波谷、视波长、视波长的倒数（视波数）。

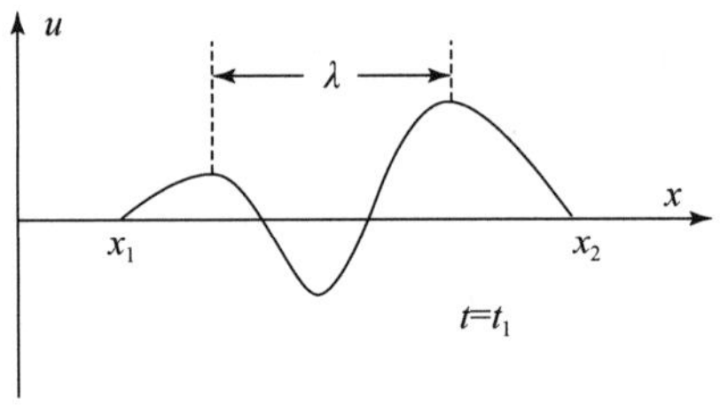

图 2-8　脉冲波的波剖面

振动图与波剖面是从不同侧面对波动现象的描述，振动图描述某点振幅随时间的变化，波剖面描述某时刻各点振幅的变化。

B. 波阵面与射线

波剖面描述的是波函数沿传播方向（一维空间）的分布，实际上波从震源出发，向介质的各个方向传播，仅用一维波剖面描述是不够的。在二维或三维空间描述波所用的概念是波阵面与射线。波阵面是指波传播过程中，振动状态相同的点所构成的面。射线是指描述波传播路径和方向的线。

波阵面（图 2-9）：在波传播过程中，把某一时刻振动相位相同的点连成的面称为波阵面或波面。波阵面上各点波函数的相位相同，所以波阵面是同相面。波阵面不断推进扫过介质内部，波阵面上各点同时开始振动，所以波阵面又叫等时面。在某一时刻，波即将传到和刚刚停止振动的两个介质曲面，称为波前面和波后面（波尾）。波前面和波后面是两个特殊的等相位面，随时间不断推进。波阵面的形态受震源和介质两方面的影响。波阵面是平面的波称为平面波，是球面的波称为球面波。

射线路径（图 2-10）：假设地震波像光线一样沿一定的路线传播，这样的路线就是波的射线路径。在高频信号情况下，射线路径表述地震波效果较好。

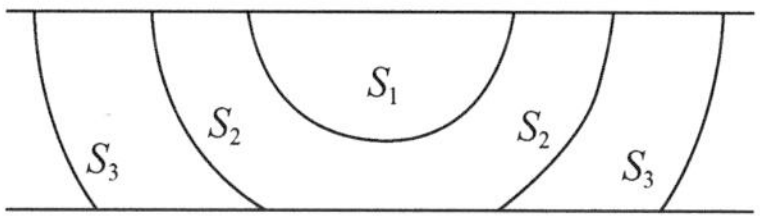

图 2-9　波阵面

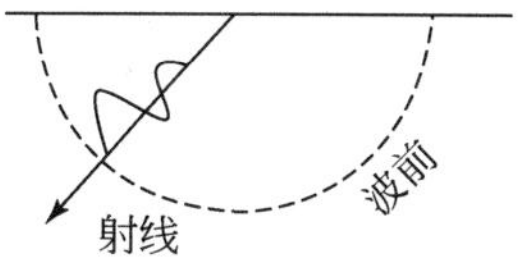

图 2-10　波的射线路径

射线路径与波前面二者处处垂直，平面波射线是一组垂直于波阵面的平行线，球面波射线是以波源为中心的径向辐射线。波在介质中传播，随着时间的延迟，波前面逐渐扩大，射线路径不断增长，因此，根据波前和射线的几何图形，可以研究波在介质空间的位置，从而确定地质界面的空间分布。

C. 时间场与等时面

在波传播过程中，空间每一点都对应一个初始到达时间，时间场就是波至时间的空间分布。确定时间场的函数称为时间场函数 $t=t\ (x,\ y,\ z)$。时间场是标量场，可以用它的等值面来表示，称等时面。不同时刻的等时面与相应时刻的波前面位置重合，等时面给波阵面赋予确定的波至时间。

D. 傅里叶变换

实际地震子波是一个延续时间很短的脉冲振动，具有有限的延续时间、有限的能量、非周期性、在很短的时间内迅速衰减的特征。对于一个非简谐的复杂振动，通过傅里叶变换，都可以被分解成无限多个不同频率、不同振幅、不同初相位的简谐振动。

（2）地震波传播的动力学

地震波传播的动力学通过地震波传播中振幅、频率、相位的变化规律，了解地震波对地质体岩性结构的响应（D'Acremont et al.，2018）。

A. 地震波传播过程中的能量与吸收

地震波的传播实际是能量的传播。频率为 f、振幅为 A 的弹性波，在体积为 W、密度为 ρ 的介质中传播时，其能量 E 与 A^2、f^2、ρ、W 成正比。对于一个简谐振动产生的球面纵波，其径向位移为

$$u = A\cos(\omega t + \varphi) \tag{2-270}$$

其单位体积内的能量密度（动能）为

$$\Delta E_k = \frac{1}{2}mV^2/W = \frac{1}{2}\rho\left(\frac{\mathrm{d}u}{\mathrm{d}t}\right)^2 = \frac{1}{2}\rho\omega^2A^2\sin^2(\omega t + \phi) \tag{2-271}$$

在地震波的传播过程中，由于弹性应变的作用，波还能产生势能。当质点来回振动，动能与势能不断相互转换，但总能量守恒，等于动能的最大值 $\Delta E_{k\max}$。因此，球面谐波的能量密度（单位体积的能量）可以写为

$$U = \Delta E_{k\max} = \frac{1}{2}\rho\omega^2A^2 = 2\rho\pi^2f^2A^2 \tag{2-272}$$

弹性力学中，波的强度（能流密度）I 的定义为：波前面上，单位时间 Δt 内，单位面积 ΔS 的能量通量。如果 V 为波速度，U 为能量密度，则 I 为

$$I=\frac{E}{\Delta t\Delta S}=\frac{U\cdot W}{\Delta t\Delta S}=\frac{U\cdot(V\Delta t\cdot\Delta S)}{\Delta t\Delta S}=U\cdot V \tag{2-273}$$

对于简谐波，波的强度 I 为

$$I=U\cdot V=2\rho\pi^2f^2A^2\cdot V \tag{2-274}$$

实际地震波在传播过程中，介质对地震波的能量具有不同程度的吸收作用（Aki et al.，1977）。波传播的弹性能将逐渐被介质吸收，弹性能转换为热能，波动最终彻底消失，此过程称为地震波的吸收。

地震波的吸收可以用品质因素 Q 描述。品质因素 Q 定义为一个周期（或一个波长距离）内，振动损耗能量 ΔE 与总能量 E 之比的倒数，即

$$Q=2\pi\left(\frac{1}{\Delta E/E}\right)=2\pi\frac{E}{\Delta E},\quad \frac{2\pi}{Q}=\frac{\Delta E}{E} \tag{2-275}$$

Q 值越大，能量损耗越小，介质越接近完全弹性。

吸收会造成地震波的振幅衰减，假设岩石的吸收作用使地震波振幅呈指数衰减，则吸收引起的振幅衰减可表示为

$$A=A_0\mathrm{e}^{-\eta\cdot x} \tag{2-276}$$

式中，A 和 A_0 是距离为 x 的两点处平面波的振幅值；η 为衰减系数。

【例题】 已知，距离震源 200m 处波强为 I_0，波速 $V=2\text{km/s}$，衰减系数 $\eta=0.15\text{dB}/\lambda$。求：传播 x 距离后，地震波的吸收导致的波强损失 ΔI？

解： 设，距离震源 200m 处振幅为 A_0；x 处振幅为 A_x，波强为 I_x，则有

$$A_x=A_0\mathrm{e}^{-\eta\cdot(x-200)},\quad I_x=U\cdot V=2\rho\pi^2f^2A_x^2\cdot V$$

令，波强损失 ΔI 为 $\Delta I=10\lg_{10}\dfrac{I_0}{I}$

由题意，得 $\Delta I=10\lg_{10}\dfrac{I_0}{I}=10\lg\dfrac{A_0^2}{A_x^2}=10\lg\mathrm{e}^{2\eta(x-200)}=20\eta(x-200)$

地层吸收导致地震波振幅衰减的快慢由吸收系数 α 确定。波长为 λ 或频率为 f 的地震波，通过品质因素为 Q 的地层，其吸收系数 α 为

$$\alpha\approx\frac{\pi}{Q\cdot\lambda}=\frac{\pi\cdot f}{Q\cdot V} \tag{2-277}$$

以上讨论可知，地层吸收导致地震波振幅衰减的大小与距离有关，衰减的快慢与频率有关，即地震波的能量既随传播距离衰减，也随频率衰减。一般地，高频、远距离传播时，地层吸收是地震波能量损失的主要因素。

地层吸收使高频衰减严重，导致波形随距离变形，地震波在各点的传播速度随频率变化，即波散或频散。波动方程中讨论的速度，是一个简单波形某个固定点上，某一相位的传播速度，称为相速度 V。相速度不一定和整个波形的传播速度相等，整个波形的传播速度称为群速度 U。例如，对于两个叠加的简谐波，由三角函数和差关系可得

$$\begin{aligned}u&=A\cos(k_1x-\omega_2t)+A\cos(k_2x-\omega_2t)\\&=2A\cos\left(\frac{k_1-k_2}{2}x-\frac{\omega_1-\omega_2}{2}t\right)\sin\left(\frac{k_1+k_2}{2}x-\frac{\omega_1+\omega_2}{2}t\right)\end{aligned}$$

$$= 2A\cos(\Delta kx - \Delta\omega t)\sin(kx - \omega t) \quad \begin{cases} \Delta k = \dfrac{k_1 - k_2}{2},\ k = \dfrac{k_1 + k_2}{2} \\ \Delta\omega = \dfrac{\omega_1 - \omega_2}{2},\ \omega = \dfrac{\omega_1 + \omega_2}{2} \end{cases}$$

$$= B\sin(kx - \omega t) \quad \leftarrow \quad B = 2A\cos(\Delta kx - \Delta\omega t) \tag{2-278}$$

这是一个振幅受调制的简谐波，其等相位面，即 $kx-\omega t$ 相等的面，以相速度 $v=\omega/k$ 沿 x 方向传播；其等振幅面，即 $2A\cos$（$\Delta kx-\Delta\omega t$）相等的面，以群速度 $U=\Delta\omega/\Delta k$ 沿 x 方向传播。上述两个简谐波叠加情况可以推广到一群波的叠加，则振幅就是一个积分型函数，其群速度 $U=\mathrm{d}\omega/\mathrm{d}k$，即

$$U = \frac{\mathrm{d}\omega}{\mathrm{d}k} = V + \frac{\mathrm{d}V}{\mathrm{d}k} \approx V - \lambda\frac{\mathrm{d}V}{\mathrm{d}\lambda} \tag{2-279}$$

如果一个波形的所有相速度 V 都相等，波形不会发生变化，群速度 U 就等于相速度 V（$U=V$）。但是，如果速度随频率变化，不同的频率成分以不同的速度传播，整个波形在传播过程中发生变化，群速度不等于相速度（$U\neq V$）。波群会变得越来越松散，振幅也越来越衰减，这种现象称为地震波的波散或频散。有吸收就会有波散，一般情况下，体波波散不太明显。

除了地层吸收外，波前扩散也会导致地震波传播能量改变。例如，球面波的波前面从球心向外扩散，能量沿径向传播，单位时间内流出球面 1 的能量，必定和流出球面 2 的能量相等，即

$$I_1S_1 = I_2S_2 \rightarrow \frac{I_1}{I_2} = \left(\frac{r_2}{r_1}\right)^2 \quad 或 \quad \frac{U_1}{U_2} = \left(\frac{r_2}{r_1}\right)^2 \tag{2-280}$$

由此可见，球面的几何扩散使球面波强度和能量密度都随距离的平方呈反比衰减，这种现象称为球面波前扩散。波前扩散会导致波前面随传播距离增大，单位面积上的能量减少。

B. 界面处反射与透射的能量分配

介质分界面上，反射与透射依照斯内尔定律分配总能量。振幅 A 是地震波能量的主要衡量指标。一列振幅为 A_0 的入射波 P 波，在界面处一定产生四列波，即反射 P 波 A_1、折射 P 波 A_2、反射 S 波 B_1、折射 S 波 B_2。由边界条件求解入射波波动方程，得到包含振幅 A_1、A_2、B_1、B_2 的策普里兹方程。因此，对于给定入射波 A_0、入射角 θ_1，可由 P 波和 S 波的波速 α、β 依据斯内尔定律求得反射角 θ_i 和折射角 δ_i，再由策普里兹方程确定反射波和折射波的振幅 A_i 和 B_i。垂直入射时，策普里兹方程简化为反射系数 R、折射（透射）系数 T 表达的振幅比，即

$$\left.\begin{aligned} R &= \frac{A_1}{A_0} = \frac{Z_2 - Z_1}{Z_2 + Z_1} = \frac{\rho_2\alpha_2 - \rho_1\alpha_1}{\rho_2\alpha_2 + \rho_1\alpha_1} \\ T &= \frac{A_2}{A_0} = \frac{2Z_1}{Z_2 + Z_1} = \frac{2\rho_1\alpha_1}{\rho_2\alpha_2 + \rho_1\alpha_1} \end{aligned}\right\} \quad R + T = 1 \tag{2-281}$$

入射能量（能流密度或波强 I）的反射部分 E_R 与折射部分 E_T 可表示为

$$\left.\begin{aligned} E_R &= \frac{2\pi^2 f^2 \rho_1 A_1^2 \alpha_1}{2\pi^2 f^2 \rho_1 A_0^2 \alpha_1} = \frac{A_1^2}{A_0^2} = R^2 \\ E_T &= \frac{2\pi^2 f^2 \alpha_2 \rho_2 A_2^2}{2\pi^2 f^2 \alpha_1 \rho_1 A_0^2} = \frac{\alpha_2 \rho_2 A_2^2}{\alpha_1 \rho_1 A_0^2} = \frac{A_2^2}{A_0^2} = T^2 \end{aligned}\right\} \quad E_R + E_T = R^2 + T^2 \tag{2-282}$$

$$\left(\frac{\alpha_2 \rho_2 A_2{}^2}{\alpha_1 \rho_1 A_0^2} = \frac{Z_2 A_2{}^2}{Z_1 A_0^2} = \frac{(Z_1 A_0 - Z_1 A_1) A_2}{Z_1 A_0^2} = \frac{(A_0 - A_1) A_2}{A_0^2} = \frac{A_2{}^2}{A_0^2}\right)$$

其中，密度和波速的乘积称为波阻抗 $Z=\rho\alpha$。

波阻抗大的介质为波密介质，波阻抗小的介质为波疏介质。反射能量与波阻抗关系密切，上、下两层介质的波阻抗差别越大，反射波越强。地下岩层存在波阻抗分界面，即 $Z_n \neq Z_n-1$ 或 $R\neq 0$，是地震波在界面形成反射的必要条件。反射系数 R 的取值范围在±1 之间，即$-1\leqslant R\leqslant 1$。当 $R>0$，$Z_n>Z_n-1$，反射波和入射波相位相同，都为正极性，地震记录初至波上跳；当 $R<0$，$Z_n<Z_n-1$，反射波和入射波相位相差 180°，入射波与反射波反相，反射波为负极性，地震记录初至波下跳。

透射波形成条件是地下岩层存在速度分界面，即 $V_n\neq V_{n-1}$时，才能形成透射波。当入射波振幅 A_0一定时，透射系数 T 越大，反射系数 R 越小，即透射波强，反射波弱；反之，透射系数 T 越小，反射系数 R 越大，即透射波弱，反射波强。

由斯内尔定律可知，入射角 θ 的正弦和透射（折射）角 δ 的正弦之比等于入射波和透射波速度之比。当 $V_1>V_2$时，则 $\theta>\delta$，透射波射线靠近法线偏折；当 $V_1<V_2$时，则 $\theta<\delta$，透射波射线远离法线，向界面靠拢。

实际地层中，多数情况下，$V_1<V_2$，因此往往 $\theta<\delta$。对于 $V_2>V_1$的水平速度界面，由斯内尔定律可知，当入射角 θ 大于某临界角 i 时，可使透射角 δ 等于 90°，此时，透射波以 V_2速度沿界面滑行。根据斯内尔定律，可求得临界角 i 为

$$i = \sin^{-1}\left(\frac{V_1}{V_2}\right) \tag{2-283}$$

以临界角 i 入射的情况下，透射波在第二层介质中沿界面传播，称之为滑行波（有时也称首波）。由于滑行波的存在，在上层介质中引起次生扰动，这种扰动与反射角 θ 等于临界角 i 的反射波平行，地震勘探中将其称为折射波。

点震源激发的球面波向一个界面投射的情况下，界面上相邻点的入射角各不相同。入射角从零可以增大到 90°，必然会有一部分能量以临界角入射到介质界面，在下层介质形成滑行波，从而在上层介质形成折射波。

根据惠更斯原理，折射波的波前是界面上各点源向上覆介质中发出的半圆形子波的包线。折射波的射线是垂直于波前的一簇平行直线，并与界面法线的夹角为临界角。从震源到观测到折射波的始点之间，不存在折射波，称为折射波的盲区。盲区半径 X_{M}为

$$X_{\mathrm{M}} = 2h\frac{\sin i}{\cos i} = 2h\left[\left(\frac{V_2}{V_1}\right)^2 - 1\right]^{-\frac{1}{2}} \tag{2-284}$$

式中，h 为折射界面深度。一般情况下，折射波只有在炮检距大于两倍折射界面深度时才

能观测到。折射波形成条件是下伏介质波速必须大于上覆介质波速，即 $V_n > V_{n-1}$。

C. 地震波的频谱与地震子波

地震波随传播距离的增加和深度的加大，高频成分逐渐被吸收，视周期变大，波的频率发生变化。利用傅里叶级数展开，研究地震信号 $g(t)$ 的相位和振幅随频率的变化规律，叫作频谱分析，前者称为相位谱 $\varphi(f)$，后者称为振幅谱 $A(f)$，其数学形式为

$$
\begin{aligned}
|A(f)| &= \sqrt{\left[\int_{-\infty}^{\infty} g(t)\cos 2\pi f t \mathrm{d}t\right]^2 + \left[\int_{-\infty}^{\infty} g(t)\sin 2\pi f t \mathrm{d}t\right]^2} = |A(-f)| \\
\varphi(f) &= \operatorname{arctg}\frac{\int_{-\infty}^{\infty} g(t)\sin 2\pi f t \mathrm{d}t}{\int_{-\infty}^{\infty} g(t)\cos 2\pi f t \mathrm{d}t} = -\varphi(-f)
\end{aligned}
\tag{2-285}
$$

地震波的振幅谱主要用主频 f_0 和频宽 Δf 两个参数来描述。主频 f_0 是指振幅谱 $A(f)$ 的峰值频率，即频谱曲线极大值所对应的频率。频宽 Δf 是指 $A(f)$ 峰值 0.707 倍对应的两个频点 f_1 和 f_2 之间的频带范围。

反射波的能量主要分布在 30 ~ 70Hz 频带内（图 2-11）。浅层反射波的主频 f_0 较高，中、深层反射波的主频 f_0 较低。短脉冲频宽较宽，长脉冲频宽较窄，脉冲信号的频带宽度与延续时间成反比。

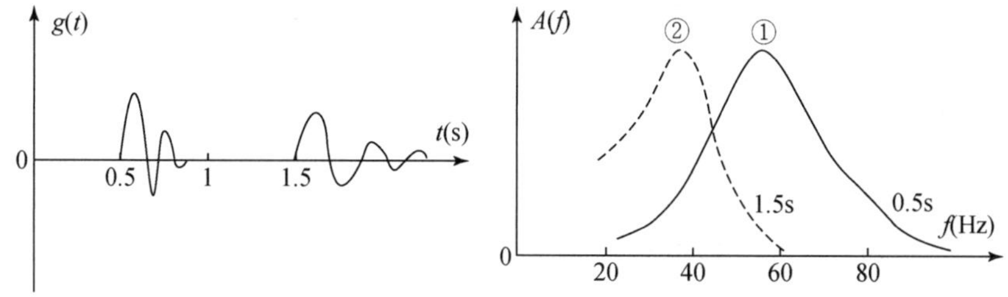

图 2-11　两个地震反射信号的振幅谱

由震源激发、经地下传播并被接收的一个短脉冲振动，称为该振动的地震子波。地震子波具有两个基本属性：①非周期性。地震子波的基本属性是振动的非周期性。任何一个非周期性振动可以由许多不同频率、不同振幅、不同起始相位的谐振动合成。②能量有限。地震子波具有确定的起始时间和有限的能量。因此，振动经过很短的一段时间即衰减。

通常假设从波阻抗不连续界面反射的子波与入射子波具有同样的波形，那么一个地震道顺序记录这样一系列连续子波，也就记录了波阻抗不连续界面。

地震子波的延续时间长度决定了地震勘探的分辨率，即区分两个反射界面之间的最小距离。如果，同一接收点收到的某一地层顶、底两个反射波的时差为 $\Delta\tau$，则若要在地震信号中识别出 $\Delta\tau$，$\Delta\tau$ 必须大于半个周期，即

$$
\left.\begin{aligned}
\Delta\tau &\geqslant \frac{T^*}{2} = \frac{\lambda^*}{2V} \\
\Delta\tau &= \frac{2\Delta h}{V}
\end{aligned}\right\}
\quad \frac{2\Delta h}{V} \geqslant \frac{\lambda^*}{2V}, \quad \Delta h \geqslant \frac{\lambda^*}{4}
\tag{2-286}
$$

$\lambda^*/4$ 为地震勘探纵向分辨率，即如果沉积层序列中存在薄层嵌入，当其总厚度大于 $\lambda^*/4$ 时，从地震记录中可以识别出其反射；一系列具有不同落差的断层，当落差大于 $\lambda^*/4$ 时，从同相轴波形特征上可以看出断层产生的反射；当楔形体厚度大于 $\lambda^*/4$ 时，从同相轴波形特征上可以区分出两个反射层；而当楔形体厚度小于 $\lambda^*/4$ 时，同相轴波形特征类似单层界面反射。

【例题】 已知：一个水平薄层垂直厚度为25m，地震波速为2.0km/s。求：反射地震记录上可分辨此薄层的最小频率？

解：由题意，得

$$\Delta h \geqslant \frac{\lambda^*}{4} = \frac{V}{4f}$$

$$f \geqslant \frac{V}{4\Delta h} = \frac{2.0\times1000}{4\times25} = 20\ (\text{Hz})$$

最小频率为20Hz。

地震勘探中，人工震源激发的地震波是延续时间很短（几十微秒）的脉冲波，频谱很宽。但在地层介质中传播时，高频成分被严重吸收、衰减，低频成分逐渐突出，频谱宽度变窄，延续时间增长（几十毫秒至上百毫秒），形成具有2～3个相位波形相对稳定的地震子波。理想子波最好是主瓣较窄、旁瓣较少的零相位子波。

按照国际勘探地球物理学家学会（SEG）的地震数据的极性标准规定，在波阻抗增加的界面上产生的反射波为正反射。对于零相位正反射波，子波的对称中点是一个由正数表示的波峰。常用的零相位地震子波为里克子波（Ricker wavelet），如图2-12所示，其形态是对称的，对称中心就是到达时间。

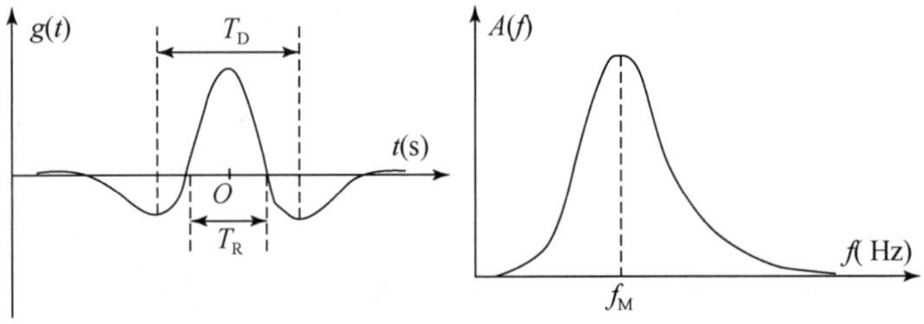

图2-12　里克子波

里克子波在时间域和频率域里分别表示为

$$g(t) = (1 - 2\pi^2 f_M{}^2 t^2)\,e^{-(\pi f_M t)^2},\quad A(f) = \frac{2}{\sqrt{\pi}}\frac{f^2}{f_M{}^2}e^{-\frac{f^2}{f_M{}^2}} \tag{2-287}$$

式中，f_M为峰值频率。时间域中，两个瓣膜之间的距离为

$$T_D = \frac{\sqrt{6}}{\pi f_M},\quad T_R = \frac{\sqrt{3}}{3}T_D \tag{2-288}$$

【例题】 证明：里克子波频率域表达中，f_M就是频谱的峰值。

证明：由题意，求里克子波频率域表达式 $A\ (f)$ 的极值点频率值，即

$$\because \quad A(f)=\frac{2}{\sqrt{\pi}}\frac{f^2}{f_M^2}e^{-\frac{f^2}{f_M^2}}$$

$$\frac{dA(f)}{df}=\frac{2}{\sqrt{\pi}}\left(\frac{2f}{f_M^2}e^{-\frac{f^2}{f_M^2}}-\frac{f^2}{f_M^2}\frac{2f}{f_M^2}e^{-\frac{f^2}{f_M^2}}\right)=\frac{4f}{f_M^2\sqrt{\pi}}e^{-\frac{f^2}{f_M^2}}\left(1-\frac{f^2}{f_M^2}\right)$$

$$令 \quad \frac{4f}{f_M^2\sqrt{\pi}}e^{-\frac{f^2}{f_M^2}}\left(1-\frac{f^2}{f_M^2}\right)=0$$

$$则 \quad 1-\frac{f^2}{f_M^2}=0$$

$$\therefore \quad f=f_M$$

A（f）极值点的频率值等于 f_M。证明 f_M 就是频谱的峰值。

里克子波是合成地震记录和分析地震模型的常用函数。合成地震记录就是利用数学褶积方法，计算某一地质结构的“地震响应”，通过人工制作的地震记录，分析地震波场的动力学特点。例如，根据一个地层剖面的波阻抗曲线，计算出相应的合成记录，可以帮助我们了解这个地层剖面中哪些界面会形成强或弱的反射。

在实际地震记录上看到的波形是许多振幅大小不同（决定于界面反射系数的绝对值）、极性有正负（决定于反射系数的正负）、到时有先后（决定于反射界面的深度）的地震子波的叠加结果。如果地震子波的波形用 f（t）表示，地震剖面的反射系数用 R（t）表示，那么合成地震记录 G（t）为

$$G(t)=f(t)*R(t)=\int_0^T f(\tau)R(t-\tau)\mathrm{d}\tau \tag{2-289}$$

合成地震记录的处理流程：波阻抗曲线或速度曲线—反射系数序列—与子波褶积—合成地震记录。从实际地震剖面出发，建立地层模型反射系列，选择子波，用有特殊数学表达式的波形表示（如里克子波），计算合成地震剖面。

合成地震记录的用途：与实际地震记录进行比较，识别特定反射界面的反射波。给出地下物性分布假设的正演地震模型。

理论上，只要知道地震子波波形 f（t）和反射系数随深度的变化规律 R（t），通过褶积计算，就可以合成地震记录 G（t）。

（3）地震波传播的运动学

地震波传播的运动学是研究地震波传播过程中波前的空间位置（x，y，z）与传播时间 t 之间的关系，从而确定地下地质体的地质构造。

通常用费马原理确定的波传播射线方程研究波传播运动学特点，通过几何作图方法反映传播速度 V 与空间（x，y，z）、时间 t 的关系，描述波传播中不同时刻的路径和空间几何位置，因此地震波传播的运动学也称为几何地震学。

在地面 O 点激发地震波后，其运动学特点与地下介质的结构和波的类型相关，可以采用时距曲线来定量说明不同类型的波在各种介质结构下传播的运动学特点。时距曲线的几何形态包含地下地质构造的信息，分析并掌握各种类型地震波时距曲线的特点，是地震勘探基础理论的主要组成部分。

A. 反射波理论时距曲线

1）水平两层介质反射波时距曲线。如图 2-13 所示，设，V 是反射波速度，X 是炮检距，t 是反射波到达时间，则

$$t=\frac{OA+AS}{V}=\frac{2}{V}\sqrt{h^2+\left(\frac{X}{2}\right)^2}=\frac{1}{V}\sqrt{4h^2+X^2} \tag{2-290}$$

可化为标准双曲线方程

$$\frac{t^2}{(2h/V)^2}-\frac{X^2}{(2h)^2}=1 \tag{2-291}$$

式（2-291）即为反射波时距曲线 t-X 基本方程。

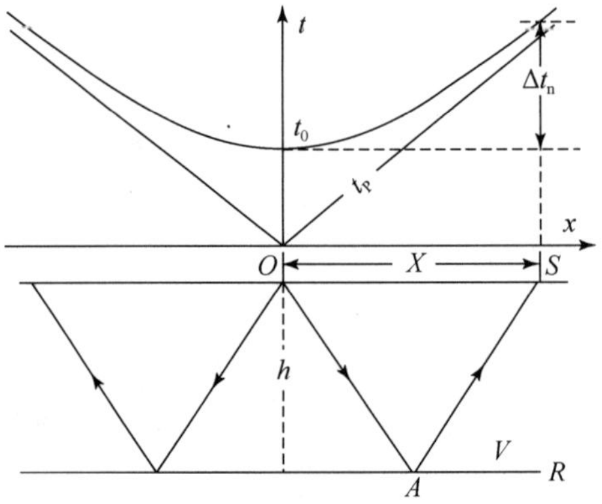

图 2-13　水平两层介质的反射波时距曲线

反射波时距曲线是一条双曲线，时距曲线在 t 轴上的截距（$X=0$ 处的时距曲线 t），在地震勘探中也叫 t_0时间。t_0表示波沿界面法线传播的双旅程时间。利用炮点的检波器记录到的旅行时 t_0可以确定反射层的深度。

任意一接收点 S 的反射波的传播时间与它的 t_0时间之差，称为正常时差 Δt_n。如果从各接收点的时间中减去相应的正常时差 Δt_n，则各点都变成了 t_0时间，即

$$\Delta t_n=t-t_0=\sqrt{\frac{X^2}{V^2}+t_0^2}-t_0\rightarrow t-\Delta t_n=t_0 \tag{2-292}$$

这种方法在地震资料数据处理中称为正常时差校正。

特殊情况下，当一个检波器在炮点时，正常时差用 Δt_{NMO}表示，其值为

$$\Delta t_{\mathrm{NMO}}\approx\frac{X^2}{2V^2t_0}=\frac{X^2}{4Vh} \tag{2-293}$$

借助 t_0时间，水平两层介质反射波时距曲线也可以写成

$$t=\frac{1}{V}\sqrt{4h^2+X^2}=\sqrt{\left(\frac{2h}{V}\right)^2+\frac{X^2}{V^2}}=\sqrt{t_0^2+\frac{X^2}{V^2}}\rightarrow t^2=\frac{1}{V^2}X^2+t_0^2 \tag{2-294}$$

如果以作 X^2-t^2 曲线代替 t-X 曲线，可以得到直线的斜率 $1/V^2$ 和截距 t_0^2。这就是地震资料处理中，根据时距曲线确定速度的 X^2-t^2 方法。

在 S 点的检波器也记录直达波，直达波沿路径 OS 传播，由于 OS 总小于 $OA+AS$，直达波总是先到，直达波旅行时 t_P 基本方程

$$t_P = \frac{X}{V} \tag{2-295}$$

当 x 变得很大时，OS 与 $OA+AS$ 之间差别很小，反射波旅行时与直达波旅行时曲线逐渐接近。

【例题】 设，海底反射层的 $t_0=2.35\text{s}$，层速度 $V=2.90\text{km/s}$。求：①反射层厚度 h？②炮检距为 600m 时的正常时差 Δt_{NMO}？直达波旅行时 t_P？反射波旅行时 t？

解： ①t_0是反射波时距曲线在 t 轴的截距，即，$t_0=\frac{2h}{V}$，代入已知条件，得反射层厚度为

$$h=\frac{1}{2}Vt_0=\frac{1}{2}\times2900\times2.35=3407.5(\text{m})$$

②炮检距 $X=600\text{m}$ 时，正常时差为

$$\Delta t_{\text{NMO}}\approx\frac{X^2}{4Vh}=\frac{600^2}{4\times2900\times3407.5}\approx0.0091(\text{s})=9.1(\text{ms})$$

直达波旅行时为 $t_P = \frac{X}{V} \approx \frac{600}{2900} \approx 0.21(\text{s})$

反射波旅行时为 $t = \frac{1}{V}\sqrt{4h^2+X^2} = \frac{1}{2900}\sqrt{4\times3407.5^2+600^2} \approx 2.36(\text{s})$

2）单一倾斜界面反射波时距曲线。如图 2-14 所示，设，地层内有一反射界面沿剖面方向倾斜，倾角为 φ，激发点 O 到界面的垂直距离为 h，反射波传播路径为 OAS，波速为 V，传播时间为 t。

若，激发点 O 为坐标原点，界面的上倾方向与测线方向 x 一致［图 2-14（a）］，则

$$\begin{aligned} t &= \frac{O^*S}{V} = \frac{1}{V}\sqrt{MS^2+O^*M^2} = \frac{1}{V}\sqrt{(X-X_m)^2+O^*M^2} \\ &= \frac{1}{V}\sqrt{(X-2h\sin\varphi)^2+(2h\cos\varphi)^2} = \frac{1}{V}\sqrt{X^2+4h^2-4hX\sin\varphi} \end{aligned} \tag{2-296}$$

若，界面的上倾方向与测线方向 x 相反［图 2-14（b）］，此时 $OM=X_m=-2h\sin\varphi$，则

$$t = \frac{1}{V}\sqrt{X^2+4h^2+4hX\sin\varphi} \tag{2-297}$$

故，对于单一倾斜界面，其反射波时距曲线为

$$\begin{aligned} t &= \frac{1}{V}\sqrt{X^2+4h^2\pm4hX\sin\varphi} = \frac{2h}{V}\sqrt{1+\frac{X^2\pm4hX\sin\varphi}{4h^2}} = t_0\sqrt{1+\frac{X^2\pm4hX\sin\varphi}{4h^2}} \\ &= t_0\left[1+\frac{1}{2}\frac{X^2\pm4hX\sin\varphi}{4h^2}-\frac{1}{8}\left(\frac{X^2\pm4hX\sin\varphi}{4h^2}\right)^2+\cdots\right] \end{aligned} \tag{2-298}$$

当界面的上倾方向与 x 轴正方向相同时，上式根号中第三项取“-”号；反之取“+”号。倾斜界面反射波时距曲线也是双曲线，但其对称轴不是 $t=0$ 轴，而是 $t=\pm2h\sin\varphi$。

由于地层倾斜，在炮点两侧对称放置的检波器接收的波的到达时间不同，称为倾角时

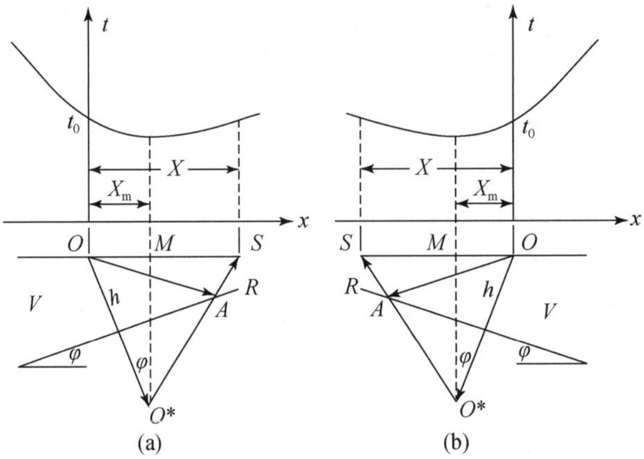

图 2-14　倾斜界面反射波时距曲线

差。倾角时差定义为炮点两侧距离相等的两个检波点之间 Δx 的时差 Δt_d，即 $\Delta t_d/\Delta x$。

具体计算方法为：设，上倾接收方向检波点与炮点之间的距离为 Δx，旅行时间为 t_1；下倾接收方向检波点与炮点之间的距离为 $-\Delta x$，旅行时间为 t_2。取式（2-298）展开式的第一项，则

$$\left.\begin{aligned} t_1 &= t_0\left[1+\frac{1}{2}\frac{\Delta x^2 \pm 4h\Delta x\sin\varphi}{4h^2}\right] \\ t_2 &= t_0\left[1+\frac{1}{2}\frac{\Delta x^2 \mp 4h\Delta x\sin\varphi}{4h^2}\right] \end{aligned}\right\} \quad \Delta t_d = t_1 - t_2 \approx \frac{2\Delta x}{V}\sin\varphi \quad \frac{\Delta t_d}{\Delta x} \approx 2\sin\varphi\frac{1}{V} \tag{2-299}$$

倾角时差 $\Delta t_d/\Delta x$ 的单位为：时间/距离（值得注意的是，正常时差的单位为：时间）。

3）多层水平介质反射波时距曲线。实际地层中，常常是不同性质的水平层状介质，时距曲线方程的推导需要利用斯内尔定律计算，得到利用 t 与 x 的隐函数关系式表达的参数方程，无法转换成标准二次曲线方程。这种情况下，正常时差 Δt_n、t_0时间难以估计，需要引入平均速度和均方根速度概念对其简化。

一组水平层状介质中，某层以上介质的平均速度 V_a就是地震波垂直穿过该层以上各层的总厚度与总的传播时间之比。对于 n 层水平层状介质，如果每层厚度为 h_i，每层速度为 V_i，则由平均速度 V_a表示的多层水平介质反射波时距曲线为

$$t^2 = t_0^2 + \frac{X^2}{V_a^2}, \quad V_a = \sum_{i=1}^{n} h_i \Big/ \sum_{i=1}^{n} \frac{h_i}{V_i} \tag{2-300}$$

若取每层速度 V_i对各层垂直传播时间 t_i的均方根值就是均方根速度 V_σ，则由均方根速度 V_σ 表示的多层水平介质反射波时距曲线为

$$t^2 = t_0^2 + \frac{X^2}{V_\sigma^2}, \quad V_\sigma = \sqrt{\sum_{i=1}^{n} V_i^2 t_i \Big/ \sum_{i=1}^{n} t_i} \tag{2-301}$$

均方根速度 V_σ 相当于用一个速度为 V_σ 的均匀介质代替第 n 层以上全部上覆地层的等

效处理。均方根速度 V_σ 比对应的平均速度 V_a要大一些。

B. 折射波理论时距曲线

1）水平两层介质折射波理论时距曲线。设，一个水平折射层，上层速度为 V_1，下层速度为 V_2，且 $V_2>V_1$，i 为临界角，X 为炮检距，t 为折射波旅行时间，则

$$\sin i = V_1/V_2 \quad \cos i = \sqrt{V_2^2 - V_1^2}/V_2$$

$$t = \frac{X}{V_2} + \frac{2h}{V_1\cos i}\left(1 - \frac{V_1}{V_2}\sin i\right) = \frac{X}{V_2} + \frac{2h}{V_1\cos i}\cdot\cos^2 i$$

$$= \frac{X}{V_2} + \frac{2h\cos i}{V_1} \tag{2-302}$$

式（2-302）即为水平两层介质折射波时距曲线方程。也可以写成

$$t = \frac{X}{V_2} + t_1,\quad t_1 = \frac{2h\cos i}{V_1},\quad h = \frac{1}{2}\frac{V_1 t_1}{\cos i},\quad X_M = 2h/\sqrt{(V_2/V_1)^2 - 1} \tag{2-303}$$

折射波时距曲线是一条直线方程。该直线的斜率为 $1/V_2$，时间轴截距为 t_1，折射波盲区临界距离为 X_M。在折射波盲区内，不存在折射波。在折射波盲区外，刚开始，直达波在反射波和折射波到达之前到达，之后，直达波与折射波相交，交点处折射波速度为 V_2，此后，随 x 的增加，折射波赶上直达波，并在直达波之前到达。反射波始终在直达波、折射波到达之后到达。

通常，地震勘探需要求取深度 h 和速度 V_1、V_2。首先，由直达波时距曲线的斜率可以求 V_1，由折射波时距曲线的斜率可以求 V_2；然后，根据斯内尔定律求临界角 i，由折射波时距曲线的截距求 t_1，进而可得界面深度 h。

2）水平三层介质折射波理论时距曲线。设，三层水平折射层，速度为 V_1、V_2、V_3。如果 $V_3>V_2>V_1$，在 V_3中传播的折射波最终会赶上在 V_2中传播的折射波。第一层厚度为 h_1，第二层厚度为 h_2，地震波从第一层进入第二层的入射角为 α_1，第二层底界面的临界角为 α_2，X 为炮检距，t 为折射波旅行时间，则

$$t = \frac{X}{V_3} + \frac{2h_2}{V_2}\cos\alpha_2 + \frac{2h_1}{V_1}\cos\alpha_1 = \frac{X}{V_3} + t_{02}$$
$$\left(t_{02} = \frac{2h_2}{V_2}\cos\alpha_2 + \frac{2h_1}{V_1}\cos\alpha_1\right) \tag{2-304}$$

对于 n 层水平折射界面的地质模型，其时距曲线为

$$t = \frac{X}{V_n} + \sum_{k=1}^{n-1}\frac{2h_k\cos\alpha_k}{V_k} = \frac{X}{V_n} + t_{0k}\quad \left(t_{0k} = \sum_{k=1}^{n-1}\frac{2h_k\cos\alpha_k}{V_k}\right) \tag{2-305}$$

（4）天然地震与地球内部结构

天然地震活动一般都伴随断层活动，因此一般认为天然地震的震源主要是机械力。天然地震的基本参数是发震时刻、震中位置（经纬度）、震源深度、地震震级。

震源在地表的投影为震中，震中到观测点的距离为震中距。震中距大于 1000km 的地震称为远震，否则，称为近震。震源深度小于 60km 的地震称为浅源地震，否则，称为深源地震。地震震级按地震强度分级，震级大于 6 级的称为强震，4. 5 ~ 6 级的称为中强震，

3 ~4.5 级的称为有感地震，小于 3 级的称为弱震。地震震级与地震频度（单位时间发生地震的数目）存在一定的统计关系，即古登堡-里克特公式

$$\lg N(M) = a - bM \tag{2-306}$$

式中，N（M）为地震频度；M 为地震震级；a、b 分别为统计结果拟合直线的截距和斜率，反映统计时段和区域内地震活动水平和大、小地震数目的比例。b 值小，大震多；b 值大，小震多。据估计，全球每年地震释放的能量约为 10^{18}J，相当于地球内热年释放量的 1/1500。

在时间上，天然地震活动具有明显的周期性，在每个地震活跃期，大致经历四个阶段，即应力积累阶段、孕震阶段、能量释放阶段、逐渐平静阶段。在空间上，天然地震活动具有明显的分带性，全球地震活动空间可以划分为四个地震带，即环太平洋地震带、地中海-喜马拉雅地震带、海岭/洋中脊地震带、东非裂谷地震带，与全球四个地热带相吻合。

A. 地震射线与地球的圈层结构

1）射线方程和本多夫定律。在球对称地球模型内，地球可以分解为许多薄的同心球层。地震波射线在各个界面上发生折射，入射与折射路径依照斯内尔定律。若，i 表示地震射线与地心的夹角，r 表示折射界面到地心的距离，v（r）表示与 r 相关的地震波速，则对于任意一条穿过 n 层地层的地震射线，有

$$\frac{r_1 \sin i_1}{v_1} = \frac{r_2 \sin i_2}{v_2} = \cdots = \frac{r_n \sin i_n}{v_n} = p \tag{2-307}$$

式（2-307）为球对称介质的折射定律，又称射线方程。式中，p 为射线参数。

对于震源 E 发出的射线，任选两条 EA、EB，设，其出射地面的距离相差 $\mathrm{d}\Delta = R\mathrm{d}\theta$，$R$ 为地球半径，θ 为两射线对于地心的夹角。地震波传播到地表的真速度值为 v_0，入射角为 i_0。两条射线的长度差为 $\mathrm{d}l$，则两条射线到达地表的时间差 $\mathrm{d}t$ 为

$$\left.\begin{aligned} \mathrm{d}t &= \mathrm{d}l / v_0 \\ \mathrm{d}l &= R\mathrm{d}\theta \sin i_0 \end{aligned}\right\} \quad \frac{\mathrm{d}t}{\mathrm{d}\theta} = \frac{R\sin i_0}{v_0} = p$$
$$\left.\begin{aligned} \mathrm{d}\Delta &= R\mathrm{d}\theta \\ \mathrm{d}t/\mathrm{d}\theta &= R\sin i_0 / v_0 \end{aligned}\right\} \quad \frac{v_0}{\mathrm{d}\Delta/\mathrm{d}t} = \sin i_0 \tag{2-308}$$

式（2-308）即为表示相邻射线之间关系的本多夫定律。

依据本多夫定律，由射线参数 p 与射线方程的关系，可得球对称介质走时方程

$$\theta = 2\int_{r_p}^{R} \frac{p\mathrm{d}r}{r\sqrt{(r/v)^2 - p^2}}, \qquad t = 2\int_{r_p}^{R} \frac{r\mathrm{d}r}{v^2\sqrt{(r/v)^2 - p^2}} \tag{2-309}$$

式中，R 为地球半径；r_p 为地震射线顶点与地心之间的距离。

以距离（地心角）θ 为横轴，走时 t 为纵轴，可以由走时方程绘制出走时曲线。连续球对称介质中，射线的走时曲线均凹向 θ 轴（横轴）。通过走时曲线的形状变化，推断地震射线变化、地球内部地震波传播速度变化、地球内部结构等。

2）地球内部的结构。实际绘制走时曲线 t-θ 时，t 可以由地震波首到时间确定，θ 可以由地震射线的起、终点地理坐标求出，利用地震记录，综合不同地方的观测结果，就可

以绘制出 t-θ 曲线。

如果地球内部存在高速层和高速界面，速度随深度增加较快，则通过高速层的地震射线会特别弯曲，进入异常区的射线会与没有进入异常区的射线到达相同的地方，地球内部出现射线交叉现象，穿透较深的射线反而在近距离处出射，其对应的走时曲线出现打结或回折。

如果地球内部存在低速层和低速界面，速度随深度增加的特别慢，则通过低速层的地震射线会缓慢弯曲，使地面的一个区域接收不到地震射线，称为阴影区，其对应的走时曲线出现一段空白。

地球的壳、幔、核结构就是利用走时曲线的空白或打结现象发现的。1909 年，莫霍洛维契奇发现 P 波和 S 波的 t-θ 曲线在 $\theta=10°$ 时出现打结现象，说明其下方地震波速突然增加，从而发现壳–幔分界面。同年，欧德哈姆发现 P 波的 t-θ 曲线在 $\theta=105°\sim142°$ 时出现空白，并被古登堡 1913 年估算，从而发现核–幔分界面。1936 年，莱曼女士进一步发现 P 波的 t-θ 曲线在 $\theta=105°\sim142°$ 时出现空白区并存在打结现象，从而发现内外核界面。

B. 地震面波

天然地震的远震记录中，经常观测到地球表面或界面附近的一类次生波，它们的振幅随深度增加而迅速衰减。这类波的能量集中在界面附近，且沿界面传播，因此称它们为地震面波。经常观测到的面波有瑞利波、勒夫波及各类短周期面波（阮爱国，2018）。

1）自由表面的瑞利波。1885 年，瑞利通过理论研究指出，在自由表面边界的内部，有时弹性波只在边界表层内传播，这种波的振幅随深度增大呈指数衰减，其传播的边界表层深度不大，因此称这种波为面波。

地表面是应力为零的自由表面，在地震记录中存在瑞利波。瑞利波可以看作平面纵波和平面横波沿自由表面传播时相互叠加而产生，由波动方程和边界面的应力、位移条件可以确定其解。设，$z=0$ 的平面为地表面边界，z 轴指向地球内部，则由纵波（P 波）和横波（S 波）的波动方程

$$\frac{\partial^2 \phi}{\partial t^2}=\alpha^2\nabla^2\phi,\qquad \frac{\partial^2 \boldsymbol{\psi}}{\partial t^2}=\beta^2\nabla^2\boldsymbol{\psi} \tag{2-310}$$

可得一个在 x 方向进行、与 y 坐标无关、随着离开自由表面的距离 z 以指数 e^{-rz} 衰减（r 为正数）的简谐波列的解

$$\phi=A\mathrm{e}^{\left[ik(ct-x)\pm z\sqrt{c^2/\alpha^2-1}\right]},\qquad \psi=B\mathrm{e}^{\left[ik(ct-x)\pm z\sqrt{c^2/\beta^2-1}\right]}$$
$$\left(u=\frac{\partial\phi}{\partial x}+\frac{\partial\psi_z}{\partial y}-\frac{\partial\psi_y}{\partial z},\quad v=\frac{\partial\phi}{\partial y}+\frac{\partial\psi_x}{\partial z}-\frac{\partial\psi_z}{\partial x},\quad w=\frac{\partial\phi}{\partial z}+\frac{\partial\psi_y}{\partial x}-\frac{\partial\psi_x}{\partial y}\right) \tag{2-311}$$

式中，α、β 分别为弹性介质中纵波和横波传播速度；c 为沿表面传播的瑞利波速；k 为波数；A、B 为由边界条件确定的常数。

此问题的边界条件：半空间自由表面边界 $z=0$ 处的应力为零，且经过边界的所有应力分量和位移分量都连续，因此有

$$[\sigma_{zz}]_{z=0}=[\tau_{zx}]_{z=0}=[\tau_{zy}]_{z=0}=0 \tag{2-312}$$

将边界条件与上述简谐波列的解代入均匀各向同性完全弹性介质的胡克定律

$$\left.\begin{array}{l}\sigma_{xx}=\lambda\theta+2\mu\dfrac{\partial u}{\partial x},\quad \sigma_{yy}=\lambda\theta+2\mu\dfrac{\partial v}{\partial y},\quad \sigma_{zz}=\lambda\theta+2\mu\dfrac{\partial w}{\partial z}\\ \tau_{xy}=\mu\left(\dfrac{\partial u}{\partial y}+\dfrac{\partial v}{\partial x}\right),\quad \tau_{yz}=\mu\left(\dfrac{\partial v}{\partial z}+\dfrac{\partial w}{\partial y}\right),\quad \tau_{zx}=\mu\left(\dfrac{\partial w}{\partial x}+\dfrac{\partial u}{\partial z}\right)\end{array}\right\}\theta=\frac{\partial u}{\partial x}+\frac{\partial v}{\partial y}+\frac{\partial w}{\partial z} \tag{2-313}$$

得

$$\begin{cases}(2-c^2/\alpha^2)A\pm 2B\sqrt{c^2/\beta^2-1}=0\\ \mp A\sqrt{c^2/\alpha^2-1}+(2-c^2/\beta^2)B=0\end{cases} \tag{2-314}$$

解方程，得

$$c^6/\beta^6-8c^4/\beta^4+24c^2/\beta^2-16c^2/\alpha^2+16\beta^2/\alpha^2-16=0 \tag{2-315}$$

对于不可压缩固体，$\alpha\to\infty$

$$c^6/\beta^6-8c^4/\beta^4+24c^2/\beta^2-16=0 \tag{2-316}$$

则可得 $c\approx 0.95\beta$

假设泊松关系 $\lambda=\mu$ 成立，则

$$\left.\begin{array}{l}\alpha=\sqrt{(\lambda+2\mu)/\rho}=\sqrt{3\mu/\rho}\\ \beta=\sqrt{\mu/\rho}\end{array}\right\}\quad \alpha=\sqrt{3}\beta \tag{2-317}$$

因此，方程的解变为

$$c^6/\beta^6-8c^4/\beta^4+56c^2/3\beta^2-32/3=0 \tag{2-318}$$

则可得 $c\approx 0.9194\beta$，即在拉梅系数 λ 等于剪切模量 μ 条件下，瑞利波速等于弹性介质中 S 波速的 0.9194 倍。将此解代入自由表面瑞利波条件

$$u=\frac{\partial\phi}{\partial x}+\frac{\partial\psi_y}{\partial z},\qquad v=0,\qquad w=\frac{\partial\phi}{\partial z}+\frac{\partial\psi_y}{\partial x} \tag{2-319}$$

则，对于波长为 $2\pi/k$ 的简谐波，u 和 w 的表达式为

$$\begin{array}{l}u=D(\mathrm{e}^{-0.8475kz}-0.5773\mathrm{e}^{-0.3933kz})\sin k(ct-x)\\ w=D(-0.8475\mathrm{e}^{-0.8475kz}+1.4679\mathrm{e}^{-0.3933kz})\cos k(ct-x)\end{array} \tag{2-320}$$

式中，D 是与 A 和 k 有关的常数。对于地表面的瑞利波，取 $z=0$，则

$$\left.\begin{array}{l}u=0.42D\sin k(ct-x)\\ w=0.62D\cos k(ct-x)\end{array}\right\}\quad \frac{u^2}{(0.42D)^2}+\frac{w^2}{(0.62D)^2}=1 \tag{2-321}$$

因此，这是一个 xOz 面上的椭圆，平行于传播方向的最大位移约为垂直方向上的最大位移的 2/3。

2）勒夫波。1911 年，勒夫通过理论研究指出，在上、下两层介质中，如果上层介质的 S 波速小于下层介质的 S 波速，则会在分界面之下产生一种横波，其波速介于上、下两层横波速度之间，质点振动方向与分界面平行。这是一种 SH 型横面波，界面上，质点位移没有垂直分量，振动方向与传播方向垂直。

与瑞利波的位移解一样，勒夫波也可以通过波动方程和边界面的应力、位移条件确定其位移解，进而得到波速方程及其波速值。但由于其波速表达式最终是一个与反正切有关的高阶代数方程，反正切函数具有多值性，对应一个 v 速度值会有多个波数 k，分别为基

阶振型、二阶振型、…、n 阶振型等，比较复杂，本章不再讨论。

3）面波的频散特征。地震图上，瑞利波和勒夫波均成群出现，每一群波列以各自的速度传播。因此，会出现波速随波长或频率的不同而变化的频散或波散现象。

面波频散现象是层状介质中波相互叠加的结果。由于传播过程中，波的能量被地层吸收，以及能量的几何扩散，地表观测的面波随频率或波长变化，不但具有相速度，而且具有群速度。群速度 U 与相速度 V 的关系为

$$U = V + \frac{\mathrm{d}V}{\mathrm{d}k} = V - \lambda \frac{\mathrm{d}V}{\mathrm{d}\lambda} \tag{2-322}$$

从地震图上确定不同周期的面波群速度 U 或相速度 V，做出速度–周期（频率）图，称为频散曲线。利用频散曲线，可以研究地层结构。震中距为数百千米的地震，可以接收到周期 6 ~ 10s 的面波信号，其能量主要限制在沉积地层中，可以用其频散曲线求沉积地层的厚度和速度。震中距超过 1000km 的地震，可以接收到周期数十秒的面波信号，其能量主要限制在地壳中，可以用其频散曲线求地壳速度结构。周期数百秒的面波信号，其能量可达上地幔，可利用长周期的面波信号研究地球深部构造。

在地震记录上，面波速度比体波速度小、振幅比体波振幅大的二维传播特点，使其位移随距离的递减率比体波小，因此，在离开震源一定距离之后，大地震的面波总是很显著，由面波频散曲线研究地壳、上地幔的速度结构，可以弥补体波三维传播随距离快速递减的不足。

C. 全球振荡波

一次大地震可以使整个地球像钟被敲击一样振荡起来。地球整体振荡产生的波动是驻波，不同于行波，驻波只随时间变化，不随时间行进。地球振荡的各种谐波分量都是从几分钟到几小时的长周期波，其中地球振荡的高阶成分就是地震面波。

自由振荡可以分为环形振荡和球形振荡。环形振荡只在水平方向上运动，可以在长周期地震仪的水平分量上观测到。球形振荡包括径向分量，可以在长周期地震仪的垂向分量上观测到。重力仪、应变仪也可以记录到全球振荡波。

实质上，无限半空间的地震面波理论推广到球体的情形，就是地球自由振荡理论。均匀弹性球体的自由振荡可以通过求解弹性方程求解，过程比较复杂，本章不再讨论。

2.2.4 电磁场

电磁场是物理场论中的重要组成部分，主要研究电磁场的规律，电磁场间的相互关系。电、磁现象普遍存在，各种宏观接触力，如摩擦力、弹力等，微观本质都是电、磁作用力。电磁力作用与引力作用、强相互作用、弱相互作用一起构成宇宙四种基本作用。电磁学的发展，经历了从孤立的静电、孤立的静磁，到独立的电学、独立的磁学发展阶段，在发现电流的磁效应（安培定律）、电磁感应现象（法拉第定律）之后，发展出麦克斯韦电磁场理论，实现了物理学的电磁场综合，开创了电气时代。

2.2.4.1 稳定电场

稳定电场包括静电场和电流场两部分（马冰然，2010）。静电场研究真空和电介质中的稳定电场，电流场研究导电体中的稳定电场，二者都是电荷分布不随时间改变的势场。静电场和电流场中，电荷分布是稳定的，因而二者的电场分布也是稳定的，都是稳定电场。

（1）静电场

观察者与电荷相对静止时，所观察到的电场称为静电场。电荷静止时，没有磁效应，可以独立研究电力和电场，是研究电磁学的基础。

A. 静电场的基本规律：电荷守恒定律与库仑定律

人类很早就发现了摩擦起电和静电感应现象，并认识到存在正、负两种电荷，同种电荷之间相互排斥，异种电荷之间相互吸引。带电的物体称为带电体，物体所带电荷的多少称为电量，正、负电荷完全抵消的状态称为中和。所谓不带电的物体，从微观结构看，并不是没有电荷，而是带有等量的异号电荷，整体处于中和状态。

摩擦起电和静电感应都是电荷从一个物体转移到另一个物体，或者从物体的一部分转移到另一部分的过程。这种过程中，电荷既不能被创造，也不能被消灭，正、负电荷的代数和保持不变。在一个与外界没有电荷交换的系统内，正、负电荷的代数和在任何物理过程中都保持不变，这是物理学中的普遍规律，称为电荷守恒定律。

电荷量值的基本单元是一个质子或一个电子所带电量的绝对值 e，宏观物体所带电量只能是这个基本电荷 e 的整数倍。基本电荷的量值为 $e=1.602\times10^{-19}$ 库仑，库仑是电量的单位，用 C 表示，1C 的电量是基本电荷量值的 6.24×10^{18} 倍。

1784～1785 年，库仑通过实验总结出点电荷之间相互作用规律，即库仑定律：两个点电荷 q 与 Q 之间的相互作用力 $\boldsymbol{F}$ 的大小与 q 与 Q 的乘积成正比，和它们之间距离 r 的平方成反比；作用力的方向沿着它们的连线，同号电荷相互排斥，异号电荷相互吸引。数学表述为

$$\boldsymbol{F}=\frac{1}{4\pi\varepsilon_0}\frac{qQ}{r^3}\boldsymbol{r} \tag{2-323}$$

式中，$\boldsymbol{r}$ 为 q 到 Q 的矢径；ε_0 为真空中的介电常数，国际单位制中 $\varepsilon_0=8.85\times10^{-12}\,\mathrm{C^2/(N\cdot m^2)}$。

对电荷施加作用力是电场的重要性质，通常用电场强度矢量 $\boldsymbol{E}$ 来描述电场的性质。$\boldsymbol{E}$ 被定义为这样一个矢量：大小等于单位电荷 q 在该处所受电场力 $\boldsymbol{F}$ 的大小，方向与正电荷在该处所受电场力方向一致，即

$$\boldsymbol{E}=\frac{\boldsymbol{F}}{\boldsymbol{q}}=\frac{1}{4\pi\varepsilon_0}\frac{Q}{r^3}\boldsymbol{r} \tag{2-324}$$

电场强度的单位是 N/C，也可以写为 V/m。

电场强度满足叠加原理。一组点电荷产生的电场在某点的电场强度，等于各点电荷单独存在时所产生的电场在该点的电场强度的矢量叠加。对于体分布电荷产生的电场，如果 ρ 为体电荷密度，V 为电荷分布区，$\boldsymbol{r}$ 是由场源分布点到观测点 P 的矢径，则 P 点的电场

强度为

$$\boldsymbol{E} = \frac{1}{4\pi\varepsilon_0}\iiint_V \frac{\rho \boldsymbol{r}}{r^3}\mathrm{d}v \tag{2-325}$$

库仑定律及静电场强与万有引力及引力场强一样，都是与距离平方成反比规律的基本物理定律，构成物理场论的基础。

B. 真空中的静电场

如果静电场中没有介质存在，则称这种场为真空中的静电场，它是一种理想、简单、容易体现静电场本质的电场。

真空中的静电场与引力场一样，其电场强度的通量和散度满足高斯定律，即

$$\begin{aligned} &\oiint_S \boldsymbol{E}\cdot\boldsymbol{n}\mathrm{d}s = \iiint_V \mathrm{div}\boldsymbol{E}\mathrm{d}v = \frac{1}{\varepsilon_0}\iiint_V \rho\mathrm{d}v \\ &\mathrm{div}\boldsymbol{E} = \frac{\rho}{\varepsilon_0} \end{aligned} \tag{2-326}$$

式中，$\boldsymbol{n}$ 为沿 ds 面的正法线方向的单位矢量；ρ 为体电荷密度；V 为电荷分布区。

式（2-326）的物理意义与引力场中的意义相似，但静电场中，电荷有正、负。$q>0$ 时，通量和散度均为正值，场强度的法线分量向外发散；$q<0$ 时，通量和散度均为负值，场强度的法线分量向内会聚。如果发散和会聚作用正好抵消，则通量和散度均等于零。这与重力场一样，真空中的静电场也是保守力场，其做功与路径无关。因此，真空中的静电场电场强度的环量和旋度为零，即

$$\begin{aligned} &\oint_L \boldsymbol{E}\cdot\mathrm{d}\boldsymbol{l} = \iint_S \mathrm{rot}\boldsymbol{E}\cdot\mathrm{d}\boldsymbol{s} = 0 \\ &\mathrm{rot}\boldsymbol{E} = 0 \end{aligned} \tag{2-327}$$

式中，d$\boldsymbol{s}$ 为曲线 L 所联系的微小面积；$\boldsymbol{n}$ 为 d$\boldsymbol{s}$ 面的法矢。

式（2-327）表明，静电场中电场强度沿任意闭合环路的线积分恒等于零，或者说，在任意静电场中移动单位电荷时，电场力所做的功只与单位电荷的起始点位置有关，与路径无关。任何做功与路径无关的力场都可以引入位或势的概念，因此，与引力场中的引力位（势）一样，静电场中也可以引入电位或电势的概念。

静电场中，因为场做功与路径无关，所以将单位正电荷由场中的某一点 P 移至 P_0 点时，电场力所做的功可以表示为

$$U(P) - U(P_0) = \int_P^{P_0} \boldsymbol{E}\cdot\mathrm{d}\boldsymbol{l} \tag{2-328}$$

即在两点之间移动单位电荷，电场力所做的功等于两点之间的电位差 $U(P)-U(P_0)$。如果取 P_0 点无限远，且令 $U(\infty)=0$，则得 P 点的电位（势）$U(P)$ 为

$$U(P) = \int_P^{\infty} \boldsymbol{E}\cdot\mathrm{d}\boldsymbol{l}, \quad U(\infty) = 0 \tag{2-329}$$

电位或电势的取值，需要确定参考点零点。不同的带电体系，选取不同的电位或电势参考零点，电位或电势是相对的，对于不同的参考零点，会有一个常数差。

将点电荷电场强度［式（2-324）］和体电荷电场强度［式（2-325）］的公式分别代入电位（势）的公式［式（2-329）］，可得点电荷的电位（势）U_0（P）和体电荷的电位（势）U（P）

$$U_0(P)=\int_P^{\infty}\boldsymbol{E}\cdot \mathrm{d}\boldsymbol{l}=\int_r^{\infty}\frac{1}{4\pi\varepsilon_0}\frac{Q}{r^3}\boldsymbol{r}\cdot \mathrm{d}\boldsymbol{l}=\frac{1}{4\pi\varepsilon_0}\frac{Q}{r}$$

$$\begin{aligned}U(P)&=\int_P^{\infty}\boldsymbol{E}\cdot \mathrm{d}\boldsymbol{l}=\int_r^{\infty}\left(\frac{1}{4\pi\varepsilon_0}\iiint_V\frac{\rho\boldsymbol{r}}{r^3}\mathrm{d}v\right)\cdot \mathrm{d}\boldsymbol{l}=\iiint_V\frac{\rho}{4\pi\varepsilon_0}\left[\int_r^{\infty}\left(\frac{\mathrm{d}r}{r^2}\right)\right]\mathrm{d}v\\&=\frac{1}{4\pi\varepsilon_0}\iiint_V\frac{\rho\mathrm{d}v}{r}\end{aligned}\tag{2-330}$$

式中，r 为场源点至观测点 P（x，y，z）的距离，$r=[(x-\xi)^2+(y-\eta)^2+(z-\zeta)^2]^{1/2}$。

与引力位（势）一样，若对电位（势）求导数，则可得电位（势）的梯度

$$\begin{aligned}&E_x=-\frac{\partial U}{\partial x},\quad E_y=-\frac{\partial U}{\partial y},\quad E_z=-\frac{\partial U}{\partial z}\\&\boldsymbol{E}=-\operatorname{grad}U\end{aligned}\tag{2-331}$$

式（2-331）表明，静电场中任意一点的电场强度等于该点电位（势）的负梯度。因为电势的梯度指向电势增加最快的方向，而其数值等于沿该方向的空间变化率，所以静电场的电场强度等于电势降落最快方向的空间变化率。值得注意的是，静电场与引力场的结果差一负号。

正如引力场研究中提到的，梯度的散度表示场变量变化率的变化率，描述了地球物理场的基本规律。结合式（2-327）和式（2-331），可得泊松方程和拉普拉斯方程

$$\operatorname{div}(\operatorname{grad}U)=\begin{cases}\nabla^2U=-\rho/\varepsilon_0 & （泊松方程）\\ \nabla^2U=0 & （拉普拉斯方程）\end{cases}\tag{2-332}$$

泊松方程是距离平方反比定律的另一种表达形式，表示了静电场电位（势）的二阶偏导数和电荷密度之间的联系，微分算子∇^2表示的二阶偏微分方程是求解静电场的最基本定域化方程。对电荷不存在的区域，泊松方程变为拉普拉斯方程。

C. 电偶极子场

由正、负电荷组成的电场称为偶极子场，可以是一个偶极子、偶极子面、偶极子体分布的静电场。偶极子场对于电学和磁学研究都非常重要。

一个电偶极子的电场。设，一对等量异号的电荷$-q$ 和$+q$，$\boldsymbol{l}$ 为由$-q$ 到$+q$ 的矢径，$\boldsymbol{r}$ 为两电荷连线中点到观察点 P 的矢径，$\boldsymbol{l}$ 与 $\boldsymbol{r}$ 的夹角为 θ。若，$|\boldsymbol{r}|\gg|\boldsymbol{l}|$，则称$-q$ 和$+q$ 为电偶极子，矢量 $\boldsymbol{p}=q\boldsymbol{l}$ 为电偶极矩。

由点电荷的势 U_0（P）可得偶极子场中任意 P 点的势

$$U(P)=\frac{1}{4\pi\varepsilon_0}\frac{q}{r_+}-\frac{1}{4\pi\varepsilon_0}\frac{q}{r_-}=\frac{q}{4\pi\varepsilon_0}\left(\frac{r_--r_+}{r_-r_+}\right)\tag{2-333}$$

式中，$\boldsymbol{r}_-$、$\boldsymbol{r}_+$分别为$-q$ 和$+q$ 至 P 点的距离。

由于电偶极子$|\boldsymbol{r}|\gg|\boldsymbol{l}|$，可以近似取 $r_--r_+=|\boldsymbol{l}|\cos\theta=l\cos\theta$，$r_-r_+=|\boldsymbol{r}|^2=r^2$，有

$$U(P)=\frac{q}{4\pi\varepsilon_0}\left(\frac{r_- - r_+}{r_-\ r_+}\right)=\frac{q}{4\pi\varepsilon_0}\left(\frac{l\cos\theta}{r^2}\right)=\frac{1}{4\pi\varepsilon_0}\frac{q\boldsymbol{l}\cdot\boldsymbol{r}}{r^3}=\frac{1}{4\pi\varepsilon_0}\frac{\boldsymbol{p}\cdot\boldsymbol{r}}{r^3} \tag{2-334}$$

式（2-334）表明，偶极子电场的电位（势）和电偶极矩成正比，和距离的平方成反比。

对式（2-334）求梯度（电偶极矩 $\boldsymbol{p}=q\boldsymbol{l}$ 为常矢量），即得偶极子场的场强度

$$\boldsymbol{E}=-\mathrm{grad}U=-\mathrm{grad}\left(\frac{1}{4\pi\varepsilon_0}\frac{\boldsymbol{p}\cdot\boldsymbol{r}}{r^3}\right)=\frac{1}{4\pi\varepsilon_0 r^3}\left[\frac{3\boldsymbol{p}\cdot\boldsymbol{r}}{r^2}\boldsymbol{r}-\boldsymbol{p}\right] \tag{2-335}$$

电偶极子面（电偶层）的电场。设，有两个彼此平行、非常靠近的等量异号电荷带电面，σ 为层面电荷面密度，$\boldsymbol{l}$ 为由负电荷面到正电荷面的矢径，矢量 $\tau=\sigma\boldsymbol{l}$ 为电偶层极矩，其方向 $\boldsymbol{n}$ 沿层面的正法线方向，即 $\boldsymbol{l}$ 的方向。$\boldsymbol{r}$ 为两电荷面中点一点到观察点 P 的矢径，则电偶层的电势为

$$U(P)=\frac{1}{4\pi\varepsilon_0}\iint_S\frac{\boldsymbol{\tau}\cdot\boldsymbol{r}}{r^3}\mathrm{d}s=-\frac{1}{4\pi\varepsilon_0}\iint_S\boldsymbol{\tau}\cdot\mathrm{grad}\left(\frac{1}{r}\right)\mathrm{d}s \tag{2-336}$$

若取 α 为 $\boldsymbol{r}$ 与 $\boldsymbol{n}$ 之间的夹角，$\mathrm{d}\Omega$ 为偶层元面 $\mathrm{d}s$ 对 P 点所张的立体角，则当电场为常数时，式（2-336）可变为

$$U(P)=\frac{1}{4\pi\varepsilon_0}\iint_S\tau\,\mathrm{d}\Omega=\frac{\tau\Omega}{4\pi\varepsilon_0} \tag{2-337}$$

式中，Ω 为电偶层的面积元对 P 点所张的立体角的代数和。式（2-337）表明，均匀电偶层在 P 点的电势等于电偶层极矩 τ 和偶层边缘对 P 点所张的立体角的乘积。

电偶层是电势的突变面。经过电偶层面时，电势发生 τ/ε_0 的突变。这一突变从电偶层的负侧指向电偶层的正侧，即当沿正法线的方向通过电偶层时势增大。

但电势的微商在通过电偶层时，在正面和负面分别发生等量异号的突变，通过正面时，$\partial U/\partial n$ 增加 σ/ε_0；通过负面时，$\partial U/\partial n$ 则减少 σ/ε_0。因此，从电偶层的一侧到另一侧时，$\partial U/\partial n$ 和 En 是连续的。总之，当通过电偶层矩为 τ 的电偶极子面时，电势发生 τ/ε_0 的突变，而势的微商 $\partial U/\partial n=-En$ 仍然是连续的。

电偶极子体的电场。当无数偶极子构成体分布时，需要引入电极化强度矢量 $\boldsymbol{P}$。电极化强度矢量 $\boldsymbol{P}$ 是单位体积内偶极矩的矢量和 $\Delta\boldsymbol{p}$ 与单位体积 ΔV 之比的极限

$$\boldsymbol{P}=\lim_{\Delta V\to 0}\frac{\Delta\boldsymbol{p}}{\Delta V}=\lim_{\Delta V\to 0}\frac{\sum q_i\boldsymbol{l}_i}{\Delta V} \tag{2-338}$$

式中，电极化强度矢量 $\boldsymbol{P}$ 的单位为 $\mathrm{C/m^2}$。

无数偶极子场的叠加就是体分布的偶极子场，因此其电势为

$$U(P)=\frac{1}{4\pi\varepsilon_0}\iiint_V\frac{\boldsymbol{P}\cdot\boldsymbol{r}}{r^3}\mathrm{d}v=\frac{1}{4\pi\varepsilon_0}\iiint_V\boldsymbol{P}\cdot\mathrm{grad}\left(\frac{1}{r}\right)\mathrm{d}v \tag{2-339}$$

因为

$$\begin{aligned}\mathrm{div}\left(\frac{\boldsymbol{P}}{r}\right)&=\frac{1}{r}\mathrm{div}\boldsymbol{P}+\boldsymbol{P}\cdot\mathrm{grad}\left(\frac{1}{r}\right)\\ \boldsymbol{P}\cdot\mathrm{grad}\left(\frac{1}{r}\right)&=\mathrm{div}\left(\frac{\boldsymbol{P}}{r}\right)-\frac{1}{r}\mathrm{div}\boldsymbol{P}\end{aligned} \tag{2-340}$$

所以

$$U(P)=\frac{1}{4\pi\varepsilon_0}\iiint_V \boldsymbol{P}\cdot\mathrm{grad}\left(\frac{1}{r}\right)\mathrm{d}v=\frac{1}{4\pi\varepsilon_0}\iiint_V\left[\mathrm{div}\left(\frac{\boldsymbol{P}}{r}\right)-\frac{1}{r}\mathrm{div}\boldsymbol{P}\right]\mathrm{d}v$$

$$=\frac{1}{4\pi\varepsilon_0}\left[\iiint_V \mathrm{div}\left(\frac{\boldsymbol{P}}{r}\right)\mathrm{d}v-\iiint_V\frac{\mathrm{div}\boldsymbol{P}}{r}\mathrm{d}v\right] \tag{2-341}$$

D. 电介质中的静电场

在电场中置放某些物体时，如果使原来的电场发生变化，称为极化，产生极化的物质都称为电介质。电介质的分子或原子由带负电荷的电子和带正电荷的原子核组成，整个分子中电荷的代数和为零。如果分子的正、负电荷“重心”重合，则称为无极分子；如果正、负电荷在分子中彼此有一微小距离，形成一个具有偶极矩 $\boldsymbol{p}$ 的偶极子，存在固有电偶极矩，则称为有极分子。

没有外电场作用时，无极分子没有电矩；有极分子由于分子的不规则运动，分子固有电偶极矩取向杂乱，相互抵消，其矢量和等于零。有外电场作用的情形下，无极分子的正、负电荷“重心”错开，形成沿外电场方向由负电荷指向正电荷的感生电矩，称为电子位移极化。有极分子的固有电偶极矩沿外电场方向转向，称为固有电偶极矩取向极化。

电介质的极化状态完全由电极化强度矢量 $\boldsymbol{P}$ 决定。电极化强度矢量 $\boldsymbol{P}$ 等于单位体积内的电偶极矩矢量和，它是度量电介质极化程度与方向的物理量，单位为 $\mathrm{C/m^2}$。如果电介质中，各点的电极化强度矢量 $\boldsymbol{P}$ 的大小和方向都相同，称该极化是均匀极化，否则是不均匀极化。

静电场中存在电介质时，电场的场源分为自由电荷和束缚电荷。自由电荷是在电场作用下能够宏观移动的电荷，如金属和真空中的电子、气体和电解液中的离子等。束缚电荷也称极化电荷，只出现在电介质的表面，是构成电介质中性分子的电或紧缚在固体介质某一平衡位置附近的离子，在电场作用下仅能微观距离移动的电荷。

电介质中静电场的电势等于自由电荷产生的势 U_0 和介质中束缚电荷（偶极子场）产生的势 U' 之和，即

$$U(P)=U_0+U'=\frac{1}{4\pi\varepsilon_0}\left(\iiint_V\frac{\rho+\rho_p}{r}\mathrm{d}v+\iint_S\frac{\sigma+\sigma_p}{r}\mathrm{d}s\right) \tag{2-342}$$

式中，ρ 为自由电荷的体密度；σ 为自由电荷的面密度。介质中束缚电荷（偶极子场）的电荷密度 $\rho_p=-\mathrm{div}\boldsymbol{P}$、$\sigma_p=P_{1n}-P_{2n}$。

由电场强度、电位（势）的基本定义，得

$$\nabla^2U=-\frac{\rho+\rho_p}{\varepsilon_0},\quad \rho_p=\mathrm{div}\boldsymbol{P},\quad \boldsymbol{E}=-\mathrm{grad}U$$

$$\mathrm{div}\boldsymbol{E}=-\nabla^2U=\frac{\rho+\rho_p}{\varepsilon_0}=\frac{\rho-\mathrm{div}\boldsymbol{P}}{\varepsilon_0},\quad \mathrm{div}(\varepsilon_0\boldsymbol{E}+\boldsymbol{P})=\rho \tag{2-343}$$

由此可见，电介质中 $\varepsilon_0\boldsymbol{E}$ 的散度并不等于 ρ，而是 $\varepsilon_0\boldsymbol{E}+\boldsymbol{P}$ 的散度等于 ρ。

由于电介质内部的电场需要 $\boldsymbol{P}$ 和 $\boldsymbol{E}$ 两个物理量来描述，且极化强度 $\boldsymbol{P}$ 与束缚电荷 ρ_p、σ_p 相互影响，为简化计算，引入一个新的物理量，电位移矢量（或电感应强度矢量）$\boldsymbol{D}$

$$\boldsymbol{D}=\varepsilon_0\boldsymbol{E}+\boldsymbol{P},\quad \mathrm{div}\boldsymbol{D}=\mathrm{div}(\varepsilon_0\boldsymbol{E}+\boldsymbol{P})=\rho \tag{2-344}$$

电位移矢量 $\boldsymbol{D}$ 是两个完全不同的物理量之和，单位为 C/m^2。引入电位移矢量不仅使电介质场的研究大为简化，而且体现了电场的散度与自由电荷密度之间的联系。电感应场 $\boldsymbol{D}$ 的散度（源头）为自由电荷，电极化场 $\boldsymbol{P}$ 的散度（源头）为束缚电荷，只有电场强度 E 的散度（源头）与两种电荷都有关。

不同物质的 $\boldsymbol{E}$、$\boldsymbol{P}$ 关系不同，即极化规律不同。实验表明，对于大多数各向同性的电介质，$\boldsymbol{P}$ 与 $\varepsilon_0\boldsymbol{E}$ 的方向相同，并有简单的数量关系

$$\boldsymbol{P}=\chi_e\varepsilon_0\boldsymbol{E} \tag{2-345}$$

式中，比例常数 χ_e 称为电极化率，是无量纲的纯数，与电介质种类相关。

如此，电位移矢量 $\boldsymbol{D}$、电场强度矢量 $\boldsymbol{E}$、电极化强度矢量 $\boldsymbol{P}$ 之间的关系可写为

$$\boldsymbol{D}=\varepsilon_0\boldsymbol{E}+\boldsymbol{P}=\varepsilon_0\boldsymbol{E}+\chi_e\varepsilon_0\boldsymbol{E}=(1+\chi_e)\varepsilon_0\boldsymbol{E}=\varepsilon\varepsilon_0\boldsymbol{E} \tag{2-346}$$

式中，ε 为电介质的相对介电常数，是无量纲的纯数，也称为电容率。

对于各向异性、具有永久电矩的电介质，$\boldsymbol{P}$ 与 $\boldsymbol{E}$ 的方向不一致，二者之间的线性关系不成立。

电介质场中，$\boldsymbol{E}$ 做功与路径无关，界面上电场强度的切线分量是连续的，$E_{2t}=E_{1t}$；$\boldsymbol{D}$ 的散度为自由电荷，界面上有自由面电荷 σ 时，$\boldsymbol{D}$ 的法线分量是不连续的，$D_{2n}-D_{1n}=\sigma/\varepsilon_0$。如果整个电场中充满均匀电介质，则有

$$\left.\begin{aligned}\boldsymbol{D}=\varepsilon\varepsilon_0\boldsymbol{E},\quad & \boldsymbol{E}=-\operatorname{grad}U\\ \operatorname{div}\boldsymbol{D}=\rho,\quad & D_{2n}-D_{1n}=\sigma\end{aligned}\right\}\quad \nabla^2U=-\frac{\rho}{\varepsilon\varepsilon_0} \tag{2-347}$$

式（2-347）可以用来解电介质场中的正演问题和反演问题。例如，已知电荷密度 ρ 和 σ，及空间每一点的相对介电常数 ε，当 $r\to\infty$ 时，$E\to0$、$U\to0$，则由式（2-347）可以确定空间每一点 $\boldsymbol{E}$ 和 $\boldsymbol{D}$ 的值（正演问题）；又如，已知相对介电常数 ε 和空间内每一点的电场强度 $\boldsymbol{E}$（或 U 或 $\boldsymbol{D}$），则由式（2-347）可以确定自由电荷密度 ρ 和 σ 的分布（反演问题）。

电介质中的静电场和真空中的静电场的泊松方程相差一相对介电常数 ε。说明在给定自由电荷分布条件下，均匀电介质中的电势和电场强度是真空中的电势和电场强度的 $1/\varepsilon$。

E. 静电场的电能

静电场的电能可以用电场力或场强表示。设，将空间中一点电荷组由无限远处集中至场中，场力做功为 W

$$W=\frac{1}{2}\sum_i q_iU_i \tag{2-348}$$

式中，U_i 为除 q_i 外其他所有质点在 q_i 处产生的势。由于在计算求和每一对电荷相互间的力做功时算两次，式（2-348）有 1/2 因子。

对于电荷体密度为 ρ 的连续体，电场力做功的积分形式为

$$\left.\begin{aligned}W&=\frac{1}{2}\iiint_V\rho U\mathrm{d}v\\ \nabla^2U&=-\frac{\rho}{\varepsilon_0}\end{aligned}\right\}\quad W=\frac{1}{2}\iiint_V(-\varepsilon_0\nabla^2U)U\mathrm{d}v=-\frac{\varepsilon_0}{2}\iiint_V(\nabla^2U)U\mathrm{d}v \tag{2-349}$$

式（2-349）积分项可由场论公式变换为

$$W=-\frac{\varepsilon_0}{2}\iiint_V(\nabla^2 U)U\mathrm{d}v=-\frac{\varepsilon_0}{2}\iiint_V\{\nabla\cdot[(\nabla U)U]-(\nabla U)^2\}\mathrm{d}v$$

$$=\frac{\varepsilon_0}{2}\iiint_V E^2\mathrm{d}v\quad(\boldsymbol{E}=-\nabla U)\tag{2-350}$$

单位体积的电能（或能量密度）等于 $\varepsilon_0E^2/2$。

当有电介质存在时，电场力做功的积分形式为

$$\left.\begin{aligned}W&=\frac{1}{2}\iiint_V\rho U\mathrm{d}v\\ \mathrm{div}\boldsymbol{D}&=\rho\end{aligned}\right\}\quad W=\frac{1}{2}\iiint_V(\mathrm{div}\boldsymbol{D})U\mathrm{d}v=\frac{1}{2}\iiint_V(\mathrm{div}\boldsymbol{D})U\mathrm{d}v\tag{2-351}$$

式（2-351）积分项可由场论公式变换为

$$W=\frac{1}{2}\iiint_V(\mathrm{div}\boldsymbol{D})U\mathrm{d}v=\frac{1}{2}\iiint_V[\mathrm{div}(U\boldsymbol{D})-\boldsymbol{D}\cdot\nabla U]\mathrm{d}v$$

$$=\frac{1}{2}\iiint_V(\boldsymbol{D}\cdot\boldsymbol{E})\mathrm{d}v\quad(\boldsymbol{E}=-\nabla U)$$

$$=\frac{\varepsilon\varepsilon_0}{2}\iiint_V E^2\mathrm{d}v\quad(\boldsymbol{D}=\varepsilon\varepsilon_0\boldsymbol{E})\tag{2-352}$$

单位体积的电能（或能量密度）等于 $\varepsilon\varepsilon_0E^2/2$。

式（2-352）在交变电磁场中仍然有效，是电场能的基本定义公式。

（2）电流场

电荷的定向流动产生电流，称为电流场。在一定电场中，正、负电荷总是沿着相反的方向运动，习惯上，规定正电荷的流动方向为电流方向。导体中，电流方向总是沿着电场方向，从高电位处指向低电位处。

A. 电流密度与欧姆定律

电流密度是一个矢量，一般用矢量 $\boldsymbol{j}$ 表示，其数值等于单位时间内流过垂直于电流的单位截面的电量，方向指向电流方向。通过导体中的任意截面 S 的电流强度 I 与电流密度矢量 $\boldsymbol{j}$ 的关系为

$$I=\iint_S\boldsymbol{j}\cdot\mathrm{d}\boldsymbol{s}\tag{2-353}$$

式中，电流密度矢量的单位为 $\mathrm{A/m^2}$。电流密度 $\boldsymbol{j}$ 与电流强度 I 的关系就是一个矢量与其通量的关系。

由欧姆定律，得

$$\left.\begin{aligned}I&=\iint_S\boldsymbol{j}\cdot\mathrm{d}\boldsymbol{s}\\ U&=\int\boldsymbol{E}\cdot\mathrm{d}\boldsymbol{l}\end{aligned}\right\}\quad I=\frac{U}{R}\rightarrow\iint_S\boldsymbol{j}\cdot\mathrm{d}\boldsymbol{s}=\int\frac{\boldsymbol{E}\cdot\mathrm{d}\boldsymbol{l}}{R}\rightarrow\boldsymbol{j}=\sigma\boldsymbol{E}\tag{2-354}$$

式中，σ 为电导率。式（2-354）为欧姆定律的微分形式，不仅适用于任何形状的不均匀导电体，而且稳定电流和交变电流也适用。

电流场遵循电荷守恒定律，电荷只能在空间移动或重新分配，不能无中生有或消失，因此每秒流出的电量等于在同一时间中内部电荷的电量，因此可得电流连续性方程

$$\oint\!\!\!\oint_S \boldsymbol{j}\cdot \mathrm{d}\boldsymbol{s} = -\frac{\partial q}{\partial t} \tag{2-355}$$

由高斯定理，式（2-355）变为

$$\left.\begin{aligned} \oint\!\!\!\oint_S \boldsymbol{j}\cdot \mathrm{d}\boldsymbol{s} &= \iiint_V \mathrm{div}\boldsymbol{j}\mathrm{d}v \\ -\frac{\partial q}{\partial t} &= -\frac{\partial}{\partial t}\iiint_V \rho \mathrm{d}v \end{aligned}\right\} \quad \mathrm{div}\boldsymbol{j} = -\frac{\partial \rho}{\partial t} \tag{2-356}$$

式（2-356）是电流连续性方程的微分形式，表明在电流密度连续的域中，任何一点电流密度的体散度等于该点电荷密度随时间减少的变化率。

稳定电流场不随时间变化，因此电荷分布或者电流密度不随时间改变，即

$$\mathrm{div}\boldsymbol{j} = -\frac{\partial \rho}{\partial t} = 0 \tag{2-357}$$

式（2-357）表明，在稳定电流的情况下，空间任何点的电流密度的散度恒等于零，通过任意闭合面的电流密度的通量等于零。或者说，稳定情况下，电流密度场是一个无源矢量场，电流线是闭合曲线，没有起点和终点。

稳定电流场和静电场一样，是一个有势场。在均匀导电介质中

$$\left.\begin{aligned} \boldsymbol{E} &= \mathrm{grad}U \\ \mathrm{div}\boldsymbol{E} &= 0 \end{aligned}\right\} \quad \nabla^2 U = 0 \tag{2-358}$$

在非均匀导电介质中

$$\left.\begin{aligned} &\boldsymbol{E} = -\mathrm{grad}U \quad \mathrm{div}\boldsymbol{j} = 0 \\ &\mathrm{div}\boldsymbol{E} = \mathrm{div}\left(\frac{\boldsymbol{j}}{\sigma}\right) = \frac{1}{\sigma}\left[\mathrm{div}\boldsymbol{j} - \frac{\boldsymbol{j}}{\sigma}\cdot \mathrm{grad}(\sigma)\right] \\ &\quad = -\frac{\boldsymbol{j}}{\sigma^2}\cdot \mathrm{grad}(\sigma) = \boldsymbol{j}\cdot \mathrm{grad}\left(\frac{1}{\sigma}\right) \end{aligned}\right\} \quad \nabla^2 U = -\boldsymbol{j}\cdot \mathrm{grad}\left(\frac{1}{\sigma}\right) \tag{2-359}$$

与真空中静电场的泊松方程比较，得

$$\left.\begin{aligned} \nabla^2 U &= -\frac{\rho}{\varepsilon_0} \\ \nabla^2 U &= -\boldsymbol{j}\cdot \mathrm{grad}\left(\frac{1}{\sigma}\right) \end{aligned}\right\} \quad -\frac{\rho}{\varepsilon_0} = -\boldsymbol{j}\cdot \mathrm{grad}\left(\frac{1}{\sigma}\right) \to \rho = \varepsilon_0 \boldsymbol{j}\cdot \mathrm{grad}\left(\frac{1}{\sigma}\right) \tag{2-360}$$

式（2-360）表明，稳定电流经过不均匀导电介质中，其内部有体电荷密度 ρ 的存在；而均匀导电介质中，电导率 σ 为常量，$\rho=0$，导电体内部各点的电荷密度分布等于零。

B. 电流场的边界条件和边值问题

与静电场一样，电流场也需要利用边界条件求解边值问题。在电导率分别为 σ_1、σ_2 的两种导电介质交界面上，稳定电流场的电流密度法线分量连续，即 $j_{1n}=j_{2n}$；稳定电流场的场强法线分量不连续，但切向分量连续，即 $\sigma_1 E_{1n}=\sigma_2 E_{2n}$，$E_{1t}=E_{2t}$，两式相除，得到

$$\sigma_1 \frac{E_{1n}}{E_{1t}} = \sigma_2 \frac{E_{2n}}{E_{2t}} \rightarrow \sigma_1 \text{ctg}\theta_1 = \sigma_2 \text{ctg}\theta_2 \tag{2-361}$$

式（2-361）称为电流线的折射定律。式中，θ_1和θ_2分别为σ_1、σ_2两种导电介质中的电流线和分界面的法线 $\boldsymbol{n}$ 相交的角度。折射定律表明，电流穿过不同电导率介质的界面时，电导率越大的介质，电流线的折射角越大，因而电流线远离界面的法线。特别地，在导体与绝缘体的交界面上，因绝缘体的电导率为零，导体中如果有电流，那么它只沿着导体表面流动。

稳定电流场的势和静电场的势所满足的微分方程相同，势函数在界面上的连续性条件相似。因此，求解电流场问题时，可以用与静电场对比的方法求解，即对已给的一个稳定电流场，设法找到一个相似的静电场，将电流源代之以适当的点电荷，使静电场的电荷量 q 与该电流场的电流强度 I 满足一定关系，并使两种场的边界条件相同，这样就可以按照静电分布来计算电势，所得计算结果就是该电流场的电势。这种方法称为解电流场的静电类比法。

C. 电流场的能量

维持稳定电流场，必须有能量连续耗损和补充。电流场中的电荷在电场力作用下沿导体移动时，电场力必须做功，电位能转换为热能、机械能等其他形式的能量。设，电场力对电荷 q 做功 A

$$A = q\int \boldsymbol{E} \cdot \mathrm{d}\boldsymbol{l} = qU = ItU, \quad W = A/t = IU \tag{2-362}$$

式中，W 称为电功率，是单位时间电场力做的功。功的单位为 J，功率的单位为 J/S。

如果电流流经的电路只包含电阻，则电场力所做功 A 全部转换为热能 Q，由能量守恒定律，得

$$Q = A = ItU = I^2Rt, \quad W_Q = Q/t = I^2R \tag{2-363}$$

式中，热能 Q 的单位为 J，是焦耳根据实验结果确定的，称为焦耳定律。W_Q是电阻发热而消耗的电功率，如白炽灯、电热炉等。

单位体积内的热功率称为热功率密度 w_Q，由热功率密度可以写出焦耳定律的微分形式

$$w_Q = \frac{j^2}{\sigma} = \sigma E^2 = \boldsymbol{j} \cdot \boldsymbol{E} \tag{2-364}$$

2.2.4.2 稳定磁场

磁场理论的建立过程与静电学的情形完全相同。起初，库仑引入磁荷的概念和磁库仑定律，提出分子磁偶极子假说。后来，安培又将分子磁偶极子的存在解释为分子电流的存在，提出分子电流元假说。这两种假说形式相同，但本质不同，分子磁偶极子是虚构的，分子电流是实际存在的。

近代物质结构理论揭示，如果不考虑电子磁矩，自然界就不可能存在任何磁现象，一切稳定磁场都是电荷运动（电流）产生的。没有电流就不可能存在稳定磁场，稳定磁场的场源就是电流，从电流的分布求磁场的分布是稳定磁场的正演问题，从磁场的分布求电流

的分布是稳定磁场的反演问题（Chen et al.，2010）。

需要说明的是，虽然磁荷是虚构的概念，但由于概念简单明确，磁偶极子与电流元等效，仍然在实际中运用，如磁法勘探就以库仑磁荷理论为基础。

（1）稳定电流的磁场

凡是有电流的地方，都有磁的过程参与。电与磁相互转换，既有不随时间变化的稳恒情况的转换，也有随时间变化的非稳恒情况的转换。本节只讨论不随时间变化的稳恒情况下的磁场基本规律。

A. 安培定律与磁感应强度

电荷与电荷之间，无论是静止还是运动，相互之间都存在库仑作用，但是，只有运动着的电荷（电流）之间才存在磁相互作用。点电荷之间相互作用的库仑定律是静电场的基本规律，电流之间相互作用的安培定律是稳定磁场的基本规律。

1820～1825 年，安培通过实验证明，两个载有电流的导体之间产生相互作用的机械力，力的大小、方向和电流强度及导体形状有关。安培利用几个精心设计的实验，经过数学分析，求得了一个类似库仑定律的实验定律，即安培定律。

如图 2-15 所示，设 d$\boldsymbol{F}_{12}$为电流元 1 给电流元 2 的力，I_1和 I_2分别为它们的电流强度，d$\boldsymbol{l}_1$和 d$\boldsymbol{l}_2$分别为两线元的长度，$\boldsymbol{r}_{12}$为两电流元之间的距离，则电流元 1 所在回路 L_1 对试探电流元 I_2d$\boldsymbol{l}_2$的作用力 $\boldsymbol{F}_{12}$为

$$\boldsymbol{F}_{12}=\frac{\mu_0}{4\pi}I_2\mathrm{d}\boldsymbol{l}_2\times\oint_{L_1}\frac{I_1\mathrm{d}\boldsymbol{l}_1\times\boldsymbol{r}_{12}}{r_{12}^3} \tag{2-365}$$

式中，真空磁导率 $\mu_0=4\pi\times10^{-7}$ N/A^2（H/m），电流单位为 A，长度单位为 m，力单位为 N。双重矢积的方向即力 $\boldsymbol{F}_{12}$的方向，按右手螺旋定则确定。如果将式（2-365）中的下标 1 和 2 对调，即可得电流元 2 所在回路 L_2 对电流元 I_1d$\boldsymbol{l}_1$的作用力 $\boldsymbol{F}_{12}$。

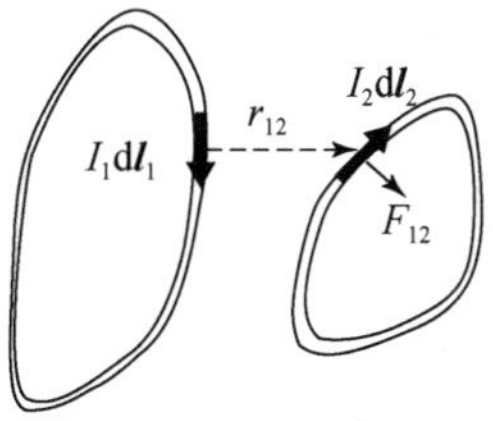

图 2-15　安培定律示意

安培定律表达的电场力（安培力）方程式，包含了 d$\boldsymbol{l}_1$、d$\boldsymbol{l}_2$、$\boldsymbol{r}_{12}$各几何量之间的方向关系，比库仑定律表达的电场力（库仑力）方程式复杂。在任意电流周围的空间各点上，总存在电流引起的安培力，这种客观存在的力场，不仅对任一电流具有显示作用，对永久磁体也同样具有显示作用，因此称这种场为电流的磁场。

正像电场强度矢量 $\boldsymbol{E}$ 可以定量描述电场分布一样，为定量描述磁场分布，引入磁感应强度矢量 $\boldsymbol{B}$。如果把安培定律写成下列形式

$$\boldsymbol{F}_{12}=I_2\mathrm{d}\boldsymbol{l}_2\times B,\quad B=\frac{\mu_0}{4\pi}\oint_{L_1}\frac{I_1\mathrm{d}\boldsymbol{l}_1\times\boldsymbol{r}_{12}}{r_{12}^3} \tag{2-366}$$

式中，$\boldsymbol{B}$ 为磁感应强度矢量，表示磁场的强度，单位为 N/(A·m)（=T=10^4Gs①）。

这个表示磁场的公式仿照电场强度矢量 $\boldsymbol{E}$ 的定义，规定磁感应强度矢量 $\boldsymbol{B}$ 大小等于试探电流元所受安培力。这个公式实际上是拉普拉斯概括毕奥-萨伐尔定律而得，所以称为毕奥-萨伐尔-拉普拉斯公式。

【例题】 已知，半径 a 的圆形线圈中，有电流 I。求：垂直线圈平面轴线上 P 点的 $\boldsymbol{B}$ 矢量？

解：由 $\boldsymbol{B}$ 矢量定义公式 $\boldsymbol{B}=\dfrac{\mu_0 I}{4\pi}\oint_L \dfrac{\mathrm{d}\boldsymbol{l}\times\boldsymbol{r}}{r^3}$

取载流圆形线圈平面位于 Oxy 平面内，轴线上的 P 点（0，0，z）位于 z 轴上，于是有

$$\boldsymbol{r}=-x\boldsymbol{i}-y\boldsymbol{j}+z\boldsymbol{k},\quad r=\sqrt{x^2+y^2+z^2}=\sqrt{a^2+z^2},\quad \mathrm{d}\boldsymbol{l}=\mathrm{d}x\boldsymbol{i}+\mathrm{d}y\boldsymbol{j}$$

$$\mathrm{d}\boldsymbol{l}\times\boldsymbol{r}=\begin{vmatrix}\boldsymbol{i} & \boldsymbol{j} & \boldsymbol{k}\\ \mathrm{d}x & \mathrm{d}y & 0\\ -x & -y & z\end{vmatrix}=z\mathrm{d}y\boldsymbol{i}-z\mathrm{d}x\boldsymbol{j}+(x\mathrm{d}y-y\mathrm{d}x)\boldsymbol{k}$$

代入 $\boldsymbol{B}$ 矢量定义公式，得

$$\boldsymbol{B}=\frac{\mu_0 I}{4\pi}\oint_L\frac{\mathrm{d}\boldsymbol{l}\times\boldsymbol{r}}{r^3}=\frac{\mu_0 I}{4\pi\,(a^2+z^2)^{\frac{3}{2}}}\oint_L[z(\mathrm{d}y\boldsymbol{i}-\mathrm{d}x\boldsymbol{j})+(x\mathrm{d}y-y\mathrm{d}x)\boldsymbol{k}]$$

$$=\frac{a^2\mu_0 I}{2\,(a^2+z^2)^{\frac{3}{2}}}\boldsymbol{k}\quad\left(\begin{cases}x^2+y^2=a^2\\ x=a\sin\theta\\ y=a\cos\theta\end{cases},\quad\begin{cases}\oint z\mathrm{d}y=\oint z\mathrm{d}x=0\\ \oint(x\mathrm{d}y-y\mathrm{d}x)=2\pi a^2\end{cases}\right)$$

当电流具有体密度分布时，定义磁感应强度矢量 $\boldsymbol{B}$ 的毕奥-萨伐尔-拉普拉斯公式为

$$\boldsymbol{B}=\frac{\mu_0}{4\pi}\iiint_V\frac{\boldsymbol{j}\times\boldsymbol{r}}{r^3}\mathrm{d}v \tag{2-367}$$

式中，$\boldsymbol{j}$ 为电流密度；$\boldsymbol{r}$ 为从电流所在处指向观察点 P 的矢径。

磁感应强度矢量 $\boldsymbol{B}$ 是通过与静电场电场强度 $\boldsymbol{E}$ 对比引出的概念，为了简化磁场的计算，也需要像静电场引出电势概念一样，引出一个磁场的势函数。磁场的特征表明，稳定电流的磁场不是一个势场（矢量场 $\boldsymbol{A}$ 为有势场的充分条件是其旋度在场内处处为零），但仍可以找到类似的势函数，这个势函数不是一个标量函数，而是一个矢量函数，称为磁场的矢势 $\boldsymbol{A}$。由电流磁场 $\boldsymbol{B}$ 矢量公式，可得矢势 $\boldsymbol{A}$ 为

$$\begin{aligned}&\boldsymbol{B}=\frac{\mu_0}{4\pi}\iiint_V\frac{\boldsymbol{j}\times\boldsymbol{r}}{r^3}\mathrm{d}v=\frac{\mu_0}{4\pi}\iiint_V\left[\mathrm{grad}\left(\frac{1}{r}\right)\times\boldsymbol{j}\right]\mathrm{d}v=\mathrm{rot}\left(\frac{\mu_0}{4\pi}\iiint_V\frac{\boldsymbol{j}}{r}\mathrm{d}v\right)=\mathrm{rot}\boldsymbol{A}\\ &\boldsymbol{A}=\frac{\mu_0}{4\pi}\iiint_V\frac{\boldsymbol{j}}{r}\mathrm{d}v\end{aligned} \tag{2-368}$$

① Gs，高斯，非法定单位。

式（2-368）表明，电流磁场的磁感应强度 $\boldsymbol{B}$ 可以表示为某个矢量函数 $\boldsymbol{A}$ 的旋度，$\boldsymbol{A}$ 就称为电流磁场的矢势。需要强调的是，矢势 $\boldsymbol{A}$ 是一个没有直接物理意义的辅助量。

B. 磁场的散度和通量、旋度和环量

磁场的矢量势 $\boldsymbol{A}$ 概念与静电场的电势 U 概念相当，不过矢量势是矢量，电势是标量。静电场的电势 U 满足泊松方程 $\nabla^2 U=-\rho/\varepsilon_0$，相应地，磁场的矢势 $\boldsymbol{A}$ 也满足类似泊松方程的矢量微分方程

$$\nabla^2\boldsymbol{A}=-\mu_0\boldsymbol{j}\quad \mathrm{div}\boldsymbol{A}=0 \tag{2-369}$$

电流磁场的磁感应强度 $\boldsymbol{B}$ 可以直接利用毕奥–萨伐尔–拉普拉斯公式求解，但计算复杂。如果利用矢势 $\boldsymbol{A}$ 将毕奥–萨伐尔–拉普拉斯公式定域化成 $\boldsymbol{B}=\mathrm{rot}\boldsymbol{A}$，就可以简化计算。

矢量场的 ∇^2 运算为

$$\nabla^2\boldsymbol{A}=\nabla^2(A_x\boldsymbol{i}+A_y\boldsymbol{j}+A_z\boldsymbol{k}) \tag{2-370}$$

式（2-370）表示，矢量场的拉普拉斯运算等于其三个分量拉普拉斯运算的矢量和。通常一个矢量场的拉普拉斯运算不等于零，除非三个分量 A_x、A_y、A_z 的拉普拉斯运算分别等于零时，它才等于零。

由矢势 $\boldsymbol{A}$ 的矢量微分方程，可求得磁场的散度

$$\mathrm{div}\boldsymbol{B}=\mathrm{div}(\mathrm{rot}\boldsymbol{A})=0 \tag{2-371}$$

式（2-371）表明，磁场的散度恒等于零，即磁感应线是没有源头的。

对式（2-371）两边求体积分，并利用高等数学的高斯定理转换为面积分，得到磁感应强度 $\boldsymbol{B}$ 的通量 $\varPhi_B$

$$\left.\begin{array}{l}\mathrm{div}\boldsymbol{B}=0\\ \iiint\limits_V \mathrm{div}\boldsymbol{B}\,\mathrm{d}v=\oint\limits_S\boldsymbol{B}\cdot\mathrm{d}\boldsymbol{s}\end{array}\right\}\quad \varPhi_B=\oint\limits_S\boldsymbol{B}\cdot\mathrm{d}\boldsymbol{s}=0 \tag{2-372}$$

式（2-372）表明，磁感应强度 $\boldsymbol{B}$ 对闭合面的通量恒等于零。

同样地，由矢势 $\boldsymbol{A}$ 的矢量微分方程，可求得磁场的旋度

$$\mathrm{rot}\boldsymbol{B}=\mathrm{rot}(\mathrm{rot}\boldsymbol{A})=\mathrm{grad}(\mathrm{div}\boldsymbol{A})-\nabla^2\boldsymbol{A}=-\nabla^2\boldsymbol{A}=\mu_0\boldsymbol{j} \tag{2-373}$$

式（2-373）表明，磁场的磁感应强度 $\boldsymbol{B}$ 是一个有旋场，其旋度等于该点电流密度的 μ_0 倍。

对式（2-373）两边求面积分，并利用高等数学的斯托克斯定理转换为线积分，得到磁感应强度 $\boldsymbol{B}$ 的环量 $\varGamma_B$

$$\left.\begin{array}{l}\mathrm{rot}\boldsymbol{B}=\mu_0\boldsymbol{j}\\ \iint\limits_S\mathrm{rot}\boldsymbol{B}\cdot\mathrm{d}\boldsymbol{s}=\iint\limits_S\mu_0\boldsymbol{j}\cdot\mathrm{d}\boldsymbol{s}\end{array}\right\}\quad \varGamma_B=\oint\limits_L\boldsymbol{B}\cdot\mathrm{d}\boldsymbol{l}=\mu_0\iint\limits_S\boldsymbol{j}\cdot\mathrm{d}\boldsymbol{s}=\mu_0 I \tag{2-374}$$

式（2-374）表明，磁感应强度 $\boldsymbol{B}$ 沿任何闭合环路 L 的线积分（环量），等于穿过这条环路的所有电流强度 I 代数和的 μ_0 倍。

由此可见，磁场和静电场不同，它是一个涡旋场，因此磁场在一般情况下不可能具有标势。另外，由于磁场的散度处处等于零，且还是一个无散场，磁场不可能具有像电荷一样的源头。具有涡旋性的磁场完全由磁场涡旋的强度（旋度）所决定，且旋度的值和电流

密度成正比，因而磁场的涡旋分布只存在于电流流过的区域内，电流流过的区域又称磁场的涡旋空间。

C. 元电流的磁场

元电流就是一个微小的闭合稳定电流，它的几何尺度远小于观察距离。元电流的磁场研究方法与电偶极子的电场类似。

一个元电流的磁场。设，有一个电流强度为 I 的闭合电流环路，在靠近电流的某一地方取一原点 O，观察点 P 与 O 点的距离为 $\boldsymbol{r}$，电流回路的面积矢量 $\boldsymbol{S}$，磁矩矢量 $\boldsymbol{m}=I\boldsymbol{S}$，于是 P 点的磁矢势 $\boldsymbol{A}$ 为

$$\boldsymbol{A}=\frac{\mu_0}{4\pi}\nabla\left(\frac{1}{r}\right)\times\boldsymbol{m}=-\frac{\mu_0}{4\pi}\frac{\boldsymbol{r}}{r^3}\times\boldsymbol{m}=\frac{\mu_0}{4\pi}\frac{\boldsymbol{m}\times\boldsymbol{r}}{r^3},\quad \boldsymbol{m}=I\boldsymbol{S} \tag{2-375}$$

因此，元电流的磁感应强度 $\boldsymbol{B}$ 为

$$\boldsymbol{B}=\mathrm{rot}\boldsymbol{A}=\mathrm{rot}\left(\frac{\mu_0}{4\pi}\frac{\boldsymbol{m}\times\boldsymbol{r}}{r^3}\right)=\frac{\mu_0}{4\pi}\left[\frac{3(\boldsymbol{m}\cdot\boldsymbol{r})\boldsymbol{r}}{r^5}-\frac{\boldsymbol{m}}{r^3}\right] \tag{2-376}$$

对比静电场中电偶极子的电势 U、电场强度 $\boldsymbol{E}$ 表达式

$$\begin{aligned}U&=\frac{1}{4\pi\varepsilon_0}\frac{\boldsymbol{p}\cdot\boldsymbol{r}}{r^3},\quad \boldsymbol{p}=q\boldsymbol{l}\\E&=-\mathrm{grad}U=\frac{1}{4\pi\varepsilon_0}\left[\frac{3(\boldsymbol{p}\cdot\boldsymbol{r})\boldsymbol{r}}{r^5}-\frac{\boldsymbol{p}}{r^3}\right]\end{aligned} \tag{2-377}$$

可以看出，元电流的磁场与电偶极子的电场形式十分相似。这种相似性使本研究可以引入一个虚构的磁偶极子的概念（见 2.2.4.2 节“磁库仑定律”），它的结构和电偶极子一样，在远处产生的磁场和元电流完全等效，它的等效磁矩为 $\boldsymbol{m}=I\boldsymbol{S}$。

无数元电流构成体分布的磁场。与无数电偶极子构成体分布的电极化强度矢量 $\boldsymbol{P}$ 一样，无数元电流构成体分布时，引入磁化强度矢量 $\boldsymbol{M}$。磁化强度矢量 $\boldsymbol{M}$ 是单位体积内磁矩的矢量和 $\sum\boldsymbol{m}$ 与单位体积 ΔV 之比的极限

$$\boldsymbol{M}=\lim_{\Delta V\to 0}\frac{\sum\boldsymbol{m}}{\Delta V} \tag{2-378}$$

式中，磁化强度矢量 $\boldsymbol{M}$ 的单位为 A/m。

磁化强度矢量 $\boldsymbol{M}$ 描述无数元电流的有序排列的磁性特征。由磁场的叠加原理可知，体积元 dv 内的元电流组在某点的矢势 d$\boldsymbol{A}$ 等于 dv 内所有元电流的矢势之和，即

$$\mathrm{d}\boldsymbol{A}=\frac{\mu_0}{4\pi}\frac{\sum\boldsymbol{m}\times\boldsymbol{r}}{r^3}=\frac{\mu_0}{4\pi}\frac{\boldsymbol{M}\times\boldsymbol{r}}{r^3}\mathrm{d}v \tag{2-379}$$

无数元电流磁场的叠加就是体分布的磁场，因此，磁矢势 $\boldsymbol{A}$ 为

$$\boldsymbol{A}=\frac{\mu_0}{4\pi}\iiint_V\frac{\boldsymbol{M}\times\boldsymbol{r}}{r^3}\mathrm{d}v \tag{2-380}$$

（2）磁介质

放置在磁场中使磁场发生变化的物质都称为磁介质。正像电介质在电场中受到极化而引起附加电场一样，磁介质在电流磁场中也会受磁化而引起附加磁场，从而使外磁场改

变。大多数磁介质在外磁场的作用下磁化，在外磁场消失时完全退磁，如顺磁体。但也有一类铁磁介质，在外磁场消失后仍然保持磁化状态（永久磁化或剩磁化），它不仅能够使磁场改变，而且还能独立激发磁场。

A. 磁介质磁化的两种不同理论：等效磁荷观点和分子电流观点

等效磁荷观点：人类最早发现磁现象是从磁铁开始的，后来才逐渐认识到磁与电的联系。磁铁有 N、S 两极，同极相斥，异极相吸。这与正、负电荷十分相似，所以假定磁铁的两极有磁荷，N 极为正磁荷，S 极为负磁荷。当磁极本身的几何线度远小于它们之间的距离时，磁极上的磁荷就叫点磁荷。

由于磁荷与电荷的相似性，最早的磁介质理论就把介质的分子看作由正负磁荷组成的磁偶极子，建立了完整介质磁化理论。因为磁荷总是成对出现，所以在库仑建立的磁偶极子假说中认为磁性体是由无数个分子磁偶极子组成的。磁荷观点出现在分子电流观点之前，而且实验和计算结果均证明，磁偶极子与分子电流产生的磁效应等效，因此，虽然磁荷的概念是虚构的，但利用它来研究静磁场更为直观简便，所以一直沿用至今。

电荷之间相互作用的理论基础是库仑定律，磁荷之间相互作用的理论基础是磁库仑定律，它是引入整个磁荷理论的出发点。在发现点电荷相互作用规律之前，库仑通过实验得到了两个点磁荷之间相互作用的规律，即两个点磁荷之间的相互作用力 $\boldsymbol{F}$ 沿着它们之间的连线，与它们之间的距离 $\boldsymbol{r}$ 的平方成反比，与每个磁荷的数量（磁极强度）q_{m}、Q_{m}成正比

$$\boldsymbol{F}=\frac{1}{4\pi\mu_0}\frac{q_{\mathrm{m}}Q_{\mathrm{m}}}{r^3}\boldsymbol{r} \tag{2-381}$$

式中，真空磁导率 $\mu_0=4\pi\times10^{-7}\ \mathrm{N/A^2}$（H/m）。

与静电场中电荷电场强度矢量 $\boldsymbol{E}$ 的定义一致，规定磁场强度矢量 $\boldsymbol{H}$ 的大小等于单位点磁荷在该处所受的磁场力的大小，其方向与正磁荷在该处所受磁场力的方向一致。设，试探点磁极的磁荷为 q_{m}，它在磁场中某处受的力为 $\boldsymbol{F}$，则根据上述定义，该处的磁场强度矢量 $\boldsymbol{H}$ 为

$$\boldsymbol{H}=\frac{\boldsymbol{F}}{q_{\mathrm{m_0}}}=\frac{1}{4\pi\mu_0}\frac{Q_{\mathrm{m}}}{r^3}\boldsymbol{r} \tag{2-382}$$

磁场强度的单位为 A/m。

与电偶极子一样，矢量 $\boldsymbol{p}_{\mathrm{m}}=q_{\mathrm{m}}\boldsymbol{l}$ 定义为磁偶极子的磁偶极矩 $\boldsymbol{p}_{\mathrm{m}}$。磁偶极子在均匀外磁场中受的力矩为 $\boldsymbol{L}=\boldsymbol{p}_{\mathrm{m}}\times\boldsymbol{H}$。

按磁荷观点，磁介质的最小单元是（分子）磁偶极子。在介质未磁化时，各个磁偶极分子的取向是杂乱无章的，它们的磁偶极矩 $\boldsymbol{p}_{\mathrm{m}}$的作用相互抵消，宏观上不显示磁性，即处于未磁化状态。当存在磁场 $\boldsymbol{H}_0$（磁化场）时，对每个磁偶极分子产生一个力矩，使它们的磁偶极矩 $\boldsymbol{p}_{\mathrm{m}}$转向磁场的方向。在磁化场力矩作用下，各个磁偶极分子在一定程度上沿着磁场的方向排列，介质就被磁化了。

描述磁介质的磁化状态（磁化的方向和磁化程度的大小）时，需要引入磁极化强度矢量 $\boldsymbol{J}$ 的概念，其定义为单位体积内分子磁偶极矩 $\boldsymbol{p}_{\mathrm{m}}$的矢量和，即

$$\boldsymbol{J}=\frac{\sum\boldsymbol{p}_{\mathrm{m}}}{\Delta V} \tag{2-383}$$

显然，磁介质中磁极化强度矢量 $\boldsymbol{J}$ 的概念与电介质中电极化强度矢量 $\boldsymbol{P}$ 的概念对应，同时电场强度矢量 $\boldsymbol{E}$ 与磁场强度矢量 $\boldsymbol{H}$ 对应，由静电场类似计算，得

$$\left.\begin{aligned}\mathrm{div}\boldsymbol{H} &= \frac{q_{\mathrm{m}}}{\mu_0} \\ \mathrm{div}\boldsymbol{J} &= -q_{\mathrm{m}}\end{aligned}\right\} \quad \mathrm{div}(\mu_0\boldsymbol{H} + \boldsymbol{J}) = 0 \tag{2-384}$$

由于磁介质内部的磁场需要 $\boldsymbol{J}$ 和 $\boldsymbol{H}$ 两个物理量来描述，为简化计算，仿照静电介质中引入 $\boldsymbol{D}$ 的办法，在磁介质中引入一个辅助性物理量 $\boldsymbol{B}$，定义

$$\boldsymbol{B} = \mu_0\boldsymbol{H} + \boldsymbol{J} \tag{2-385}$$

$\boldsymbol{B}$ 矢量称为磁感应强度矢量，单位为 N/(A·m)。真空中，$\boldsymbol{J}=0$。

根据等效原理，磁极化强度矢量 $\boldsymbol{J}$ 与磁化强度矢量 $\boldsymbol{M}$ 有如下关系

$$\boldsymbol{J} = \mu_0\boldsymbol{M}, \quad \mathrm{div}\boldsymbol{M} = \mathrm{div}\boldsymbol{J}/\mu_0 = -q_{\mathrm{m}}/\mu_0 \tag{2-386}$$

由磁荷概念与电荷概念的对比，可以确定磁场的标势 U_{m}

$$\left.\begin{aligned}\boldsymbol{H} &= -\mathrm{grad}U_{\mathrm{m}} \\ \mathrm{div}\boldsymbol{H} &= \frac{q_{\mathrm{m}}}{\mu_0}\end{aligned}\right\} \quad \nabla^2 U_m = -\frac{q_{\mathrm{m}}}{\mu_0} \tag{2-387}$$

对比静电场中电偶极子的电势 U、电场强度 $\boldsymbol{E}$ 表达式，可得静磁场中磁偶极子的磁标势 U_{m}、磁场强度 $\boldsymbol{H}$ 表达式

$$U_{\mathrm{m}} = \frac{1}{4\pi\mu_0}\frac{\boldsymbol{m}\cdot\boldsymbol{r}}{r^3}, \quad \boldsymbol{H} = -\nabla U_{\mathrm{m}} = \frac{1}{4\pi\mu_0}\left[\frac{3(\boldsymbol{m}\cdot\boldsymbol{r})\boldsymbol{r}}{r^5} - \frac{\boldsymbol{m}}{r^3}\right] \tag{2-388}$$

磁介质可以看作由无数个磁偶极子构成的物体，磁偶极子体的标势直接由式（2-388）推得

$$U_{\mathrm{m}} = \frac{1}{4\pi\mu_0}\iiint_V \frac{\boldsymbol{M}\cdot\boldsymbol{r}}{r^3}\mathrm{d}v \tag{2-389}$$

分子电流观点：19 世纪法国杰出的科学家安培提出，组成磁铁的最小单元（磁分子）就是环形电流。若这样一些分子环流定向的排列起来，宏观上就会显示出 N、S 极性，这便是物质磁性的基本来源。

磁场由运动电荷（电流）产生，磁化介质产生的磁场由磁介质内的分子电流引起。分子电流由分子内部的电子运动形成，未磁化的磁介质中，它们杂乱无章，磁场彼此抵消；磁化的磁介质中，分子电流定向规则分布，电流的合磁场不等于零。

分子电流和一般的传导电流不同，分子电流封闭在微观空间（分子）内，而传导电流则为宏观距离的电荷移动。通过磁介质的电流，在介质中每一点上的微观电流密度 $\boldsymbol{j}$ 等于分子电流密度 $\boldsymbol{j}_{\mathrm{m}}$ 和传导电流密度 $\boldsymbol{j}_{\mathrm{c}}$ 之和，且磁介质磁化后，分子电流产生的磁场与元电流产生的磁场一样，其电流密度等于磁化强度的旋度

$$\boldsymbol{j} = \boldsymbol{j}_{\mathrm{c}} + \boldsymbol{j}_{\mathrm{m}}, \quad \boldsymbol{j}_{\mathrm{m}} = \mathrm{rot}\boldsymbol{M} \tag{2-390}$$

通过磁介质的电流 $\boldsymbol{j}$ 产生的磁场都服从毕奥-萨伐尔定律，介质中的磁感应强度矢量 $\boldsymbol{B}$ 为两种电流产生的总磁场，散度为 0，旋度为该点电流密度的 μ_0 倍，即

$$\mathrm{div}\boldsymbol{B} = 0, \quad \mathrm{rot}\boldsymbol{B} = \mu_0\boldsymbol{j} \tag{2-391}$$

考虑磁介质中的两种电流，代入 $\boldsymbol{B}$ 的旋度，得

$$\mathrm{rot}\boldsymbol{B}=\mu_0\boldsymbol{j}=\mu_0(\boldsymbol{j}_c+\boldsymbol{j}_m)=\mu_0(\boldsymbol{j}_c+\mathrm{rot}\boldsymbol{M})\rightarrow\mathrm{rot}(\boldsymbol{B}/\mu_0-\boldsymbol{M})=\boldsymbol{j}_c \tag{2-392}$$

引入一个物理量 $\boldsymbol{H}$ 矢量，令

$$\boldsymbol{H}=\boldsymbol{B}/\mu_0-\boldsymbol{M} \tag{2-393}$$

$\boldsymbol{H}$ 矢量称为磁场强度，单位为 A/m。

$$\mathrm{rot}\boldsymbol{H}=\mathrm{rot}(\boldsymbol{B}/\mu_0-\boldsymbol{M})=\boldsymbol{j}_c \tag{2-394}$$

磁介质中，磁场强度 $\boldsymbol{H}$ 的旋度等于传导电流密度。

$$\oint_L\boldsymbol{H}\cdot\mathrm{d}\boldsymbol{l}=I \tag{2-395}$$

磁介质中，磁场强度 $\boldsymbol{H}$ 沿闭合回路 L 的环流等于通过回路面积的总电流。

实际上，磁介质不存在时，上述结论也正确，因为当介质不存在时（$\boldsymbol{M}=0$），$\boldsymbol{B}=\mu_0\boldsymbol{H}$。但是当介质存在时，必须注意只有 $\boldsymbol{B}$（而不是 $\boldsymbol{H}$）的散度等于零，只有 $\boldsymbol{H}$（不是 $\boldsymbol{B}$）的旋度等于 $\boldsymbol{j}_c$。

按照磁化强度 $\boldsymbol{M}$ 与磁场强度 $\boldsymbol{H}$ 的关系，磁介质可以分为三类，即顺磁介质、反磁介质和铁磁介质。在顺磁介质和反磁介质中，常温有限磁场条件下，$\boldsymbol{M}$ 和 $\boldsymbol{H}$ 呈线性关系

$$\boldsymbol{M}=\kappa\boldsymbol{H} \tag{2-396}$$

式中，κ 称为磁化率，是无量纲的纯数，与磁介质的物理和化学性质相关。

利用磁化率 κ 可以将 $\boldsymbol{B}$、$\boldsymbol{H}$ 表示为

$$\boldsymbol{H}=\boldsymbol{B}/\mu_0-\boldsymbol{M}=\boldsymbol{B}/\mu_0-\kappa\boldsymbol{H}\quad\boldsymbol{B}=\mu_0(1+\kappa)\boldsymbol{H}=\mu_0\mu\boldsymbol{H} \tag{2-397}$$

式中，$\mu=1+\kappa$ 称为磁导率，是无量纲的纯数。

顺磁介质的磁化强度 $\boldsymbol{M}$ 和磁场强度 $\boldsymbol{H}$ 方向相同，$\kappa>0$，$\mu>0$；反磁介质的 $\boldsymbol{M}$ 和 $\boldsymbol{H}$ 方向相反，$\kappa<0$，$\mu<0$；真空中，$\kappa=0$，$\mu=1$。顺磁介质和反磁介质的磁化率 κ 都很小。

铁磁介质属于强磁介质，一般情况下，$\boldsymbol{M}$ 和 $\boldsymbol{H}$ 不成比例，$\boldsymbol{M}$ 不能由 $\boldsymbol{H}$ 唯一确定。铁磁介质磁化率 κ、磁导率 μ 都不是常数，$\boldsymbol{M}$ 和 $\boldsymbol{H}$ 没有单值关系，因此铁磁介质中，一般不使用磁化率、磁导率概念。

小结：分子电流观点更符合对现代原子结构中电子绕原子核运动的轨道磁矩和电子自旋磁矩的认识，磁荷的观点不太符合磁介质的微观本质；计算方法上，磁荷的观点简便得多，它与静电场的概念、定律、计算公式一一对应，可以直接借用，因此在实际计算介质磁场时，至今仍在采用磁荷观点，即使采用分子电流观点，在解决具体计算问题时，也往往要借用磁荷概念做等效计算；磁荷观点中，磁场强度 $\boldsymbol{H}$ 的物理意义明确，磁感应强度 $\boldsymbol{B}$ 是引入的辅助量，分子电流观点中，磁感应强度 $\boldsymbol{B}$ 的物理意义明确，磁场强度 $\boldsymbol{H}$ 是引入的辅助量。

表 2-1 中，磁介质的两种观点假设的微观模型不同，赋予磁感应强度 $\boldsymbol{B}$ 和磁场强度 $\boldsymbol{H}$ 的物理意义不同，但最后得到的宏观规律的表达式完全一样，因而计算的结果也完全一样。在这种意义下，两种观点是等效的，因此在实际问题中，可以根据需要采用不同的观点。

表 2-1　磁介质的两种观点及电介质的对比

物理量和规律	分子电流观点	磁荷观点	电介质
微观模型	安培假说：磁介质的每个分子相当于一个环形电流。分子环形电流磁矩 m	库仑假说：磁介质的分子是正、负磁荷组成的磁偶极子。分子磁偶极矩 p_m	库仑假说：电介质中正、负电荷组成的电偶极子。分子电偶极矩 p
物理规律	安培定律	磁库仑定律	库仑定律
极化状态矢量	磁化强度矢量 $\boldsymbol{M}$ $\boldsymbol{M}=\dfrac{\sum \boldsymbol{m}}{\Delta V}$	磁极化强度矢量 $\boldsymbol{J}$ $\boldsymbol{J}=\dfrac{\sum \boldsymbol{p}_m}{\Delta V}$	电极化强度矢量 $\boldsymbol{P}$ $\boldsymbol{P}=\dfrac{\sum \boldsymbol{p}}{\Delta V}$
	$\boldsymbol{m}=\mu_0 \boldsymbol{I}\boldsymbol{S}/4\pi$，$\boldsymbol{p}_m=q_m\boldsymbol{l}$，$\boldsymbol{J}=\mu_0\boldsymbol{M}$		
场强矢量	磁感应强度矢量 $\boldsymbol{B}$ （电流元受力定义）	磁场强度矢量 $\boldsymbol{H}$ （磁荷受力定义）	电场强度矢量 $\boldsymbol{E}$ （电荷受力定义）
辅助矢量	磁场强度矢量 $\boldsymbol{H}$ $\boldsymbol{H}=\boldsymbol{B}/\mu_0-\boldsymbol{M}$	磁感应强度矢量 $\boldsymbol{B}$ $\boldsymbol{B}=\mu_0\boldsymbol{H}+\boldsymbol{J}$	电位移矢量 $\boldsymbol{D}$ $\boldsymbol{D}=\varepsilon_0\boldsymbol{E}+\boldsymbol{P}$
高斯定律	$\oiint_S \boldsymbol{B}\cdot \mathrm{d}\boldsymbol{s}=0$		$\oiint_S \boldsymbol{D}\cdot \mathrm{d}\boldsymbol{s}=\sum q$
环路定律	$\oint_L \boldsymbol{H}\cdot \mathrm{d}\boldsymbol{l}=\sum I$		$\oint_L \boldsymbol{E}\cdot \mathrm{d}\boldsymbol{l}=0$

B. 引力势与磁势的关系：泊松公式

均匀磁化物质的磁势可以通过引力势计算。设，一均匀磁化物体 v，其磁化强度为 $\boldsymbol{M}$，则磁偶极子体的标势即为此磁性体的磁势 U_m

$$U_m=\frac{1}{4\pi\mu_0}\iiint_V \frac{\boldsymbol{M}\cdot \boldsymbol{r}}{r^3}\mathrm{d}v=-\frac{1}{4\pi\mu_0}\iiint_V \left[\boldsymbol{M}\cdot \nabla\left(\frac{1}{r}\right)\right]\mathrm{d}v \tag{2-398}$$

式中，$\boldsymbol{r}$ 为磁体中 Q（ξ，η，ζ）点至任意观察点 P（x，y，z）的矢径，$r=[(x-\xi)^2+(y-\eta)^2+(z-\zeta)^2]^{-1/2}$，$M_x$、$M_y$、$M_z$ 为磁化强度 $\boldsymbol{M}$ 沿坐标轴的三个分量。

由于磁体为一均匀磁化物质，$\boldsymbol{M}$ 为一恒量，可以提到积分号外，式（2-398）变为

$$\begin{aligned}U_m&=-\frac{1}{4\pi\mu_0}\boldsymbol{M}\cdot \nabla\iiint_V \frac{1}{r}\mathrm{d}v\\&=-\frac{1}{4\pi\mu_0}\left(M_x\frac{\partial}{\partial x}\iiint_V \frac{\mathrm{d}v}{r}+M_y\frac{\partial}{\partial y}\iiint_V \frac{\mathrm{d}v}{r}+M_z\frac{\partial}{\partial z}\iiint_V \frac{\mathrm{d}v}{r}\right)\end{aligned} \tag{2-399}$$

如果磁体的质量密度为 ρ，其引力势 U_g 为

$$U_g=G\rho\iiint_V \frac{\mathrm{d}v}{r} \tag{2-400}$$

比较磁势 U_m 和引力势 U_g，则

$$U_m = -\frac{1}{4\pi\mu_0 G\rho}\boldsymbol{M}\cdot\nabla U_g \tag{2-401}$$

式（2-401）称为重磁位场的泊松公式。

对于任一密度均匀、均匀磁化的物体，在 P 点产生的磁势 U_m 和引力势 U_g 之间可以相互换算。泊松公式也可以写成

$$U_m = -\frac{1}{4\pi\mu_0 G\rho}\left(M_x\frac{\partial U_g}{\partial x} + M_y\frac{\partial U_g}{\partial y} + M_z\frac{\partial U_g}{\partial z}\right) \tag{2-402}$$

依据磁场强度与磁势的关系，可得

$$H = -\operatorname{grad}U_m \quad \begin{cases} H_x = -\dfrac{\partial U_m}{\partial x} = \dfrac{1}{4\pi\mu_0 G\rho}\left(M_x\dfrac{\partial^2 U_g}{\partial x^2} + M_y\dfrac{\partial^2 U_g}{\partial y\partial x} + M_z\dfrac{\partial^2 U_g}{\partial z\partial x}\right) \\ H_y = -\dfrac{\partial U_m}{\partial y} = \dfrac{1}{4\pi\mu_0 G\rho}\left(M_x\dfrac{\partial^2 U_g}{\partial x\partial y} + M_y\dfrac{\partial^2 U_g}{\partial y^2} + M_z\dfrac{\partial^2 U_g}{\partial y\partial z}\right) \\ H_z = -\dfrac{\partial U_m}{\partial z} = \dfrac{1}{4\pi\mu_0 G\rho}\left(M_x\dfrac{\partial^2 U_g}{\partial x\partial z} + M_y\dfrac{\partial^2 U_g}{\partial y\partial z} + M_z\dfrac{\partial^2 U_g}{\partial z^2}\right) \end{cases} \tag{2-403}$$

特殊情况下，当 $M_x = M_y = 0$，式（2-403）简化为

$$U_m = -\frac{M_z}{4\pi\mu_0 G\rho}\frac{\partial U_g}{\partial z} = -\frac{M_z}{4\pi\mu_0 G\rho}\iiint_V \frac{\partial}{\partial z}\left(\frac{1}{r}\right)\mathrm{d}v = -\frac{M_z}{4\pi\mu_0 G\rho}\iiint_V \frac{z-\zeta}{r^3}\mathrm{d}v$$

$$\begin{cases} H_x = -\dfrac{\partial U_m}{\partial x} = \dfrac{M_z}{4\pi\mu_0 G\rho}\left(\dfrac{\partial^2 U_g}{\partial z\partial x}\right) \\ H_y = -\dfrac{\partial U_m}{\partial y} = \dfrac{M_z}{4\pi\mu_0 G\rho}\left(\dfrac{\partial^2 U_g}{\partial y\partial z}\right) \\ H_z = -\dfrac{\partial U_m}{\partial z} = \dfrac{M_z}{4\pi\mu_0 G\rho}\left(\dfrac{\partial^2 U_g}{\partial z^2}\right) \end{cases} \tag{2-404}$$

【例题】 已知：地面之下有一个半径为 a、密度为 ρ 的均匀垂直磁化球体，其磁化强度为 $\boldsymbol{M}$，球心埋深为 R。求：地面上过球心投影点的剖面上的水平磁场强度 H_x 和垂直磁场强度 H_z?

解： 设，坐标原点 O 位于球心在地表的投影点，Oz 轴指向球心，所求剖面沿 Ox 轴方向，球体上 Q（ξ，η，ζ）点至任意观察点 P（x，y，z）的矢径 $r=[(x-\xi)^2+(y-\eta)^2+(z-\zeta)^2]^{-1/2}$。

则，P 点的引力势为

$$U_g = G\rho\iiint_V \frac{\mathrm{d}v}{r} = \frac{4\pi a^3}{3}\frac{1}{r}$$

垂直磁化的磁势、磁场强度 $\boldsymbol{H}$ 沿坐标轴的分量为

$$U_m = -\frac{M_z}{4\pi\mu_0 G\rho}\frac{\partial U_g}{\partial z} = \frac{a^3 M}{3\mu_0 G\rho}\frac{z-\zeta}{r^3} = I\frac{z-\zeta}{r^3}, \quad I = \frac{a^3 M}{3\mu_0 G\rho}$$

$$\begin{cases} H_x = -\dfrac{\partial U_m}{\partial x} = I\dfrac{3\ (z-\zeta)^2 - r^2}{r^5} \\ H_z = -\dfrac{\partial U_m}{\partial z} = I\dfrac{3\ (z-\zeta)^2(x-\xi)}{r^5} \end{cases}$$

由题意及所设条件，$y=0$，$\xi=\eta=0$，$\zeta=R$，代入上式，得 $\begin{cases} H_x = I\dfrac{2R^2+x^2}{(R^2+x^2)^{5/2}} \\ H_z = -I\dfrac{3Rx}{(R^2+x^2)^{5/2}} \end{cases}$

C. 铁磁介质的磁化规律

以铁为代表的一类磁性很强的磁介质称为铁磁介质。上述磁介质理论对铁磁介质不适用，需要修改以适应铁磁介质内部的磁场。铁磁介质中，磁化强度 $\boldsymbol{M}$ 与磁场强度 $\boldsymbol{H}$ 不是线性关系，而且磁导率 $\mu \gg 1$，（微弱的磁场可以引起很大磁化强度）。

此外，铁磁介质还有一个很重要的特征，就是具有剩余磁化现象。对于未磁化的物质，当 $\boldsymbol{H}$ 由零增加时，$\boldsymbol{M}$ 也随之增大，当 $\boldsymbol{H}$ 减小时，$\boldsymbol{M}$ 亦随之减小，但当 $\boldsymbol{H}$ 减到零时，$\boldsymbol{M}$ 并不减到零，尚保留有 $\boldsymbol{M}_\mathrm{r}$ 值，称 $\boldsymbol{M}_\mathrm{r}$ 为剩余磁化强度。

为简化问题，采用一种理想铁磁介质来近似描述真实铁磁介质的磁化场。理想铁磁介质中，假设任一点的磁化强度 $\boldsymbol{M}$ 由两部分组成，即 $\boldsymbol{M}=\boldsymbol{M}_\mathrm{r}+\boldsymbol{M}_\mathrm{i}$，其中，$\boldsymbol{M}_\mathrm{r}$ 为剩余磁化强度，其值固定，不随外磁场而变；$\boldsymbol{M}_\mathrm{i}$ 为感应磁化强度，与外磁场 $\boldsymbol{H}$ 成正比，即 $\boldsymbol{M}_\mathrm{i}=\kappa\boldsymbol{H}$。因此，感应磁化强度矢量 $\boldsymbol{B}$ 可以表示为

$$\boldsymbol{B}=\mu_0(\boldsymbol{H}+\boldsymbol{M})=\mu_0(\boldsymbol{H}+\boldsymbol{M}_\mathrm{r}+\boldsymbol{M}_\mathrm{i})=\mu_0[(1+\kappa)\boldsymbol{H}+\boldsymbol{M}_\mathrm{r}]=\mu_0\mu\boldsymbol{H}+\mu_0\boldsymbol{M}_\mathrm{r} \tag{2-405}$$

在铁磁介质外部，$\boldsymbol{M}_\mathrm{r}=0$，式（2-405）变为一般磁介质，$\boldsymbol{B}=u_0u\boldsymbol{H}$。

由于磁感应线没有源头，对任何磁介质，$\boldsymbol{B}$ 矢量的散度恒等于零，即

$$\mathrm{div}\boldsymbol{B}=\mathrm{div}(\mu_0\mu\boldsymbol{H}+\mu_0\boldsymbol{M}_\mathrm{r})=0 \rightarrow \mathrm{div}\boldsymbol{M}_\mathrm{r}=-\mathrm{div}(\mu\boldsymbol{H}) \tag{2-406}$$

铁磁性物质构成的永久磁体中，$\boldsymbol{M}\neq\kappa\boldsymbol{H}$，$\boldsymbol{B}\neq\mu\boldsymbol{H}$。这些线性关系既不成立，$\kappa$ 和 μ 也非单值；不但 $\boldsymbol{B}$ 和 $\boldsymbol{H}$ 不同方向，而且 $\boldsymbol{M}$ 和 $\boldsymbol{H}$ 也不同方向。在这种情况下，必须由下列普遍规律去确定 $\boldsymbol{B}$、$\boldsymbol{H}$ 和 $\boldsymbol{M}$ 间的关系，即

$$\begin{aligned} &\boldsymbol{B}=\mu_0(\boldsymbol{H}+\boldsymbol{M}) \\ &\mathrm{rot}\boldsymbol{H}=\boldsymbol{j} \quad \mathrm{div}\boldsymbol{H}=-\mathrm{div}\boldsymbol{M} \\ &\mathrm{div}\boldsymbol{B}=0 \quad \mathrm{rot}\boldsymbol{B}=\mu_0(\boldsymbol{j}+\mathrm{rot}\boldsymbol{M}) \end{aligned} \tag{2-407}$$

2.2.4.3 交变电磁场

电和磁现象的大量科学实践与一系列科学规律，经过麦克斯韦系统总结库仑、奥斯特、安培、法拉第等的电磁学成果，提出涡旋电场、位移电流假说，产生了完整的电磁理论。

（1）麦克斯韦电磁理论

1820 年，奥斯特发现电流能够产生磁，法拉第立刻想到磁能否产生电？经过 10 年的

研究，1831 年法拉第总结出：闭合导体回路中，当外磁场的磁通量发生变化时，就产生感应电动势，感应电动势 ε 的大小正比于穿过导体回路的磁感应通量 $\boldsymbol{\Phi}_B$的变化率

$$\varepsilon = -\frac{\partial \boldsymbol{\Phi}_B}{\partial t} \quad \left(\boldsymbol{\Phi}_B = \oiint_S \boldsymbol{B} \cdot \mathrm{d}\boldsymbol{s}\right) \tag{2-408}$$

式中，$\boldsymbol{\Phi}_B$的单位为韦伯（Wb）；ε 的单位为伏特（V）。负号表示感应电动势 ε 的正负与磁感应通量的变化率 $\partial \boldsymbol{\Phi}_B/\partial t$ 的正负相反，或者说，如果磁感应通量 $\boldsymbol{\Phi}_B$在回路中增大，则感应电动势 ε 的方向和正通量的方向组成左螺旋系统；通量减小时，ε 的方向和正通量的方向组成右螺旋系统。

显然，有两种情况能产生感应电动势，第一种情况是改变导体回路面积或导体运动，磁感应强度 $\boldsymbol{B}$ 不变，这时产生的感应电动势称为动生电动势；第二种情况是导体回路面积不变或导体不动，磁感应强度 $\boldsymbol{B}$ 改变，这时产生的感应电动势称为感生电动势。

第一种情况下（动生电动势），法拉第定律可以由洛伦兹力 $\boldsymbol{f}$ 做功导出。运动导体中的自由电荷在磁场中以某种速度随导体移动时，受洛伦兹力 $\boldsymbol{f}$ 作用

$$\boldsymbol{f} = -e(\boldsymbol{v} \times \boldsymbol{B}) \tag{2-409}$$

式中，$\boldsymbol{v}$ 为运动电荷自由电子 e 的速度；$\boldsymbol{B}$ 为电荷运动所在磁场的磁感应强度。

作用在电子 e 上的洛伦兹力 $\boldsymbol{f}$ 是一种非静电力，在洛伦兹力 $\boldsymbol{f}$ 作用下，导体中的自由电荷发生移动，于是导体中有电流存在，其电场强度为

$$\boldsymbol{E} = \boldsymbol{f}/-e = (\boldsymbol{v} \times \boldsymbol{B}) \tag{2-410}$$

其电动势 ε 称为动生电动势（感应电动势）

$$\varepsilon = \oint_L \boldsymbol{E} \cdot \mathrm{d}\boldsymbol{l} = \oint_L (\boldsymbol{v} \times \boldsymbol{B}) \cdot \mathrm{d}\boldsymbol{l} = \oint_L \left(\frac{\mathrm{d}\boldsymbol{r}}{\mathrm{d}t} \times \mathrm{d}\boldsymbol{l}\right) \cdot \boldsymbol{B} = -\frac{\partial \boldsymbol{\Phi}_B}{\partial t} \tag{2-411}$$

式中，$\boldsymbol{r}$ 为导线回路 L 中的电荷随 L 移动的位移。

第二种情况下（感生电动势），法拉第定律可以由涡旋电场导出。麦克斯韦分析了一些电磁感应现象后，提出即使不存在导体回路，变化的磁场周围也会激发出一种电场，称为感应电场或涡旋电场。涡旋电场与静电场不同，它是一个有旋场，其环流积分（电动势）与磁通量的时间变化率成正比，即

$$\varepsilon = \oint_L \boldsymbol{E} \cdot \mathrm{d}\boldsymbol{l} = -\frac{\partial \boldsymbol{\Phi}_B}{\partial t} \tag{2-412}$$

式（2-412）称为法拉第电磁感应定律，其普遍意义在于，无论导体存在与否，在磁场变化的空间中，总是存在有感应电场，而且电场强度沿任意闭合曲线的环流恒等于 $-\partial \boldsymbol{\Phi}_B/\partial t$。

斯托克定理将法拉第电磁感应定律的环流积分变为面积分，则

$$\begin{aligned} &\oint_L \boldsymbol{E} \cdot \mathrm{d}\boldsymbol{l} = \iint_S \mathrm{rot}\boldsymbol{E} \cdot \mathrm{d}\boldsymbol{s} = -\frac{\partial \boldsymbol{\Phi}_B}{\partial t} = -\iint_S \frac{\partial \boldsymbol{B}}{\mathrm{d}t} \cdot \mathrm{d}\boldsymbol{S} \\ &\mathrm{rot}\boldsymbol{E} = -\frac{\partial \boldsymbol{B}}{\mathrm{d}t} \end{aligned} \tag{2-413}$$

式（2-413）表明，电场旋度与磁场变化方向相反。式（2-413）是电磁学的基本方程，也称麦克斯韦第二方程，描述了磁场变化激发电场的电磁感应定律。

麦克斯韦第一方程描述了电场变化激发磁场的位移电流概念（Clark-Maxwell，1890）。稳定电流磁场中，无论载流回路周围是真空还是有磁介质，磁场旋度与传导电流密度 j_0 的关系为

$$\mathrm{rot}\boldsymbol{H}=\boldsymbol{j}_0,\quad \mathrm{div}(\mathrm{rot}\boldsymbol{H})=\mathrm{div}\boldsymbol{j}_0=0 \tag{2-414}$$

但是，在非稳定条件下，交变电流的连续性方程为

$$\mathrm{div}\boldsymbol{j}_0=-\mathrm{div}(\partial q/\partial t)\neq 0 \tag{2-415}$$

稳定电流线与交变电流线的连续性方程出现矛盾，说明稳定电流磁场的基本定律，一般说来，不能应用到可变电磁场的情形。麦克斯韦通过位移电流假说解决了这个矛盾。麦克斯韦认为非稳定条件下，交变电流的连续性方程符合电量守恒原理，稳定电流的磁场定律不能无条件推广到可变电流情形（Clark-Maxwell，2013）。因此，麦克斯韦假设非稳定条件下，交变电流中除了传导电流 $\boldsymbol{j}_0$ 外，还存在一种位移电流 $\boldsymbol{j}_D$，总电流密度 $\boldsymbol{j}$ 为这两部分之和，即

$$\boldsymbol{j}=\boldsymbol{j}_0+\boldsymbol{j}_D,\quad \mathrm{rot}\boldsymbol{H}=\boldsymbol{j}_0+\boldsymbol{j}_D,\quad \mathrm{div}\boldsymbol{j}=\mathrm{div}(\boldsymbol{j}_0+\boldsymbol{j}_D)=0 \tag{2-416}$$

因此，总电流是闭合的，传导电流 $\boldsymbol{j}_0$ 在什么地方中断，位移电流 $\boldsymbol{j}_D$ 就在什么地方接上，形成一个闭合的电流线。

由电流连续性方程和电位移矢量（电感应强度矢量）$\boldsymbol{D}$ 的散度，可得

$$\left.\begin{array}{l}\mathrm{div}\boldsymbol{j}_D=-\mathrm{div}\boldsymbol{j}_0=\partial q/\partial t\\ \mathrm{div}\boldsymbol{D}=q\end{array}\right\}\quad \mathrm{div}\boldsymbol{j}_D=\mathrm{div}\left(\frac{\partial\boldsymbol{D}}{\partial t}\right)\rightarrow\boldsymbol{j}_D=\frac{\partial\boldsymbol{D}}{\partial t} \tag{2-417}$$

式（2-417）为位移电流的定义式，表明场中每一点上只要存在电感应强度矢量 $\boldsymbol{D}$ 的时间变化率，就有相应的位移电流 $\boldsymbol{j}_D$ 存在。

无论是在导体中还是电介质中，电流总是由传导电流和位移电流两部分组成。传导电流由宏观移动电荷构成，位移电流本质上是电场强度的变化率，不伴随任何电荷运动。在通常情况下，电介质中的电流主要是位移电流，传导电流可以忽略不计；导体中的电流主要是传导电流，位移电流可以忽略不计。

位移电流和传导电流以同样方式激发磁场。磁场是由总电流激发的，所以

$$\begin{cases}\mathrm{rot}\boldsymbol{H}=\boldsymbol{j}_0+\dfrac{\partial\boldsymbol{D}}{\partial t}\\ \displaystyle\oint_L\boldsymbol{H}\cdot\mathrm{d}\boldsymbol{l}=\iint_S\boldsymbol{j}_0\cdot\mathrm{d}\boldsymbol{s}+\iint_S\frac{\partial\boldsymbol{D}}{\partial t}\cdot\mathrm{d}\boldsymbol{s}\end{cases} \tag{2-418}$$

式（2-418）表明，若空间具有随时间变化的电场，则所有各点都有磁场发生，式（2-418）是电磁学的基本方程，也称麦克斯韦第一方程。

除了涡旋电场、位移电流假说外，麦克斯韦假设电学高斯定律和磁学高斯定律在非稳定条件下仍成立，由此得到在普遍情况下的电磁场方程组

$$
\begin{cases}
\oint_L \boldsymbol{H}\cdot \mathrm{d}\boldsymbol{l} = \iint_S \boldsymbol{j}_0\cdot \mathrm{d}\boldsymbol{s} + \iint_S \frac{\partial \boldsymbol{D}}{\partial t}\cdot \mathrm{d}\boldsymbol{s} \\
\oint_L \boldsymbol{E}\cdot \mathrm{d}\boldsymbol{l} = -\iint_S \frac{\partial \boldsymbol{B}}{\partial t}\cdot \mathrm{d}\boldsymbol{s} \\
\oiint_S \boldsymbol{B}\cdot \mathrm{d}\boldsymbol{s} = 0 \\
\oiint_S \boldsymbol{D}\cdot \mathrm{d}\boldsymbol{s} = \iiint_V q\mathrm{d}v
\end{cases}
\leftrightarrow
\begin{cases}
\nabla\times \boldsymbol{H} = \boldsymbol{j}_0 + \frac{\partial \boldsymbol{D}}{\partial t} \\
\nabla\times \boldsymbol{E} = -\frac{\partial \boldsymbol{B}}{\partial t} \\
\nabla\cdot \boldsymbol{B} = 0 \\
\nabla\cdot \boldsymbol{D} = q
\end{cases}
\tag{2-419}
$$

在介质内，还需要补充三个描述介质性质的方程，对各向同性介质为

$$
\begin{cases}
\boldsymbol{D} = \varepsilon\varepsilon_0 \boldsymbol{E} \\
\boldsymbol{B} = \mu\mu_0 \boldsymbol{H} \\
\boldsymbol{j} = \sigma \boldsymbol{E}
\end{cases}
\tag{2-420}
$$

式中，ε 为介电常数；μ 为磁导率；σ 为电导率。

在均匀介质中，所有电磁矢量都处处有限、处处连续、处处有微商。但在非均匀介质中，需要考虑电磁场基本矢量在介质分界面上的情形。在两种介质的分界面上，由于介电常数 ε、磁导率 μ、电导率 σ 不同，相应有三种边界条件

磁介质界面边界条件：

$$
B_{2n} - B_{1n} = 0,\quad H_{2t} - H_{1t} = 0 \tag{2-421}
$$

电介质界面边界条件：

$$
D_{2n} - D_{1n} = 0,\quad E_{2t} - E_{1t} = 0 \tag{2-422}
$$

导体界面边界条件：设，λ、i 为界面上自由面电荷密度和面电流密度

$$
D_{2n} - D_{1n} = \lambda,\quad j_{2n} - j_{1n} = \partial\lambda/\partial t,\quad H_{2t} - H_{1t} = i_n \tag{2-423}
$$

麦克斯韦方程组加上描述介质性质的方程，全面总结了电磁场基本规律，是电磁场理论的基础。麦克斯韦总结的电磁场方程组，最初还只是一种假说，但麦克斯韦方程预见了电磁波的存在，20 年后由赫兹实验证实。

（2）电磁波

在均匀介质中，除特殊场源电荷外，一般不能积累自由电荷，因此

$$
\nabla\cdot \boldsymbol{D} = q = 0 \rightarrow
\begin{cases}
\nabla^2 \boldsymbol{H} = \sigma\mu\mu_0 \frac{\partial \boldsymbol{H}}{\partial t} + \varepsilon\varepsilon_0\mu\mu_0 \frac{\partial^2 \boldsymbol{H}}{\partial t^2} \\
\nabla^2 \boldsymbol{E} = \sigma\mu\mu_0 \frac{\partial \boldsymbol{E}}{\partial t} + \varepsilon\varepsilon_0\mu\mu_0 \frac{\partial^2 \boldsymbol{E}}{\partial t^2}
\end{cases}
\tag{2-424}
$$

式（2-424）称为电极方程，其中，σ 为电导率；ε 为介电常数；μ 为磁导率；ε_0为真空中的介电常数；μ_0为真空中的磁导率。

电极方程是扩散方程与波动方程的综合，高阻介质中（$\sigma=0$），电极方程中的扩散项可忽略，电磁波按波动规律传播；良导介质中（$\sigma\neq 0$），电极方程中的波动项可忽略，电磁波按扩散规律传播。

1）高阻介质中（$\sigma=0$）的电极方程：平面电磁波。

无限均匀电介质，设，$\sigma=0$，则电极方程为

$$\left.\begin{aligned}\nabla^2\boldsymbol{H}=\varepsilon\varepsilon_0\mu\mu_0\frac{\partial^2\boldsymbol{H}}{\partial t^2}=\frac{1}{V^2}\frac{\partial^2\boldsymbol{H}}{\partial t^2}\\ \nabla^2\boldsymbol{E}=\varepsilon\varepsilon_0\mu\mu_0\frac{\partial^2\boldsymbol{E}}{\partial t^2}=\frac{1}{V^2}\frac{\partial^2\boldsymbol{E}}{\partial t^2}\end{aligned}\right\}\quad V=\frac{1}{\sqrt{\varepsilon\varepsilon_0\mu\mu_0}} \tag{2-425}$$

式（2-425）是电磁矢量以速度 V 在介质中传播的波动方程式。电磁波在介质中的传播速度只与介质有关，与激发电磁场的方式无关。

真空中，$\varepsilon=1$，$\mu=1$，所以电磁波的传播速度为

$$V=\frac{1}{\sqrt{\varepsilon\varepsilon_0\mu\mu_0}}=\frac{1}{\sqrt{\varepsilon_0\mu_0}}\approx 2.9902\times10^8(\mathrm{m/s})\quad\begin{cases}\varepsilon_0=8.9\times10^{-12}[\mathrm{C^2/(N\cdot m^2)}]\\ \mu_0=4\pi\times10^{-7}(\mathrm{N/A^2})\end{cases} \tag{2-426}$$

即真空中的电磁波速等于光速。

高阻介质中（$\sigma=0$），电极方程的波动方程式的一个特解是平面电磁波。平面波的波前或等相位面为平面，波沿等相位面的法线方向传播。平面波解的物理意义简单、直观，一般形式的波都可以看作不同频率平面波的线性叠加。

设，平面电场波的传播方向为 z 轴的正方向，因此 $\boldsymbol{E}$ 和 $\boldsymbol{H}$ 只与 z 有关，而与 x、y 无关。则波动方程可写为

$$\frac{\partial^2 H}{\partial z^2}=\frac{1}{V^2}\frac{\partial^2 H}{\partial t^2},\quad \frac{\partial^2 E}{\partial z^2}=\frac{1}{V^2}\frac{\partial^2 E}{\partial t^2} \tag{2-427}$$

这种波动方程的达朗贝尔解为

$$H=f(z-Vt)+g(z+Vt),\quad E=h(z-Vt)+p(z+Vt) \tag{2-428}$$

式（2-428）代表以速度 V 传播的两个平面波，一个沿 z 轴的正方向传播（$z-Vt$），另一个沿 z 的反方向传播（$z+Vt$）。只研究沿 z 轴正方向传播的电磁波（$z-Vt$），则麦克斯韦方程组中 $\boldsymbol{E}$ 和 $\boldsymbol{H}$ 对 x、y 的微分都等于零，其旋度的三个分量和散度为

$$\begin{cases}\dfrac{\partial H_z}{\partial z}=0=\dfrac{\partial H_z}{\partial t}\\ \dfrac{\partial E_z}{\partial z}=0=\dfrac{\partial E_z}{\partial t}\end{cases},\quad\begin{cases}\dfrac{\partial H_y}{\partial z}=-\varepsilon\varepsilon_0\dfrac{\partial E_x}{\partial t}\\ \dfrac{\partial E_x}{\partial z}=-\mu\mu_0\dfrac{\partial H_y}{\partial t}\end{cases},\quad\begin{cases}\dfrac{\partial H_x}{\partial z}=\varepsilon\varepsilon_0\dfrac{\partial E_y}{\partial t}\\ \dfrac{\partial E_y}{\partial z}=\mu\mu_0\dfrac{\partial H_x}{\partial t}\end{cases} \tag{2-429}$$

由此可知：

横波性。$\boldsymbol{E}$ 和 $\boldsymbol{H}$ 沿 z 轴方向的分量在时间与空间上都是常数，即 H_z=常数，E_z=常数，表示稳定场部分。交变场部分，$\boldsymbol{E}$ 和 $\boldsymbol{H}$ 位于与传播方向垂直的面内垂直于传播方向 z，$\boldsymbol{E}$、$\boldsymbol{H}$、z 满足右手螺旋定则，这就是说交变场只可能是横波场。

偏振性。波动方程被分列为三对，后两对方程中，H_y-E_x 及 H_x-E_y 有联系。沿给定方向 z 传播的电磁波，$\boldsymbol{E}$ 和 $\boldsymbol{H}$ 分别在 xy 平面内振动。

同相位。由式（2-429）可以看到，$\boldsymbol{E}$ 和 $\boldsymbol{H}$ 沿 z 方向传播过程中，都作周期性变化，相位相同，同时同地达到最大或最小。电场 E_x、E_y 随时间的变化分别激发了磁场 H_y、H_x，

$\boldsymbol{E} \perp \boldsymbol{H}$。$\boldsymbol{E}$ 和 $\boldsymbol{H}$ 值成比例，任意时刻、任一地点，有

$$\sqrt{\varepsilon\varepsilon_0}E = \sqrt{\mu\mu_0}H \tag{2-430}$$

坡印亭矢量 $\boldsymbol{S}$。电磁场中，电能密度等于磁能密度

$$w = w_{\mathrm{m}} + w_{\mathrm{e}} = \frac{1}{2}\mu\mu_0 H^2 + \frac{1}{2}\varepsilon\varepsilon_0 E^2 = \mu\mu_0 H^2 = \varepsilon\varepsilon_0 E^2 \quad (w_{\mathrm{m}} = w_{\mathrm{e}}) \tag{2-431}$$

平面波的坡印亭矢量

$$\begin{aligned} &\boldsymbol{S} = \boldsymbol{E} \times \boldsymbol{H} = (E_y H_z - E_z H_y)\boldsymbol{n} = \sqrt{\frac{\varepsilon\varepsilon_0}{\mu\mu_0}}E^2\boldsymbol{n} \\ &|\boldsymbol{S}| = V\varepsilon\varepsilon_0 E^2 = Vw \end{aligned} \tag{2-432}$$

由此可知，坡印亭矢量和波的传播方向一致，且能量的传播速度与波传播的速度相同。

2）良导介质中（$\sigma \neq 0$）的电极方程：谐变平面电磁波。

如果电磁场波具有单色波性质，设，场强按余弦或正弦规律变化，即

$$\left.\begin{aligned} \boldsymbol{H}(t) = \boldsymbol{H}_0 \mathrm{e}^{-\mathrm{i}\omega t} \\ \boldsymbol{E}(t) = \boldsymbol{E}_0 \mathrm{e}^{-\mathrm{i}\omega t} \end{aligned}\right\} \quad \begin{cases} \nabla^2 \boldsymbol{H} = \sigma\mu\mu_0 \dfrac{\partial \boldsymbol{H}}{\partial t} + \varepsilon\varepsilon_0\mu\mu_0 \dfrac{\partial^2 \boldsymbol{H}}{\partial t^2} = -\mathrm{i}\omega\sigma\mu\mu_0 \boldsymbol{H} \\ \nabla^2 \boldsymbol{E} = \sigma\mu\mu_0 \dfrac{\partial \boldsymbol{E}}{\partial t} + \varepsilon\varepsilon_0\mu\mu_0 \dfrac{\partial^2 \boldsymbol{E}}{\partial t^2} = -\mathrm{i}\omega\sigma\mu\mu_0 \boldsymbol{E} \end{cases} \tag{2-433}$$

令，$k^2 = -\mathrm{i}\omega\sigma\mu\mu_0$，则式（2-433）写为

$$\begin{cases} \nabla^2 \boldsymbol{E} = k^2 \boldsymbol{E} \\ \nabla^2 \boldsymbol{H} = k^2 \boldsymbol{H} \end{cases}, \quad k^2 = -\mathrm{i}\omega\sigma\mu\mu_0 \tag{2-434}$$

式（2-434）称为谐变场 $\boldsymbol{E}$ 波和 $\boldsymbol{H}$ 波的亥姆霍兹齐次方程。其中，k 称为波数（或传播系数）。

亥姆霍兹齐次方程通常很难解，但如果 $\boldsymbol{E}$、$\boldsymbol{H}$ 是平面偏振波（polarized wave），解就很容易获得。设，传播介质由均匀各向同性介质组成，z 轴垂直向下，xy 面位于地表水平面的坐标系下，由高空向地面垂直入射的大地电磁波就是平面波。大地电磁波在传播过程中，电磁场分量 E_y 只和 H_x 有关，H_y 只和 E_x 有关，它们都沿 z 轴传播，因此通常称这种波为线性偏振波。其中一组，E_y–H_x 称为 $\boldsymbol{E}$ 偏振波（TE 波）。另一组，H_y–E_x 称为 $\boldsymbol{H}$ 偏振波（TM 波）。由亥姆霍兹齐次方程得

$$\begin{aligned} &E - \text{polarized wave}(E_y - H_x) \quad \begin{cases} \dfrac{\partial^2 E_y}{\partial z^2} = k^2 E_y \\ \dfrac{\partial^2 H_x}{\partial z^2} = k^2 H_x \end{cases} \\ &H - \text{polarized wave}(H_y - E_x) \quad \begin{cases} \dfrac{\partial^2 H_y}{\partial z^2} = k^2 H_y \\ \dfrac{\partial^2 E_x}{\partial z^2} = k^2 E_x \end{cases} \end{aligned} \tag{2-435}$$

以 $\boldsymbol{H}$ 偏振波（TM 波）为例，其解为

$$\begin{cases} H_y = A\mathrm{e}^{(\mathrm{i}-1)\frac{2\pi}{\lambda}z} \\ E_x = \sqrt{\dfrac{-\mathrm{i}\omega\mu\mu_0}{\sigma}}A\mathrm{e}^{(\mathrm{i}-1)\frac{2\pi}{\lambda}z}, \quad \lambda = 2\pi\sqrt{\dfrac{2}{\omega\mu\mu_0\sigma}} \\ Z_{xy} = \dfrac{E_x}{H_y} = \sqrt{-\mathrm{i}}\sqrt{\dfrac{\omega\mu\mu_0}{\sigma}} \end{cases} \tag{2-436}$$

式中，波长 λ 是电磁波频率 ω、介质磁导率 μ 和电导率 σ 的函数；Z_{xy}是介质对平面电磁波传播的波阻抗。

由此可计算大地电磁波的趋肤深度 δ 及介质电阻率 ρ。

趋肤深度 δ 指振幅衰减为地面值的 1/e 时，电磁场沿 z 轴方向前进的距离，也称电磁波的穿透深度

$$\begin{gathered} H_y\big|_{z=\delta} = \frac{H_y\big|_{z=0}}{\mathrm{e}} \quad 或 \quad E_x\big|_{z=\delta} = \frac{E_x\big|_{z=0}}{\mathrm{e}} \\ \mathrm{e}^{-\frac{2\pi\delta}{\lambda}} = \mathrm{e}^{-1} \rightarrow \delta = \frac{\lambda}{2\pi} = \sqrt{\frac{2}{\omega\mu\mu_0\sigma}} \end{gathered} \tag{2-437}$$

电磁波的趋肤深度（穿透深度）随电阻率的增加和频率的降低而增大。所以为了探测深部电磁场结构，需要采用较低的工作频率。

均匀介质中，平面电磁波的 ***H*** 偏振波（TM 波）波阻抗 Z 和介质电阻率 ρ 关系为

$$|Z| = |Z_{xy}| = |Z_{yx}| = \sqrt{\frac{\omega\mu\mu_0}{\sigma}} = \sqrt{\omega\mu\mu_0\rho}, \quad \begin{cases} \rho = \dfrac{1}{\omega\mu\mu_0}|Z_{yx}|^2 = \dfrac{1}{\omega\mu\mu_0}\left|\dfrac{E_x}{H_y}\right|^2 \\ \mu = \dfrac{1}{\omega\mu_0\rho}|Z_{yx}|^2 = \dfrac{1}{\omega\mu_0\rho}\left|\dfrac{E_x}{H_y}\right|^2 \end{cases} \tag{2-438}$$

这是通过测量相互正交的电场和磁场分量确定介质电阻率的计算公式（大地电磁测深基本公式）。如果介质非均匀，则计算的电阻率为视电阻率。如果介质电阻率已知，则可确定介质的磁导率。

本章习题见附录一。

参 考 文 献

程业勋，2005. 环境地球物理学概论. 北京：地质出版社.

金旭，傅维洲，2003. 固体地球物理学基础. 吉林：吉林大学出版社.

琚新刚，欧海峰，2004. 浅析矢量分析中梯度、散度和旋度的算子表示. 河南教育学院学报（自然科学版），(2)：26-27.

刘光鼎，王家林，吴健生，2018. 地球物理通论. 上海：上海科学技术出版社.

马冰然，2010. 电磁场与电磁波学习指导与习题详解. 广州：华南理工大学出版社.

邱宁，何展翔，昌彦君，2007. 分析研究基于小波分析与谱分析提高重力异常的分辨能力. 地球物理学进展：112-120.

阮爱国，2018. 海底地震勘测理论与应用. 北京：科学出版社.

苏树朋，张纳莉，史彦华，等，2010. 华北地区重力场变化特征研究 . 华北地震科学，28：52-58.

隋淑玲，唐军，蒋宇冰，等，2012. 常用地震反演方法技术特点与适用条件 . 油气地质与采收率，19：38-41，113-114.

王谦身，滕吉文，张永谦，等，2009. 四川中西部地区地壳结构与重力均衡 . 地球物理学报，52：579-583.

吴时国，张健，2014. 海底构造与地球物理学 . 北京：科学出版社 .

谢树艺，2012. 工程数学：矢量分析与场论 . 北京：高等教育出版社 .

邢磊，2012. 海洋小多道地震高精度探测关键技术研究 . 青岛：中国海洋大学 .

薛琴访，1978. 场论 . 北京：地质出版社 .

薛文卓，弓虎军，2019. 基于布格重力异常的地球物理测井方法 . 国外测井技术，40：38-39.

张恩会，石磊，罗娇，等，2018. 鄂尔多斯地块及邻区重力均衡研究 . 地震学报，40：774-784，832.

GARLAND G D M，1987. 地球物理学引论 . 陈颙译 . 北京：地震出版社 .

AKI K，CHRISTOFFERSSON A，HUSEBYE E S，1977. Determination of the three-dimensional seismic structure of the lithosphere. Journal of Geophysical Research，82：277-296.

CHEN B，GU Z，DI C，et al.，2010. International geomagnetic reference field：the eleventh generation. Geophysical Journal International，183：1216-1230.

CLARK-MAXWELL J，1890. The scientific papers of James Clerk Maxwell Vol I. New York：Dover Publication.

CLARK-MAXWELL J，2013. A Dynamical Theory of the Electromagnetic Field. Edinburgh：Scottish Academic Press.

D'ACREMONT E，LEROY S，BESLIER M O，et al.，2018. Structure and evolution of the eastern Gulf of Aden conjugate margins from seismic reflection data. Geophysical Journal of the Royal Astronomical Society，160：869-890.

DAN M K，JACKSON J，PRIESTLEY K，2005. Thermal structure of oceanic and continental lithosphere. Earth and Planetary Science Letters，233：337-349.

DAVIES J H，2013. Global map of solid Earth surface heat flow：Global Surface Heat Flow Map. Geochemistry Geophysics Geosystems，14：4608-4622.

OLDENBURG D W，1974. The inversion and interpretation of gravity anomalies. Geophysics，39：526-536.

PARSONS B，DALY S，1983. The relationship between surface topography，gravity anomalies，and temperature structure of convection. Journal of Geophysical Research Solid Earth，88：1129-1144.

第3章 海洋地球物理数学分析

3.1 数据与计算方法

3.1.1 数据

所有能输入到计算机并被计算机程序处理的符号统称为数据。人们通过观察现实世界中的自然现象、人类活动，可以形成许多数据，如测井数据、地震数据、重磁数据、热流数据等。本书涉及的数据包括：①观测数据，即现场获取的实测数据、量算数据、台站记录数据、实验数据、遥测数据等；②分析数据，即数学、物理、化学方法分析处理和图表统计的数据；③遥感数据，即地面、航空、航天遥感数据。

3.1.1.1 数据的价值

数据的价值包括：①科学数据隐含客观规律；②科学数据为解决具体问题提供科学依据。真理尽在数据中，如万有引力定律、法拉第电磁感应定律、傅里叶热传导定律等，都是在数据中发现的；又如海洋深水油气、俯冲带构造活动、边缘海地壳结构等，都需要依据海洋地球物理数据进行分析研究。

数据体系是一个国家国力和自主创新能力的体现。海洋地球物理科学数据是开展海洋科学研究的基础，有效地组织、存储和利用海洋地球物理科学数据，通过计算、分析和数据挖掘，可以不断揭示新知识，提升科学发现和创新的机遇。

3.1.1.2 数据的作用

从2012年3月美国政府①宣布开始大数据计划以来，人类的生活方式已经被数据彻底改变。海洋地球物理研究必须紧跟时代变化，同时提高从大量数据中组织、处理、发现信息的计算能力。

中国正在加快建设海洋强国，大力发展海洋科技，加强深海科技研究，实现海洋资源的有效利用和开发。不断完善的海洋观测系统，极大丰富了海洋地球物理数据。这些数据的不断积累，为解决海洋科学问题提供了重要依据，也使科学研究的方式产生了巨大变革，由“实验（观测）—理论创新”研究方式转变为“实验（观测）—计算和模拟—理

① http：//www.whitehouse.gov/blog/2012/03/29/big-data-big-deal.

论创新”研究方式。

研究方式的变革，扩大了科学研究的空间和时间，从而促进新的科学发现和创新，同时也使科学研究的方法技术与研究思路发生飞跃。计算方法是突破研究局限性、提高海洋认知能力的重要因素，海洋地球物理研究必须重视计算方法，不断提高数据计算能力，以计算技术推动理论创新，积极参与大数据研究，利用海量的数据资料，开展计算与模拟，提取强干扰背景下的海洋地球物理微弱信号，解释隐藏在数据背后的物理过程、动力学机制。

3.1.2 计算方法

计算方法是具体设计—分析—求解数学问题、实现数学模型的重要手段，当代各门自然科学和工程技术中，计算方法已成为和理论与实践并列的、不可缺少的环节。目前与计算方法相关的课程包括“数值计算方法”“数值分析”“计算数学”“科学计算与工程”等。

利用计算机进行科学计算，必须针对具体的实际问题，建立相应的数学模型，研究适合计算机编程的计算方法（图 3-1）。

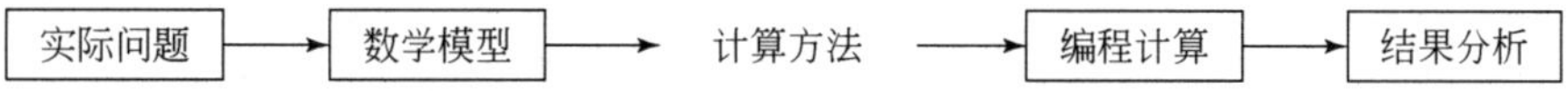

图 3-1　计算方法在科学研究中的作用

本书主要从海洋地质与地球物理学科应用角度认识常见数学问题、数学模型的计算方法。

数学模型就是对客观事物中要研究的部分的特征、内在规律进行简化、抽象、提炼，用数学语言、符号表述成数学结构。这种将实际问题表示为数学结构的过程，即为建立数学模型。例如，大洋岩石圈冷却的热演化问题（图 3-2）。如何建立这个问题的数学模型呢？

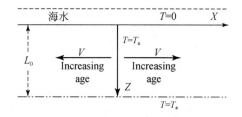

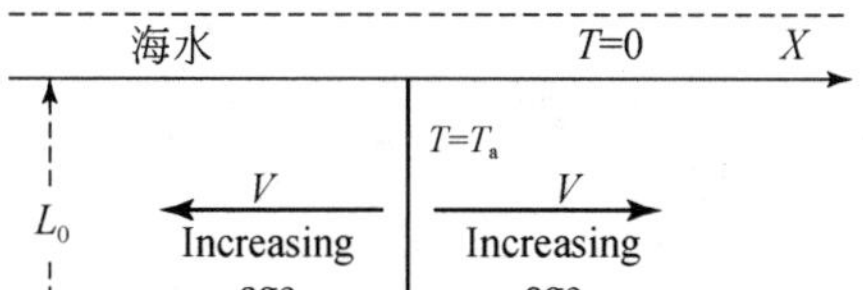

图 3-2　大洋岩石圈冷却模型

$T=0$ 表示上边界温度；$T=T_a$ 表示下边界温度；V 表示岩石圈扩张速度；L_0 表示大洋岩石圈厚度；Increasing age 表示大洋岩石圈年龄随洋脊向两侧增加

首先需要抽象出这个问题的特征、内在规律，然后用数学形式表示其物理规律，即建立数学模型：板块水平移动速度为 V，且具有热导率为 k 的玄武岩基底的半空间数学问题，其垂直及水平方向热传导方程的二维形式为

$$\frac{k}{\rho C}\left(\frac{\partial^2 T}{\partial x^2}+\frac{\partial^2 T}{\partial z^2}\right)=V\frac{\partial T}{\partial t} \tag{3-1}$$

式（3-1）即为图 3-2 所示的大洋岩石圈冷却模型。其中，k 为热导率；ρ 为密度；C 为热容；T 为温度；t 为时间；V 为速度。

通过计算方法求解此二阶偏微分方程，得

在板块增生处：$T(z,\ t)=T_0\cdot \mathrm{erfc}\left(\frac{z}{\sqrt{4\kappa t}}\right)$

距岩浆喷出点 x 处的海底热流量：$Q(t)=-\frac{kT_0}{\sqrt{\pi\kappa t}}$

式中，κ 为热扩散系数。

利用计算机进行科学计算，必须建立相应的数学模型，研究适合计算机编程的计算方法（受篇幅限制，本书不涉及具体的算法设计及编程技巧）。科学计算（计算方法）、理论研究、科学实验是现代科学发展的主要手段，三者相辅相成、互为补充。

计算方法的内容非常广泛，本书只介绍与海洋地球物理科学与工程数据处理相关的最常用的计算方法，包括算法和误差、插值和数值逼近（曲线拟合、数值微分、数值积分）、求解方程（非线性方程、常微分方程、偏微分方程、代数方程组）三方面的内容。

3.1.2.1 算法和误差

（1）算法

算法是指求解数学问题时，对求解方案和计算步骤的完整、明确的描述，即由给定已知量，按确定的运算顺序，经有限次四则运算，求解未知量的计算步骤。

描述一个算法可以采用许多方法，最常用的方法是程序流程图。计算机只能进行加、减、乘、除运算和一些简单函数计算，用计算机能接受的语言来描述算法就称为程序设计。

图 3-3（a）是描述地球物理资料处理中求最大值问题的算法结构（程序流程）图。图 3-3（b）是海洋地球物理地震勘探数据叠加与偏移处理时，求解形如 $ax^2+by+c=0$ 的一元二次方程根的算法结构（程序流程）图。

（2）算法优劣的判断标准

不同的人对于同一个计算问题，会设计出不同的算法结构或计算程序流程。算法有优劣，简单问题的算法优劣，一望便知，如计算自然数 1 ~ 100 的和，可以依据算式 1+2+3+…+100计算，也可以依据算式 101×50 计算。复杂问题的算法优劣主要依靠以下三点判断。

1）时间复杂性（计算量）：算法中乘除运算总次数。例如，用一台每秒 10 亿次乘法运算的计算机，求解一个 20 阶线性方程组。用克莱姆（Cramer）法运算，需要 30 万年；用高斯消元法运算，只需要几十秒。

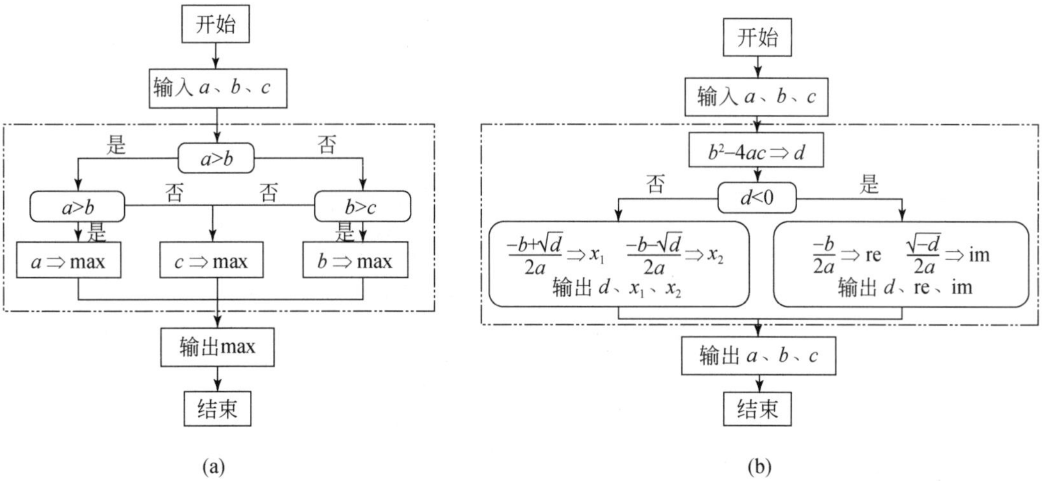

图 3-3 算法结构图

2）空间复杂性（存储量）：计算机求解数学问题（模型）时，程序要占用工作单元（内存）。算法占用内存数量的多少，与算法空间复杂性相关，是衡量算法优劣的一个标准。

3）逻辑结构：简单、明确的逻辑结构，方便编制、修改和使用。虽然计算机可以自动执行极其复杂的计算程序，但计算程序的每个细节都需要编程人员制定，逻辑结构过分复杂的算法会“害死”人。例如，2019 年，波音 737 MAX8 空难，部分原因是个别分析指令程序逻辑结构过分复杂。

（3）算法的递推性

海洋地球物理的计算问题，大多需要依据计算机基本特点，采用递推化方法。其基本思想是将一个复杂过程，归结为简单过程的多次重复。这种重复在计算机程序上通过循环语句很容易实现。

例如，海洋地球物理数据处理中，常用的多项式求值问题，就采用如下递推化方法。

给定 x，求 n 次多项式的值：

$$p_n(x) = a_0 + a_1 x + a_2 x^2 + \cdots + a_n x^n \tag{3-2}$$

1）算法一：直接逐项求和。设，t_k表示 x 的 k 次幂，u_k表示 n 次多项式右端前 $k+1$ 项的部分和，则

$$t_k = x^k, \quad u_k = a_0 + a_1 x + a_2 x^2 + \cdots + a_{k-1} x^{k-1} + a_k x^k \tag{3-3}$$

x 的 k 次幂等于其 $k-1$ 次幂 t_{k-1}乘以 x，前 $k+1$ 项部分和 u_k等于前 k 项的部分和 u_{k-1}加第 $k+1$ 项 $a_k x^k$，得到递推公式

$$\begin{cases} t_k = x t_{k-1} \\ u_k = u_{k-1} + a_k t_k \end{cases} \quad (k = 1,\ 2,\ \cdots,\ n) \tag{3-4}$$

取初值 $t_0 = 1$，$u_0 = a_0$，对 $k = 1$，2，⋯，n 反复执行递推式，最终得到 u，就是所求多

项式的计算结果。

2）算法二：降幂次序求和。按降幂次序重新排列 n 次多项式表达式，即

$$p_n(x) = a_n x^n + a_{n-1}x^{n-1} + \cdots + a_1 x + a_0 \tag{3-5}$$

从前 n 项提出 x，不断降低最内层多项式的幂，最终得到如下嵌套形式

$$p_n(x) = (\cdots[(a_n x + a_{n-1})x + a_{n-2}]x + \cdots + a_1)x + a_0 \tag{3-6}$$

由此嵌套式，从里层向外层计算，v_k为由最里层数第 k 层的值

$$v_k = (\cdots(a_n x + a_{n-1})x + \cdots + a_{n-k+1})x + a_{n-k} \tag{3-7}$$

那么，第 k 层的结果 v_k等于第 $k-1$ 层的结果 v_{k-1}乘以 x 再加系数 a_{n-k}：

$$v_k = v_{k-1}x + a_{n-k} \quad (k = 1,\ 2,\ \cdots,\ n) \tag{3-8}$$

取初值 $v_0 = a_n$，对 $k=1$，2，…，n 反复执行递推式，最终得到 v，就是所求多项式的计算结果。

算法一的计算量：递推公式每一步需要两次乘法，总计算量为 $2n$ 次乘法。算法二的计算量：递推公式的计算量少一半，且逻辑结构简单。显然，算法二优于算法一。

（4）误差

计算机运算的是有限小数或整数，取数和运算会出现误差，得到的计算结果为近似值。因此，研究算法时，要进行误差分析，能估计误差的算法才具有实用价值。

任何科学计算，包括海洋地球物理问题的科学计算，其解的精确性是相对的，误差是绝对的。一般误差分为四种，即模型误差、观测误差、截断误差、舍入误差。①模型误差。建立数学模型过程中，忽略次要因素，简化复杂问题，产生的数学模型与实际问题之间的误差。②观测误差。建立数学模型和具体运算中所用的观测数据，受观测方式、仪器精度、观测条件等因素限制产生的误差。③截断误差。计算机只能完成有限次算术运算和逻辑运算，对极限运算有限化、对无穷过程截断产生的误差。④舍入误差。计算过程中遇到无穷小数，受计算机字长的限制，只能四舍五入取有限位数据产生的误差。对于具体科学问题的计算，前两种误差是客观存在的，后两种是计算方法引起的。数学模型一旦建立，具体计算分析考虑的就是截断误差、舍入误差。

A. 绝对误差与相对误差

绝对误差 e：设 x^* 为准确值，x 为近似值，则 $e=x^*-x$ 为近似值 x 的绝对误差，简称误差。

绝对误差限 ε：准确值 x^*往往未知，因此，绝对误差 $e=x^*-x$ 无法求出，只能确定其绝对值的某个上界，即 $|e| = |x^*-x| \leqslant \varepsilon$。$\varepsilon$ 是一个确定的数值，称为近似值 x 的一个绝对误差限，简称误差限。

由以上定义，得 $\varepsilon>0$，$x-\varepsilon \leqslant x^* \leqslant x+\varepsilon$，$x=x^* \pm \varepsilon$。一个带有误差的数值常常表示为 $x=15\pm2$、$y=100\pm7$、$z=44\pm0.3$…

绝对误差 e 和绝对误差限 ε 仅考虑误差值本身的大小，没有考虑准确值 x^* 的大小。近似值 x 的精确程度与准确值 x^* 的大小相关，需要通过相对误差 e_r和相对误差限 ε_r来衡量。

相对误差 e_r：设 x^*为准确值（$\neq 0$），x 为 x^* 的一个近似值，则 e_r为近似值 x 的相对

误差

$$e_r = \frac{e}{x^*} = \frac{x^* - x}{x^*} \tag{3-9}$$

相对误差限 ε_r：若存在正数 ε_r满足

$$|e_r| = \left|\frac{e}{x^*}\right| = \left|\frac{x^* - x}{x^*}\right| \leqslant \varepsilon_r \tag{3-10}$$

则 ε_r称为近似值 x 的一个相对误差限。

绝对误差 e、绝对误差限 ε；相对误差 e_r、相对误差限 ε_r与近似值 x、准确值 x^* 的关系如下

$$e_r = \frac{\varepsilon}{|x^*|}, \quad \varepsilon_r^* = \frac{\varepsilon}{|x|}, \quad e_r^* = \frac{e}{x} = \frac{x - x^*}{x} \tag{3-11}$$

B. 误差与有效数字

对于一个近似值 x，不仅要知道其大小，还要知道其准确程度。例如，通过四舍五入法则 $\pi = 3.141\,592\,6\cdots$的近似数可取为 3.14、3.142、3.141 59，这些近似数的绝对误差限 ε 分别为

$$\begin{aligned}
\varepsilon &= |\pi - 3.14| = 0.001\cdots \leqslant 0.005 = \frac{1}{2} \times 10^{-2} \\
\varepsilon &= |\pi - 3.142| = 0.0004\cdots \leqslant 0.0005 = \frac{1}{2} \times 10^{-3} \\
\varepsilon &= |\pi - 3.141\,59| = 0.000\,002\cdots \leqslant 0.000\,005 = \frac{1}{2} \times 10^{-5}
\end{aligned} \tag{3-12}$$

每一个近似值的绝对误差限 ε 都不超过近似值末尾数的半个单位。如果一个近似数满足这个条件，就把这个近似数从末尾到第一位非零数字之间的所有数字叫作有效数字。

有效数字 n：如果近似值 x 的绝对误差限 ε 是某一位上的半个单位，且该位直到 x 的第一位非零数字一共有 n 位，则近似值 x 有 n 位有效数字。例如，$\pi = 3.141\,592\,6\cdots$，近似数 3.14 的误差为 0.001 592 6…，它有 3 位有效数字。

特别地，近似数 3.1416 的误差为 −0.000 007 4…，它有 5 位有效数字；而近似数 3.1415 的误差为 0.000 092 6…，它只有 4 位有效数字。

绝对误差限 ε 与有效数字 n 的关系：设 x^* 为准确值，x 为 x^* 的一个近似值，将近似值 x 表示为 $x = \pm 0.\alpha_1\alpha_2\cdots\alpha_n \times 10^m$。其中，$m$ 是整数，α_i（$i=1, 2, \cdots, n$）是 0～9 中的一个数字，且 $\alpha_i \neq 0$。

如果绝对误差限 $\varepsilon = |x - x^*| \leqslant \frac{1}{2} \times 10^{m-n}$，则称近似值 x 具有 n 位有效数字。

相对误差限 ε_r与有效数字 n 的关系：设 x^* 为准确值，x 为 x^* 的一个近似值，将近似值 x 表示为 $x = \pm 0.\alpha_1\alpha_2\cdots\alpha_n \times 10^m$，$\alpha_1 \neq 0$。

如果 x 具有 n 位有效数字，则相对误差限 ε_r满足 $\varepsilon_r \leqslant \frac{1}{2\alpha_1} \times 10^{-n+1}$，或者说，如果 x 的相对误差限 ε_r满足 $\varepsilon_r = \frac{1}{2(\alpha_1 + 1)} \times 10^{-n+1}$，则 x 至少有 n 位有效数字。

【例题】指数函数 e^x 是海洋地球物理科学问题计算中的常用函数，其取值误差至关重要。假定 $|x| \leq 1$，由泰勒多项式 $S_n = 1+x+\frac{x^2}{2!}+\frac{x^3}{3!}+\cdots+\frac{x^n}{n!}$ 计算 e^x 值。设，截断误差不超过 0.005，则泰勒多项式需取多少项?

解：利用泰勒余项定理，S_n（x）关于 e^x 的截断误差为

$$R_n(x) = \frac{x^{n+1}}{(n+1)!}e^{\theta x}, \qquad e^{\theta x} < e < 3$$

由 $e^{\theta x}<e<3$ 可得

$$|R_n(x)| < \frac{3}{(n+1)!}$$

于是，只要 $n=5$，则 R_n（x）≤ 0.005，此时

$$e^x = S_5 = 1 + x + \frac{x^2}{2!} + \frac{x^3}{3!} + \frac{x^4}{4!} + \frac{x^5}{5!}$$

C. 误差的传播与积累

计算过程中，有时总误差会积累到不可接受的程度。例如，可能把一个深水油气藏的深度推算到地幔之中，把一个新生代构造推算到古生代。因此，海洋地球物理数据处理的算法设计中，必须尽量消除误差的影响。通常采用如下方法：避免数值计算中的不稳定性，控制误差传播；避免“大数”吃“小数”，两数相加时，防止较小数字加不到较大数字上；避免两个相近数字相减，以免有效数字大量丢失；避免分母很小或者乘数因子很大，以免产生溢出。

3.1.2.2 插值与数值逼近

（1）函数插值

描述客观现象的函数 f（x）通常很复杂，往往很难找到具体表达式。许多情况下，海洋地球物理观测的是一些离散点 x_i（$i=0$，1，2，…，n）上的函数值 f（x_i）$=y_i$，$i=0$，1，2，…，n，常常可以用数据表的形式（如下表）给出观测结果。

x_0	x_1	x_2	x_3	…	x_n
y_0	y_1	y_2	y_3	…	y_n

这种数据表格形式给出的函数 $y=f$（x）称为列表函数，观测点 x_0，x_1，…，x_n 称作节点。所谓插值就是在所给的函数表中插入一些需要的中间值。

A. 插值方法基本思想

设法构造某个简单函数 $y=p$（x）作为 f（x）的近似表达式，然后计算 p（x）的值以得到 f（x）的近似值。近似函数的类型可以选代数多项式、三角多项式、有理函数等，最常用的函数类型是代数多项式。原因：①多项式具有各阶导数；②求值比较方便；③理论分析简洁（颜庆津，2012；张韵华等，2018）。

B. 代数插值

用代数多项式研究插值问题，称为代数插值。对于给定的列表函数，求一个 n 次多项

式 $y=p_n(x)$，使其在已知节点 x_i 取给定的函数值 y_i，满足条件：$p_n(x_i)=y_i$，$i=0, 1, 2, \cdots, n$。此问题的解 $y=p_n(x)$ 称为列表函数的插值多项式。点 $x_0, \cdots, x_n$ 称为插值节点。两端的节点所界定的区间称为插值区间。误差函数 $R_n(x)=f(x)-p_n(x)$ 称为 n 次插值多项式 $p_n(x)$ 的插值余项。插值点在插值区间内的称为内插，否则称为外插。

代数插值的几何意义（图 3-4）：通过给定的 $n+1$ 个点 (x_0, y_0)，(x_1, y_1)，$\cdots$，(x_n, y_n)，作一条 n 次代数曲线 $y=p_n(x)$，以近似表示曲线 $y=f(x)$。

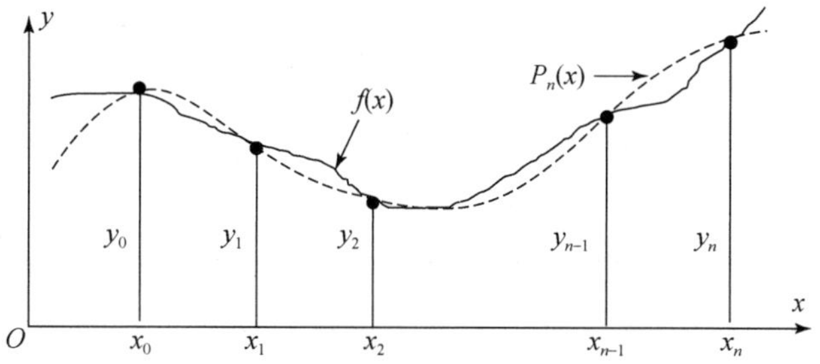

图 3-4　代数插值的几何意义

C. 线性插值（一次插值）

两点插值的简单情形：已知函数 $f(x)$ 在点 x_0、x_1 的函数值 $y_0=f(x_0)$、$y_1=f(x_1)$。作一个一次多项式 $y=p_1(x)$，使满足 $p_1(x_0)=f(x_0)$、$p_1(x_1)=f(x_1)$，几何图形上，$y=p_1(x)$ 表示通过两点 (x_0, y_0)，(x_1, y_1) 的直线。因此，两点插值也称线性插值。线性插值是代数插值最简单的形式。

线性（两点）插值与直线方程：给定函数 $f(x)$ 在点 x_0、x_1 的函数值 $y_0=f(x_0)$、$y_1=f(x_1)$，其线性插值函数就是直线方程 $p(x)=ax+b$。解析几何中，参数 a、b 有两种形式的表达式

点斜式：$p_1(x)=f(x_0)+\dfrac{f(x_1)-f(x_0)}{x_1-x_0}(x-x_0)$；当 $x_1\to x_0$，$\dfrac{f(x_1)-f(x_0)}{x_1-x_0}\to f'(x_0)$，

$$p_1(x)=f(x_0)+f'(x_0)(x-x_0) \tag{3-13}$$

一次插值多项式 $y=p_1(x)$ 的极限形式恰好是 $y=f(x)$ 在点 x_0 处的一阶泰勒多项式（级数）。在几何上，可以解释为当 x_1 趋近 x_0 时，割线逼近曲线 $y(x)$ 在点 (x_0, y_0) 处的切线。

两点式：$p_1(x)=\dfrac{x-x_1}{x_0-x_1}y_0+\dfrac{x-x_0}{x_1-x_0}y_1$；令 $A_0(x)=\dfrac{x-x_1}{x_0-x_1}$，$A_1(x)=\dfrac{x-x_0}{x_1-x_0}$

$$p_1(x)=A_0(x)y_0+A_1(x)y_1 \tag{3-14}$$

式（3-14）表明，一次插值多项式 $y=p_1(x)$ 可以用两个基本插值多项式 $A_0(x)$、$A_1(x)$ 通过线性组合的方法构造出来。

由 $A_0(x)$、$A_1(x)$ 表达式可推知：$A_0(x)+A_1(x)=1$，$\begin{cases}A_0(x_0)=1\\A_0(x_1)=0\end{cases}$ $\begin{cases}A_1(x_0)=0\\A_1(x_1)=1\end{cases}$

A_0（x）与 A_1（x）分别适合下列函数表的插值多项式，称作以 x_0、x_1 为节点的基本插值多项式。

x	x_0	x_1	x	x_0	x_1
A_0（x）	1	0	A_1（x）	0	1

D. 抛物线插值（二次插值）

线性插值仅利用两个节点的信息，精度低。为改善精度，考察三点插值问题。设，给定含有三个节点的函数表

X	x_0	x_1	x_2
Y	y_0	y_1	y_2

作二次多项式 $y=p_2$（x），在节点 x_0、x_1、x_2 满足 p_2（x_0）$=y_0$、p_2（x_1）$=y_1$、p_2（x_2）$=y_2$。设，满足 p_2（x_i）$=y_i$（$i=0$，1，2）条件的二次多项式 p_2（x）$=a_0+a_1x+a_2x^2$ 具有以下形式

$$p_2(x) = A_0(x)y_0 + A_1(x)y_1 + A_2(x)y_2 \tag{3-15}$$

当 $x=x_0$，p_2（x_0）$=y_0$ 时，A_0（x）$=1$，A_1（x）$=0$，A_2（x）$=0$；

当 $x=x_1$，p_2（x_1）$=y_1$ 时，A_0（x）$=0$，A_1（x）$=1$，A_2（x）$=0$；

当 $x=x_2$，p_2（x_2）$=y_2$ 时，A_0（x）$=0$，A_1（x）$=0$，A_2（x）$=1$。

令，A_0（x）$=\lambda$（$x-x_1$）（$x-x_2$），由 A_0（x）$=1$，得 $\lambda=1/(x_0-x_1)(x_0-x_2)$，则

$$A_0(x) = \frac{(x-x_1)(x-x_2)}{(x_0-x_1)(x_0-x_2)} \tag{3-16}$$

同理可得

$$A_1(x) = \frac{(x-x_0)(x-x_2)}{(x_1-x_0)(x_1-x_2)}, \qquad A_2(x) = \frac{(x-x_0)(x-x_1)}{(x_2-x_0)(x_2-x_1)} \tag{3-17}$$

由此，以 x_0、x_1、x_2 为节点得到的基本插值多项式 A_0（x）、A_1（x）、A_2（x）作线性组合，即为所求的插值多项式 $y=p_2$（x）

$$p_2(x) = \frac{(x-x_1)(x-x_2)}{(x_0-x_1)(x_0-x_2)}y_0 + \frac{(x-x_0)(x-x_2)}{(x_1-x_0)(x_1-x_2)}y_1 + \frac{(x-x_0)(x-x_1)}{(x_2-x_0)(x_2-x_1)}y_2 \tag{3-18}$$

几何图形上，二次插值 $y=p_2$（x）是通过三点（x_0，y_0），（x_1，y_1），（x_2，y_2）的抛物线来近似曲线 $y=f$（x）（图 3-5）。因此，二次插值也称抛物线插值。

E. 拉格朗日插值（n 次插值）

多点插值问题的一般形式：参照一次、二次插值构造 p_1（x）、p_2（x）的方法，构建 n 次插值 p_n（x）基本插值多项式。设，n 次多项式满足条件

$$A_k(x_i) = \begin{cases} 0, & i \neq k \\ 1, & i = k \end{cases} \tag{3-19}$$

或者，满足函数表

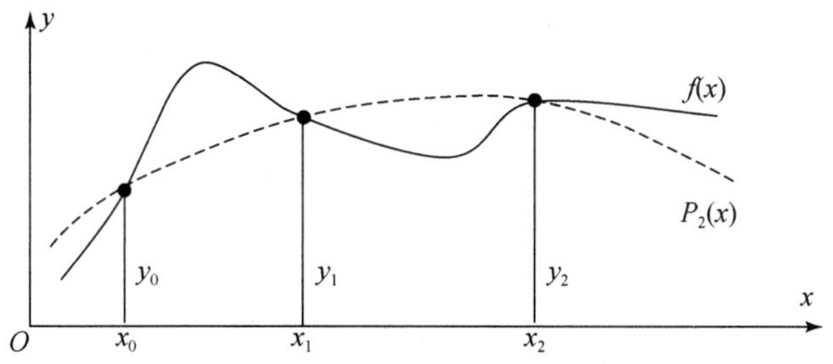

图 3-5　三点抛物线插值的几何意义

X	x_0	x_1	…	x_{k-1}	x_k	x_{k+1}	…	x_n
Y	0	0	…	0	1	0	…	0

如果对每个下标 k 都能做出这样的基本插值多项式 $A_k(x)$，那么它们的线性组合就是所求的插值多项式

$$p_n(x)=A_0(x)y_0+A_1(x)y_1+\cdots+A_n(x)y_n=\sum_{k=0}^{n}y_kA_k(x) \tag{3-20}$$

基本插值多项式的表达式

$$A_k(x)=\frac{(x-x_0)\cdots(x-x_{k-1})(x-x_{k+1})\cdots(x-x_n)}{(x_k-x_0)\cdots(x_k-x_{k-1})(x_k-x_{k+1})\cdots(x_k-x_n)}=\prod_{\substack{j=0\\j\neq k}}^{n}\frac{x-x_j}{x_k-x_j} \tag{3-21}$$

拉格朗日插值公式：n 次插值 $p_n(x)$ 基本插值多项式为

$$\begin{aligned}p_n(x)&=\sum_{k=0}^{n}\frac{(x-x_0)(x-x_1)\cdots(x-x_{k-1})(x-x_{k+1})\cdots(x-x_n)}{(x_k-x_0)(x_k-x_1)\cdots(x_k-x_{k-1})(x_k-x_{k+1})\cdots(x_k-x_n)}f(x_k)\\&=\sum_{k=0}^{n}\left[\prod_{\substack{j=0\\j\neq k}}^{n}\frac{(x-x_j)}{(x_k-x_j)}\right]f(x_k)\end{aligned} \tag{3-22}$$

拉格朗日插值的算法实现：①由于 $A_k(x)$ 都是 n 次的，拉格朗日基本插值多项式 $p_n(x)$ 的次数不会超过 n；②x_k 以外的所有节点都是 $A_k(x)$ 的零点；③拉格朗日公式在逻辑结构上为二重循环，即

内循环（j 循环）由累乘求得系数

$$A_k(x)=\prod_{\substack{j=0\\j\neq k}}^{n}\frac{x-x_j}{x_k-x_j} \tag{3-23}$$

外循环（k 循环）由累加求得结果

$$y=\sum_{k=0}^{n}y_kA_k(x) \tag{3-24}$$

插值余项与误差估计：几何上，通过给定的 $n+1$ 个点 (x_0, y_0)，(x_1, y_1)，…，(x_n, y_n) 做出的代数曲线 $y=f(x)$ 可以是各种各样的。因此，对于任意给定的插值点 x，插值误差 $f(x)-p_n(x)$ 可能任意大。令，插值余项 $R_n=f(x)-p_n(x)$，如果知道导数 $f^{(n+1)}(x)$ 的信息，则可以对余项 $R_n(x)$ 作出误差估计。

插值余项定理：对于给定的插值点 x，由微分中值定理可得插值余项为

$$R_n(x)=\frac{f^{(n+1)}(\xi)}{(n+1)!}\prod_{k=0}^{n}(x-x_k) \tag{3-25}$$

式中，ξ 是与 x 有关的点，位于 min（x_0，x_1，…，x_n，x）与 max（x_0，x_1，…，x_n，x）之间。由插值余项公式，如果能估计出 $|f^{(n+1)}(x)|$ 的上界 M_{n+1}，那么

$$|R_n(x)|\leqslant\frac{M_{n+1}}{(n+1)!}\prod_{k=0}^{n}(x-x_k) \tag{3-26}$$

式（3-26）是估算插值误差的理论公式。实际计算时，常采用“事后估计法”估计插值误差。

插值误差“事后估计法”：考察三个节点 x_0、x_1、x_2 的情况。先用 x_0、x_1 进行线性插值，求出 $f(x)$ 的一个近似值，记为 z_1；然后用 x_0、x_2 再求出一个 z_2。利用余项公式

$$\begin{aligned}f(x)-z_1&=\frac{f''(\xi_1)}{2}(x-x_0)(x-x_1)\\ f(x)-z_2&=\frac{f''(\xi_2)}{2}(x-x_0)(x-x_2)\end{aligned} \tag{3-27}$$

假定导数 $f^{(2)}(x)$ 在插值区间内改变不大，上述两式相除，消去近似相等的 $f^{(2)}(\xi)$

$$\begin{aligned}&\frac{f(x)-z_1}{f(x)-z_2}\doteq\frac{x-x_1}{x-x_2}\Rightarrow f(x)\doteq\frac{x-x_2}{x_1-x_2}z_1+\frac{x-x_1}{x-x_2}z_2\\ &f(x)-z_1\doteq\frac{x-x_1}{x_1-x_2}(z_1-z_2)\end{aligned} \tag{3-28}$$

式（3-28）说明，插值结果 z_1 的误差 $f(x)-z_1$ 可以通过 z_1-z_2 估计。这种直接用插值计算结果来估计插值误差的方法称为“事后估计法”。

【例题】海洋地球物理重磁观测数据处理中，函数插值是常规处理方法。①如果 $f(1)=-1$，$f(2)=2$，$f(3)=1$，求：过这三点的二次插值多项式？②由拉格朗日插值公式，利用 100、121、144 的平方根，求：$\sqrt{115}$ 的值？用“事后估计法”估计计算误差？

解：①由二次插值多项式表达式 $p_2(x)=A_0(x)y_0+A_1(x)y_1+A_2(x)y_2$ 的系数表达式：

$$A_0(x)=\frac{(x-x_1)(x-x_2)}{(x_0-x_1)(x_0-x_2)},\qquad A_1(x)=\frac{(x-x_0)(x-x_2)}{(x_1-x_0)(x_1-x_2)},$$

$$A_2(x)=\frac{(x-x_0)(x-x_1)}{(x_2-x_0)(x_2-x_1)}$$

代入已知条件，则所求二次插值多项式为

$$\begin{aligned}p_2(x)&=\frac{(x-2)(x-3)}{(1-2)(1-3)}\times(-1)+\frac{(x-1)(x-3)}{(2-1)(2-3)}\times 2+\frac{(x-1)(x-2)}{(3-1)(3-2)}\times 1\\ &=-2x^2+9x-8\end{aligned}$$

解：②由拉格朗日插值公式，令 $n=2$，则 $k=0$，1，2 时，分别有 $x_0=100$，$y_0=10$；$x_1=121$，$y_1=11$；$x_2=144$，$y_2=12$，插值基函数

$$A_0(x)=\frac{(x-121)(x-144)}{(100-121)(100-144)},\quad A_1(x)=\frac{(x-100)(x-144)}{(121-100)(121-144)},$$

$$A_2(x)=\frac{(x-100)(x-121)}{(144-100)(144-121)}$$

得

$$p_2(\sqrt{115})=\frac{(115-121)(115-144)}{(100-121)(100-144)}\times 10+\frac{(115-100)(115-144)}{(121-100)(121-144)}\times 11$$

$$+\frac{(115-100)(115-121)}{(144-100)(144-121)}\times 12$$

$$\approx 10.7228$$

先取 $x_0=100$，$y_0=10$；$x_1=121$，$y_1=11$ 作节点，由线性插值公式，得

$$y=10+\frac{11-10}{121-100}\times(x-100)$$

$x=115$ 时，得 $z_1=y=\sqrt{115}\approx 10.714\,29$

再取 $x_0=100$，$y_0=10$；$x_2=144$，$y_2=12$ 作节点，由线性插值公式，得

$$y=10+\frac{12-10}{144-100}\times(x-100)$$

$x=115$ 时，得 $z_2=y=\sqrt{115}\approx 10.681\,82$

由“事后估计法”，可知 100、122、144 的平方根插值$\sqrt{115}$的误差为

$$\varepsilon=f(x)-z_1\doteq\frac{x-x_1}{x_1-x_2}(z_1-z_2)=\frac{115-121}{121-144}(10.714\,29-10.681\,82)\approx 0.008\,47$$

F. 二维拉格朗日插值公式

$$g(x,\ y)=\sum_{i=0}^{M}\sum_{j=0}^{N}\prod_{\substack{k=0\\k\neq i}}^{M}\left(\frac{x-x_k}{x_i-x_k}\right)\prod_{\substack{l=0\\l\neq j}}^{N}\left(\frac{y-y_l}{y_j-y_l}\right)g(x_i,\ y_j)\tag{3-29}$$

式中，$(x_i,\ y_j)$ 为插值节点的坐标；$g(x_i,\ y_j)$ 为各插值节点上的函数值；$(x,\ y)$ 为计算点（待插值点）的坐标；$g(x,\ y)$ 为计算点的插值。

G. 海洋地球物理重磁数据处理中的拉格朗日插值应用

数据网格化：重磁观测中，或图件数字化时，测点分布可能不规则。数据处理时，要求数据按规则网格分布，因此就需要由不规则网格上的实际场值换算出规则网格节点上的场值，这个过程就是数据网格化。数据网格化的问题实际上就是插值问题，即用不规则分布的插值节点上的值来计算规则网格节点上的值。步骤：①计算网格上某点的场值时，先确定选用哪些点作为插值点；②由插值点构造插值多项式计算被插节点的值。

叠加异常的分离、求导、延拓：实测资料中常出现局部异常与区域异常叠加的情况，可以用插值方法分离局部场与区域场。步骤：①根据不受局部场干扰或干扰很小的测点（插值节点）上的场值，构造插值函数；②用插值函数计算受干扰地段的场值，并作为其区域场值；③实测值与求得的区域场值的差即为局部场值。一维拉格朗日插值，节点不宜选择过多，即插值多项式的阶次不宜过高，一般选 4 ~ 6 个插值节点。平面数据用二维拉格朗日插值多项式进行内插。

H. 牛顿插值

均差（差商）概念：设函数$f(x)$在$n+1$个相异的点x_0，x_1，…，x_n上的函数值分别为$f(x_0)$，$f(x_1)$，…，$f(x_n)$，记为y_0，y_1，…，y_n，则

一阶均差：$f[x_0, x_1]=\frac{f(x_0)-f(x_1)}{x_0-x_1}$称为$f(x)$关于节点$x_0$，$x_1$的一阶均差。

二阶均差：一阶均差$f(x_0, x_1)$，$f(x_1, x_2)$的均差$f[x_0, x_1, x_2]=\frac{f[x_0, x_1]-f[x_1, x_2]}{x_0-x_2}$称为$f(x)$关于节点$x_0$，$x_1$，$x_2$的二阶均差。

n阶均差：递推$n-1$阶均差$f[x_0, x_1, \cdots, x_n]=\frac{f[x_0, x_1, \cdots, x_{n-1}]-f[x_1, x_2, \cdots, x_n]}{x_0-x_n}$称为$f(x)$关于节点$n+1$个节点$x_0$，$x_1$，…，$x_n$的均差。均差可以逐阶递推。

均差表的计算：利用均差的递推定义和对称性，可以采用递推方法计算均差表

X_i	$f(x_i)$	一阶均差	二阶均差	三阶均差	…
x_0	$f(x_0)$				
x_1	$f(x_1)$	$f[x_0, x_1]$			
x_2	$f(x_2)$	$f[x_1, x_2]$	$f[x_0, x_1, x_2]$		
x_3	$f(x_3)$	$f[x_2, x_3]$	$f[x_1, x_2, x_3]$	$f[x_0, x_1, x_2, x_3]$	
…	…	…	…	…	…

如果计算四阶均差，需要再增加一个节点，均差表也要增加一行；以此类推……

【例题】 海洋地球物理地震波函数研究中，已知函数$f(x)$在点1、3、4、7上的函数值分别为0、2、15、12，求：函数$f(x)$的三阶均差$f[1, 3, 4, 7]$。

解：列均差表计算

一阶均差

$$f[x_0, x_1]=\frac{f(x_0)-f(x_1)}{x_0-x_1}\Rightarrow\begin{cases}(0-2)/(1-3)=1\\(2-15)/(3-4)=13\\(15-12)/(4-7)=-1\end{cases}$$

二阶均差

$$f[x_0, x_1, x_2]=\frac{f[x_0, x_1]-f[x_1, x_2]}{x_0-x_2}\Rightarrow\begin{cases}(1-13)/(1-4)=4\\(13+1)/(3-7)=-3.5\end{cases}$$

三阶均差

$$f[x_0, x_1, x_2, x_3]=\frac{f[x_0, x_1, x_2]-f[x_1, x_2, x_3]}{x_0-x_3}\Rightarrow\{(4+3.5)/(1-7)=-1.25$$

得均差表

X_i	$f(x_i)$	一阶均差	二阶均差	三阶均差
1	0			
3	2	1		
4	15	13	4	
7	12	−1	−3.5	−1.25

即函数 $f(x)$ 的三阶均差 $f[1, 3, 4, 7]=-1.25$

(2) 曲线拟合与数值逼近

生产实践和科学研究中，常常需要从一组测定数据中，求函数 $y=f(x)$ 的表达式。

从图 3-6 上看，这个问题就是由曲线 $y=f(x)$ 上已给的 $n+1$ 个点 (x_i, y_i)，$i=0, 1, 2, \cdots, n$，求曲线的近似图形。

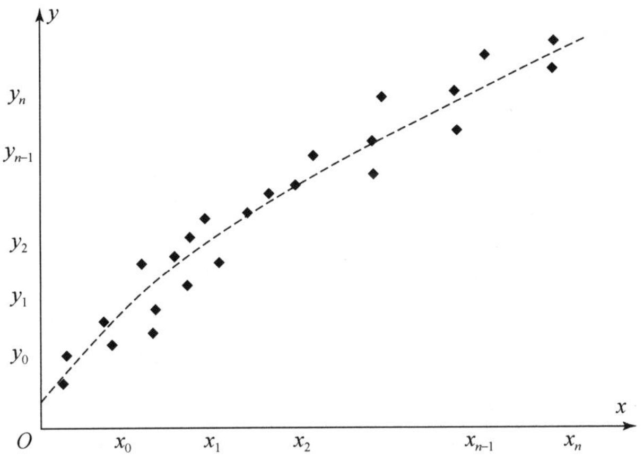

图 3-6 曲线拟合与数值逼近

即设法使观测数据表的离散点 x_i $(i=0, 1, 2, \cdots, n)$ 上的观测值 $f(x_i)=y_i$，$i=0, 1, 2, \cdots, n$，近似满足某一函数 $y=p(x)$

X	x_0	x_1	x_2	…	x_n
Y	y_0	y_1	y_2	…	y_n

曲线拟合与数值逼近问题类似插值问题，但由于插值问题要求近似曲线 $y=p(x)$ 严格通过所给的 $n+1$ 个点 (x_i, y_i)，$i=0, 1, 2, \cdots, n$。这一要求使近似曲线 $y=p(x)$ 保留数据的全部误差，如果个别数据误差很大，则会明显改变插值效果。鉴于此，曲线拟合与数值逼近问题考虑放弃严格通过所有插值节点的要求，采用反映数据总体趋势的方法，通常采用最小二乘法构造近似曲线。

A. 最小二乘法拟合

用最小二乘法拟合计算代数多项式 $p(x)$，将所得多项式 $p(x)$ 看作函数 $y=f(x)$

的近似表达式。设，最小二乘拟合所用 m 次多项式为

$$p_m(x) = c_0 + c_1 x + c_2 x^2 + \cdots + c_m x^m = \sum_{j=0}^{m} c_j x^j, \quad m < n - 1 \tag{3-30}$$

用此式拟合一组数据（x_i，y_i），$i=0$，1，2，…，n，若节点 x_i 处的偏差 $Q\ (f,\ p)_i = p_m\ (x_i) - y_i$，则拟合问题的最小二乘法就是求拟合曲线 $y=p_m\ (x)$，使偏差 Q_i 的平方和为最小值

$$\varphi = \sum_{i=0}^{n} Q_i^2 = \sum_{i=0}^{n} [p_m(x_i) - y_i]^2 = \sum_{i=0}^{n} \left(\sum_{j=0}^{n} c_j x_i^j - y_i\right)^2 \tag{3-31}$$

式中，x_i 与 y_i 为已知值，所以 φ 可以看作 c_j（$j=0$，1，2，…，n）的函数，即 $\varphi=\varphi\ (c_j)$，$j=0$，1，…，m。如此，曲线拟合问题转化为求 $\varphi\ (c_j)$ 的极值问题。

要使多元函数 $\varphi\ (c_j)$ 为极小，c_j 必须满足方程组 $\partial\varphi/\partial c_j=0$，$j=0$，1，…，$m$。解此线性方程组，得多项式 $p_m\ (x)$ 的系数 c_j，即最小二乘拟合。

B. 最小二乘法的具体实现

设，函数 $f\ (x)$ 关于点集 $S_n\ \{x_1,\ x_2,\ \cdots,\ x_n\}$ 的最小平方逼近是指一个不超过 m 次的多项式 $p_m\ (x)$ 与函数 $f\ (x)$ 之间误差的平方和

$$Q(f,\ p) = \sum_{k=1}^{n} [f(x_k) - p_m(x_k)]^2 \tag{3-32}$$

在所有不超过 m 次的多项式中达到最小。

定义矩阵

$$\boldsymbol{f} = (f_1,\ f_2,\ \cdots,\ f_n)^{\mathrm{T}}, \quad \boldsymbol{c} = (c_1,\ c_2,\ \cdots,\ c_n)^{\mathrm{T}}, \quad \boldsymbol{X} = \begin{pmatrix} 1 & x_1 & x_1^2 & \cdots & x_1^m \\ 1 & x_2 & x_2^2 & \cdots & x_2^m \\ \vdots & \vdots & \vdots & & \vdots \\ 1 & x_n & x_n^2 & \cdots & x_n^m \end{pmatrix} \tag{3-33}$$

令 $\boldsymbol{A}=\boldsymbol{X}^{\mathrm{T}}\boldsymbol{X}$，　$\boldsymbol{g}=\boldsymbol{X}^{\mathrm{T}}\boldsymbol{f}$

则 $\boldsymbol{Q}\ (\boldsymbol{f},\ \boldsymbol{p})=(\boldsymbol{c}-\boldsymbol{A}^{-1}\boldsymbol{g})^{\mathrm{T}}\boldsymbol{A}\ (\boldsymbol{c}-\boldsymbol{A}^{-1}\boldsymbol{g})+\boldsymbol{f}^{\mathrm{T}}\boldsymbol{f}-\boldsymbol{g}^{\mathrm{T}}\boldsymbol{A}^{-1}\boldsymbol{g}$

当 $\boldsymbol{c}=\boldsymbol{A}^{-1}\boldsymbol{g}$ 时，$\boldsymbol{c}=(\boldsymbol{X}^{\mathrm{T}}\boldsymbol{X})^{-1}\boldsymbol{X}^{\mathrm{T}}\boldsymbol{f}$，$\boldsymbol{Q}\ (\boldsymbol{f},\ \boldsymbol{p})$ 在 $\boldsymbol{c}$ 上达到唯一极小。由此可得

$$(\boldsymbol{X}^{\mathrm{T}}\boldsymbol{X})\ \boldsymbol{c}=\boldsymbol{X}^{\mathrm{T}}\boldsymbol{f} \tag{3-34}$$

求解此矩阵方程，得出 $\boldsymbol{c}$ 向量，就得到最小二乘意义下 $P_m\ (x)$ 多项式的系数。

【例题】 已知一组海洋地球物理观测数据表，求：最小二乘法拟合函数 $f\ (x)$ 的二次多项式？

x_i	−2	−1	0	1	2
y_i	0	1	2	1	0

解： 设 m 次多项式 $p_m\ (x)=c_0+c_1x+c_2x^2+\cdots+c_mx^m$。由题意，$m=2$，$n=5$，矩阵 $\boldsymbol{A}$、$\boldsymbol{X}$、$\boldsymbol{g}$ 分别为

$$\boldsymbol{X}=\begin{pmatrix}1 & -2 & 4\\ 1 & -1 & 1\\ 1 & 0 & 0\\ 1 & 1 & 1\\ 1 & 2 & 4\end{pmatrix}\quad \boldsymbol{A}=\boldsymbol{X}^{\mathrm{T}}\boldsymbol{X}=\begin{pmatrix}5 & 0 & 10\\ 0 & 10 & 0\\ 10 & 0 & 34\end{pmatrix}\quad \boldsymbol{g}=\boldsymbol{X}^{\mathrm{T}}\boldsymbol{f}=\begin{pmatrix}4\\ 0\\ 2\end{pmatrix}$$

解线性方程组（$\boldsymbol{X}^{\mathrm{T}}\boldsymbol{X}$）$\boldsymbol{c}=\boldsymbol{X}^{\mathrm{T}}\boldsymbol{f}\Rightarrow\begin{cases}5c_0+0c_1+10c_2=4\\ 0c_0+10c_1+0c_2=0\\ 10c_0+0c_1+34c_2=2\end{cases}$

解得 $c_0=58/35$，$c_1=0$，$c_2=-3/7$

代入预设的 m 次多项式，即得 f（x）的最小二乘法拟合二次多项式 $p(x)=-\dfrac{3}{7}x^2+\dfrac{58}{35}$

C. 曲面拟合

设，在平面 n 个节点上给定了函数值 g（x_i，y_i）（$i=1$，2，…，n）。假设函数 g（x，y）可以用 x 和 y 坐标的 m 次多项式近似表示。由 n 个节点上的值，采用最小二乘法，求得 m 次多项式的系数，则该函数在节点分布区内或附近计算点上的值，可由所求得的 m 次插值多项式来确定。

以曲面二次拟合多项式为例，设，函数 g（x，y）的二次拟合多项式为 $\bar{g}$（x，y）

$$\bar{g}(x,\ y)=\alpha_0+\alpha_1x+\alpha_2y+\alpha_3x^2+\alpha_4xy+\alpha_5y^2 \tag{3-35}$$

其中，α_k（$k=0$，1，…，5）为待定系数。要使 $\bar{g}$（x，y）与 g（x，y）在最小二乘意义下达到最佳拟合，系数 α_k（$k=0$，1，…，5）应使 n 个节点上的差值平方和为最小，即

$$\begin{aligned}\Phi(\alpha^*)&=\sum_{i=1}^{N}(g_i-\bar{g}_i)^2=\sum_{i=1}^{n}[g_i-(\alpha_0+\alpha_1x_i+\alpha_2y_i+\alpha_3x_i^2+\alpha_4x_iy_i+\alpha_5y_i^2)]^2\\ &=\min\Phi(\alpha)\end{aligned} \tag{3-36}$$

由多元函数求极值方法，对式（3-36）关于 α_k（$k=0$，1，…，5）求偏导数，并令导数值为 0，则得到方程组 $\dfrac{\partial\Phi(\alpha)}{\partial\alpha_k}=\sum\limits_{i=1}^{n}2[A_i\alpha-g_i]A_{ik}=0$，改写成矩阵形式 $\sum\limits_{i=1}^{n}A_iA_{ik}\alpha=\sum\limits_{k=1}^{n}g_iA_{ik}$。此矩阵方程与式（3-34）所示最小平方逼近矩阵方程形式一致，因此可以写为（$\boldsymbol{A}^{\mathrm{T}}\boldsymbol{A}$）$\boldsymbol{\alpha}=\boldsymbol{A}^{\mathrm{T}}\boldsymbol{g}$，其中，

$$\boldsymbol{A}=\begin{bmatrix}1 & x_1 & y_1 & x_1^2 & x_1y_1 & y_1^2\\ 1 & x_2 & y_2 & x_2^2 & x_2y_2 & y_2^2\\ \vdots & \vdots & \vdots & \vdots & \vdots & \vdots\\ 1 & x_n & y_n & x_n^2 & x_ny_n & y_n^2\end{bmatrix}\quad \boldsymbol{\alpha}=\begin{bmatrix}\alpha_0\\ \alpha_1\\ \vdots\\ \alpha_n\end{bmatrix}\quad \boldsymbol{g}=\begin{bmatrix}g_0\\ g_1\\ \vdots\\ g_n\end{bmatrix} \tag{3-37}$$

采用稳定的数值解法求解方程，得到最佳系数。把计算点的坐标代入二次多项式，即

可求得多项式函数值。

D. 海洋地球物理数据的曲线拟合与数值逼近

数据圆滑：最小二乘圆滑是重磁资料圆滑处理最常用的方法。实测异常中包含有测量的偶然误差和近地表不均匀体产生的干扰，通过圆滑处理，可以消除这些干扰，突出主体异常。对实测异常进行圆滑，从数学上讲是函数拟合的问题。

剖面异常平滑：①线性平滑公式，$\bar{g}(x)=a_0+a_1x$；其中，a_0和a_1为待定系数，可以用最小二乘方法求$\delta=\sum_{i=-n}^{n}[a_0+a_1x_i-g(x_i)]^2=\min$，解得$\bar{g}(0)=\frac{1}{2n+1}\sum_{i=-n}^{n}g(x_i)$。例如，当$n=\pm1$时，有三点平滑公式为$\bar{g}(x)=\frac{1}{3}[g(-1)+g(0)+g(1)]$。同理，可得5点、7点、9点等平滑公式。②二次曲线平滑公式，$\bar{g}(x_i)=a_0+a_1x_i+a_2x_i^2$；同样可以用最小二乘方法解出待定系数$a_0$、$a_1$、$a_2$。以此类推，可以写出三次、四次等曲线平滑公式。

实际的剖面异常平滑工作中，要根据平滑的目的选择平滑公式，通常参加平均的点数越多，曲线越平缓。

平面异常平滑：①线性平滑公式，$\bar{g}(x,y)=a_0+a_1x+a_2y$；可以用最小二乘方法求解出待定系数$a_0$、$a_1$、$a_2$。②二次曲面平滑公式，$\bar{g}(x,y)=a_0+a_1x+a_2y+a_3x^2+a_4xy+a_5y^2$；同样可以用最小二乘方法解出待定系数$a_0$、$a_1$、$a_2$、$a_3$、$a_4$、$a_5$。

平面异常平滑需注意，不同阶次、不同点数的平滑公式的平滑效果不同：点数一定，阶次越低结果越平滑；阶次一定，点数越多结果越平滑；不同阶次和不同点数的结合有时可能得到相似的平滑效果。

3.1.2.3 求解方程

(1) 数值微分

函数$y=f(x)$可以用插值多项式$p_n(x)$近似表达，因此可以取$p_n(x)$的导数值为函数$f(x)$的导数近似值，即

$$f'(x)=p_n'(x) \tag{3-38}$$

这样建立的数值微分公式，统称插值微分公式。不过，即使$f(x)$理论曲线与插值曲线$p_n(x)$相近，二者的导数可能相差很大。因而在数值微分时，特别要注意误差分析。

由插值余项定理，可得插值微分余项

$$f'(x)-p_n'(x)=\frac{f^{(n+1)}(\xi)}{(n+1)!}\left[\prod_{k=0}^{n}(x-x_k)\right]'+\frac{1}{(n+1)!}\left[\prod_{k=0}^{n}(x-x_k)\right]\frac{\mathrm{d}}{\mathrm{d}x}f^{(n+1)}(\xi) \tag{3-39}$$

对于随意给出的点x，误差余项无法预测。对于限定节点a，式(3-39)右边第二项为零，即$\prod_{k=0}^{n}(x-x_k)=0$，此时

$$f'(x)-p_n'(x)=\frac{f^{(n+1)}(\xi)}{(n+1)!}\left[\prod_{k=0}^{n}(a-x_k)\right]' \tag{3-40}$$

为使微分公式的形式简单，本研究仅考虑节点处的导数值，并假定所给节点是等距的。

两点微分公式：设，取两个节点 a，$a+h$ 作线性插值，即

$$p_1(x)=\frac{x-a-h}{-h}f(a)+\frac{x-a}{h}f(a+h) \tag{3-41}$$

令 $p'_1(a)\approx f'(a)$，则

$$f'(a)\doteq\frac{1}{h}[f(a+h)-f(a)] \tag{3-42}$$

类似地，若取 $a-h$ 和 a 作节点构造插值函数，则可得另一微分公式

$$f'(a)\doteq\frac{1}{h}[f(a)-f(a-h)] \tag{3-43}$$

三点微分公式：设，取三个节点 $a-h$、a、$a+h$ 作二次插值，即

$$p_2(x)=\frac{(x-a)(x-a-h)}{2h^2}f(a-h)+\frac{(x-a+h)(x-a-h)}{-h^2}f(a)+\frac{(x-a+h)(x-a)}{2h^2}f(a+h) \tag{3-44}$$

令 $p'_2(a)\approx f'(a)$，则

$$f'(a)\doteq\frac{1}{2h}[f(a+h)-f(a-h)] \tag{3-45}$$

此微分公式也称中点法则。除了中点法则外，三点微分公式还有以下两种形式

$$\begin{aligned}f'(a)&\doteq\frac{1}{2h}[-3f(a)+4f(a+h)-f(a+2h)]\\ f'(a)&\doteq\frac{1}{2h}[f(a-2h)-4f(a-h)+f(a)]\end{aligned} \tag{3-46}$$

函数 $f(x)$ 的数值微分公式，分别是向前差商（两点公式）、向后差商（两点公式）、中间差商（三点公式之中点法则）的三种差商。几何图形上，这三种差商分别表示弦线的斜率，其中中间差商的斜率更接近切向斜率，因此就精度而言，中间差商法更可取。

两种需要求数值微分的情况：①以离散点给出的列表型函数，如各个测点上观测的重力场值、磁场值；②过于复杂、无法直接微分的函数，如

$$f(x)=\frac{2+\cos(1+x^{3/2})}{\sqrt{1+0.5\sin x}}\mathrm{e}^{0.5x} \tag{3-47}$$

海洋地球物理中数值微分的应用：重磁异常求导，由异常换算其一阶导数、二阶导数。求导的目的：①从叠加的异常中划分出与勘探目标有关的异常；②进行位场转换以满足解异常反问题的需要，如将 Δg 转换成 V_{xz}、V_{zz}或 V_{zzz}等。

（2）数值积分

微积分中，积分值通过找原函数的方法得到。然而，找原函数往往十分困难，许多函数甚至找不到用初等函数表示的原函数。运用插值原理，构造插值函数 $p_n(x)$ 近似表达复杂函数 $f(x)$，研究积分问题的数值计算问题，即为数值积分（Chaurasia and Kumar Tak，1999）。

插值求积公式：用插值多项式 p_n （x） 代替积分中的被积函数 f （x），即

$$I^* = \int_a^b f(x)\,\mathrm{d}x \Rightarrow I = \int_a^b p_n(x)\,\mathrm{d}x \tag{3-48}$$

然后计算积分近似值，这样建立起来的求积公式称为插值求积公式。

将拉格朗日 n 次插值多项式 $p_n(x) = \sum_{k=0}^{n} A_k(x) f(x_k)$ 代入上述公式，得

$$I = \int_a^b p_n(x)\,\mathrm{d}x = \sum_{k=0}^{n} \lambda_k f(x_k), \qquad \lambda_k = \int_a^b A_k(x)\,\mathrm{d}x \tag{3-49}$$

式中，λ_k 为求积系数；x_k 为求积节点。为使求积公式形式简单，后面的讨论中，仅考虑等距节点情形。

两点积分公式（梯形公式）：设，取两个节点 a、b 作节点构造线性插值多项式，即

$$p_1(x) = \frac{x-b}{a-b} f(a) + \frac{x-a}{b-a} f(b) \tag{3-50}$$

则积分得

$$T = \int_a^b p_1(x)\,\mathrm{d}x = \frac{b-a}{2}[f(a) + f(b)] \tag{3-51}$$

三点积分公式［辛普森（Simpson）公式］：设，除端点 a、b 外，再补充中点 $c=(a+b)/2$ 作为节点，构造二次插值多项式

$$p_2(x) = \frac{(x-c)(x-b)}{(a-c)(a-b)} f(a) + \frac{(x-a)(x-b)}{(c-a)(c-b)} f(c) + \frac{(x-a)(x-c)}{(b-a)(b-c)} f(b) \tag{3-52}$$

则积分得

$$\begin{aligned} S &= \int_a^b p_2(x)\,\mathrm{d}x = \lambda_0 f(a) + \lambda_1 f(c) + \lambda_2 f(b) \\ &= \frac{b-a}{6}[f(a) + 4f(c) + f(b)] \end{aligned} \tag{3-53}$$

值得注意的是，可通过变量代换 $x=a+t\ (b-a)/2$，取 t 为新的积分变量，代入 S 的积分式，求得求积系数 λ_0、λ_1、λ_2。

五点积分公式［科茨（Cotes）公式］：设，除端点 a、b 及中点 c 之外，再增加节点 $d=a+(b-a)/4$ 与 $e=a+3\ (b-a)/4$，构造五点插值多项式，则可推导出

$$C = \frac{b-a}{90}[7f(a) + 32f(d) + 12f(c) + 32f(e) + 7f(b)] \tag{3-54}$$

以上为三种常用插值求积公式。

实际数值计算中，如果积分区间较大，直接使用这些求积公式，精度无法保证。为保证精度，通常细分积分区间，取步长 $h=(b-a)/n$ 将积分区间（a，b）分为 n 等分，分点为 $x_k=a+kh$，$k=0$，1，2，…，n。然后对每个分段（x_{k-1}，x_k）用上述积分公式求积分 I_k，和值 $I=I_1+I_2+\cdots+I_n$ 作为整个积分区间的积分，这种积分方法称为复化求积法。

复化梯形公式

$$T_n = \sum_{k=1}^{n} \frac{h}{2}[f(x_{k-1}) + f(x_k)] = \frac{h}{2}[f(a) + 2\sum_{k=1}^{n-1} f(x_k) + f(b)] \tag{3-55}$$

复化辛普森公式：设，每个子区间（x_{k-1}，x_k）的中点为 $x_{k-1/2}$，则

$$S_n = \sum_{k=1}^{n} \frac{h}{6}[f(x_{k-1}) + 4f(x_{k-\frac{1}{2}}) + f(x_k)]$$

$$= \frac{h}{6}[f(a) + 4\sum_{k=1}^{n} f(x_{k-\frac{1}{2}}) + 2\sum_{k=1}^{n} f(x_k) + f(b)] \tag{3-56}$$

复化科茨公式：如果将每个子区间（x_{k-1}，x_k）四等分，分点依次为 $x_{k-3/4}$，$x_{k-1/2}$，$x_{k-1/4}$，则

$$C_n = \frac{h}{90}[7f(a) + 32\sum_{k=1}^{n} f(x_{k-\frac{3}{4}}) + 12\sum_{k=1}^{n} f(x_{k-\frac{1}{2}})$$

$$+ 32\sum_{k=1}^{n} f(x_{k-\frac{1}{4}}) + 14\sum_{k=1}^{n} f(x_k) + 7f(b)] \tag{3-57}$$

【例题】地球内部物理研究中，常常依据某种理论假设，通过数值积分研究深部结构。已知一组满足某种规律的海洋地球物理观测数据见下表，

x_i	1/8	1/4	3/8	1/2	5/8	3/4	7/8
$f(x_i)=4/(1+x_i^2)$	3. 938 46	3. 764 70	3. 506 85	3. 200 00	2. 876 40	2. 560 00	2. 265 49

求：①利用上述数据表，分别用复化梯形公式、复化辛普森公式计算 $I^* = \int_0^1 \frac{4}{1+X^2}\mathrm{d}x$

②利用计算结果（取 5 位有效数字）与真值 $I^* = 4\mathrm{arctg}x\,|_0^1 = \pi$ 比较误差，说明两种数值积分优劣。

解：①取 $n=8$，由复化形式的梯形公式得

$$T_8 = \frac{1}{8} \times \frac{1}{2}\left[f(0) + 2f\left(\frac{1}{8}\right) + 2f\left(\frac{1}{4}\right) + 2f\left(\frac{3}{8}\right) + 2f\left(\frac{1}{2}\right)\right.$$

$$\left. + 2f\left(\frac{5}{8}\right) + 2f\left(\frac{3}{4}\right) + 2f\left(\frac{7}{8}\right) + f(1)\right]$$

$$= 3.138\,99$$

取 $n=4$，由复化形式的辛普森公式得

$$S_4 = \frac{1}{4}\times\frac{1}{6}\left[f(0) + 4f\left(\frac{1}{8}\right) + 2f\left(\frac{1}{4}\right) + 4f\left(\frac{3}{8}\right) + 2f\left(\frac{1}{2}\right)\right.$$

$$\left. + 4f\left(\frac{5}{8}\right) + 2f\left(\frac{3}{4}\right) + 4f\left(\frac{7}{8}\right) + f(1)\right]$$

$$= 3.141\,59$$

②积分真值 $I^* = 4\mathrm{arctg}x\,|_0^1 = \pi = 3.141\,59\cdots$，数值积分 $S_4 = 3.141\,59$、$T_8 = 3.138\,99$，结果表明，辛普森公式是精度较高的求积分公式。

3. 1. 2. 4 方程求根

许多地球物理问题最终归结为求解函数方程 $f(x)=0$。如果 $f(x)$ 为代数多项式，则

$f(x)=0$ 即为代数方程。方程的解称为方程 $f(x)=0$ 的根或函数 $f(x)$ 的零点。

例如，已知一个震源深度为 h_e 的地震，距离震中为 x 的检波器记录到 P_n 波走时曲线 T_n 的斜率为 a，截距为 b，如果 P 波在均匀地壳内速度为 V_{P_c}，在地幔顶部速度为 V_{P_m}，地壳厚度 h_c，则求解震中矩方程 $T_n=ax+b$；P_n 波走时方程

$$T_n = \frac{1}{V_{P_m}}x + \frac{2h_0 - h_e}{V_{P_c}}\sqrt{1 - \left(\frac{V_{P_c}}{V_{P_m}}\right)^2} \tag{3-58}$$

由观测数据，可得到地壳厚度、地幔结构等信息。

实际问题的求解过程分两步实现：首先确定某个粗糙的近似解——初始近似值；然后将初始近似值逐步加工为满足一定精度要求的结果。

首先确定方程根的某个初始近似值 x_0，常常采用逐步扫描法，即从左端点 $x=a$ 出发，按某一预选的步长 h 一步一步向右跨，每跨一步检查一次起点 $f(x_0)$ 与终点 $f(x_0+h)$ 是否同号，即“扫描”一次根。如果二者相乘为负值，则根必定在 x_0 与 x_0+h 之间，取 x_0 或 x_0+h 为根的初始近似值。逐步扫描法得到方程根的某个初始近似值 x_0 后，将初始近似值逐步加工为满足一定精度要求的结果，使之逐步精确化的“细加工”过程是方程求根的重点，使根逐步精确化的主要方法包括二分法、迭代法、牛顿法（切线法）、弦截法等。

(1) 二分法

假定方程 $f(x)=0$ 在区间 (a, b) 内有且仅有一个根 x^*。取中点 $x_0=(a+b)/2$，然后进行根的扫描，检查 $f(x_0)$ 与 $f(a)$ 是否同号。同号则根 x^* 在 x_0 右侧，令 $a_1=x_0$，$b_1=b$；异号则根 x^* 在 x_0 左侧，令 $a_1=a$，$b_1=x_0$。由此得到新的有根区间 (a_1, b_1)，其长度仅为 (a, b) 的一半。如此反复二分，有根区间最终收缩于一点 x^*，其就是所求的根。

每次二分后，取有根区间 (a_k, b_k) 的中点

$$x_k = \frac{1}{2}(a_k + b_k) \tag{3-59}$$

作为所求根的近似值，则在二分过程中可以得到一个近似根的序列 x_0，x_1，x_2，…，x_{0k}，…该序列必以根 x^* 为极限。实际计算时，不可能完成无限过程，允许存在误差。由于

$$|x^* - x_k| \leqslant \frac{1}{2}(b_k - a_k) = b_{k+1} - a_{k+1} \tag{3-60}$$

只要有根区间 (a_{k-1}, b_{k-1}) 的长度小于误差 ε，那么 x_k 就能在误差限 ε 内满足方程 $f(x)=0$。二分法为线性收敛，收敛系数等于 1/2。二分法经过 n 步后，$f(x)$ 的一个零点将位于长度为 $h=(b-a)/2^n$ 的一个区间，第 n 步构成区间的右端点逼近函数 $f(x)$ 的一个零点，$h<\varepsilon$。因此对于一个已知误差 ε，二分的步数 n 必须满足

$$n > \ln\frac{b - a}{\varepsilon} \tag{3-61}$$

【例题】 已知 $a=-2$，$b=-1.5$，$f(a)=-9<0$，$f(b)=0.375>0$。

求：对于 $\varepsilon=0.5\times10^{-6}$，二分法求根所需的二分步数 n？

解：$n>\ln\dfrac{b-a}{\varepsilon}=\ln\dfrac{2-1.5}{0.5\times10^{-6}}\approx13.82\approx14$

答：二分步数 $n=14$

（2）迭代法

运用逐步逼近的方法，由某个固定公式反复校正根的近似值，使之逐步精确化，最终得到满足精度的结果。

迭代法的思想：将一般形式的方程 $f(x)=0$，归结为计算一组显式方程 $x_{k+1}=g(x_k)$。从给定的初始近似值 x_0 出发，得到一个数列 x_0，x_1，x_2，…，x_k，…。如果此数列有极限，则其迭代格式（显式）收敛，数列的极限就是方程（隐式）的根 x^*。迭代过程实质上是一个逐步显式化的过程。

例如，求方程 $x^3-x-1=0$ 在 $x=1.5$ 附近的一个根。其迭代过程：将方程改写为显式迭代格式 $x_{k+1}=\sqrt[3]{x_k+1}$，$k=0$，1，2，…

将所给的初始近似值 $x_0=1.5$ 代入显式方程，得 $x_1=\sqrt[3]{x_0+1}=1.357\ 21$。

再代入显式方程，得 $x_1=\sqrt[3]{x_0+1}=1.330\ 86$

再代入显式方程……

如此重复，逐步校正近似值的过程称为迭代过程。

迭代法的几何意义：迭代法方程的求根问题在几何上就是确定曲线 $y=f(x)$ 与直线 $y=x$ $(x=x_0, x_1, x_2, \cdots, x_k,)$ 的交点 P_1，P_2，…。如果迭代收敛，则逼近所求交点 P^*，其横坐标就是方程根的近似值 x^*。

迭代法的优点：算法结构逻辑简单。对于一个收敛的迭代过程，理论上，由迭代值 x_k 的极限就可以得到准确值。但实际计算时，只能进行有限次迭代。因此构造高效的迭代-加速公式控制迭代次数，在有限迭代次数条件下得到需要的求根精度，是迭代法的重要课题。

（3）牛顿法（切线法）

牛顿法是一种求解非线性方程 $f(x)=0$ 根的迭代方法，通过泰勒多项式展开，将非线性方程逐步转化为线性方程，然后迭代求解。

具体方法：①设，x_0 为方程 $f(x)=0$ 的一个近似根，则函数 $f(x)$ 在点 x_0 附近可以用一阶泰勒多项式近似 $p_1(x)=f(x_0)+f'(x_0)(x-x_0)$，因此方程 $f(x)=0$ 在点 x_0 附近可以表示为线性方程 $f(x_0)+f'(x_0)(x-x_0)=0$，其解为 $x=x_0-f(x_0)/f'(x_0)$；②取，x_1 为方程 $f(x)=0$ 的新的近似根……，反复迭代。这种迭代方法称为牛顿法。牛顿法的迭代公式为

$$x_{k+1}=x_k-\frac{f(x_k)}{f'(x_k)} \tag{3-62}$$

由此迭代公式得到的迭代值 x_{k+1} 就是线性方程 $f(x_k)+f'(x_k)(x-x_k)=0$ 的根。

牛顿法的几何意义：牛顿法求方程 $f(x)=0$ 根问题，在几何上就是确定曲线 $y=f(x)$ 上一点 (x_k, P_k) 的切线 $y=f(x_k)+f'(x_k)(x-x_k)$ 与 x 轴的交点 x_{k+1}，作为方程根的近似值 x^*。这样得到的交点 x_{k+1} 满足牛顿法的迭代公式，因此牛顿法也称为切线法。

牛顿法的优点：收敛速度快。对于给定函数 $f(x)$，可以任取初值，依据牛顿法迭代

公式编制通用算法求根，不断迭代，使近似值 x_k 无限逼近精确解 x^*。

(4) 弦截法

牛顿法需要计算导数 $f'(x)$，如果函数 $f(x)$ 复杂，就非常不方便计算。为了避免导数计算，通常用差商计算 $[f(x_k)-f(x_0)]/(x_k-x_0)$ 代替牛顿公式中的导数计算 $f'(x_k)$，则牛顿法迭代公式就转化为弦截法迭代公式

$$x_{k+1} = x_k - \frac{f(x_k)}{f(x_k) - f(x_0)}(x_k - x_0) \tag{3-63}$$

弦截法的几何意义：差商 $[f(x_k)-f(x_0)]/(x_k-x_0)$ 表示函数曲线 $y=f(x)$ 上弦线 P_0P_k 的斜率，按弦截法迭代公式求得的 x_{k+1} 实际上就是弦线 P_0P_k 与 x 轴的交点。因此这种算法称作弦截法。

弦截法的优点：将导数运算近似为除法运算，适合复杂函数 $f(x)$。但对于给定函数 $f(x)$，计算前必须给出两个开始值 x_0、x_1，且弦截迭代公式仅仅是线性收敛公式。

【例题】 海洋地球物理问题常常需要求解非线性方程的根。设，有非线性方程 $x^3-x^2-1=0$，求：①用二分法求此方程在区间 [0, 2] 内的一个根，使该根精确到小数第六位需要迭代多少步？②写出方程三种等价形式 $x=1+\frac{1}{x^2}$，$x^3=1+x^2$，$x^2=\frac{1}{x-1}$ 的相应迭代格式？

解： ①二分法为线性收敛，收敛系数为 1/2。对于区间 $[a, b]$，经过 n 步二分后区间的两个端点至少逼近函数 $f(x)$ 的一个零点，其误差 ε 不超过 $(b-a)/2^n$，即 $n>\ln[(b-a)/\varepsilon]$

由题意：$a=0$，$b=2$，$f(a)=-1<0$，$f(b)=3>0$，$\varepsilon=0.5\times10^{-6}$，则

$$n > \ln[2/(0.5 \times 10^{-6})] = \ln(4 \times 10^6) \approx 15.2018 \approx 16$$

即需要迭代 16 步。

②依据方程的三种等价形式，相应的迭代格式为

$$x_{i+1} = 1 + 1/x_i^2, \quad x_{i+1} = \sqrt[3]{1 + x_i^2}, \quad x_{i+1} = 1/\sqrt{x_i - 1}$$

3.1.2.5 常微分方程的数值解法

求解常微分方程可以用解析方法，但解析方法只能求解一些特殊类型的方程，大量实际地球物理问题归结出来的微分方程主要靠数值解法。

例如，地幔对流参量模型，就是函数 $f(x, y)$ 的一阶常微分方程初值问题，可以表示为

$$\begin{cases} y' = f(x, y) \\ y(x_0) = y_0 \end{cases} \tag{3-64}$$

只要函数 $f(x, y)$ 适当光滑，理论上就可以保证该常微分方程初值问题的解 $y=y(x)$ 存在且唯一。

(1) 数值解法的基本特征

所谓数值解法就是寻求初值问题式 (3-64) 的解 $y=y(x)$ 在一系列离散节点 $x_1<x_2<$

$\cdots<x_n$上近似值 y_1，y_2，⋯，y_n。相邻两个节点间的距离 $h=x_i-x_{i-1}$ 称作步长。一般计算中，通常假定步长 h 为定数。一些特殊情况下，也会选择变步长求解。各种数值解法都具有递推性，使求解过程能顺着节点排列的顺序一步一步向前推进。只要给出从已知结果 y_i，y_{i-1}，⋯，y_0 计算 y_{i+1} 的计算格式，即可描述这类算法。

数值解法的几何意义：方程 $y'=f(x, y)$ 在 xOy 平面（图 3-7）上规定了一个方向场。从初始点 $P_0(x_0, y_0)$ 出发，按方向场引射线，交坐标线 $x=x_1$ 于点 P_1；过 P_1 再引射线，交 $x=x_2$ 于点 P_2；直至 P_i，P_{i+1}，⋯，P_n。其中，P_{i+1} 点的纵坐标为

$$y_{i+1}=y_i+hf(x_i, y_i) \tag{3-65}$$

式（3-65）就是常微分方程初值问题式（3-64）数值解法中著名的欧拉格式。

（2）改进的欧拉方法

按欧拉格式计算的 y_{i+1} 只用到前一步结果，这类格式称作一步格式。对于一步格式，基本假定为前一步的结果 y_i 是准确的，即 $y_i=y(x_i)$。几何上，通常假定点 P_i 就在积分曲线 $y=y(x)$ 上。

欧拉方法简单地取切线端点 P_{i+1} 作为下一个顶点，精度降低。步数增多后，误差积累，欧拉折线（图 3-7）会越来越偏离积分曲线 $y=y(x)$。因此需要改进欧拉格式，构造高精度的计算格式。

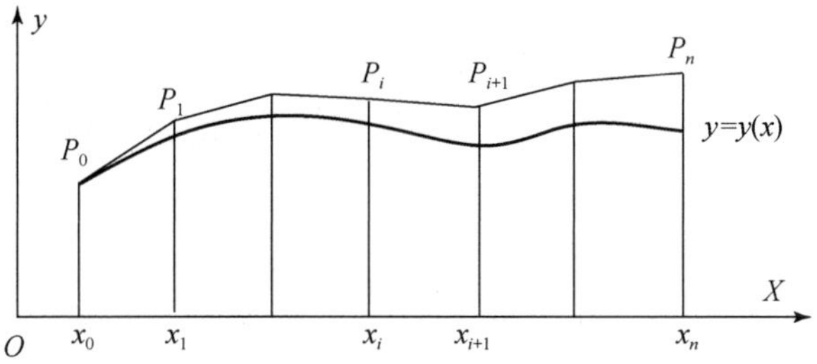

图 3-7　常微分方程欧拉数值解法的几何意义

改进的欧拉方法：将方程 $y'=f(x, y)$ 两端从 x_i 到 x_{i+1} 积分，得到

$$y(x_{i+1})=y(x_i)+\int_{x_i}^{x_{i+1}} f[x, y(x)]\,\mathrm{d}x \tag{3-66}$$

此方程右端的积分项可用前面讲过的数值积分公式近似计算。如果用矩形公式积分，则方程右端的积分项为 $hf[x_i, y(x_i)]$，方程可写为 $y(x_{i+1})\approx y(x_i)+hf[x_i, y(x_i)]$；如果用梯形公式积分，则方程右端的积分项为 $(h/2)\times[f(x_i, y_i)+f(x_{i+1}, y_{i+1})]$，方程可写为 $y_{i+1}\approx y_i+(h/2)\times[f(x_i, y_i)+f(x_{i+1}, y_{i+1})]$。

改进的欧拉格式：综合使用矩形公式、梯形公式，先用欧拉格式计算一个初步近似值，称为预报值 p_{i+1}，$p_{i+1}=y_i+hf(x_i, y_i)$；再用预报值代入梯形公式得到校正值 y_{i+1}，$y_{i+1}=y_i+(h/2)\times[f(x_i, y_i)+f(x_{i+1}, p_{i+1})]$，这样建立的预报–校正系统称为改进的欧拉格式。

改进的欧拉格式中，校正项的每一步需要调用两次 f，实际编程计算时，可以改写为下列形式

$$\begin{cases} y_p = y_i + hf(x_i, \ y_i) \\ y_c = y_i + hf(x_{i+1}, \ y_p) \\ y_{i+1} = 0.5 \times (y_p + y_c) \end{cases} \tag{3-67}$$

【例题】已知：海底附近地层温度 T 随深度 d 递增，设 T 与 d 满足方程 $\begin{cases} T' = T - 2d/T \\ T(0) = 1 \end{cases}$，若采用改进的欧拉数值解法求地层的温度 T，试给出步长 $h = 0.1$ 时，改进的欧拉格式？

解：由题意，得改进的欧拉格式为 $\begin{cases} T_p = T_i + 0.1 \times (T_i - 2d_i / T_i) \\ T_c = T_i + 0.1 \times (T_p - 2d_{i+1} / T_p) \\ T_{i+1} = 0.5 \times (T_p + T_c) \end{cases}$

注：此题有解析解 $T = \sqrt{1 + 2d}$

（3）龙格–库塔方法

龙格–库塔（Runge–Kutta）方法是在改进的欧拉格式基础上，通过平均化思想来构造计算格式。对于微分方程 $y' = f(x, y)$，由差商 $[y(x_{i+1}) - y(x_i)]/h$ 及微分中值定理，得 $[y(x_{i+1}) - y(x_i)]/h = y'(x_i + \theta h)$，则有 $y(x_{i+1}) = y(x_i) + hf[x_i + \theta h, y(x_i + \theta h)]$。其中，$f[x_i + \theta h, y(x_i + \theta h)]$ 为区间 (x_i, x_{i+1}) 上的平均斜率。只要对此平均斜率提供一种算法，即可得到一种计算格式。

不同平均斜率近似计算方法的计算格式：①欧拉格式，$y_{i+1} = y_i + hf(x_i, y_i)$ 仅取 x_i 一个点的斜率值 $f(x_i, y_i)$ 作为平均斜率，精度较低。②改进的欧拉格式，

$$y_{i+1} = y_i + (h/2) \times \{f(x_i, \ y_i) + f[x_{i+1}, \ y_i + hf(x_i, \ y_i)]\} = y_i + (h/2) \times (K_1 + K_2) \tag{3-68}$$

改进的欧拉格式用 x_i 与 x_{i+1} 两个点的斜率值 K_1 和 K_2 取算数平均作为平均斜率的近似值，精度高于欧拉格式。

龙格–库塔方法的基本思想：如果在区间 (x_i, x_{i+1}) 上，多预报几个点的斜率，然后将它们加权平均作为平均斜率的近似值，则可能构造出更高精度的计算格式。

龙格–库塔方法的计算格式：

二阶龙格–库塔格式

$$\begin{cases} y_{i+1} = y_i + h(\lambda_1 K_1 + \lambda_2 K_2) \\ K_1 = f(x_i, \ y_i) \\ K_2 = f(x_{i+p}, \ y_i + phK_1) \end{cases}, \quad \begin{cases} \lambda_1 + \lambda_2 = 1 \\ \lambda_2 p = 1/2 \end{cases} \tag{3-69}$$

三阶龙格–库塔格式

$$\begin{cases} y_{i+1} = y_i + h(\lambda_1 K_1 + \lambda_2 K_2 + \lambda_3 K_3) \\ K_1 = f(x_i, \ y_i) \\ K_2 = f(x_{i+p}, \ y_i + phK_1) \\ K_3 = f[x_{i+q}, \ y_i + qh(rK_1 + sK_2)] \end{cases} \tag{3-70}$$

四阶龙格–库塔格式（常用）

$$
\begin{cases}
y_{i+1} = y_i + \dfrac{h}{6}(K_1 + 2K_2 + 2K_3 + K_4) \\
K_1 = f(x_i,\ y_i) \\
K_2 = f\left(x_{i+\frac{1}{2}},\ y_i + \dfrac{h}{2}K_1\right) \\
K_3 = f\left(x_{i+\frac{1}{2}},\ y_i + \dfrac{h}{2}K_2\right) \\
K_4 = f(x_{i+1},\ y_i + hK_3)
\end{cases}
\tag{3-71}
$$

【例题】 已知：地幔相变边界层的热演化问题，最终可以归结为求解常微分方程的数值解。下图为求解上、下地幔 660km 相变边界层穿透对流活动的常微分方程数值解的四阶龙格–库塔方法算法结构。

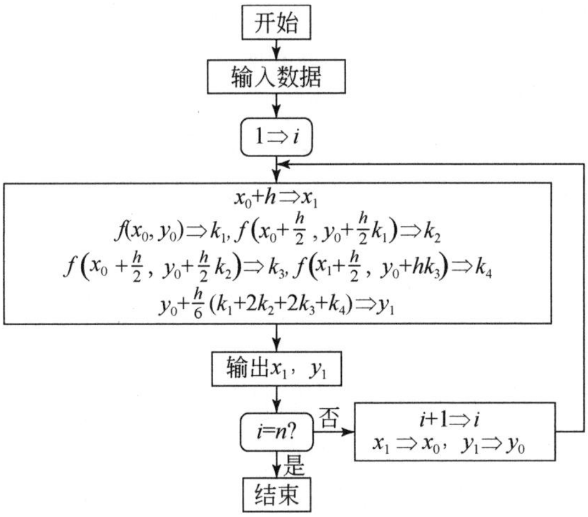

求：①由此算法结构简单说明龙格–库塔方法的基本思想？②写出算法结构中的龙格–库塔计算格式？

解： ①龙格–库塔方法的基本思想：设法在区间（x_i，x_{i+1}）内多预报几个点的斜率值，然后将它们加权平均，作为平均斜率的近似值，由此可能构造出更高精度的计算格式。

②此算法结构图给出的四阶龙格–库塔方法计算格式为

$$
\begin{cases}
y_{i+1} = y_i + (h/6) \times (K_1 + 2K_2 + 2K_3 + K_4) \\
K_1 = f(x_i,\ y_i) \\
K_2 = f\left(x_{i+\frac{1}{2}},\ y_i + \dfrac{h}{2}K_1\right) \\
K_3 = f\left(x_{i+\frac{1}{2}},\ y_i + \dfrac{h}{2}K_2\right) \\
K_4 = f(x_{i+1},\ y_i + hK_3)
\end{cases}
$$

3.1.2.6 偏微分方程的数值解法

含有未知函数 u 的偏导数的关系式，称为偏微分方程。方程中的最高阶导数是 n 阶的就称为 n 阶方程。如果一个偏微分方程对所有未知函数及各阶导数都是线性的就称为线性偏微分方程。

海洋地球物理常常要研究二阶线性偏微分方程，包括双曲型方程（地震）、抛物型方程（地热）、椭圆型方程（重力）。偏微分方程数值解的主要途径是差分方法、有限元方法等。偏微分方程数值解法与常微分方程数值解法相比，不仅更难，而且依赖于所研究的具体方程。

（1）有限差分方法

如图 3-8 所示的二维 X–Z 剖面，用等 h 步长差分格式求解剖面内有源分区均匀密度函数 $f(\sigma)$ 的重力位 U 的边值问题 $\nabla^2 U(x, z)=f(\sigma)$ 为例。

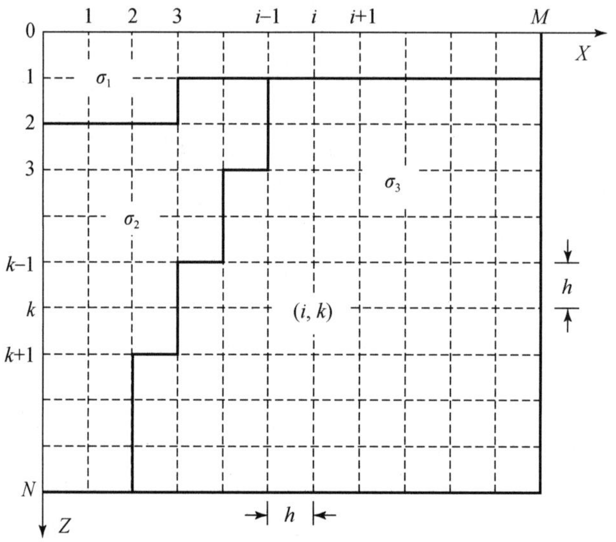

图 3-8　偏微分方程数值解的网格节点

步骤如下：

1）网格剖分。任一点 x、z 的坐标为 $x=ih$，$i=0, 1, 2, \cdots, M$；$z=kh$，$k=0, 1, 2, \cdots, N$。

2）微分方程离散化。任一点 $P(i, k)$ 的重力位二阶偏导数可写为

$$\frac{\partial^2 U(i, k)}{\partial x^2} \approx \frac{U(i+1, k) - 2U(i, k) + U(i-1, k)}{h^2},$$

$$\frac{\partial^2 U(i, k)}{\partial z^2} \approx \frac{U(i, k+1) - 2U(i, k) + U(i, k-1)}{h^2} \tag{3-72}$$

3）构建差分方程。将离散化的微分方程带入重力位 U 偏微分方程，得

$$U(i+1,\ k)+U(i-1,\ k)+U(i,\ k+1)+U(i,\ k-1)-4U(i,\ k)=h^2f \tag{3-73}$$

4）求解线性方程组。全部节点所建立差分方程的总和写成矩阵形式 $[A]\cdot[U]=[F]$。式中，$[A]$ 是方程组的系数矩阵，$[U]$ 是重力位列向量，$[F]$ 是与密度分布有关的常向量。当给定密度分布及边界条件后，解矩阵线性方程组，便可得到重力位的空间分布。

几种重要偏微分方程问题的差分格式：

1）抛物型（热传导方程）偏微分方程 $\frac{\partial u}{\partial t}=\frac{\partial^2 u}{\partial x^2}$ $0\leqslant x\leqslant a$，$t\geqslant 0$ 有限差分格式。

设，以边长 h、k 的矩形覆盖其定义区域，令，$x_i=ih$，$t_j=jk$，则抛物型差分方程的近似函数值 u_{ij} 的计算式

$$u_{i,\ j+1}=\frac{k}{h^2}(u_{i+1,\ j}+u_{i-1,\ j})+\left(1-\frac{2k}{h^2}\right)u_{i,\ j},\quad 1\leqslant i\leqslant n-1,\quad j\geqslant 0 \tag{3-74}$$

利用边界条件，就可以由此方程求得定义区域内所有（x_i，t_j）点上的函数值。

特别地，当网格比 $k=h^2/2$ 时，其差分格式变为更简单形式 $u_{i,j+1}=\frac{1}{2}$（$u_{i+1,j}+u_{i-1,j}$）。

2）双曲型（波动方程）偏微分方程 $\frac{\partial^2 u}{\partial t^2}=\frac{\partial^2 u}{\partial x^2}$，$0\leqslant x\leqslant a$，$t\leqslant 0$ 有限差分格式。

利用数值微分公式，略去误差项，即可得到双曲型差分方程的近似函数值 $u_{i,j}$ 的计算式

$$\frac{u_{i+1,\ j}-2u_{i,\ j}+u_{i-1,\ j}}{h^2}=\frac{u_{i,\ j+1}-2u_{i,\ j}+u_{i,\ j-1}}{k^2} \tag{3-75}$$

由边界条件，可求得区域内的所有（x_i，t_j）点上的函数值。

特别地，当网格比 $k=h$ 时，其差分格式变为更简单形式 $u_{i,j+1}=u_{i+1,j}+u_{i-1,j}-u_{i,j-1}$。

3）椭圆型（位场方程）偏微分方程 $\frac{\partial^2 u}{\partial x^2}+\frac{\partial^2 u}{\partial y^2}=0$，$a\leqslant x\leqslant A$，$b\leqslant y\leqslant B$ 差分格式。

假定 $A-a=mh$，$B-b=nh$，且设，$x_i=a+ih$，$y_j=b+jh$。令，$u_{i,j}$ 是 u（x_i，y_j）的近似值，则由数值微分公式，略去误差项，即可得到椭圆型差分方程的近似函数值 $u_{i,j}$ 的计算式

$$u_{i,\ j}=\frac{1}{4}(u_{i+1,\ j}+u_{i-1,\ j}+u_{i,\ j+1}+u_{i,\ j-1}) \tag{3-76}$$

（2）有限单元方法

有限单元方法是以变分原理和剖分插值为基础的数值计算方法。首先，利用变分原理把边值问题转化为变分问题，即泛函的极值问题。其次，与有限差分法相似，使连续的求解区域离散化，形成网格单元。再次，在各单元上将变分方程离散化，导出以各节点 $u_{i,j}$ 的高阶线性方程组。最后，求解矩阵方程，得到各节点 $u_{i,j}$ 值。

仍以图 3-8 所示的二维 X-Z 剖面有源重力位 U 的边值问题为例。

1）将 U 的边值问题变为变分问题：构造相应的泛函表达式，化为泛函的极值问题。即

$$J=\iint_S\left\{\frac{1}{2}\sigma\left[\left(\frac{\partial U}{\partial x}\right)^2+\left(\frac{\partial U}{\partial z}\right)^2+U\cdot f\right]\right\}\mathrm{d}S=\min \tag{3-77}$$

2）变分问题的离散化：二维变分问题中的泛函——整个求解区上的积分 J（U），分解为各个单元上的积分 J_e（U）之和。即 $J(U) = \sum_e J_e(U)$

3）单元分析：考虑到单元内密度 σ 为常量，则任意单元 e 上的泛函可写成

$$J_e(U) = \frac{1}{2}[U^e]^{\mathrm{T}}[K^e][U^e] - [I^e][U^e] \tag{3-78}$$

式中，$\left[\frac{\partial U}{\partial x}\frac{\partial U}{\partial z}\right]^{\mathrm{T}} = [B^e][U^e]$，$[K^e] = \iint_e \sigma\,[B^e]^{\mathrm{T}}[B^e]\mathrm{d}x\mathrm{d}z$，$[I^e] = \left(\frac{I_i}{n_i}\ \frac{I_i}{n_i}\ \frac{I_i}{n_i}\right)$

4）总体合成：对所有单元的 J_e（U）相加，便得到整个求解区的泛函 J（U）关于节点重力位的极值问题 $J(U) = \frac{1}{2}[U]^{\mathrm{T}}[K][U] - [I][U] = J(U_1, U_2, \cdots U_N) = \min$。经边界条件处理，得到矩阵方程

$$[K'] \cdot [U] = [P] \tag{3-79}$$

方程的系数矩阵（刚度矩阵）$[K']$ 是已知的，由节点坐标及密度确定，右端项 $[P]$ 也是给定的。求解矩阵方程组，便可得重力位值。

3.1.2.7 线性方程组的解法

许多计算方法中，最关键的一步就是求解线性代数方程。例如，多项式插值与曲线拟合、最小二乘法、数值积分、微分方程的数值逼近、求解偏微分方程的有限单元法等，最终都要求解以下形式的线性代数方程组

$$\sum_{j=1}^{n} a_{ij}x_j = b_j \quad 1 \leqslant j \leqslant m \Rightarrow Ax = b \begin{cases} A = (a_{ij})_{m\times n} \\ x = (x_1, \cdots, x_n)^{\mathrm{T}} \\ b = (b_1, \cdots, b_m)^{\mathrm{T}} \end{cases} \tag{3-80}$$

求解线性代数方程组是海洋地球物理资料分析、海洋地质工程开发的核心计算手段。行列式的一些基本概念是求解线性代数方程组数值解的重要基础（同济大学，2012），但求解 $n=2$ 或 3 的线性方程组的一些方法，如克拉默法则，不适用于解高阶代数方程组。实际地球物理资料计算中需要涉及成千上万个变量，只能借助计算机，利用矩阵这个强有力工具讨论线性方程组解法。

（1）行列式、矩阵与线性方程组

A. 行列式及其性质

行列式：n^2 个数排成 n 行 n 列的数表，按一定运算规律得到的一个数。

行列式的性质：①行列式 D 中有一行（列）元素全为零，则 $D=0$；②行列式 D 中某两行（列）元素相同，则 $D=0$；③行列式 D 中某两行（列）对应元素成比例，则 $D=0$。

行列式的运算法则：①转置行列式 D' 等于行列式 D；②互换行列式某两行（列），行列式变号；③行列式中任一行（列）的公因子 k，可以提到行列式外面；④行列式某行（列）的每个元素是两项之和，可以按该行（列）拆成两个行列式的和；⑤行列式某行（列）加上另一行（列）的 k 倍，行列式不变。

行列式的展开定理

$$\sum_{k=1}^{n} a_{ik}A_{jk} = \begin{cases} D, & i=j \\ 0, & i \neq j \end{cases} \quad 或 \quad \sum_{k=1}^{n} a_{ki}A_{kj} = \begin{cases} D, & i=j \\ 0, & i \neq j \end{cases} \tag{3-81}$$

行列式元素 a_{ij} 的代数余子式 $A_{ij}=(-1)^{i+j}M_{ij}$，只与元素 a_{ij} 在行列式中的位置有关，与元素的数值无关。

B. 矩阵及其性质

矩阵：$m\times n$ 个数排成的数表，包括零矩阵 $\boldsymbol{O}$、n 阶方阵 $\boldsymbol{A}_n$、n 阶对角阵 $\boldsymbol{\Lambda}$、单位阵 $\boldsymbol{E}$。

矩阵运算：矩阵的加法，同型矩阵对应元素相加

$$\boldsymbol{A}-\boldsymbol{B}=\boldsymbol{A}+(-\boldsymbol{B})=(a_{ij}-b_{ij})_{m\times n} \tag{3-82}$$

矩阵的乘法

$$\begin{aligned} &\lambda(\boldsymbol{AB})=\boldsymbol{A}(\lambda\boldsymbol{B}), \quad (\boldsymbol{AB})\boldsymbol{C}=\boldsymbol{A}(\boldsymbol{BC}) \\ &\boldsymbol{A}(\boldsymbol{B}+\boldsymbol{C})=\boldsymbol{AB}+\boldsymbol{AC}, \quad (\boldsymbol{B}+\boldsymbol{C})\boldsymbol{A}=\boldsymbol{BA}+\boldsymbol{CA} \end{aligned} \tag{3-83}$$

$$\boldsymbol{A}=(a_{ij})_{m\times n}, \quad \boldsymbol{B}=(b_{ij})_{s\times n}, \quad \boldsymbol{C}=\boldsymbol{AB}=(a_{ij})_{m\times s}\times(b_{ij})_{s\times n}=(c_{ij})_{m\times n}$$

$$c_{ij}=a_{i1}\times b_{1j}+a_{i2}\times b_{2j}+\cdots a_{is}\times b_{sj}=\sum_{k=1}^{s}a_{ik}b_{kj}, \ (i=1, 2, \cdots, m; j=1, 2, \cdots, n) \tag{3-84}$$

矩阵转置：$\boldsymbol{A}$ 的转置矩阵 $\boldsymbol{A}^{\mathrm{T}}$。

$$\begin{aligned} &(\boldsymbol{A}^{\mathrm{T}})^{T}=\boldsymbol{A}, \quad (\lambda\boldsymbol{A})^{\mathrm{T}}=\lambda(\boldsymbol{A})^{\mathrm{T}}, \quad (\boldsymbol{A}+\boldsymbol{B})^{\mathrm{T}}=\boldsymbol{A}^{\mathrm{T}}+\boldsymbol{B}^{\mathrm{T}} \\ &(\boldsymbol{AB})^{\mathrm{T}}=\boldsymbol{B}^{\mathrm{T}}\boldsymbol{A}^{\mathrm{T}}\Rightarrow(\boldsymbol{AA}^{\mathrm{T}})^{\mathrm{T}}=\boldsymbol{AA}^{\mathrm{T}}, \quad (\boldsymbol{A}^{\mathrm{T}}\boldsymbol{A})^{\mathrm{T}}=\boldsymbol{A}^{\mathrm{T}}\boldsymbol{A} \end{aligned} \tag{3-85}$$

方阵：n 阶方阵 $\boldsymbol{A}_n$；主对角线外的元素全为零的 n 阶方阵称为 n 阶对角阵 $\boldsymbol{\Lambda}$；主对角线上的元素全等于 1 的对角阵称为单位阵 $\boldsymbol{E}$。如果方阵满足 $\boldsymbol{A}^{\mathrm{T}}=\boldsymbol{A}$，则称 $\boldsymbol{A}$ 为对称阵。由转置阵运算可知 $\boldsymbol{A}^{\mathrm{T}}\boldsymbol{A}$、$\boldsymbol{AA}^{\mathrm{T}}$ 都是对称阵。

$$\boldsymbol{A}^1=\boldsymbol{A}, \quad \boldsymbol{A}^2=\boldsymbol{AA}, \quad \boldsymbol{A}^{k+l}=\boldsymbol{A}^k\boldsymbol{A}^l, \quad (\boldsymbol{A}^k)^l=\boldsymbol{A}^{kl}, \quad (\boldsymbol{AB})^k\neq\boldsymbol{A}^k\boldsymbol{B}^k \tag{3-86}$$

方阵 $\boldsymbol{A}$ 的行列式：记为 $|\boldsymbol{A}|$、$\det\boldsymbol{A}$，$|\boldsymbol{A}^{\mathrm{T}}|=|\boldsymbol{A}|$，$|\lambda\boldsymbol{A}|=\lambda^n|\boldsymbol{A}|$，$|\boldsymbol{AB}|=|\boldsymbol{A}||\boldsymbol{B}|=|\boldsymbol{B}||\boldsymbol{A}|=|\boldsymbol{BA}|$ $(\boldsymbol{AB}\neq\boldsymbol{BA})$

方阵 $\boldsymbol{A}$ 的伴随阵 $\boldsymbol{A}^*$：$\boldsymbol{A}^*$ 中元素 A_{ij} 是方阵 $\boldsymbol{A}$ 的行列式 $|\boldsymbol{A}|$ 中元素 a_{ij} 的代数余子式

$$\boldsymbol{A}^*=\begin{bmatrix} A_{11} & A_{21} & \cdots & A_{n1} \\ A_{12} & A_{22} & \cdots & A_{n2} \\ \vdots & \vdots & \ddots & \vdots \\ A_{1n} & A_{2n} & \cdots & A_{nn} \end{bmatrix} \tag{3-87}$$

值得注意的是，A_{ij} 行列次序！$\boldsymbol{AA}^*=\boldsymbol{A}^*\boldsymbol{A}=|\boldsymbol{A}|\boldsymbol{E}$，$|\boldsymbol{AA}^*|=|\boldsymbol{A}||\boldsymbol{A}^*|=|\boldsymbol{A}|^n$。

逆阵：n 阶方阵 $\boldsymbol{A}_n$，如果存在 n 阶方阵 $\boldsymbol{B}_n$，$\boldsymbol{AB}=\boldsymbol{BA}=\boldsymbol{E}$，则称 $\boldsymbol{B}$ 是 $\boldsymbol{A}$ 的逆阵，$\boldsymbol{B}=\boldsymbol{A}^{-1}$。

非奇异阵：行列式不为 0 的方阵。方阵 $\boldsymbol{A}$ 非奇异的充要条件是 $\boldsymbol{A}$ 可逆。

逆阵定理：设 $\boldsymbol{A}$ 是 n 阶方阵，$\boldsymbol{A}$ 可逆的充分必要条件是 $|\boldsymbol{A}|\neq 0$，且 $\boldsymbol{A}^{-1}=\boldsymbol{A}^*/|\boldsymbol{A}|$。

逆阵性质：$(\boldsymbol{A}^{-1})^{-1}=\boldsymbol{A}$，$(\lambda\boldsymbol{A})^{-1}=\boldsymbol{A}^{-1}/\lambda$，$(\boldsymbol{A}^{\mathrm{T}})^{-1}=(\boldsymbol{A}^{-1})^{\mathrm{T}}$，$(\boldsymbol{AB})^{-1}=\boldsymbol{B}^{-1}\boldsymbol{A}^{-1}$。

矩阵的初等变换：线性方程组的消元法。

行初等变换：①对换矩阵的某两行（记作 $r_i \leftrightarrow r_j$）；②用不为零的数 k 乘矩阵某一行的所有元素（记作 kr_i）；③把矩阵某一行的 k 倍加到另一行的对应元素上（记作 r_i+kr_j）。

行初等变换求逆阵：$[(\boldsymbol{A} \vdots \boldsymbol{E}) \xrightarrow{\sim} (\boldsymbol{E} \vdots \boldsymbol{A}^{-1}) \parallel \boldsymbol{A}\to\boldsymbol{E}\boldsymbol{E}\to\boldsymbol{A}^{-1}]$（$\boldsymbol{A} \mid \boldsymbol{E}$ 进行同样的行变换，$\boldsymbol{A}$ 变为 $\boldsymbol{E}$，$\boldsymbol{E}$ 变为 $\boldsymbol{A}^{-1}$）。

列初等变换：将上述三种变换中的“行”换成“列”，就是矩阵的列初等变换。

矩阵的秩：$m\times n$ 矩阵 $\boldsymbol{A}$ 中，有一个 r 阶子式 D 不等于零，而所有 $r+1$ 阶子式等于零，D 为矩阵 $\boldsymbol{A}$ 的最高阶非零子式，称数 r 为矩阵 $\boldsymbol{A}$ 的秩，记作 $R(\boldsymbol{A})=r$。$R(\boldsymbol{A}^{\mathrm{T}})=R(\boldsymbol{A})$

分块求逆阵方法：

矩阵求逆，是计算机计算行列式和解线性代数方程组的基础。设，矩阵 $\boldsymbol{A}$ 有如下形式

$$\boldsymbol{A}=\begin{bmatrix}\boldsymbol{P} & \boldsymbol{Q}\\ \boldsymbol{R} & \boldsymbol{S}\end{bmatrix}$$

式中，$\boldsymbol{P}$、$\boldsymbol{S}$ 分别是 k 和 $k+1$ 阶方阵；$\boldsymbol{Q}$、$\boldsymbol{R}$ 分别是 $k\times(n-k)$ 和 $(n-k)\times k$ 阶矩阵。如果 $\boldsymbol{P}$ 的逆阵 $\boldsymbol{P}^{-1}$ 为已知，或容易求得，则 $\boldsymbol{A}$ 的逆阵 $\boldsymbol{A}^{-1}$ 可以用同样维数分块矩阵形式表示

$$\boldsymbol{A}^{-1}=\begin{bmatrix}\boldsymbol{Y} & \boldsymbol{Z}\\ \boldsymbol{U} & \boldsymbol{V}\end{bmatrix},\quad \begin{cases}\boldsymbol{V}=(\boldsymbol{S}-\boldsymbol{R}\boldsymbol{P}^{-1}\boldsymbol{Q})^{-1}\\ \boldsymbol{Z}=-(\boldsymbol{P}^{-1}\boldsymbol{Q})\boldsymbol{V}\\ \boldsymbol{U}=-\boldsymbol{V}\boldsymbol{R}\boldsymbol{P}^{-1}\\ \boldsymbol{Y}=\boldsymbol{P}^{-1}-(\boldsymbol{P}^{-1}\boldsymbol{Q})\boldsymbol{U}\end{cases}$$

【证明】：设，I_k 和 I_{n-k} 分别为 k 阶和 $n-k$ 阶单位阵，则

$$\boldsymbol{A}\boldsymbol{A}^{-1}=\begin{bmatrix}\boldsymbol{P} & \boldsymbol{Q}\\ \boldsymbol{R} & \boldsymbol{S}\end{bmatrix}\begin{bmatrix}\boldsymbol{Y} & \boldsymbol{Z}\\ \boldsymbol{U} & \boldsymbol{V}\end{bmatrix}=\begin{bmatrix}I_k & 0\\ 0 & I_{n-k}\end{bmatrix}$$

因此，有 $\begin{cases}\boldsymbol{P}\boldsymbol{Y}+\boldsymbol{Q}\boldsymbol{U}=I_k & (1)\\ \boldsymbol{P}\boldsymbol{Z}+\boldsymbol{Q}\boldsymbol{V}=0 & (2)\\ \boldsymbol{R}\boldsymbol{Y}+\boldsymbol{S}\boldsymbol{U}=0 & (3)\\ \boldsymbol{R}\boldsymbol{Z}+\boldsymbol{S}\boldsymbol{V}=I_{n-k} & (4)\end{cases}$

由（2）式变形，得 $\boldsymbol{Z}=-(\boldsymbol{P}^{-1}\boldsymbol{Q})\ \boldsymbol{V}$

将 $\boldsymbol{Z}$ 的表达式与（4）式合并，则有 $\boldsymbol{V}=(\boldsymbol{S}-\boldsymbol{R}\boldsymbol{P}^{-1}\boldsymbol{Q})^{-1}$

由（1）式变形，得 $\boldsymbol{Y}=\boldsymbol{P}^{-1}-(\boldsymbol{P}^{-1}\boldsymbol{Q})\ \boldsymbol{U}$

将 $\boldsymbol{Y}$ 的表达式与（3）式合并，则有 $\boldsymbol{U}=-\boldsymbol{V}\boldsymbol{R}\boldsymbol{P}^{-1}$

证毕。

【例题】 用分块求逆阵方法，求下列 $\boldsymbol{P}$、$\boldsymbol{R}$、$\boldsymbol{Q}$、$\boldsymbol{S}$ 分块矩阵 $\boldsymbol{A}$ 的逆阵 $\boldsymbol{A}^{-1}$？

$$\boldsymbol{P}=\begin{bmatrix}1 & 0\\ 0 & 0.5\end{bmatrix},\quad \boldsymbol{Q}=\begin{bmatrix}3 & -1\\ 4 & -2\end{bmatrix},\quad \boldsymbol{R}=\begin{bmatrix}5 & -3\\ 6 & -4\end{bmatrix},\quad \boldsymbol{S}=\begin{bmatrix}-10 & 7\\ -14 & 10.5\end{bmatrix}$$

解：由已知条件，得

$$\boldsymbol{P}^{-1}=\begin{bmatrix}1 & 0\\ 0 & 2\end{bmatrix},\quad \boldsymbol{P}^{-1}\boldsymbol{Q}=\begin{bmatrix}3 & -1\\ 8 & -4\end{bmatrix},\quad \boldsymbol{S}-\boldsymbol{R}(\boldsymbol{P}^{-1}\boldsymbol{Q})=\begin{bmatrix}-1 & 0\\ 0 & 0.5\end{bmatrix}$$

代入逆阵分块形式，得

$$V=(S-RP^{-1}Q)^{-1}=\begin{bmatrix}-1 & 0\\ 0 & 2\end{bmatrix},\quad Z=-(P^{-1}Q)V=\begin{bmatrix}3 & 2\\ 8 & 8\end{bmatrix}$$

$$U=-VRP^{-1}=\begin{bmatrix}5 & -6\\ -12 & 16\end{bmatrix},\quad Y=P^{-1}-(P^{-1}Q)U=\begin{bmatrix}-26 & 34\\ -88 & 114\end{bmatrix}$$

于是，得 $A^{-1}=\begin{bmatrix}Y & Z\\ U & V\end{bmatrix}=\begin{bmatrix}-26 & 34 & 3 & 2\\ -88 & 114 & 8 & 8\\ 5 & -6 & -1 & 0\\ -12 & 16 & 0 & 2\end{bmatrix}$

C. 线性方程组及其性质

1）n 个方程 n 个未知数的 n 元线性方程组求解问题。

克拉默法则：如果线性方程组的系数行列式不等于零（$D\neq 0$），那么方程组有唯一解，即

$$\begin{cases}a_{11}x_1+a_{12}x_2+\cdots+a_{1n}x_n=b_1\\ a_{21}x_1+a_{22}x_2+\cdots+a_{2n}x_n=b_2\\ \cdots\\ a_{n1}x_1+a_{n2}x_2+\cdots+a_{nn}x_n=b_n\end{cases}\Rightarrow x_1=\frac{D_1}{D},\ x_2=\frac{D_2}{D},\ \cdots,\ x_n=\frac{D_n}{D} \tag{3-88}$$

其中，D_j（$j=1, 2, \cdots, n$）是系数行列式 D 中第 j 列元素用方程组右端常数项替换后的 n 阶行列式。

克拉默法则求解线性方程组，必须满足的两个基本条件：①方程个数必须等于未知数个数；②系数行列式 $D\neq 0$。

推论：如果 n 元齐次（$b_1, b_2, \cdots, b_n$ 全为零时）线性方程组有非零解，那么它的系数行列式等于零，反之亦然。

2）m 个方程 n 个未知数的 n 元线性方程组求解问题。

线性方程组的矩阵形式：$Ax=b$ 系数矩阵 $A_{m\times n}$，未知数 $x_{n\times 1}$ 列向量，常数项 $b_{m\times 1}$ 列向量

$$\begin{cases}a_{11}x_1+a_{12}x_2+\cdots+a_{1n}x_n=b_1\\ a_{21}x_1+a_{22}x_2+\cdots+a_{2n}x_n=b_2\\ \cdots\\ a_{m1}x_1+a_{m2}x_2+\cdots+a_{mn}x_n=b_m\end{cases},\quad A=\begin{bmatrix}a_{11} & a_{12} & \cdots & a_{1n}\\ a_{21} & a_{22} & \cdots & a_{2n}\\ \vdots & \vdots & \ddots & \vdots\\ a_{m1} & a_{m2} & \cdots & a_{mn}\end{bmatrix},\quad x=\begin{bmatrix}x_1\\ x_2\\ \vdots\\ x_n\end{bmatrix},\quad b=\begin{bmatrix}b_1\\ b_2\\ \vdots\\ b_n\end{bmatrix} \tag{3-89}$$

行初等变换求线性方程组的解：[$(A \vdots b)\xrightarrow{\sim}(E \vdots x)$ $\parallel A\to Eb\to x$]

增广矩阵：

$$\bar{A}=(A \vdots b)=\begin{bmatrix}a_{11} & a_{12} & \cdots & a_{1n} & \vdots & b_1\\ a_{21} & a_{22} & \cdots & a_{2n} & \vdots & b_2\\ \vdots & \vdots & \ddots & \vdots & \vdots & \vdots\\ a_{m1} & a_{m2} & \cdots & a_{mn} & \vdots & b_m\end{bmatrix} \tag{3-90}$$

非齐次线性方程组解的判断：$R(\boldsymbol{A})<R(\bar{\boldsymbol{A}})$ 无解；$R(\boldsymbol{A})=R(\bar{\boldsymbol{A}})=n$ 唯一解；$R(\boldsymbol{A})=R(\bar{\boldsymbol{A}})<n$ 无穷多解。

齐次线性方程组解的判断：$R(\boldsymbol{A})<n$ 无穷多解（非零解）；$R(\boldsymbol{A})=n$ 唯一解（零解）。

（2）高阶代数方程组的求解方法

克拉默法则等求解线性代数方程组的方法，适用求解 $n=2\sim3$ 的低阶线性方程组。实际的海洋地球物理、海洋地质工程问题中，需要求解成千上万个变量的高阶代数方程组，只能借助计算机，利用矩阵解法计算。主要有直接法、迭代法两类解法。

直接法：计算量较小，可以事先预估所需计算时间。一旦阶数 n 固定，可在预定步数内求得精确解。

迭代法：算法简单，程序编制容易。适合高阶方程组、数值微分问题的方程组的编程，但是它需要方程组的系数矩阵具有某种特殊性质，如主对角线优势。因此不能随意构造迭代格式，否则可能不收敛，或者收敛速度太慢，导致无效计算。

直接法准确性高、可靠性好，因此对于中等规模的线性方程组（$n<100$），大多选用直接法。对于更高阶的方程组，特别是某些偏微分方程的典型稀疏方程组，多选用迭代法。

A. 直接法

简单、常用的直接法是消元法，其基本思想是将方程乘以或除以某一个常数，或者将两个方程项加减，逐步减少方程变元数目，最终使每个方程只含一个变元，从而得到所求解。这是现代计算机上十分有效的求解线性代数方程组的计算方法。

对于系数矩阵非奇异的 n 阶线性方程组

$$\begin{cases} a_{11}x_1 + a_{12}x_2 + \cdots + a_{1n}x_n = b_1 \\ a_{21}x_1 + a_{22}x_2 + \cdots + a_{2n}x_n = b_2 \\ \cdots \\ a_{n1}x_1 + a_{n2}x_2 + \cdots + a_{nn}x_n = b_n \end{cases} \tag{3-91}$$

其矩阵形式

$$\boldsymbol{Ax}=\boldsymbol{b},\quad \boldsymbol{A}=\begin{pmatrix} a_{11} & a_{12} & \cdots & a_{1n} \\ a_{21} & a_{22} & \cdots & a_{2n} \\ \vdots & \vdots & \ddots & \vdots \\ a_{n1} & a_{n2} & \cdots & a_{nn} \end{pmatrix},\quad \boldsymbol{x}=\begin{pmatrix} x_1 \\ x_2 \\ \vdots \\ x_n \end{pmatrix},\quad \boldsymbol{b}=\begin{pmatrix} b_1 \\ b_2 \\ \vdots \\ b_n \end{pmatrix} \tag{3-92}$$

求解此线性方程组的直接法包括若尔当（Jordan）法、高斯法、追赶法、矩阵分解法、平方根法、楚列斯基（Cholesky）法等。

1）若尔当消元法的步骤。

第 1 步：将方程组第 1 个方程 x_1 的系数化为 1，并从其余的方程中消去变元 x_1；

第 2 步：将方程组第 2 个方程 x_2 的系数化为 1，并从其余的方程中消去变元 x_2；

……

以此类推，直到每个方程仅有一个变元为止。

如果 $a_{ij}^{(k)}$ 表示经过 k 步消元后，第 i 个方程 x_j 的系数，$b_j^{(k)}$ 表示右端项，则最终线性方程组经若尔当法消元后化为下列形式：

$$x = \begin{bmatrix} b_1^{(n)} & b_2^{(n)} & \cdots & b_n^{(n)} \end{bmatrix}^{\mathrm{T}} \tag{3-93}$$

若尔当消元法的第 k 步需要计算（$n-k+1$）$\times n$ 个系数，每求一个系数需要一次乘除，总共需要 n^2（$n+1$）/2 次乘除法。因此，若尔当消元法需要较大的运算存储量。

2）高斯消元法。是若尔当消元法的一种改进，在若尔当方法的基础上减少了计算量，其具体步骤如下。

第 1 步：与若尔当法一样，将第 1 个方程 x_1 的系数化为 1，并从其余的方程中消去变元 x_1；

第 2 步：在第 1 步基础上，暂不改动第 1 个方程（留到回代过程再处理），将第 2 个方程至第 n 个方程中 x_2 的系数化为 1，并从其余的方程中消去变元 x_2；

……

以此类推，直到每个方程仅有一个变元为止。

最终线性方程组经高斯法消元后化为三角型方程组，其系数矩阵主对角线以下部分全为零元素，即

$$\boldsymbol{A} = \begin{bmatrix} 1 & a_{12}^{(1)} & a_{13}^{(1)} & \cdots & a_{1n}^{(1)} \\ & 1 & a_{23}^{(2)} & \cdots & a_{2n}^{(2)} \\ & & \ddots & \ddots & \vdots \\ & & & 1 & a_{n-1,\ n}^{(n-1)} \\ & & & & 1 \end{bmatrix} \tag{3-94}$$

然后逆序回代，求解此三角型方程组，即可得解原方程组。回代过程求解公式为

$$x_k = b_k^{(k)} - \sum_{j=k+1}^{n} a_{kj}^{(k)} x_j, \quad k = n,\ n-1,\ \cdots,\ 1 \tag{3-95}$$

高斯消元法的计算量为 n（n^2+3n-1）/3 次乘除法，比若尔当消元法节省约 1/6 计算量。

高斯消元法中，$a_{kk}{}^{(k)}$ 称为第 k 步主元，消元过程中可能出现主元很小的情况，用其作除数，会出现其他元素量级增大和舍入误差扩散的情况，导致高斯消元法不稳定。

为避免小主元，消除高斯消元法不稳定性，通常在消元过程中采用选主元技术，即互换矩阵的行或列（解向量 x 的排序也作相应交换），选取绝对值最大的元素作主元。具体做法：考察第 k 步消元过程，将变元 x_k 的各个系数 $a_{kk}{}^{(k-1)}$，…，$a_{nk}{}^{(k-1)}$ 中绝对值最大的主元素所在方程与第 k 个方程互易位置，使新的 $a_{kk}{}^{(k-1)}$ 变为主元素。选主元分为全选主元、列选主元两种方式。

3）追赶法。如果方程组的系数矩阵为三对角阵，所有非零元素都集中在主对角线及相邻对角线上

$$\boldsymbol{A} = \begin{bmatrix} b_1 & c_1 & & & \\ a_2 & b_2 & c_2 & & \\ & \ddots & \ddots & \ddots & \\ & & a_{n-1} & b_{n-1} & c_{n-1} \\ & & & a_n & b_n \end{bmatrix} \tag{3-96}$$

则求解此类特殊方程组的简便、有效算法就是追赶法。追赶法实际上是高斯消元法的一种简化形式，也分为消元过程——“追”的过程、回代过程——“赶”的过程，具体步骤如下。

第 1 步：与高斯消元法一样，将第 1 个方程 x_1 的系数化为 1；

第 2 步：将第 2 个方程 x_2 的系数化为 1；

……

以此类推，将系数矩阵化为简单形式的二对角阵：

$$A = \begin{bmatrix} 1 & r_1 & & & \\ & \ddots & \ddots & & \\ & & & 1 & r_{n-1} \\ & & & & 1 \end{bmatrix} \tag{3-97}$$

“追”——消元，按方程组顺序确定系数 r_1，r_2，r_3，…，r_{n-1}；“赶”——回代，由简化后的方程逆序求解 x_n，x_{n-1}，…，x_1。追赶法利用方程的具体特点，将系数矩阵中大量零元素撇开，极大节省计算量。

4）矩阵分解法。高斯消元法的消元过程可以看成先将系数矩阵 $\boldsymbol{A}$ 分解成三角矩阵、单位三角矩阵的乘积，然后求解一对三角形线性代数方程组的过程。

分解系数矩阵 $\boldsymbol{A}$ 为三角阵的方法包括 $\boldsymbol{LV}$ 分解［克洛特（Crout）法］、$\boldsymbol{LU}$ 分解［杜里特尔（Doolittle）法］。$\boldsymbol{LV}$ 分解中，$\boldsymbol{V}$ 为单位上三角矩阵，$\boldsymbol{V}^{\mathrm{T}}$ 为单位下三角矩阵，$\boldsymbol{A}=\boldsymbol{LV}$，$\boldsymbol{A}^{\mathrm{T}}=\boldsymbol{V}^{\mathrm{T}}\boldsymbol{L}^{\mathrm{T}}$。$\boldsymbol{LU}$ 分解中，$\boldsymbol{L}$ 为单位下三角矩阵，$\boldsymbol{L}^{\mathrm{T}}$ 为单位上三角矩阵，$\boldsymbol{A}=\boldsymbol{LU}$，$\boldsymbol{A}^{\mathrm{T}}=\boldsymbol{U}^{\mathrm{T}}\boldsymbol{L}^{\mathrm{T}}$。对矩阵 $\boldsymbol{A}$ 作 $\boldsymbol{LV}$ 分解，等价于对矩阵 $\boldsymbol{A}^{\mathrm{T}}$ 作 $\boldsymbol{LU}$ 分解，反之亦然。

解线性代数方程组的过程归结为求解含有中间未知量向量 y 的一对三角形方程组

$$\boldsymbol{Ax}=\boldsymbol{b} \Rightarrow \begin{cases} \boldsymbol{L}(\boldsymbol{Vx})=\boldsymbol{Ly}=\boldsymbol{b} \\ \boldsymbol{L}(\boldsymbol{Ux})=\boldsymbol{Ly}=\boldsymbol{b} \end{cases} \tag{3-98}$$

LV 分解（克洛特法）：将线性方程组系数矩阵 $\boldsymbol{A}$ 分解为一个下三角阵 $\boldsymbol{L}$ 和一个单位上三角阵 $\boldsymbol{V}$ 的乘积

$$\boldsymbol{A}=\begin{bmatrix} a_{11} & a_{12} & \cdots & a_{1n} \\ a_{21} & a_{22} & \cdots & a_{2n} \\ \vdots & \vdots & \ddots & \vdots \\ a_{n1} & a_{n2} & \cdots & a_{nn} \end{bmatrix}=\boldsymbol{LV}, \quad \boldsymbol{L}=\begin{bmatrix} L_{11} & & & \\ L_{21} & L_{22} & & \\ \vdots & \vdots & \ddots & \\ L_{n1} & L_{n2} & \cdots & L_{nn} \end{bmatrix}, \quad \boldsymbol{V}=\begin{bmatrix} 1 & V_{12} & \cdots & V_{1n} \\ & 1 & \cdots & V_{2n} \\ & & \ddots & \vdots \\ & & & 1 \end{bmatrix} \tag{3-99}$$

利用矩阵三角分解关系，$\boldsymbol{Ax}=\boldsymbol{L}(\boldsymbol{Vx})=\boldsymbol{b}$ 的求解可以分两步完成。

第 1 步：先解三角型方程组 $\boldsymbol{Ly}=\boldsymbol{b}$，自上而下逐步消元，顺序求解

$$y_i=\left(b_i-\sum_{k=1}^{i-1} l_{ik}y_k\right)/l_{ii}, \quad i=1, 2, \cdots, n \tag{3-100}$$

第 2 步：再解三角型方程组 $\boldsymbol{Vx}=\boldsymbol{y}$，自下而上逐步回代，逆序求解

$$x_i=y_i-\sum_{k=i+1}^{n} v_{ik}x_k, \quad i=n, n-1, \cdots, 1 \tag{3-101}$$

矩阵 ***LV*** 分解法与高斯消元法等价，两步分别对应消元过程、回代过程。

LU 分解（杜里特尔法）：将线性方程组系数矩阵 ***A*** 分解为一个单位下三角矩阵 ***L*** 和一个上三角矩阵 ***U*** 的乘积

$$\boldsymbol{A}=\begin{bmatrix} a_{11} & a_{12} & \cdots & a_{1n} \\ a_{21} & a_{22} & \cdots & a_{2n} \\ \vdots & \vdots & \ddots & \vdots \\ a_{n1} & a_{n2} & \cdots & a_{nn} \end{bmatrix}=\boldsymbol{LU}=\begin{bmatrix} 1 & & & \\ L_{21} & 1 & & \\ \vdots & \vdots & \ddots & \\ L_{n1} & L_{n2} & \cdots & 1 \end{bmatrix}\begin{bmatrix} u_{11} & u_{12} & \cdots & u_{1n} \\ & u_{22} & \cdots & u_{2n} \\ & & \ddots & \vdots \\ & & & u_{nn} \end{bmatrix} \tag{3-102}$$

采用直接比较法，导出矩阵 ***A*** 的 ***LU*** 分解值。

第 1 步：比较上式两端第 1 行，可得到 ***U*** 的第 1 行 u_{11}，u_{12}，…，u_{1n}，再比较等式两端第 1 列，可得到 L 的第 1 列 l_{21}，l_{31}，…，l_{n1}；

……

第 k 步：比较等式两端第 k 行，可得到 ***U*** 的第 k 行 u_{kk}，u_{kk+1}，…，u_{kn}，再比较等式两端第 k 列，可得到 L 的第 k 列 l_{k+1k}，l_{k+1k}，…，l_{nk}；

……

通过比较 ***A*** = ***LU*** 两边，依次确定 ***L*** 的第 1 列，***U*** 的第 1 行；***L*** 的第 2 列，***U*** 的第 2 行……，直到确定整个 ***L*** 和 ***U***。

求出 ***L*** 和 ***U*** 后，利用回代公式解方程 ***Ly*** = ***b***，再利用回代公式解 ***Ux*** = ***y***，就可以得出原方程的解向量 ***x***。

5）平方根法。海洋地球物理的一些实际问题中，一些线性方程组的系数矩阵出现正定对称阵。如果是对称正定矩阵，则 ***A*** 可以分解为下三角阵 ***L*** 和它的转置阵 $\boldsymbol{L}^{\mathrm{T}}$的积，即 $\boldsymbol{A}=\boldsymbol{L}\boldsymbol{L}^{\mathrm{T}}$

$$\boldsymbol{A}=\begin{bmatrix} a_{11} & a_{12} & & \\ a_{21} & a_{22} & \text{对称} & \\ \vdots & \vdots & \ddots & \\ a_{n1} & a_{n2} & \cdots & a_{nn} \end{bmatrix}=\boldsymbol{L}\boldsymbol{L}^{\mathrm{T}}=\begin{bmatrix} L_{11} & & & \\ L_{21} & L_{22} & & \\ \vdots & \vdots & \ddots & \\ L_{n1} & L_{n2} & \cdots & L_{nn} \end{bmatrix}\begin{bmatrix} L_{11} & L_{21} & \cdots & L_{n1} \\ & L_{22} & & L_{n2} \\ \vdots & \vdots & \ddots & \\ & & \cdots & L_{nn} \end{bmatrix} \tag{3-103}$$

线性方程组 ***Ax*** = ***b*** 可归结为求解两个三角方程组 ***Ly*** = ***b*** 和 $\boldsymbol{L}^{\mathrm{T}}\boldsymbol{x}=\boldsymbol{y}$，求解公式为

$$\begin{aligned} y_i &= \left(b_i-\sum_{k=1}^{i-1} l_{ik}y_k\right)/l_{ii}, \quad i=1,\ 2,\ \cdots,\ n \\ x_i &= \left(y_i-\sum_{k=i+1}^{n} l_{ik}x_k\right)/l_{ii}, \quad i=n,\ n-1,\ \cdots,\ 1 \end{aligned} \tag{3-104}$$

6）楚列斯基法。平方根法的计算含有开方运算，计算量较大，为避开开方运算，可将正定对称阵 ***A*** 分解为 $\boldsymbol{A}=\boldsymbol{LDL}^{\mathrm{T}}$的形式，其中 ***L*** 为单位下三角矩阵，***D*** 为对角阵：

$$\boldsymbol{A}=\boldsymbol{LDL}^{\mathrm{T}}=\begin{bmatrix} 1 & & & \\ L_{21} & 1 & & \\ \vdots & \vdots & \ddots & \\ L_{n1} & L_{n2} & \cdots & 1 \end{bmatrix}\begin{bmatrix} d_1 & & & \\ & d_2 & & \\ & & \ddots & \\ & & & d_n \end{bmatrix}\begin{bmatrix} 1 & L_{21} & \cdots & L_{n1} \\ & 1 & \cdots & L_{n2} \\ \vdots & \vdots & \ddots & \vdots \\ & & \cdots & 1 \end{bmatrix} \tag{3-105}$$

这种不再含有开方运算的分解方法称为楚列斯基法。用该方法求解方程组 $\boldsymbol{Ax}=\boldsymbol{b}$，由于 $\boldsymbol{A}=\boldsymbol{LDL}^{\mathrm{T}}$，令（$\boldsymbol{LD}$）$\boldsymbol{y}=\boldsymbol{b}$，则 $\boldsymbol{L}^{\mathrm{T}}\boldsymbol{x}=\boldsymbol{y}$，得求解公式为

$$y_i=(b_i-\sum_{k=1}^{i-1}d_k l_{ik}y_k)/d_i,\quad i=1,2,\cdots,n;\quad x_i=y_i-\sum_{k=i+1}^{n}l_{ik}x_k,\quad i=n,n-1,\cdots,1 \tag{3-106}$$

B. 迭代法

求解线性方程组的迭代法有简单迭代法、赛德尔（Seidel）迭代法、高斯-赛德尔迭代法、雅可比迭代法、松弛法、梯度法（gradient method）、共轭梯度法（conjugate gradient method）等。

迭代法基本思想：将求解线性方程组问题，归结为重复计算一组彼此独立的线性表达式，即将 $\boldsymbol{Ax}=\boldsymbol{b}$ 等价变换为 $\boldsymbol{Cx}+\boldsymbol{Ax}=\boldsymbol{Cx}+\boldsymbol{b}$，再将 $\boldsymbol{Cx}=(\boldsymbol{C}-\boldsymbol{A})\boldsymbol{x}+\boldsymbol{b}$ 等价变换为 $\boldsymbol{x}=\boldsymbol{Bx}+\boldsymbol{g}$，并构造出迭代格式 $\boldsymbol{x}^{(k+1)}=\boldsymbol{Bx}^{(k)}+\boldsymbol{g}$。迭代法要达到“化繁为简”的目的，必须保证迭代格式收敛。

1）简单迭代法。对线性方程组进行等价变换，有

$$\begin{cases}x_1=b_{11}x_1+b_{12}x_2+\cdots+b_{1n}x_n+g_1\\x_2=b_{21}x_1+b_{22}x_2+\cdots+b_{2n}x_n+g_2\\\cdots\\x_n=b_{n1}x_1+b_{n2}x_2+\cdots+b_{nn}x_n+g_n\end{cases} \tag{3-107}$$

其迭代方程为

$$x_i=\sum_{j=1}^{n}b_{ij}x_j+g_i \tag{3-108}$$

由迭代方程，得迭代格式

$$x_i^{(k+1)}=\sum_{j=1}^{n}b_{ij}x_j^{(k)}+g_i \tag{3-109}$$

取任意一组初值代入方程右端，可得一组新的近似解序列。如果

$$\max_{1\leqslant i\leqslant n}\sum_{j=1}^{n}|b_{ij}|<1 \tag{3-110}$$

则迭代收敛，不断迭代，随迭代次数增加，迭代结果逼近原方程组的解。

2）赛德尔迭代法。在实际计算中，常常采用一种改进的迭代方案——赛德尔迭代法。对于一般形式的方程组，赛德尔迭代格式为

$$x_i^{(k+1)}=\sum_{j=1}^{i-1}b_{ij}x_j^{(k+1)}+\sum_{j=1}^{n}b_{ij}x_j^{(k)}+g_i,\quad i=1,2,\cdots,n \tag{3-111}$$

赛德尔迭代对于任意给定的初值均收敛，而且收敛速度比简单迭代格式收敛得快。

迭代法构造迭代序列 $\{x^{(k)}\}$ 的原则：①保证收敛性；②尽量使 $x^{(k)}$ 计算 $x^{(k+1)}$ 的运算量最小。

三角形方程组运算量最小，因此常常将 $\boldsymbol{Ax}=\boldsymbol{b}$ 等价变换为（$\boldsymbol{D}-\boldsymbol{L}-\boldsymbol{U}$）$\boldsymbol{x}=\boldsymbol{b}$，并由 $\boldsymbol{A}=(\boldsymbol{D}-\boldsymbol{L}-\boldsymbol{U})$ 构造迭代格式。$\boldsymbol{L}$、$\boldsymbol{U}$、$\boldsymbol{D}$ 分别为

$$
\boldsymbol{L} = \begin{bmatrix} 0 & & & & 0 \\ -a_{21} & 0 & & & \vdots \\ \vdots & \ddots & \ddots & & \\ & & & 0 & \\ -a_{n1} & & & -a_{nn-1} & 0 \end{bmatrix}, \quad \boldsymbol{U} = \begin{bmatrix} 0 & -a_{12} & \cdots & & -a_{1n} \\ & 0 & \ddots & & \vdots \\ & & \ddots & & \\ & & & 0 & -a_{n-1n} \\ & & & & 0 \end{bmatrix},
$$

$$
\boldsymbol{D} = \begin{bmatrix} a_{11} & & 0 \\ & \ddots & \\ 0 & & a_{nn} \end{bmatrix} \tag{3-112}
$$

3）高斯–赛德尔迭代法。高斯–赛德尔迭代的矩阵形式

$$
\boldsymbol{Ax} = \boldsymbol{b} \rightarrow (\boldsymbol{D} - \boldsymbol{L} - \boldsymbol{U})\boldsymbol{x} = \boldsymbol{b} \Rightarrow (\boldsymbol{D} - \boldsymbol{L})\boldsymbol{x} = \boldsymbol{Ux} + \boldsymbol{b} \tag{3-113}
$$

迭代格式

$$
(\boldsymbol{D} - \boldsymbol{L})\boldsymbol{x}^{(k+1)} = \boldsymbol{Ux}^{(k)} + \boldsymbol{b} \rightarrow \boldsymbol{x}^{(k+1)} = (\boldsymbol{D} - \boldsymbol{L})^{-1}\boldsymbol{Ux}^{(k)} + (\boldsymbol{D} - \boldsymbol{L})^{-1}\boldsymbol{b} \tag{3-114}
$$

具体算法：为使用迭代法求解方程组 $\boldsymbol{Ax}=\boldsymbol{b}$，需要先将（1）化为便于迭代的形式（2）

$$
(1)\begin{cases} a_{11}x_1 + a_{12}x_2 + \cdots + a_{1n}x_n = f_1 \\ a_{21}x_1 + a_{22}x_2 + \cdots + a_{2n}x_n = f_2 \\ \cdots \\ a_{n1}x_1 + a_{n2}x_2 + \cdots + a_{nn}x_n = f_n \end{cases} \rightarrow (2)\begin{cases} x_1 = b_{11}x_1 + b_{12}x_2 + \cdots + b_{1n}x_n + g_1 \\ x_2 = b_{21}x_1 + b_{22}x_2 + \cdots + b_{2n}x_n + g_2 \\ \cdots \\ x_n = b_{n1}x_1 + b_{n2}x_2 + \cdots + b_{nn}x_n + g_n \end{cases} \tag{3-115}
$$

将（1）化为（2），有许多种化法。高斯–赛德尔迭代法的化法是：考察（1）的第 i 个方程，从中分离出变元 x_i

$$
x_i = \frac{f_i}{a_{ii}} - \sum_{\substack{j=1 \\ j \neq i}}^{n} \frac{a_{ij}}{a_{ii}} x_j, \quad i = 1, 2, \cdots, n \tag{3-116}
$$

相应地，其迭代格式为

$$
x_i^{(k+1)} = \frac{f_i}{a_{ii}} - \sum_{j=1}^{i-1} \frac{a_{ij}}{a_{ii}} x_j^{(k+1)} - \sum_{j=i+1}^{n} \frac{a_{ij}}{a_{ii}} x_j^{(k)}, \quad i = 1, 2, \cdots, n \tag{3-117}
$$

4）雅可比迭代法。雅可比迭代的矩阵形式

$$
\boldsymbol{Ax} = \boldsymbol{b} \rightarrow (\boldsymbol{D} - \boldsymbol{L} - \boldsymbol{U})\boldsymbol{x} = \boldsymbol{b} \Rightarrow \boldsymbol{Dx} = (\boldsymbol{L} + \boldsymbol{U})\boldsymbol{x} + \boldsymbol{b} \tag{3-118}
$$

迭代格式

$$
\boldsymbol{Dx}^{(k+1)} = (\boldsymbol{L} + \boldsymbol{U})\boldsymbol{x}^{(k)} + \boldsymbol{b} \rightarrow \boldsymbol{x}^{(k+1)} = \boldsymbol{D}^{-1}(\boldsymbol{L} + \boldsymbol{U})\boldsymbol{x}^{(k)} + \boldsymbol{D}^{-1}\boldsymbol{b} \tag{3-119}
$$

相应地，其迭代格式为

$$
x_i^{(k+1)} = \frac{f_i}{a_{ii}} - \sum_{\substack{j=1 \\ j \neq i}}^{n} \frac{a_{ij}}{a_{ii}} x_j^{(k)}, \quad i = 1, 2, \cdots, n \tag{3-120}
$$

5）松弛法。迭代法中，有些方程组的迭代格式虽然收敛，但收敛速度缓慢，使计算量变得十分巨大。

松弛法是一种线性加速方法，它将前一步的结果 $\boldsymbol{x}^{(k)}$ 与赛德尔方法的迭代值 $\boldsymbol{x}^{(k+1)}$ 进行线性组合，构成一个含松弛因子 ω、收敛速度较快的近似解序列。

迭代公式

$$\overline{x_i^{\ k+1}} = (f_i - \sum_{j=1}^{i-1} a_{ij}x_j^{(k+1)} - \sum_{j=i+1}^{n} a_{ij}x_j^{(k)})/a_{ii} \tag{3-121}$$

加速公式

$$x_i^{(k+1)} = \omega\, \overline{x_i^{\ k+1}} + (1-\omega)x_i^{(k)} \tag{3-122}$$

将迭代公式、加速公式合并，形成松弛法的迭代公式

$$x_i^{(k+1)} = x_i^{(k)} + \omega(f_i - \sum_{j=1}^{i-1} a_{ij}x_j^{(k+1)} - \sum_{j=1}^{n} a_{ij}x_j^{(k)})/a_{ii} \tag{3-123}$$

为保证松弛法迭代格式收敛，必须要求松弛因子 $0<\omega<2$。松弛因子 ω 的选择对松弛法迭代格式的收敛速度影响极大，实际计算时，可以根据系数矩阵 $\boldsymbol{A}$ 的性质，结合经验、反复试验来选定松弛因子 ω。

3.2 积分变换与谱分析方法

3.2.1 数据处理的数学基础

海洋地球物理探测数据蕴含丰富的海洋地质与海底构造信息，它包含各种地质因素与干扰因素。数据处理则是从海洋地球物理探测资料中提取或突出需要的特定信息，为海洋地质与海底构造解释服务。数据处理是资料解释的重要手段，也是资料解释的重要环节，其目的是突出或加强对地质解释有用的某些信息，而不能“无中生有”刻意制造没有探测到的信息。因此数据处理必须遵循基本的数学理论。

3.2.1.1 数据处理中的复变函数

复变函数理论是 19 世纪创造的最重要的数学理论，与 18 世纪创造的微积分理论一样，其对自然科学产生了巨大的推动作用。复变函数理论可以计算海洋地球物理中的一些复杂积分运算，是积分变换的重要数学基础。

(1) 复数运算

形如 $z=x+\mathrm{i}y$ 的数称为复数，i 为虚数单位

$$\mathrm{i}=\sqrt{-1},\quad \mathrm{i}^2=-1,\quad \mathrm{i}^{-1}=-\mathrm{i} \tag{3-124}$$

实数 x、y 分别称为复数 z 的实部和虚部，记作

$$z = x + \mathrm{i}y,\quad x = \mathrm{Re}z,\quad y = \mathrm{Im}z \tag{3-125}$$

在平面上取直角坐标系 xOy，则复数与平面上的点一一对应，实部与 x 轴上的点对应，虚部与 y 轴上的点对应。

复数可以用向量 $\boldsymbol{r}$ 表示，如果将实数 x、y 看作向量 $\boldsymbol{r}$ 在 x 轴和 y 轴上的投影，那么，

复数与平面向量建立了一一对应的关系

$$z = x + \mathrm{i}y = A\cos\theta + \mathrm{i}A\sin\theta, \quad \begin{cases} x = \mathrm{Re}z = A\cos\theta \\ y = \mathrm{Im}z = A\sin\theta \end{cases}, \quad \begin{cases} A = \sqrt{x^2 + y^2} \\ \theta = \tan^{-1}\dfrac{y}{x} \end{cases} \tag{3-126}$$

式中，A 为复数 z 的模；θ 为复数 z 的幅角。

任何一个复数 z 都有无穷多个幅角，其中，满足 $-\pi < \theta_0 \leqslant \pi$ 的幅角 θ_0 称为幅角的主值，$\theta = \theta_0 + 2n\pi$。利用欧拉公式，复数的三角函数形式可以写为指数形式

$$\begin{cases} \mathrm{e}^{\mathrm{i}\theta} = \cos\theta + \mathrm{i}\sin\theta \\ \mathrm{e}^{-\mathrm{i}\theta} = \cos\theta - \mathrm{i}\sin\theta \end{cases}, \quad \begin{cases} \cos\theta = \dfrac{1}{2}(\mathrm{e}^{\mathrm{i}\theta} + \mathrm{e}^{-\mathrm{i}\theta}) \\ \sin\theta = \dfrac{1}{2\mathrm{i}}(\mathrm{e}^{\mathrm{i}\theta} + \mathrm{e}^{-\mathrm{i}\theta}) \end{cases}, \quad z = x + \mathrm{i}y = A\mathrm{e}^{\mathrm{i}\theta} \tag{3-127}$$

复数四则运算

$$z_1 \pm z_2 = (x_1 \pm x_2) + \mathrm{i}(y_1 \pm y_2), \quad \begin{cases} z_1 z_2 = A_1 A_2 \mathrm{e}^{\mathrm{i}(\theta_1 + \theta_2)} \\ \dfrac{z_1}{z_2} = \dfrac{A_1}{A_2}\mathrm{e}^{\mathrm{i}(\theta_1 - \theta_2)} \end{cases} \tag{3-128}$$

复数 $x-\mathrm{i}y$ 称为复数 $x+\mathrm{i}y$ 的共轭复数，其运算性质

$$\bar{z} = x - \mathrm{i}y, \quad \begin{cases} x = \dfrac{z + \bar{z}}{2} \\ y = \dfrac{z - \bar{z}}{2\mathrm{i}} \end{cases}, \quad \begin{cases} \overline{z_1 \pm z_2} = \bar{z}_1 \pm \bar{z}_2 \\ \overline{z_1 z_2} = \bar{z}_1 \bar{z}_2 \\ \overline{(z_1/z_2)} = \bar{z}_1/\bar{z}_2 \end{cases}, \quad z\bar{z} = |z|^2 \tag{3-129}$$

【例题】 求：①$z = (\cos 5\theta + \mathrm{i}\sin 5\theta)^2/(\cos 3\theta - \mathrm{i}\sin 3\theta)^3$ 的值？②$z = (1+\mathrm{i})/(3+\mathrm{i})$ 的共轭复数？

解：①欧拉公式得 $z = \dfrac{(\cos 5\theta + \mathrm{i}\sin 5\theta)^2}{(\cos 3\theta - \mathrm{i}\sin 3\theta)^3} = \dfrac{(\mathrm{e}^{\mathrm{i}5\theta})^2}{(\mathrm{e}^{\mathrm{i}3\theta})^3} = \mathrm{e}^{\mathrm{i}\theta}$

②由题意得 $z = \dfrac{3+\mathrm{i}}{1-\mathrm{i}} = \dfrac{(3+\mathrm{i})(1+\mathrm{i})}{(1-\mathrm{i})(1+\mathrm{i})} = 1+2\mathrm{i}$

$\bar{z} = 1-2\mathrm{i}$

很多平面图形可以用复数形式的方程或不等式表示，除了复数的平面向量表示方法外，还可以用球面上的点来表示复数。

复平面与复球面上的点具有对应关系。取一个与复平面切于坐标原点的球面 S，并通过原点 O 作垂直于复平面 Z 的直线与球面 S 交于 N 点，点 O 和 N 分别称为南极和北极。设，复平面 Z 上一个以原点 O 为中心的圆周 C，在球面 S 对应地有一个圆周 Γ。圆周 C 的半径越大，圆周 Γ 就越靠近北极 N，因而北极 N 可以看作复平面 Z 上一个模为无穷大的点在球面 S 上的对应点，记作∞。球面 S 称为复球面，包括无穷远点在内的复平面 Z 称为扩充复平面，或称为闭平面。

（2）复变函数及其解析性

如果复数平面上有点集 D，D 内每一点 z 有确定的复数 w 按照某一法则与之对应，则

称这种对应关系为复变函数，记为 $w=f(z)$

$$z=x+\mathrm{i}y,\ w=f(z)=f(x+\mathrm{i}y)=u(x,\ y)+\mathrm{i}v(x,\ y)=u+\mathrm{i}v \tag{3-130}$$

高等数学中，函数与几何图形可以相互对应分析。但是在复变函数中，由于自变量 z 和函数 w 都是复数，需要通过两个复数平面点集之间的对应关系进行分析。

若以 Z 平面上的点集 D 表示自变量 z 值的范围，以 W 平面上的点集 G 表示函数 w 值的范围，则 $w=f(z)$ 确定了点集 D 和点集 G 之间的对应关系。几何上，复变函数 $w=f(z)$ 可以看作把 Z 平面上的点集 D（定义域集合）变换到 W 平面上的点集 G（函数值集合）的映射或变换。

【例题】 设，$z=(1+\mathrm{i})t$。求：$w=z^3$ 的映射？

解：直线 $z=(1+\mathrm{i})t$ 的参数方程为 $\begin{cases}x=t\\y=t\end{cases}$

在 $w=z^3$ 的映射下 $w=z^3=(1+\mathrm{i})^3t^3=-2t^3+2t^3\mathrm{i}$ $\begin{cases}u=-2t^3\\v=2t^3\end{cases}$

复变函数中的极限、连续等概念是高等数学中实变函数相应概念的推广。复变函数的极限定义与实变函数的极限定义形式相似，复变函数 $w=f(z)=u(x,\ y)+\mathrm{i}v(x,\ y)$ 的极限问题可以化为求两个二元实变函数 $u(x,\ y)$、$v(x,\ y)$ 的极限问题。实变函数中关于极限的运算规则在复变函数中都成立。复变函数 $w=f(z)=u(x,\ y)+\mathrm{i}v(x,\ y)$ 在点 $z_0=x_0+\mathrm{i}y_0$ 连续的充要条件是：实部 $u(x,\ y)$ 和虚部 $v(x,\ y)$ 在点 $(x_0,\ y_0)$ 处连续。复变函数中，连续函数的和、差、积、商仍然是连续函数，连续函数的复合函数仍然是连续函数。

复变函数 $w=f(z)=u(x,\ y)+\mathrm{i}v(x,\ y)$ 在点 $z_0=x_0+\mathrm{i}y_0$ 的导数定义在形式上与实变函数 $y=f(x)$ 类似，但实质上有很大的不同。实变函数的导数定义只要求 Δx 在实轴上沿左、右两个方向趋于 0，而复变函数的导数定义则要求 Δz 在复平面上沿任意方向趋于 0。复变函数对可导性要求更严格。

复变函数理论研究的主要是解析函数。若函数 $w=f(z)$ 在点 z_0 的邻域内处处可导，则称函数 $w=f(z)$ 在 z_0 点解析；若函数 $w=f(z)$ 在区域 D 内解析，则称函数 $w=f(z)$ 为解析函数；若 $w=f(z)$ 在点 z_0 不解析，则称点 z_0 为函数 $w=f(z)$ 的奇点。

要判别函数 $w=f(z)$ 在区域 D 内是否解析，关键在于判断函数 $w=f(z)$ 在区域 D 内是否可导。但是要判断一个复变函数有没有导数，只根据导数定义很难判断，因为复变函数的可微性不能保证其可导性。

复变函数 $w=f(z)=u(x,\ y)+\mathrm{i}v(x,\ y)$ 在一个区域 D 内解析（可导）的充分必要条件是：$u(x,\ y)$ 和 $v(x,\ y)$ 在区域 D 内处处可微，且满足柯西-黎曼（Cauchy-Riemann）条件，即

$$\frac{\partial u}{\partial x}=\frac{\partial v}{\partial y},\quad \frac{\partial u}{\partial y}=-\frac{\partial v}{\partial x} \tag{3-131}$$

必须强调的是，复变函数的解析性要求 $u(x,\ y)$、$v(x,\ y)$ 在区域 D 内可微与满足柯西-黎曼条件缺一不可，只要一点不满足，就不能推出 $w=f(z)$ 在 D 内解析的结论（Begehr and Dzhuraev，2004）。

判断复变函数解析性的两种方法。

1）分别求其实部 $u(x, y)$ 与虚部 $v(x, y)$ 的一阶偏导数，判断它们在研究区域 D 内是否连续且满足柯西-黎曼条件。若是，则此复变函数在区域内是解析函数。

2）直接求函数 $w=f(z)$ 以 z 表示的函数的导数，若导数在研究区域 D 内处处存在，则复变函数在区域内是解析的。

解析函数的 $u(x, y)$、$v(x, y)$ 是一对正交函数

$$\frac{\partial u}{\partial x}=\frac{\partial v}{\partial y}, \qquad \frac{\partial u}{\partial y}=-\frac{\partial v}{\partial x} \rightarrow \frac{\partial u}{\partial x}\frac{\partial v}{\partial x}+\frac{\partial u}{\partial y}\frac{\partial v}{\partial y}=0 \tag{3-132}$$

【例题】 设，解析函数的实部 $u(x, y)=y^3-3x^2y$。求：解析函数 $w=f(z)=u(x, y)+\mathrm{i}v(x, y)$？

解：因为 $w=f(z)=u(x, y)+\mathrm{i}v(x, y)$ 是解析函数，所以满足柯西-黎曼条件。代入已知条件 $u(x, y)=y^3-3x^2y$，得

$$\frac{\partial u}{\partial x}=\frac{\partial(y^3-3x^2y)}{\partial x}=-6xy=\frac{\partial v}{\partial y}, \qquad \frac{\partial(y^3-3x^2y)}{\partial y}=3y^2-3x^2=-\frac{\partial v}{\partial x}$$

$$v=x^3-3xy^2+c, \qquad w=y^3-3x^2y+\mathrm{i}(x^3-3xy^2+c)$$

若函数在区域 D 内具有二阶连续偏导数，且在 D 内满足拉普拉斯方程，则称其为调和函数。解析函数的实部 $u(x, y)$ 与虚部 $v(x, y)$ 都是调和函数

$$\frac{\partial^2 u}{\partial x^2}+\frac{\partial^2 u}{\partial y^2}=0, \qquad \frac{\partial^2 v}{\partial x^2}+\frac{\partial^2 v}{\partial y^2}=0 \tag{3-133}$$

而且其导数是一对共轭函数

$$\frac{\mathrm{d}w}{\mathrm{d}z}=\frac{\partial u}{\partial x}+\mathrm{i}\frac{\partial v}{\partial x}=\frac{\partial v}{\partial y}-\mathrm{i}\frac{\partial u}{\partial y}=\frac{\partial u}{\partial x}-\mathrm{i}\frac{\partial u}{\partial y}=\frac{\partial v}{\partial y}+\mathrm{i}\frac{\partial v}{\partial x}$$

$$\left|\frac{\mathrm{d}w}{\mathrm{d}z}\right|=\sqrt{\left(\frac{\partial u}{\partial x}\right)^2+\left(\frac{\partial v}{\partial x}\right)^2}=\sqrt{\left(\frac{\partial u}{\partial y}\right)^2+\left(\frac{\partial v}{\partial y}\right)^2}=\sqrt{\left(\frac{\partial u}{\partial x}\right)^2+\left(\frac{\partial u}{\partial y}\right)^2}=\sqrt{\left(\frac{\partial v}{\partial x}\right)^2+\left(\frac{\partial v}{\partial y}\right)^2} \tag{3-134}$$

由于解析函数满足正交性、共轭调和函数，在求解平面势场（重磁位场、稳定电流场、地热场）中有着十分广泛的应用。

复变函数的解析理论是求解二维势场问题的最有效方法，如对于静电场，由于 u 和 v 都是调和函数，它们中的任意一个都可以取为电场中的势函数；由于 u 和 v 是一对正交函数，如果它们中的任意一个取为（电位）势函数，另一个就为（电场）力线；由于 u 和 v 的导数是一对共轭函数，共轭函数的实部和虚部分别是场强的 x 分量和 y 分量，共轭函数的模等于场强的值。

若取 v 为势函数，s、n 分别为等势线方向和等势线法线方向，则由柯西-黎曼条件，得

$$\frac{\partial v}{\partial n}=\frac{\partial u}{\partial s} \tag{3-135}$$

场强 $\boldsymbol{E}$ 与势函数正交，其数值为

$$E_n=\left|\frac{\mathrm{d}w}{\mathrm{d}z}\right|=\frac{\partial v}{\partial n}=\frac{\partial u}{\partial s} \tag{3-136}$$

【例题】设，平面静电场可以表示为解析函数形式 $w=Az^n$。求：$n=1$、2 时电位 U 与场强 $\boldsymbol{E}$？

解：因为 $w=Az^n$ 是解析函数，所以满足柯西-黎曼条件

$$w=Az^n=A(x+\mathrm{i}y)^n$$

取解析函数的虚部 v 为静电场的电位，则

$$n=1$$

$$w=A(x+\mathrm{i}y),\quad U=v=Ay,\quad E=\left|\frac{\mathrm{d}w}{\mathrm{d}z}\right|=A$$

$$n=2$$

$$w=A(x+\mathrm{i}y)^2,\quad U=v=2Axy,\quad \begin{cases} E_x=-\dfrac{\partial v}{\mathrm{d}x}=-2Ay \\ E_y=-\dfrac{\partial v}{\mathrm{d}y}=-2Ax \end{cases}$$

（3）复变函数积分

大量实际问题中，经常需要由区域边界上的值确定区域内的值。例如，由观测到的地表温度值，如何推测地心温度值？这类问题可以归结为复变函数的积分问题，通过柯西积分公式，一个解析函数在区域内部的值可以用它在区域边界上的积分表示。

A. 柯西积分公式

复变函数的积分定义方法类似于实变函数中曲线积分。设，复变函数 $f(z)=u(x,y)+\mathrm{i}v(x,y)$ 在逐段光滑曲线 C 上连续，则 $f(z)$ 沿曲线 C 的积分存在，且

$$f(z)=u(x,y)+\mathrm{i}v(x,y),\quad \mathrm{d}z=\mathrm{d}x+\mathrm{i}\mathrm{d}y$$

$$\int_C f(z)\mathrm{d}z=\int_C u(x,y)\mathrm{d}x-v(x,y)\mathrm{d}y+\mathrm{i}\int_C u(x,y)\mathrm{d}x+v(x,y)\mathrm{d}y \tag{3-137}$$

式（3-137）提供了计算复变函数积分的一种方法，即复变函数的积分可以通过两个二元实变函数的线积分来计算。

若曲线 C 的方程为参数 t 的方程，则

$$z=x(t)+\mathrm{i}y(t)\quad(\alpha\leqslant t\leqslant\beta)$$

$$\int_C f(z)\mathrm{d}z=\int_\alpha^\beta f[z(t)]z'(t)\mathrm{d}t \tag{3-138}$$

式（3-138）提供了计算复变函数积分的又一种方法，称为参数方程法。

【例题】设，C 是以 z_0 为中心、r 为半径的正向圆周，n 为整数。求：沿圆周 C 的复变函数的积分 $I=\oint_C\dfrac{1}{(z-z_0)^{n-1}}\mathrm{d}z$

解：圆周 C 的参数方程为 $z-z_0=r\mathrm{e}^{\mathrm{i}\theta}\quad(0\leqslant\theta\leqslant2\pi)$

因此，$I=\oint_C\dfrac{1}{(z-z_0)^{n-1}}\mathrm{d}z=\int_0^{2\pi}\dfrac{\mathrm{i}}{r^n}\mathrm{e}^{-\mathrm{i}n\theta}\mathrm{d}\theta=\begin{cases}2\pi\mathrm{i} & (n=0)\\ 0 & (n\neq0)\end{cases}$

柯西定理：设函数 $f(z)$ 在单连通区域 D 内解析，C 为 D 内任意一条闭曲线，则

$$\oint_C f(z)\mathrm{d}z=0 \tag{3-139}$$

根据柯西定理，单连通区域 D 内解析函数 $f(z)$ 沿 D 内任何一条逐段光滑曲线 C 的积分不依赖于曲线 C，只与 C 的起点和终点有关，由此可得柯西积分公式。

柯西积分公式：若闭曲线 C 是单连通区域 D 的边界，则解析函数 $f(z)$ 在 D 内任意一点 z_0 有

$$\oint_C \frac{f(z)}{z-z_0}\mathrm{d}z = 2\pi \mathrm{i} f(z_0) \tag{3-140}$$

柯西积分公式表明，任何一个闭合区域上的解析函数在区域内的值完全取决于它在区域边界上的值，即函数在 C 内部任一点的值可以用它在边界上的值表示。式（3-140）不但提供了计算某些复变函数沿闭路积分的方法，而且给出了解析函数的一个积分表达式。

如果 C 是圆周 $z=z_0+r\mathrm{e}^{\mathrm{i}\theta}$，则

$$f(z_0) = \frac{1}{2\pi}\int_0^{2\pi} f(z_0 + r\mathrm{e}^{\mathrm{i}\theta})\,\mathrm{d}\theta \tag{3-141}$$

式（3-141）为柯西积分公式的特殊情形，称为解析函数的平均值公式，它表示解析函数在圆心处的值等于它在圆周上值的平均值，也称为解析函数的中值定理。

【应用实例】位场中值定理：无源空间中，一个球面中心处的位场值等于球面上位场值的平均值。当仅知道无源空间中平面上位场数据时，同心圆中心处的位场值，近似等于各同心圆周上位场值的平均值（圆中心点位于极大值或极小值处的情况除外）。

解析函数的复合函数仍为解析函数，解析函数的 n 阶导数仍为解析函数，即

$$f^{(n)}(z_0) = \frac{n!}{2\pi \mathrm{i}}\oint_C \frac{f(z)}{(z-z_0)^{n+1}}\mathrm{d}z \tag{3-142}$$

式（3-142）为区域内每一点的任意阶导数的积分计算方式，是一个由柯西积分公式得到的高阶导数公式，它表明，复变函数中解析函数具有“微分等同于积分”的特性，其作用不在于通过积分来求导，而在于通过求导来求积分。

【例题】设，C 是正向圆周 $|z|=2$。求：① $\oint_C \frac{\mathrm{e}^z}{z+\mathrm{i}\pi/2}\mathrm{d}z$；② $\oint_C \frac{\mathrm{e}^{\mathrm{i}z}}{(z-\mathrm{i})^3}\mathrm{d}z$

解：①由柯西积分公式，得

$$\oint_C \frac{\mathrm{e}^z}{z+\mathrm{i}\pi/2}\mathrm{d}z = 2\pi\mathrm{i}\mathrm{e}^{-\mathrm{i}\pi/2} = 2\pi$$

②由柯西积分公式的 n 阶导数公式，得

$$\oint_C \frac{\mathrm{e}^{\mathrm{i}z}}{(z-\mathrm{i})^3}\mathrm{d}z = \frac{2\pi\mathrm{i}}{2!}(\mathrm{e}^{\mathrm{i}\theta})''\Big|_{z=i} = -\frac{\pi}{\mathrm{e}}\mathrm{i}$$

B. 罗朗级数与孤立奇点

罗朗级数：是复变函数中既包含正数次数项，也包含负数次数项的一种幂级数。复变函数 $f(z)$ 的罗朗级数由下式给出

$$f(z) = \sum_{n=-\infty}^{\infty} c_n (z-z_0)^n, \qquad c_n = \frac{1}{2\pi\mathrm{i}}\oint_C \frac{f(z)}{(z-z_0)^{n+1}}\mathrm{d}z \tag{3-143}$$

式中，$f(z)$ 在圆环域 $r<|z-z_0|<R$（$r\geqslant 0$，$R<\infty$）内解析；C 为圆环域内绕 z_0 一周的任意一条正向简单闭曲线。式（3-143）也称为 $f(z)$ 在 z_0 处的罗朗展开式，负幂项部分称为

主要部分，正幂项部分称为解析部分。

式（3-143）不是计算罗朗级数系数的实用方法，常常需要通过拼凑已知的泰勒级数展开式来求罗朗级数。罗朗级数是复变函数分析函数奇点的一个重要工具。

孤立奇点：若函数 $f(z)$ 在奇点 z_0 的某邻域内无其他奇点，则 z_0 称为 $f(z)$ 的孤立奇点。根据函数罗朗级数展开的不同情况，可将孤立奇点分为可去奇点、极点本性奇点等。

若函数 $f(z)$ 在 z_0 处的罗朗级数中，主要部分的所有项都等于零，则 z_0 称为 $f(z)$ 的可去奇点。这时函数 $f(z)$ 在 z_0 的邻域 $0<|z-z_0|<R$ 内的罗朗级数为

$$f(z) = \sum_{n=0}^{\infty} c_n (z - z_0)^n = c_0 + c_1(z - z_0) + \cdots + c_n (z - z_0)^n + \cdots \tag{3-144}$$

式（3-144）就是一个普通的幂级数。函数 $f(z)$ 在点 z_0 解析，因此常常把可去奇点看作解析点。

若函数 $f(z)$ 在 z_0 处的罗朗级数中，主要部分只含有限项，则 z_0 称为 $f(z)$ 的极点。设，z_0 为 $f(z)$ 的极点，且 $f(z)$ 在点 z_0 处的罗朗展开式为

$$f(z) = \frac{c_{-m}}{(z - z_0)^m} + \cdots + \frac{c_{-1}}{z - z_0} + c_0 + c_1(z - z_0) + \cdots \quad (m \geqslant 1,\ c_{-m} \neq 0) \tag{3-145}$$

则 z_0 称为函数 $f(z)$ 的 m 阶极点。函数的极点与零点之间的关系：z_0 为函数 $f(z)$ 的 m 阶极点的充分必要条件是 z_0 为函数 $1/f(z)$ 的 m 阶零点。所谓函数 $1/f(z)$ 的零点就是方程 $1/f(z)=0$ 的根。

若函数 $f(z)$ 在 z_0 处的罗朗级数中，主要部分含无穷多项，则 z_0 称为 $f(z)$ 的本性奇点。

C. 留数

留数与解析函数在孤立奇点处的罗朗展开式有密切的关系，留数在解决一些理论问题及实际问题的积分运算中有着十分广泛和重要的应用。

留数：设，函数 $f(z)$ 在 $0<|z-z_0|<R$ 内解析，点 z_0 为 $f(z)$ 的一个孤立奇点，C 是任意正向圆周 $|z-z_0|=r<R$，则积分

$$\mathrm{Res}[f(z),\ z_0] = \mathrm{Res}f(z_0) = \frac{1}{2\pi \mathrm{i}}\oint_C f(z)\,\mathrm{d}z \tag{3-146}$$

称为 $f(z)$ 在点 $z=z_0$ 处的留数，记作 $\mathrm{Res}[f(z),\ z_0]$ 或 $\mathrm{Res}f(z_0)$。

如果将 $f(z)$ 在孤立奇点 $z=z_0$ 的邻域 $0<|z-z_0|<R$ 内展开成罗朗级数，则留数为

$$\mathrm{Res}f(z_0) = \frac{1}{2\pi \mathrm{i}}\oint_C f(z)\,\mathrm{d}z = \sum_{n=-\infty}^{\infty} \frac{c_n}{2\pi \mathrm{i}}\oint_C (z - z_0)^n \mathrm{d}z = c_{-1} \tag{3-147}$$

式（3-147）表明，$f(z)$ 在 $z=z_0$ 点的留数就是 $f(z)$ 在 $z=z_0$ 处罗朗展开式中负幂项 $(z-z_0)^{-1}$ 的系数 c_{-1}。

因此，计算函数 $f(z)$ 在孤立奇点 z_0 处的留数，只要求出它的罗朗展开式中 $(z-z_0)^{-1}$ 的系数 c_{-1} 即可。

若点 z_0 是函数 $f(z)$ 的可去奇点，则其留数为 0。若点 z_0 是函数 $f(z)$ 的 m 阶极点，则其留数为

$$\mathrm{Res}f(z_0)=\frac{1}{(m-1)!}\lim_{z\to z_0}\frac{\mathrm{d}^{m-1}}{\mathrm{d}z^{m-1}}[(z-z_0)^m f(z)] \tag{3-148}$$

由式（3-148）可知，如果 z_0 是函数 $f(z)$ 的一阶极点，则

$$\mathrm{Res}f(z_0)=\lim_{z\to z_0}(z-z_0)f(z) \tag{3-149}$$

如果 $f(z)=P(z)/Q(z)$，其中 $P(z)$、$Q(z)$ 在点 z_0 解析，且 $Q(z_0)=0$、$Q'(z_0)\neq 0$（即 z_0 为 $Q(z)$ 一阶零点），则

$$\mathrm{Res}f(z_0)=P(z_0)/Q'(z_0) \tag{3-150}$$

【例题】 求：函数 $f(z)=z/[(z-1)(z+1)^2]$ 在 $z=1$ 及 $z=-1$ 处的留数

解：$z=1$ 是 $f(z)$ 的一阶极点，$z=-1$ 是 $f(z)$ 的二阶极点，因此

$$\mathrm{Res}f(1)=\lim_{z\to 1}(z-1)\frac{z}{(z-1)(z+1)^2}=\lim_{z\to 1}\frac{z}{(z+1)^2}=\frac{1}{4}$$

$$\mathrm{Res}f(-1)=\frac{1}{(2-1)!}\lim_{z\to -1}\frac{\mathrm{d}^{2-1}}{\mathrm{d}z^{2-1}}\left[(z+1)^2\frac{z}{(z-1)(z+1)^2}\right]=\lim_{z\to -1}\frac{-1}{(z-1)^2}=-\frac{1}{4}$$

留数可以用来计算一些难以用初等函数表示原函数的定积分，如一些特殊类型的积分，形如 $\int_0^{2\pi}R(\cos x,\ \sin x)\mathrm{d}x$、$\int_{-\infty}^{\infty}P(x)/Q(x)\mathrm{d}x$、$\int_{-\infty}^{\infty}f(x)\mathrm{e}^{\mathrm{i}\lambda x}\mathrm{d}x$ 的积分，通过替换被积函数、选取辅助积分曲线的方法，将其化为围道积分，归结为留数计算问题。

（4）保角映射

几何上，定义在某区域上的复变函数 $w=f(z)$ 可以看作从 Z 平面到 W 平面的一个映射或变换。解析函数的映射，能把区域映射到区域，且在其导数不为零的点的邻域上，伸缩率及旋转角不变，因此称为保角映射。反之，给定两个区域，在一定条件下，必可找到一个解析函数，实现这两个区域一一对应的映射。利用保角映射，可以把复杂区域上的问题转化到简单区域上，因此在许多实际问题中具有广泛的应用。

保角性：解析函数 $f(z)$ 的映射中，若 $f'(z_0)\neq 0$，则过点 z_0 的任意两条连续曲线之间的夹角，与其像曲线在 $w_0=f(z_0)$ 处的夹角大小相等且方向相同，这个性质称为保角性。

伸缩率不变性：像点间的无穷小距离与原像点间的无穷小距离之比的极限 $|f'(z_0)|$，称为映射 $w=f(z)$ 在点 z_0 的伸缩率。伸缩率 $|f'(z_0)|$ 只与点 z_0 有关，而与过 z_0 的曲线 C 的形状无关，这个性质称为伸缩率不变性。

凡具有保角性和伸缩率不变性的映射称为第一类保角映射；凡具有伸缩率不变性和夹角大小不变但方向相反的映射称为第二类保角映射。一般地，若 $w=f(z)$ 是第一类保角映射，其共轭函数的映射就是第二类保角映射，反之亦然。

A. 分式线性映射

分式线性映射是一类简单而重要的保角映射，是研究特殊区域映射的主要工具。

函数 $w=(az+b)/(cz+d)$（a、b、c、d 是常数，且 $ad-bc\neq 0$）称为分式线性变换。条件 $ad-bc\neq 0$ 是为了保证映射的保角性，否则它将整个 Z 平面映射成 W 平面上的一点。

由 a、b、c、d 是常数，可得不同形式的分式线性映射，如映射 $w=z+b$ 是一个平移变

换；映射 $w=az$ 是一个旋转变换与一个相似变换的复合；映射 $w=1/z$ 是一个关于单位圆周的对称变换与一个关于实轴的对称变换的复合，这两个对称变换都是由解析函数的共轭函数构成的变换，因此它们都是第二类保角映射，称为反演变换。

综上可知，分式线性映射是以下 3 个简单映射复合而成的

$$w_1 = cz + d \rightarrow w_2 = \frac{1}{w_1} \rightarrow w = \frac{a}{c} + \frac{bc - ad}{c} w_2 \tag{3-151}$$

分式线性映射具有保角性、保圆性（圆周映射为圆周）、保持对称点不变性。

在处理边界为圆弧或直线的区域时，分式线性映射具有很大的作用，如它可以把上半平面映射成上半平面，把上半平面映射成单位圆内部，把单位圆内部映射成单位圆内部等（Li et al.，2008）。

B. 初等函数的映射

幂函数 $w=z^n$（n 是大于 1 的自然数）在除去原点的 Z 平面上处处是保角的。幂函数 $w=z^n$ 所构成的映射是把以 $z=0$ 为顶点的角形域映射成以 $w=0$ 为顶点的角形域，且映射后的张角是原张角的 n 倍，如 $w=z^n$ 把 Z 平面上的角形域 $0<\theta<\pi/n$ 映射成 W 平面上的上半平面 $0<\theta<\pi$。因此，幂函数 $w=z^n$ 常用来把角形域映射成角形域。

指数函数 $w=\mathrm{e}^z$ 在全平面上解析，且 $(\mathrm{e}^z)'=\mathrm{e}^z\neq 0$，因而它在全平面上都是保角的。指数函数 $w=\mathrm{e}^z$ 的映射把横带形域 $0<\mathrm{Im}z<\alpha$（$\alpha\leqslant 2\pi$）映射成角形域 $0<\arg w<\alpha$。

对数函数 $w=\ln z$ 是指数函数 $w=\mathrm{e}^z$ 的反函数。它的映射把圆周 $|z|=r$，$0\leqslant \arg z<2\pi$ 映射成直线段 $\mathrm{Re}w=\ln r$，$2k\pi\leqslant \mathrm{Im}w<2(k+1)\pi$，把区域 $0<\arg z<2\pi$ 映射成横带形域 $2k\pi<\mathrm{Im}w<2(k+1)\pi$。特别地，它把 Z 平面上的角形域 $0<\arg z<\alpha$（$\alpha\leqslant 2\pi$）保角的映射成 W 平面上的横带形域 $0<\mathrm{Im}w<\alpha$。

3.2.1.2 数据处理中的积分变换

积分变换可以简化计算表达式、可解析、易于程序化处理、加快计算速度等，是海洋地球物理数据处理的重要数学基础（为书写方便，以下用 j 代替虚数单位 i）。

（1）傅里叶变换

级数理论是研究和解决实际问题的重要工具，幂级数、三角级数等是级数理论中非常重要的基函数。傅里叶级数是一种特殊的三角级数，即任何以 T 为周期的函数 $f_T(t)$，在 $[-T/2, T/2]$ 上 $f_T(t)$ 连续点处可以用正弦函数和余弦函数构成的无穷级数表示为

$$f_T(t) = \frac{a_0}{2} + \sum_{n=1}^{\infty}(a_n \cos n\omega t + b_n \sin n\omega t)$$

$$\omega = \frac{2\pi}{T}, \quad n = 0, \quad \pm 1 \cdots \quad \begin{cases} a_n = \dfrac{2}{T}\displaystyle\int_{-T/2}^{T/2} f_T(t)\cos n\omega t \mathrm{d}t \\ b_n = \dfrac{2}{T}\displaystyle\int_{-T/2}^{T/2} f_T(t)\sin n\omega t \mathrm{d}t \end{cases} \tag{3-152}$$

根据欧拉公式，式（3-152）可以化为指数形式

$$\left.\begin{aligned}\cos n\omega t &= \frac{1}{2}(e^{jn\omega t} + e^{-jn\omega t})\\ \sin n\omega t &= \frac{1}{2j}(e^{jn\omega t} + e^{-jn\omega t})\end{aligned}\right\} \rightarrow f_T(t) = \sum_{n=-\infty}^{\infty} c_n e^{j\omega_n t} \tag{3-153}$$

$$c_n = \frac{1}{T}\int_{-T/2}^{T/2} f_T(t)e^{-j\omega_n t}dt, \quad \omega = \frac{2\pi}{T}, \quad \omega_n = n\omega, \quad n = 0, \quad \pm 1\cdots$$

或者写为

$$f_T(t) = \frac{1}{T}\sum_{n=-\infty}^{\infty}\left[\int_{-T/2}^{T/2} f_T(\tau)e^{-j\omega_n\tau}d\tau\right]e^{j\omega_n t} \tag{3-154}$$

傅里叶积分定理：若f（t）在（$-\infty$，∞）上满足下列条件：①f（t）在任一有限区间上满足狄利克雷条件（即函数在定义区间上连续或只有有限个第一类间断点、有限个极值点）；②f（t）在无限区间（$-\infty$，∞）上绝对可积（积分收敛），则有

$$f(t) = \frac{1}{2\pi}\int_{-\infty}^{\infty}\left[\int_{-\infty}^{\infty} f(\tau)e^{-j\omega\tau}d\tau\right]e^{j\omega t}d\omega \tag{3-155}$$

式（3-155）称为傅里叶积分公式。

傅里叶变换：若傅里叶积分公式中，第一层积分为G（ω），则f（t）和G（ω）可以通过积分相互表达，即

$$G(\omega) = \int_{-\infty}^{\infty} f(t)e^{-j\omega t}dt \Leftrightarrow f(t) = \frac{1}{2\pi}\int_{-\infty}^{\infty} G(\omega)e^{j\omega t}d\omega \tag{3-156}$$

式中，G（ω）称为f（t）的象函数，求G（ω）的积分运算称为取f（t）的傅里叶变换；f（t）称为G（ω）的象原函数，求f（t）的积分运算称为取G（ω）的傅里叶逆变换。

象函数G（ω）与象原函数f（t）构成一个傅里叶变化对，可记为

$$G(\omega) = F[f(t)] \Leftrightarrow f(t) = F^{-1}[G(\omega)] \tag{3-157}$$

【例题】 求：函数$f(t) = \begin{cases}1 - t^2, & t^2 < 1\\ 0, & t^2 > 1\end{cases}$的傅里叶积分。

解：由傅里叶积分公式，得

$$\begin{aligned}f(t) &= \frac{1}{2\pi}\int_{-\infty}^{\infty}\left[\int_{-\infty}^{\infty} f(\tau)e^{-j\omega\tau}d\tau\right]e^{j\omega t}d\omega\\ &= \frac{1}{2\pi}\int_{-\infty}^{\infty}\left[\int_{-1}^{1}(1 - \tau^2)e^{-j\omega\tau}d\tau\right]e^{j\omega t}d\omega\\ &= \frac{4}{\pi}\int_{0}^{\infty}\frac{(\sin\omega - \omega\cos\omega)}{\omega^3}\cos\omega t d\omega\end{aligned}$$

【例题】 求：函数$f(t) = \begin{cases}0, & t < 0\\ e^{-\beta t}, & t \geqslant 0\end{cases}$的傅里叶变换。

解：由傅里叶变换公式，得

$$G(\omega) = F[f(t)] = \int_{-\infty}^{\infty} f(t)e^{-j\omega\tau}dt$$

$$= \int_0^{\infty} e^{-\beta t} e^{-j\omega\tau} dt$$

$$= \frac{1}{\beta + j\omega}$$

（2）傅里叶变换的性质

1）线性性质：函数线性组合的傅里叶变换等于各函数傅里叶变换的线性组合；傅里叶逆变换亦具有类似的线性性质。

$$F[af_1(t) + bf_2(t)] = aG_1(\omega) + bG_2(\omega), \quad F^{-1}[aG_1(\omega) + bG_2(\omega)] = af_1(t) + bf_2(t) \tag{3-158}$$

2）位移性质：时间函数 f（t）沿 t 轴位移 t_0，等于 f（t）的傅里叶变换乘以因子 $e^{\pm j\omega t_0}$。傅里叶逆变换具有类似的位移性质，即频谱函数 | G（ω）沿 ω 轴位移 ω_0，等于原函数乘以因子 $e^{\pm j\omega_0 t}$。

$$F[f(t \pm t_0)] = e^{\pm j\omega t_0} F[f(t)], \quad F^{-1}[G(\omega \mp \omega_0)] = e^{\pm j\omega_0 t} f(t) \tag{3-159}$$

3）微分性质：一个函数的导数的傅里叶变换等于这个函数的傅里叶变换乘以因子 jω。

$$F[f^{(n)}(t)] = (j\omega)^n F[f(t)], \quad F^{-1}[G^{(n)}(\omega)] = (-jt)^n f(t) \tag{3-160}$$

4）积分性质：一个函数积分后的傅里叶变换等于这个函数的傅里叶变换除以因子 jω。

$$F\left[\int_{-\infty}^{t} f(t) dt\right] = \frac{1}{j\omega} F[f(t)] \tag{3-161}$$

利用傅里叶变换的线性性质、微分性质、积分性质，可以把微分方程或数学物理方程化为代数方程，通过解代数方程与求傅里叶逆变换，就可以得到此微分方程的解。

5）乘积定理：一个函数积分后的傅里叶变换等于这个函数的傅里叶变换除以因子 jω。

$$\int_{-\infty}^{\infty} f_1(t) f_2(t) dt = \frac{1}{2\pi} \int_{-\infty}^{\infty} \overline{G_1(\omega)} G_2(\omega) d\omega$$

$$= \frac{1}{2\pi} \int_{-\infty}^{\infty} G_1(\omega) \overline{G_2(\omega)} d\omega \tag{3-162}$$

6）能量积分：一个函数积分后的傅里叶变换等于这个函数的傅里叶变换除以因子 jω。

$$\int_{-\infty}^{\infty} [f(t)]^2 dt = \frac{1}{2\pi} \int_{-\infty}^{\infty} |G(\omega)|^2 d\omega = \frac{1}{2\pi} \int_{-\infty}^{\infty} S(\omega) d\omega, \quad S(\omega) = |G(\omega)|^2 \tag{3-163}$$

式中，S（ω）称为能量密度函数（或能量谱密度），它对所有频率 ω 积分就是 f（t）的总能量。能量密度函数 S（ω）是 ω 的偶函数，即 S（ω）= S（$-\omega$）。

（3）卷积与相关函数

1）卷积定理：若已知函数 f_1（t）、f_2（t），则积分

$$\int_{-\infty}^{\infty} f_1(\tau) f_2(t - \tau) d\tau = f_1(t) * f_2(t) \tag{3-164}$$

称为函数 $f_1(t)$ 与 $f_2(t)$ 的卷积。且

$$F[f_1(t)*f_2(t)]=G_1(\omega)\cdot G_2(\omega),\quad F[f_1(t)\cdot f_2(t)]=G_1(\omega)*G_2(\omega)/2\pi \tag{3-165}$$

即两个函数卷积的傅里叶变换等于这两个函数傅里叶变换的乘积；两个函数乘积的傅里叶变换等于这两个函数傅里叶变换的卷积除以 2π。

2）相关函数：对于两个不同函数 $f_1(t)$、$f_2(t)$，则积分

$$\int_{-\infty}^{\infty}f_1(t)f_2(t+\tau)\mathrm{d}\tau=R_{12}(\tau),\quad \int_{-\infty}^{\infty}f_1(t+\tau)f_2(t)\mathrm{d}\tau=R_{21}(\tau) \tag{3-166}$$

称为两个函数 $f_1(t)$ 和 $f_2(t)$ 的互相关函数，$R_{12}(-\tau)=R_{21}(\tau)$。如果 $f_1(t)=f_2(t)=f(t)$，则积分

$$\int_{-\infty}^{\infty}f(t)f(t+\tau)\mathrm{d}\tau=R(\tau) \tag{3-167}$$

称为函数 $f(t)$ 的自相关函数。自相关函数是偶函数，$R(\tau)=R(-\tau)$。

自相关函数 $R(\tau)$ 和能量谱密度 $S(\omega)$ 构成了一个傅里叶变换对，即

$$\begin{cases}S(\omega)=F[R(\tau)]=\int_{-\infty}^{\infty}R(\tau)\mathrm{e}^{-\mathrm{j}\omega\tau}\mathrm{d}\tau\\ R(\tau)=F^{-1}[S(\omega)]=\dfrac{1}{2\pi}\int_{-\infty}^{\infty}S(\omega)\mathrm{e}^{\mathrm{j}\omega\tau}\mathrm{d}\omega\end{cases} \tag{3-168}$$

此外，根据乘积定理，有

$$R_{12}(\tau)=\int_{-\infty}^{\infty}f_1(t)f_2(t+\tau)\mathrm{d}\tau=\frac{1}{2\pi}\int_{-\infty}^{\infty}\overline{G_1(\omega)}G_2(\omega)\mathrm{e}^{\mathrm{j}\omega\tau}\mathrm{d}\omega=\frac{1}{2\pi}\int_{-\infty}^{\infty}S_{12}(\omega)\mathrm{e}^{\mathrm{j}\omega\tau}\mathrm{d}\omega \tag{3-169}$$

式中，$S_{12}(\omega)$ 称为互能量谱密度。互相关函数 $R_{12}(\tau)$ 和 $S_{12}(\omega)$ 构成了一个傅里叶变换对，即

$$\begin{cases}S_{12}(\omega)=F[R_{12}(\tau)]=\int_{-\infty}^{\infty}R_{12}(\tau)\mathrm{e}^{-\mathrm{j}\omega\tau}\mathrm{d}\tau\\ R_{12}(\tau)=F^{-1}[S_{12}(\omega)]=\dfrac{1}{2\pi}\int_{-\infty}^{\infty}S_{12}(\omega)\mathrm{e}^{\mathrm{j}\omega\tau}\mathrm{d}\omega\end{cases} \tag{3-170}$$

（4）5 个基本傅里叶变换对

利用下面 5 个基本傅里叶变换对，可以推导出所有傅里叶变换

$$\begin{aligned}&\delta(t)\leftrightarrow 1\\ &u(t)\leftrightarrow\frac{1}{\mathrm{j}\omega}+\pi\delta(\omega)\\ &u(t)\mathrm{e}^{-\beta t}\leftrightarrow\frac{1}{\beta+\mathrm{j}\omega}\\ &\mathrm{e}^{\mathrm{j}\omega_0 t}\leftrightarrow 2\pi\delta(\omega-\omega_0)\\ &\mathrm{e}^{-\beta t^2}\leftrightarrow\sqrt{\frac{\pi}{\beta}}\mathrm{e}^{-\frac{\omega^2}{4\beta}}\end{aligned} \tag{3-171}$$

【例题】求：函数 $f(t)=\cos\omega_0 t\cdot u(t)$ 的傅里叶变换

解：由欧拉公式和傅里叶变换线性性质

$$\cos n\omega t=\frac{1}{2}(\mathrm{e}^{\mathrm{j}n\omega t}+\mathrm{e}^{-\mathrm{j}n\omega t}),\qquad F[af_1(t)+bf_2(t)]=aG_1(\omega)+bG_2(\omega)$$

得

$$f(t)=\cos\omega_0 t\cdot u(t)=\frac{1}{2}(\mathrm{e}^{\mathrm{j}\omega_0 t}+\mathrm{e}^{-\mathrm{j}\omega_0 t})\cdot u(t)$$

$$F[f(t)]=\frac{1}{2}\{G[\mathrm{e}^{\mathrm{j}\omega_0 t}\cdot u(t)]+G[\mathrm{e}^{-\mathrm{j}\omega_0 t}\cdot u(t)]\}$$

$$=\frac{1}{2\mathrm{j}}\left[\frac{1}{(\omega-\omega_0)}+\frac{1}{(\omega+\omega_0)}\right]\leftarrow u(t)\mathrm{e}^{-\beta t}\leftrightarrow\frac{1}{\beta+\mathrm{j}\omega}$$

（5）拉普拉斯变换

傅里叶变换要求的两个条件：①在（$-\infty$，$+\infty$）绝对可积；②在整个数轴上有意义。但是许多函数，即使很简单的函数（如正弦函数、余弦函数）都不是绝对可积。此外，实际应用中，许多以时间 t 为自变量的函数不需要考虑 $t<0$ 的情况。

为了克服傅里叶变换的上述两个条件，考虑单位函数 u（t）和指数衰减函数 $\mathrm{e}^{-\beta t}$

$$u(t)=\begin{cases}0, & t<0\\ 1, & t\geqslant 0\end{cases}\qquad \beta(t)=\begin{cases}0, & t<0\\ \mathrm{e}^{-\beta t}, & t\geqslant 0,\quad \beta>0\end{cases}\tag{3-172}$$

对于任意一个函数 φ（t），乘以前者可以使积分区间由（$-\infty$，$+\infty$）换成（0，$+\infty$），乘以后者只要 β 选得适当就可使其变得绝对可积，因此可以克服傅里叶变换上述的两个缺点。

对函数 φ（t）先乘以单位函数 u（t）和指数衰减函数 $\mathrm{e}^{-\beta t}$，再取傅里叶变换，就产生了拉普拉斯变换

$$F(s)=G_\beta(\omega)=\int_{-\infty}^{+\infty}\varphi(t)\mathrm{e}^{-\mathrm{j}\omega t}u(t)\mathrm{e}^{-\beta t}\mathrm{d}t=\int_0^{+\infty}\varphi(t)u(t)\mathrm{e}^{-(\beta+\mathrm{j}\omega)t}\mathrm{d}t=\int_0^{+\infty}f(t)\mathrm{e}^{-st}\mathrm{d}t$$

$$s=\beta+\mathrm{j}\omega,\qquad f(t)=\varphi(t)u(t)$$

$$\begin{cases}F(s)=L[f(t)]=\int_0^{\infty}f(t)\mathrm{e}^{-st}\mathrm{d}t]\\ f(t)=L^{-1}[F(s)]=\dfrac{1}{2\pi\mathrm{j}}\int_{\beta-\mathrm{j}\infty}^{\beta+\mathrm{j}\infty}F(s)\mathrm{e}^{st}\mathrm{d}s,\quad t>0\end{cases}\tag{3-173}$$

式（3-173）称为函数 f（t）的拉普拉斯变换与逆变换。式中，F（s）称为 f（t）的拉普拉斯变换或象函数，f（t）称为 F（s）的拉普拉斯逆变换或象原函数，记为

$$F(s)=L[f(t)],\qquad f(t)=L^{-1}[F(s)]\tag{3-174}$$

【例题】 求：指数函数 f（t）$=\mathrm{e}^{kt}$ 的拉普拉斯变换

解：由拉普拉斯变换的定义式 $F(s)=L[f(t)]=\int_0^{+\infty}f(t)\mathrm{e}^{-st}\mathrm{d}t$

得 $L[\mathrm{e}^{kt}]=\int_0^{+\infty}\mathrm{e}^{kt}\cdot\mathrm{e}^{-st}\mathrm{d}t=\int_0^{+\infty}\mathrm{e}^{-(s-k)t}\mathrm{d}t=\dfrac{1}{s-k}$

（6）拉普拉斯变换的性质

1）线性性质：函数线性组合的拉普拉斯变换等于各函数拉普拉斯变换的线性组合

$$L[af_1(t)+bf_2(t)]=aF_1(s)+bF_2(s),\quad L^{-1}[aF_1(s)+bF_2(s)]=af_1(t)+bf_2(t) \tag{3-175}$$

2）微分性质：

$$\begin{aligned}&L[f'(t)]=sF(s)-f(0)\\&L[f^{(n)}(t)]=s^nF(s)-s^{n-1}f(0)-s^{n-2}f'(0)-s^{n-3}f''(0)-\cdots-f^{(n-1)}(0)\end{aligned} \tag{3-176}$$

此性质可以将 $f(t)$ 的微分方程转化为 $F(s)$ 的代数方程，利用它推算一些函数的拉普拉斯变换，对分析线性系统有着重要的作用。

【例题】 利用微分性质，求：函数 $f(t)=\sin kt$ 的拉普拉斯变换

解： 由拉普拉斯变换的微分性质

$$L[f^{(n)}(t)]=s^nF(s)-s^{n-1}f(0)-s^{n-2}f'(0)-s^{n-3}f''(0)-\cdots-f^{(n-1)}(0)$$

得

$$\left.\begin{aligned}&L[-k^2\sin kt]=L[f''(t)]=s^2L[f(t)]-s^1f(0)-f'(0)\\&f(0)=0,\quad f'(0)=k,\quad f''(t)=-k^2\cos kt\end{aligned}\right\}$$

$$-k^2L[\sin kt]=s^2L[\sin kt]-s\cdot 0-k$$

$$L[\sin kt](s^2+k^2)=k$$

$$L[\sin kt]=\frac{k}{s^2+k^2}$$

3）积分性质：一个函数积分后的拉普拉斯变换等于这个函数的拉普拉斯变换除以复参数 s

$$\begin{aligned}&L\left[\int_0^t f(t)\mathrm{d}t\right]=\frac{1}{s}L[f(t)]=\frac{1}{s}F(s)\\&L\left[\int_0^t \mathrm{d}t\cdots\int_0^t f(t)\mathrm{d}t\right]=\frac{1}{s^n}F(s)\end{aligned} \tag{3-177}$$

4）位移性质：象原函数乘以指数函数 e^{at} 等于其象函数作位移 a

$$L[\mathrm{e}^{at}f(t)]=F(s-a) \tag{3-178}$$

5）延迟性质：时间函数延迟 τ 相当于它的象函数乘以指数因子 $\mathrm{e}^{-s\tau}$

$$L[f(t-\tau)]=\mathrm{e}^{-s\tau}F(s),\quad L^{-1}[\mathrm{e}^{-s\tau}F(s)]=f(t-\tau) \tag{3-179}$$

6）初值定理与终值定理：一个函数积分后的傅里叶变换等于这个函数的傅里叶变换除以因子 $\mathrm{j}\omega$。

$$f(0)=\lim_{s\to\infty}sF(s),\quad f(\infty)=\lim_{s\to 0}sF(s) \tag{3-180}$$

初值定理建立了函数 $f(t)$ 在坐标原点的值与函数 $sF(s)$ 在无限远点的值之间的关系；终值定理建立了函数 $f(t)$ 在无限远的值与函数 $sF(s)$ 在原点的值之间的关系。在拉普拉斯变换的应用中，有时并不关心函数 $f(t)$ 的表达式，只需要知道 $f(t)$ 在 $t\to\infty$ 或 $t\to 0$ 时的性态，初值定理与终值定理能直接由 $F(s)$ 求出 $f(t)$ 的两个特殊值 $f(0)$ 和 $f(\infty)$。

【例题】 若 $L[f(t)]=1/(s+a)$，求：$f(0)=?$ $f(\infty)=?$

解： 由拉普拉斯变换的初值定理与终值定理，得

$$f(0)=\lim_{s\to\infty}sF(s)=\lim_{s\to\infty}\frac{s}{s+a}=1$$

$$f(\infty)=\lim_{s\to 0}sF(s)=\lim_{s\to 0}\frac{s}{s+a}=0$$

由拉普拉斯变换的主要性质可以得到如下重要推论

$$L[f(at)]=\frac{1}{a}F(\frac{s}{a}),\qquad L[(-t)nf(t)]=F^{(n)}(s)$$

$$L[tf(t)]=-F'(s)\leftrightarrow f(t)=-\frac{1}{t}L^{-1}[F'(s)] \tag{3-181}$$

$$L[\frac{f(t)}{t}]=\int_s^{\infty}F(s)\mathrm{d}s\leftrightarrow f(t)=tL^{-1}[\int_s^{\infty}F(s)\mathrm{d}s]$$

单位函数 u（t）、指数函数 e^{kt}、正弦函数 sin（kt）、余弦函数 cos（kt）、幂函数 t^m 的拉普拉斯变换

$$L[u(t)]=\frac{1}{s},\qquad L[e^{kt}]=\frac{1}{s-k},\qquad L[\sin kt]=\frac{k}{s^2+k^2}$$
$$L[\cos kt]=\frac{s}{s^2+k^2},\qquad L[t^m]=\frac{m!}{s^{m+1}} \tag{3-182}$$

（7）拉普拉斯逆变换（拉普拉斯反演积分）

在实际应用中，常会碰到已知象函数 F（s）要求它的象原函数 f（t）问题，即

$$f(t)=L^{-1}[F(s)]=\frac{1}{2\pi \mathrm{j}}\int_{\beta-\mathrm{j}\infty}^{\beta+\mathrm{j}\infty}F(s)e^{st}\mathrm{d}s,\qquad t>0 \tag{3-183}$$

这是从象函数 F（s）求它的象原函数 f（t）的一般公式。右端的积分称为拉普拉斯反演积分，它是一个复变函数的积分，当 F（s）满足一定条件时，可以用留数方法计算。

若 s_1，s_2，…，s_n是函数 F（s）的所有奇点（适当选取 β 使这些奇点全在 Re（s）$<\beta$ 的范围内），且当 $s\to\infty$时，F（s）$\to 0$，则

$$f(t)=L^{-1}[F(s)]=\frac{1}{2\pi \mathrm{j}}\int_{\beta-\mathrm{j}\infty}^{\beta+\mathrm{j}\infty}F(s)e^{st}\mathrm{d}s=\sum_{k=1}^{n}\underset{s=s_k}{\mathrm{Res}}[F(s)e^{st}],\qquad t>0 \tag{3-184}$$

由赫维赛德（Heaviside）展开式：若 F（s）是有理式 A（s）/B（s），且 A（s）与 B（s）不可约，A（s）的次数小于 B（s）的次数，同时若 B（s）有 n 个单零点 s_1，s_2，…，s_n [A（s）/B（s）的单极点]，则

$$f(t)=\frac{1}{2\pi \mathrm{j}}\int_{\beta-\mathrm{j}\infty}^{\beta+\mathrm{j}\infty}F(s)e^{st}\mathrm{d}s=\sum_{k=1}^{n}\underset{s=s_k}{\mathrm{Res}}[F(s)e^{st}]=\sum_{k=1}^{n}\frac{A(s_k)}{B'(s_k)}e^{s_k t},\qquad t>0 \tag{3-185}$$

若 s_1是 B（s）的一个 m 阶零点，s_{m+1}，s_{m+2}，…，s_n是 B（s）的单零点 [s_1是 A（s）/B（s）的 m 阶极点；s_{m+1}，s_{m+2}，…，s_n是它的单极点]，则

$$f(t)=\frac{1}{2\pi \mathrm{j}}\int_{\beta-\mathrm{j}\infty}^{\beta+\mathrm{j}\infty}F(s)e^{st}\mathrm{d}s=\sum_{k=1}^{n}\underset{s=s_k}{\mathrm{Res}}[F(s)e^{st}]$$
$$=\sum_{i=m+1}^{n}\frac{A(s_i)}{B'(s_i)}e^{s_i t}+\frac{1}{(m-1)!}\lim_{s\to s_i}\frac{\mathrm{d}^{m-1}}{\mathrm{d}s^{m-1}}[(s-s_1)m\frac{A(s)}{B(s)}e^{st}],\qquad t>0 \tag{3-186}$$

【例题】求：$F(s)=\dfrac{1}{s(s-1)^2}$的拉普拉斯逆变换

解：由赫维赛德展开式［式（3-186）］，设

$$B(s)=s(s-1)^2$$

则 $s=0$ 为单零点，$s=1$ 为二阶零点。代入赫维赛德展开式［式（3-186）］，得

$$f(t)=L^{-1}[F(s)]=L^{-1}\left[\frac{1}{s(s-1)^2}\right]=\frac{1}{3s^2-4s+1}e^{st}\bigg|_{s=0}+\lim_{s\to1}\frac{d}{ds}\left[(s-1)^2\frac{1}{s(s-1)^2}e^{st}\right]$$

$$=1+\lim_{s\to1}\frac{d}{ds}\left[\frac{1}{s}e^{st}\right)=1+e^t(t-1)$$

除了由赫维赛德展开式求拉普拉斯逆变换（拉普拉斯反演积分）外，由 $t<0$ 时的傅里叶变换卷积性质得到拉普拉斯变换卷积，也可以求某些函数的逆变换。

由 $t>0$ 时的傅里叶变换卷积性质，可得

$$f_1(t)*f_2(t)=\int_0^t f_1(\tau)f_2(t-\tau)d\tau \tag{3-187}$$

且两个函数卷积的拉普拉斯变换等于这两个函数拉普拉斯变换的乘积

$$L[f_1(t)*f_2(t)]=F_1(s)\cdot F_2(s) \tag{3-188}$$

式（3-188）常常用来求一些函数的逆变换。

【例题】求：$F(s)=\dfrac{1}{s^2(1+s^2)}$ 的拉普拉斯逆变换

解：由题意，得

$$f(t)=L^{-1}[F(s)]=L^{-1}\left[\frac{s^2}{(1+s^2)^2}\right]=L^{-1}\left[\frac{s}{1+s^2}\cdot\frac{s}{1+s^2}\right]=\cos t*\cos t$$

$$=\int_0^t \cos t\cos(t-\tau)d\tau=\frac{1}{2}\int_0^t[\cos t+\cos(2\tau-t)]d\tau=\frac{1}{2}(t\cos t+\sin t)$$

根据拉普拉斯变换的线性性质和微分性质，就可以像利用傅里叶变换解微分方程那样，利用拉普拉斯变换来解常微分方程：首先取拉普拉斯变换把微分方程化为象函数的代数方程，根据这个代数方程求出象函数，然后再取逆变换就可以得出原来微分方程的解（图 3-9）。

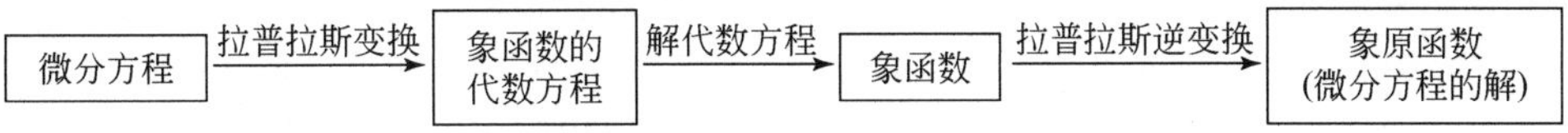

图 3-9　微分方程的拉普拉斯变换求解方法示意图

【例题】利用拉普拉斯变换方法，求：微分方程组 $\begin{cases}x''(t)+2x'(t)-3x(t)=e^{-t}\\x(0)=0\\x'(0)=1\end{cases}$ 的解。

解：令 $L[x(t)]=X(s)$，并对方程两边取拉普拉斯变换，得

$$L[x''(t)+2x'(t)-3x(t)]=L[e^{-t}]$$

$$s^2X(s)-1+2sX(s)-sX(s)=1/(s+1)$$

$X(s)$ 解为

$$X(s)=\frac{s+2}{(s+1)(s-1)(s+3)}=-\frac{1}{4}\frac{1}{(s+1)}+\frac{3}{8}\frac{1}{(s-1)}-\frac{1}{8}\frac{1}{(s+3)}$$

取 $X(s)$ 的拉普拉斯逆变换，得

$$x(t)=-\frac{1}{4}e^{-t}+\frac{3}{8}e^{t}-\frac{1}{8}e^{-3t}\leftarrow L[e^{kt}]=\frac{1}{s-k}$$

拉普拉斯变换求解微分方程的过程中，同时使用初始条件，求出的结果就是需要的特解，避免了微分方程一般解法中，先求通解而后根据初始条件确定任意常数的复杂运算。

3.2.2 谱分析的一般方法

谱分析方法是海洋地球物理重磁位场、地震波场资料分析的重要工具，特别是复变函数与积分变换理论，使许多实际地球物理问题变得简单明了，从而可以利用谱分析方法处理和解释具体问题。

频谱分析中，傅里叶变换 $G(\omega)$ 又称 $f(t)$ 的频谱函数，如对一个时间函数作傅里叶变换，就是求这个时间函数的频谱。频谱函数的模 $|G(\omega)|$ 称为 $f(t)$ 的振幅频谱，频谱函数的相位角 $\varphi(\omega)$ 称为 $f(t)$ 的相角频谱，表达式为

$$G(\omega)=F[f(t)]=\int_{-\infty}^{\infty}f(t)e^{-j\omega\tau}dt=\int_{-\infty}^{\infty}f(t)\cos\omega t dt-j\int_{-\infty}^{\infty}f(t)\sin\omega t dt$$

$$\begin{cases}|G(\omega)|=\sqrt{\left(\int_{-\infty}^{\infty}f(t)\cos\omega t dt\right)^2+\left(\int_{-\infty}^{\infty}f(t)\sin\omega t dt\right)^2}=|G(-\omega)| \\ \varphi(\omega)=\mathrm{arctg}\left[\int_{-\infty}^{\infty}f(t)\sin\omega t dt/\int_{-\infty}^{\infty}f(t)\cos\omega t dt\right]=-\varphi(-\omega)\end{cases}\tag{3-189}$$

式（3-189）表明，振幅频谱 $|G(\omega)|$ 是频率 ω 的偶函数，相角频谱 $\varphi(\omega)$ 是 ω 的奇函数。根据振幅频谱和相角频谱，可做出频谱图。

如果 $f(t)$ 为偶函数，则

$$G(\omega)=F[f(t)]=\int_{-\infty}^{\infty}f(t)e^{-j\omega\tau}dt=2\int_{0}^{\infty}f(t)\cos\omega t dt\tag{3-190}$$

如果 $f(t)$ 为奇函数，则

$$G(\omega)=F[f(t)]=\int_{-\infty}^{\infty}f(t)e^{-j\omega\tau}dt=-2j\int_{0}^{\infty}f(t)\sin\omega t dt\tag{3-191}$$

实际资料处理中，处理的一般是实函数 f，将其分解为偶部 f_e 与奇部 f_o，则其傅里叶变换的实部仅与 f_e 有关，且是偶函数；虚部仅与 f_o 有关，且是奇函数。二者都只需计算 $f\geqslant 0$ 的部分，这对编程计算十分有用。

3.2.2.1 抽样与离散

(1) 波形抽样与抽样定理

实际的海洋地球物理观测中，常常是用离散信号（时间或空间上的离散函数）表示连续信号（时间或空间上的连续函数）。连续信号与离散信号之间存在密切关系，在一定条

件下，可以用离散信号代替连续信号而不丢失原来信号所包含的信息。

从连续信号 $f(t)$ 中利用抽样脉冲函数 $p(t)$ 抽取一系列的离散值，称为抽样信号 $f_s(t)$，即

$$f_s(t)=f(t)\cdot p(t) \tag{3-192}$$

设，$F(\omega)$ 是原连续信号 $f(t)$ 的频谱，$p(\omega)$ 是抽样脉冲函数 $p(t)$ 的频谱，有

$$f(t)\leftrightarrow F(\omega)$$

$$p(t)=\sum_{n=-\infty}^{\infty}p_n e^{jn\omega_s t}\leftrightarrow P(\omega)=2\pi\sum_{n=-\infty}^{\infty}p_n\delta(\omega-n\omega_s) \tag{3-193}$$

式中，抽样圆频率 $\omega_s=2\pi/\Delta$，Δ 为抽样间隔。

利用傅里叶变换的频率卷积性质可求得抽样信号 $f_s(t)$ 的频谱 $F_s(\omega)$

$$F_s(\omega)=\frac{1}{2\pi}F(\omega)*P(\omega)=\sum_{n=-\infty}^{\infty}F(\omega)*p_n\delta(\omega-n\omega_s)=\sum_{n=-\infty}^{\infty}p_nF(\omega-n\omega_s) \tag{3-194}$$

式（3-194）表明，抽样信号的频谱是原连续信号频谱以抽样圆频率 ω_s 为间隔的周期延拓。频谱幅值受抽样脉冲序列的傅里叶系数加权影响。

如果抽样脉冲函数是 $\delta_T(t)$ 序列（冲激脉冲），则为理想抽样。此时抽样信号 $f_s(t)$ 的频谱 $F_s(\omega)$ 为

$$F_s(\omega)=\frac{1}{2\pi}F(\omega)*P(\omega)=\frac{1}{\Delta}\sum_{n=-\infty}^{\infty}F(\omega-n\omega_s) \tag{3-195}$$

抽样信号的频谱以抽样圆频率 ω_s 为周期，等幅值重复。

如果抽样脉冲函数是周期性矩形脉冲序列，则为自然抽样。此时抽样信号 $f_s(t)$ 的频谱 $F_s(\omega)$ 为

$$F_s(\omega)=\frac{1}{2\pi}F(\omega)*P(\omega)=\frac{1}{\Delta}\sum_{n=-\infty}^{\infty}F[j(\omega-n\omega_s)] \tag{3-196}$$

抽样信号的频谱幅值因周期矩形脉冲信号的傅里叶系数的加权不再等幅。

抽样定理给出了从抽样信号恢复原连续信号的条件。

时域抽样定理：一个频谱受限的信号 $f(t)$，如果频谱 $F(\omega)$ 只占据 $-\omega_m\sim+\omega_m$ 的频率范围，则信号 $f(t)$ 可以用等间隔的抽样值 $f(n\Delta)$ 唯一表示，只要抽样间隔 Δ 不大于 $1/2f_m$，（f_m 为信号最大频率，$\omega_m=2\pi f_m$），或者说，最低抽样频率 $f_s\geqslant 2f_m$。

通常把满足抽样定理要求的最低抽样频率 f_s 称为奈奎斯特频率，把最大允许抽样间隔 $\Delta=1/f_s=1/2f_m$ 称为奈奎斯特间隔。此定理说明，以 $\Delta=1/2f_m$ 为间隔取样，已经包含了原函数 $f(t)$ 的全部信息，再加密抽样已经没有意义。

抽样定理给出了从采样的离散信号恢复到原来连续信号所必需的最低的采样频率。如果信号带宽小于奈奎斯特频率（即抽样频率的 1/2），那么此时这些离散的采样点能够完全表示原信号

$$v_N=\frac{\omega_{N/2}}{2\pi N}=\frac{1}{2\Delta t} \tag{3-197}$$

高于或处于奈奎斯特频率的频率分量会导致混叠现象。混叠现象将严重影响信号的重建。从采样间隔和奈奎斯特频率的关系可以看出，采样间隔越小，奈奎斯特频率越大。减少混叠现象的两种途径：①提高采样频率，缩小采样时间间隔；②采用抗混叠滤波。

频域抽样定理：一个时间受限的信号 $f(t)$，它集中在 $-t_m \sim +t_m$ 的时间范围内，若在频域中以不大于 $1/2t_m$ 的频率间隔对 $f(t)$ 的频谱 $F(\omega)$ 进行抽样，则抽样后的频谱 $F_1(\omega)$ 可以唯一的表示原信号。

信号在频率域抽样（离散化）等效于在时间域周期化；在时间域抽样（离散化）相当于在频率域周期化。

（2）离散傅里叶变换

一般地，傅里叶变换只能用来分析连续时间信号的频谱。计算机处理离散时间序列信号的数字编码，需要借助离散傅里叶变换（discrete Fourier transform，DFT）。离散傅里叶变换是分析时间序列频率成分的有效工具。

如果一个数据序列为 $\{a\}=\{a_0, a_1, \cdots, a_{N-1}\}=\{a(n\Delta t)\}$，　$n=0, 1, 2, \cdots, N-1$

则其离散傅里叶变换 a_k（DFT）及逆变换 a_n（IDFT）为

$$\begin{aligned} a_k &= \mathrm{DFT}[a_n] = \sum_{n=0}^{N-1} a_n \mathrm{e}^{-\mathrm{j}\frac{2\pi}{N}kn} = \sum_{n=0}^{N-1} a_n W^{kn} \quad (0 \leqslant k \leqslant N-1) \\ a_n &= \mathrm{IDFT}[a_k] = \frac{1}{N}\sum_{k=0}^{N-1} a_k \mathrm{e}^{\mathrm{j}\frac{2\pi}{N}kn} = \frac{1}{N}\sum_{k=0}^{N-1} a_k W^{-kn} \quad (0 \leqslant n \leqslant N-1) \end{aligned} \tag{3-198}$$

离散傅里叶变换的性质。

1）线性性：$F[x+y]=F[x]+F[y]$

2）对称性：若 $F[f(n)]=h(k)$ 则 $F[h(-n)]=f(k)$

3）时移性：$F[f(m-n)]=h(l)\,\mathrm{e}^{-\mathrm{j}2\pi ln/N}$

4）频移性：$F[f(n)\,\mathrm{e}^{\mathrm{j}2\pi ln/N}]=h(k-l)$

5）相关性：设，c 为 x、y 的相关函数，则 $F[c]=\overline{F[x]}\cdot F[y]$

6）卷积定理：$F[x*y]=F[x]\cdot F[y]$，　$F[x\cdot y]=F[x]*F[y]$

7）帕塞瓦尔定理：$\sum_{n=0}^{N-1} a_n{}^2 = \frac{1}{N}\sum_{k=0}^{N-1} |a_k|^2$

傅里叶变换主要目的在于恢复原信号，离散傅里叶变换中，离散时间周期序列在时间上是离散的，在频率 ω 上也是离散的，且频谱是 ω 的周期函数，理论上解决了时域离散和频域离散的对应关系问题。

只有当数据序列以周期 $T=N\delta(t)$ 周期性重复时，离散傅里叶变换才严格有效。实际采集地震波场和重磁位场数据并不严格以周期 $T=N\delta(t)$ 周期性变化，因此离散傅里叶变换并不严格正确，其振幅谱和相位谱是失真变形的。

在离散傅里叶变换中，有 N 个傅里叶参数需要计算，离散傅里叶变换需要 $N\times N$ 步计算，每步又包括了乘法和加的运算。因此，需要快速傅里叶变换（FFT）。快速傅里叶变换变换中，N 点的离散傅里叶变换只需要 $N\lg_2 N$ 次运算。

将不连续点的周期函数（如矩形脉冲）傅里叶展开后，选取的项数越多，所合成的波形中出现的峰值越靠近原信号不连续点，最终趋于一个常数，即所谓的吉布斯（Gibbs）现象。任何突然不连续或阶跃信号总会出现吉布斯现象，如汽车驶过坑时、爆炸声、唱歌高音的颤音等。

在地球物理资料实际处理计算时，只能取有限带宽的谱做逆变换，因此只要时间函数存在间断点，就一定会发生吉布斯现象。时域截断区间两端函数值不相等，就会造成逆变换结果绕真值发生振荡。要消除吉布斯现象，需要加大采样区间，使振荡区间减小，然后舍弃边部，或者修改边部值，增加一个边使左右端点值相等，周期拓展后得到连续函数，避免出现吉布斯现象。

（3）二维傅里叶变换

对于一个二维函数 $f(x, y)$，其傅里叶变换 $F(u, v)$ 可以表示成

$$f(x, y) = \int_{-\infty}^{\infty}\int_{-\infty}^{\infty} F(u, v)\mathrm{e}^{\mathrm{j}2\pi(ux+vy)}\mathrm{d}u\mathrm{d}v \Leftrightarrow F(u, v) = \int_{-\infty}^{\infty}\int_{-\infty}^{\infty} f(x, y)\mathrm{e}^{-\mathrm{j}2\pi(ux+vy)}\mathrm{d}x\mathrm{d}y \tag{3-199}$$

二维傅里叶变换的性质。

1）线性：和的傅里叶变换等于各函数傅里叶变换的和，即

$$F[af(x, y) + bg(x, y)] = aF(u, v) + bG(u, v);$$

2）对称性：若 $G(u, v)=F[g(x, y)]$，则 $F[G(x, y)]=f(u, v)$；

3）二重性：$F\{F[g(x, y)]\}=g(-x, -y)$；

4）缩放性：$F[g(ax, by)]=\dfrac{1}{|ab|}G\left(\dfrac{u}{a}, \dfrac{v}{b}\right)$；

5）平移性：$F[g(x-x_0, y-y_0)]=\mathrm{e}^{-\mathrm{j}2\pi(ux_0+vy_0)}G(u, v)$；

6）微分性：

$$F\left[\frac{\partial^n}{\partial x^n}g(x, y)\right]=(\mathrm{j}2\pi u)^n G(u, v),$$

$$F\left[\frac{\partial^n}{\partial y^n}g(x, y)\right]=(\mathrm{j}2\pi v)^n G(u, v),$$

$$F\left[\frac{\partial^2}{\partial x\partial y}g(x, y)\right]=(\mathrm{j}2\pi u)(\mathrm{j}2\pi v)G(u, v)=-4\pi^2 uvG(u, v)。$$

二维傅里叶变换的卷积定理：两个函数卷积的傅里叶变换，等于它们傅里叶变换的乘积；两个函数乘积的傅里叶变换，等于它们傅里叶变换的卷积。即

$$F[f(x, y) * g(x, y)] = F(u, v)\cdot G(u, v),\quad F[f(x, y)\cdot g(x, y)] = F(u, v) * G(u, v) \tag{3-200}$$

3.2.2.2 位场的频谱分析

重磁方法是海洋地球物理中基本的位场方法，满足位场转换的基本理论。重磁异常都是位函数，具有调和函数的性质。重磁异常的观测都是在地表附近空间进行的，且观测面以上的空间中任意一点的重磁异常都有连续的一阶、二阶导数，满足拉普拉斯方程，场值

随距地面的高度衰减，在无穷远处趋于零（曾华霖，2005；管志宁，2005）。

根据某观测面上的实测异常，换算场源以外其他空间位置的异常，就是求解狄利克雷问题或诺伊曼问题。①狄利克雷问题：已知平面上每一点的调和函数（异常）值，求平面以上任意点的调和函数值。②诺伊曼问题：已知平面上每一点的调和函数（异常）垂向导数值，求平面以上任意点的调和函数值。

位函数的傅里叶变换也称位函数的频谱。位函数是空间域函数，其函数自变量记为 (x, y, z)，频谱的自变量记为 (u, v, w)，但在空间域的某个平面上对 x、y 两个变量进行傅里叶变换，频谱的自变量也记为 (u, v, z)。

在频率域进行位场异常的转换，最大优点是将空间域内的褶积关系变为频率域内的乘积关系。同时还可以把各种换算统一到一个通用表达式中，从而使异常的换算变得简单。另外，可以从频谱特性出发，讨论各种换算的滤波作用。

频率域异常转换的基本过程：首先利用傅里叶变换求出原异常的频谱，然后在频率域内进行各种换算，把换算后的频谱进行傅里叶逆变换求出转换后的异常。

（1）重力异常的频谱分析

由第 2 章重力位公式

$$U(x, y, z) = G\iiint_V \frac{\rho \mathrm{d}v}{r} = G\iiint_V \frac{\rho(\xi, \eta, \zeta)}{\sqrt{(\xi - x)^2 + (\eta - y)^2 + (\zeta - z)^2}}\mathrm{d}\xi\mathrm{d}\eta\mathrm{d}\zeta \quad (3\text{-}201)$$

式中，G 为万有引力常数；ρ 为场源体密度分布函数；U 为观测点重力位函数。

如果把密度函数 ρ 定义域从 V 扩大到整个三维空间，即补充定义 V 外 $\rho = 0$，则式（3-201）右边是一个卷积（褶积）积分

$$U(x, y, z) = \rho(\xi, \eta, \zeta) * \frac{G}{\sqrt{x^2 + y^2 + z^2}} \quad (3\text{-}202)$$

如果对 U 在观测平面 $X\text{-}Y$ 上傅里叶变换，则空间域位场计算公式变换到频率域可表示为

$$\begin{cases} U(u, v, z) = \displaystyle\int_{-\infty}^{\infty}\int_{-\infty}^{\infty} U(x, y, z)\mathrm{e}^{-\mathrm{j}2\pi(ux+vy)}\mathrm{d}x\mathrm{d}y \\ U(x, y, z) = \displaystyle\int_{-\infty}^{\infty}\int_{-\infty}^{\infty} U(u, v, z)\mathrm{e}^{\mathrm{j}2\pi(ux+vy)}\mathrm{d}x\mathrm{d}y \end{cases} \quad (3\text{-}203)$$

根据观测解释需要，将坐标原点定在观测面上，并假设所有的质量均分布在其下，z 向下为正，则

$$U(u, v, z) = \int_0^{\infty} \frac{G\rho(u, v, \zeta)}{\sqrt{u^2 + v^2}}\mathrm{e}^{-2\pi\sqrt{u^2+v^2}(\zeta - z)}\mathrm{d}\zeta \quad (3\text{-}204)$$

二维傅里叶变换的微分性质，得

$$
\begin{aligned}
&F\left[\frac{\partial}{\partial x}U(x,\ y,\ z)\right] = U_x(u,\ v,\ z)\,] = \mathrm{j}2\pi uU(u,\ v,\ z)\\
&F\left[\frac{\partial}{\partial y}U(x,\ y,\ z)\right] = U_y(u,\ v,\ z)\,] = \mathrm{j}2\pi vU(u,\ v,\ z)\\
&F\left[\frac{\partial}{\partial z}U(x,\ y,\ z)\right] = U_z(u,\ v,\ z)\,] = 2\pi\sqrt{u^2+v^2}\,U(u,\ v,\ z)
\end{aligned}
\tag{3-205}
$$

式（3-205）为频率域中 U 的方向导数，或场强的方向分量。其中第三式中对 z 求导数，得到的是频率域中 U 的垂向导数，即

$$
\begin{aligned}
U_z(u,\ v,\ z) &= 2\pi\sqrt{u^2+v^2}\,U(u,\ v,\ z)\\
&= \mathrm{e}^{2\pi z\sqrt{u^2+v^2}}\left[2\pi G\int_0^{\infty}\rho(u,\ v,\ \zeta)\,\mathrm{e}^{-2\pi\sqrt{u^2+v^2}\zeta}\mathrm{d}\zeta\right]
\end{aligned}
\tag{3-206}
$$

式中，$\mathrm{e}^{2\pi z\sqrt{u^2+v^2}}$ 称为延拓因子，z 取不同数值，就可以得到 z 方向的不同平面上重力场强度的频谱。例如，取 $z=0$，则得到观测面上重力场强度的频谱

$$
U_z(u,\ v,\ 0) = 2\pi G\int_0^{\infty}\rho(u,\ v,\ \zeta)\,\mathrm{e}^{-2\pi\sqrt{u^2+v^2}\zeta}\mathrm{d}\zeta\,]
\tag{3-207}
$$

通过导数换算，可以消除测量常差，压制区域背景，分离叠加异常，突出局部异常（Oldenburg，1974）。通过向上延拓，由低平面或曲面上异常换算出高平面上异常，压制浅表干扰异常或范围较小的局部异常，突出埋藏深度较大的探测目标异常。通过向下延拓，由高平面或曲面上异常换算出低平面上异常，以便分离叠加异常，突出和评价低缓异常，压制区域异常的影响。

（2）磁异常的频谱分析

1）延拓：若观测面 $z=0$ 上实测磁异常为 T（x，y，0），其频谱为

$$
S_T(u,\ v,\ 0) = \int_{-\infty}^{\infty}\int_{-\infty}^{\infty}T(x,\ y,\ 0)\,\mathrm{e}^{-\mathrm{j}2\pi(ux+vy)}\mathrm{d}x\mathrm{d}y
\tag{3-208}
$$

则任意高度 $z=h$ 观测面磁异常 T（x，y，h）频谱为

$$
S_T(u,\ v,\ h) = S_T(u,\ v,\ 0)\,\mathrm{e}^{2\pi h\sqrt{u^2+v^2}}
\tag{3-209}
$$

式中，$F=\mathrm{e}^{2\pi h\sqrt{u^2+v^2}}$ 称为延拓因子。$h>0$ 时向下延拓，$h<0$ 时向上延拓。

2）导数换算：磁异常 Z_a 的 m 阶垂向导数、n 阶 x 方向导数、l 阶 y 方向导数的频谱为

$$
F\left[\frac{\partial^{(n+l+m)}Z_a(x,\ y,\ z)}{\partial x^n\partial y^l\partial z^m}\right]_{z=0} = (\mathrm{j}2\pi u)^n\,(\mathrm{j}2\pi v)^l\,\left(2\pi\sqrt{u^2+v^2}\right)^m S_z(u,\ v,\ 0)
\tag{3-210}
$$

式中，$D=(\mathrm{j}2\pi u)^n\,(\mathrm{j}2\pi v)^l\,\left(2\pi\sqrt{u^2+v^2}\right)^m$ 称为导数换算因子。特别地，沿任意与 x 轴夹角 α 方向导数的频谱为

$$
S_{TL}(u,\ v,\ z) = \mathrm{j}(2\pi u\cos\alpha + 2\pi v\sin\alpha)\,S_T(u,\ v,\ z)
\tag{3-211}
$$

3）磁异常分量换算：若地磁场单位矢量 t_0 的方向余弦为 L_0、M_0、N_0，它们与磁倾角 I、磁偏角 D 之间的关系为 $L_0=\cos I\sin D$，$M_0=\cos I\cos D$，$N_0=\sin I$。

观测磁异常各分量 H_{ax}、H_{ay}、Z_a 的频谱为

$$\begin{cases} S_x(u,\ v,\ z) = \dfrac{\mathrm{j}2\pi u}{q_{t0}} S_T(u,\ v,\ z) \\ S_y(u,\ v,\ z) = \dfrac{\mathrm{j}2\pi v}{q_{t0}} S_T(u,\ v,\ z) \\ S_z(u,\ v,\ z) = \dfrac{2\pi\sqrt{u^2+v^2}}{q_{t0}} S_T(u,\ v,\ z) \end{cases},\quad q_{t0} = 2\pi\left[\mathrm{j}(L_0 u + M_0 v) + N_0\sqrt{u^2+v^2}\right] \tag{3-212}$$

频率域内，任意两个磁异常分量可以通过系数 Q 换算

$$Q = \frac{q_{t_2}}{q_{t_1}} = \frac{\mathrm{j}(L_2 u + M_2 v) + N_2\sqrt{u^2+v^2}}{\mathrm{j}(L_1 u + M_1 v) + N_1\sqrt{u^2+v^2}} \tag{3-213}$$

式中，Q 称为磁异常分量换算因子。

4）磁化方向换算：若 α_1、β_1、γ_1 为原磁化方向的方向余弦，α_2、β_2、γ_2 为新磁化方向的方向余弦，则由方向 1 换算到方向 2 的磁异常各分量 H_{ax}、H_{ay}、Z_a 的频谱为

$$\begin{cases} S_{x_2}(u,\ v,\ z) = KS_{x_1}(u,\ v,\ z) \\ S_{y_2}(u,\ v,\ z) = KS_{y_1}(u,\ v,\ z), \\ S_{z_2}(u,\ v,\ z) = KS_{z_1}(u,\ v,\ z) \end{cases}\quad K = \frac{q_{l_2}}{q_{l_1}} = \frac{2\pi\left[\mathrm{j}(\alpha_2 u + \beta_2 v) + \gamma_2\sqrt{u^2+v^2}\right]}{2\pi\left[\mathrm{j}(\alpha_1 u + \beta_1 v) + \gamma_1\sqrt{u^2+v^2}\right]} \tag{3-214}$$

式中，K 为磁化方向换算因子。

令，$\alpha_2=\beta_2=0$，$\gamma_2=1$，则转换到垂直磁化，磁化方向换算因子 K 为

$$K = K_{\perp} = \frac{2\pi\sqrt{u^2+v^2}}{q_{l_1}} \tag{3-215}$$

对于观测磁异常 ΔT 来说，转换到垂直磁化方向的垂直磁异常也称为化到地磁极，最方便解释和反演计算。

将 ΔT 转换到垂直磁化方向的垂直磁异常，需要两步换算（分量换算与磁化方向换算）

$$\Delta T \rightarrow Z_a \Rightarrow Z_a \rightarrow Z_{a\perp} \tag{3-216}$$

第一步：分量换算，先将 ΔT 的频谱转换为 Z_a 的频谱

$$\Delta T \rightarrow Z_a:\quad S_z(u,\ v,\ z) = \frac{2\pi\sqrt{u^2+v^2}}{q_{t_0}} S_T(u,\ v,\ z) \tag{3-217}$$

第二步：磁化方向转换，将 Z_a 方向的频谱转换为 $Z_{a\perp}$ 方向的频谱

$$\begin{aligned} Z_a \rightarrow Z_{a\perp}:\ S_{z\perp}(u,\ v,\ z) &= \frac{2\pi\sqrt{u^2+v^2}}{q_{l_1}} S_z(u,\ v,\ z) \\ &= \frac{2\pi\sqrt{u^2+v^2}}{q_{l_1}}\left[\frac{2\pi\sqrt{u^2+v^2}}{q_{t_0}} S_T(u,\ v,\ z)\right] \end{aligned} \tag{3-218}$$

如果磁化方向与地磁场方向一致

$$q_{l_1} = q_{t_0} = 2\pi[\mathrm{j}(L_0 u + M_0 v) + N_0\sqrt{u^2 + v^2}] \tag{3-219}$$

则化极换算中，第二步磁化方向转换的结果为

$$\begin{aligned} S_{z\perp}(u, v, z) &= \left(\frac{2\pi\sqrt{u^2+v^2}}{q_{t_0}}\right)^2 S_T(u, v, z) = JS_T(u, v, z) \\ J &= \left(\frac{2\pi\sqrt{u^2+v^2}}{q_{t_0}}\right)^2 = \left\{\frac{2\pi\sqrt{u^2+v^2}}{2\pi[\mathrm{j}(L_0 u + M_0 v) + N_0\sqrt{u^2+v^2}]}\right\}^2 \end{aligned} \tag{3-220}$$

一般情况下，磁化方向与地磁场方向一致，将 ΔT 化到磁极的系数 J 称为化极换算因子。

5）频率域磁异常换算的通用公式：若 S_{T_1}（u，v，0）为观测面 $z=0$ 上某一观测方向实测磁异常分量的频谱，换算后磁场任一分量的频谱 S_{T_2}（u，v，z）（延拓、求导、分量、磁化方向）为

$$S_{T_2}(u, v, z) = [K \cdot Q \cdot D \cdot F]S_{T_1}(u, v, 0) \tag{3-221}$$

式中，K 为磁化方向换算因子；Q 为磁异常分量换算因子；D 为磁异常导数换算因子；F 为磁异常延拓因子。

6）磁源重力异常换算：由第 2 章稳定磁场磁介质引力势与磁势的关系，可知均匀磁化、密度均匀的物体，磁位 U_m 与重力位 U_g 之间满足泊松公式

$$U_m = -\frac{1}{4\pi\mu_0 G\rho}\boldsymbol{M} \cdot \nabla U_g \tag{3-222}$$

由泊松公式，得到垂直磁化时，磁位 $U_{m\perp}$ 与磁源重力异常的关系

$$\left.\begin{aligned} U_{m\perp} &= -\frac{M}{4\pi\mu_0 G\rho}\frac{\partial U_g}{\partial z} = \frac{M}{4\pi\mu_0 G\rho}g \\ g &= \frac{4\pi\mu_0 G\rho}{M}U_{m\perp} \end{aligned}\right\}, \quad S_g(u, v, z) = \frac{4\pi\mu_0 G\rho}{M}S_{U_{m\perp}}(u, v, z) \tag{3-223}$$

垂直磁化时，磁位 $U_{m\perp}$ 相当于 ΔT 经化磁极换算后的 $Z_{a\perp}$，二者频谱关系为

$$S_{z\perp}(u, v, z) = 2\pi\sqrt{u^2+v^2}\,S_{U_{m\perp}}(u, v, z) \tag{3-224}$$

因此，有

$$\begin{aligned} S_g(u, v, z) &= \frac{4\pi\mu_0 G\rho}{M}\frac{2\pi\sqrt{u^2+v^2}}{q_{t_0}q_{t_1}}S_T(u, v, z) = CS_T(u, v, z) \\ C &= \frac{4\pi\mu_0 G\rho}{M}\frac{2\pi\sqrt{u^2+v^2}}{q_{t_0}q_{t_1}} \end{aligned} \tag{3-225}$$

式中，C 为磁源重力异常换算因子。

位场资料既可以在频率域也可以在空间域转换和分析。空间域、频率域各有优缺点，虽然频率域的谱分析方法计算表达式简单，模型结构清晰，是理想的最优化数据处理工具，但在实际的重磁数据处理和资料分析中，要避免只局限于单纯的数学变换，应结合位场的空间域特征，选择合适的频率域处理方法，最大限度压制干扰、保留和突出有用信息，将位场的频谱分析方法与定性、定量解释紧密结合，才能有效提高重磁资料

的解释水平。

3.2.2.3 波场的频谱分析

地震波场的频谱分析是地震数据处理的重要一环，是计算模拟、模型解释的前提。地震波场资料有一套确立的数据处理流程，大致可分为预处理、常规处理和特殊处理，其中常规处理阶段中的滤波、反褶积、相关分析等是地震波场频谱分析的主要内容。

（1）滤波

滤波是地球物理波场数据处理的常用方法，是从含有干扰的接收信号中提取有用信号的一种技术。滤波目的是提高信噪比，将信号中特定波段频率滤除、抑制和剔除干扰信号。例如，地震波场中，大地相当于一个低通滤波器，它吸收信号中的高频成分，只让低频成分通过，对波形进行了改造。就大地的滤波过程而言，地震波就是输入信号，大地就是滤波器（Filter），经界面反射后的波动就是输出信号。

在信息处理中，可以通过数学方法达到滤波器的作用，并可以通过设计不同的数学运算，实现数字滤波。数字滤波器对输入信号的频率成分可以进行选择，分为高通、低通、带阻、带通四类。通常把滤波器对信号频率的影响称为滤波器的频率响应 $H(f)$。$H(f)$ 也称频率函数或传递函数，是频率域滤波的表示方法（姚姚，2006）。

一般地，接收的地震信号记录是一个连续的时间函数，因此滤波器的特性也可以用时间域的方法来表示。通常把滤波器对波形的影响称为滤波器的脉冲响应 $h(t)$。$h(t)$ 也称时间函数或滤波因子，是时间域滤波的表示方法。

频率函数 $H(f)$ 或时间函数 $h(t)$ 的求取方法：将频率域或时间域表示的一个单位脉冲函数输入滤波器，其输出的信号就是频率响应 $H(f)$ 或脉冲响应 $h(t)$

$$\begin{gathered}\delta(t)\rightarrow\boxed{\text{Filter}}\rightarrow h(t),\quad \delta(f)=1\rightarrow\boxed{\text{Filter}}\rightarrow H(f)\\ F[\delta(t)]=1,\quad \delta(t)=F^{-1}[1]\end{gathered}\tag{3-226}$$

脉冲函数 δ 的傅里叶变换就是1，或者说，脉冲响应 $h(t)$ 的傅里叶变换就是这个滤波器的频率响应 $H(f)$，因此一个滤波器无论是用脉冲响应 $h(t)$ 来描述，还是用频率响应 $H(f)$ 来描述，均是等价且唯一的。

A. 一维频率域滤波

滤波处理时，将信号及滤波因子（算子）当作频率 f 或时间 t 的单变量函数，在时间域或频率域进行滤波，称为一维滤波。

频率域滤波分为以下几个步骤：

1）对地震记录 $X(t)$ 作频谱分析，确定有效波 $S(t)$ 和干扰波 $N(t)$ 的频谱特征

$$X(t)=S(t)+N(t)\rightarrow F[X(t)]=X(f)=S(f)+N(f)\tag{3-227}$$

如图3-10所示，有效波频率在 $f_1\sim f_2$，干扰波频率在 $f_3\sim f_4$。

2）依据有效波与干扰波的频谱差异设计滤波器，即选择频率 $H(f)$，如带通滤波器

$$H(f)=\begin{cases}1, & f_1\leqslant f\leqslant f_2\\ 0, & f<f_1 \quad \text{或} \quad f>f_2\end{cases}\tag{3-228}$$

3）滤波计算，即

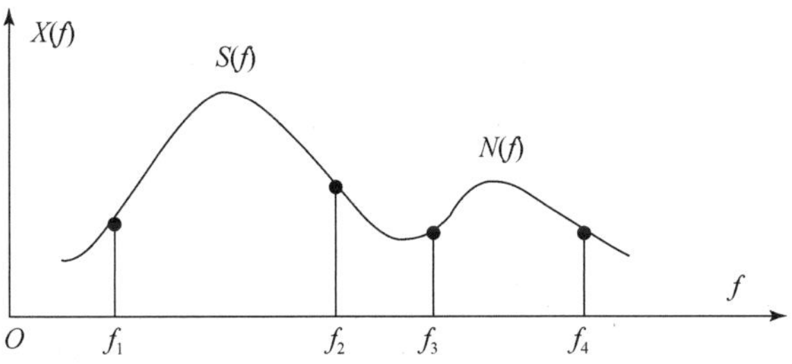

图 3-10　一维频率域滤波

$$\hat{X}(f)=X(f)\cdot H(f)=F[X(t)]\cdot H(f)=[S(f)+N(f)]\cdot H(f)=S(f) \tag{3-229}$$

4）傅里叶逆变换，得到滤波后的地震记录，即

$$F^{-1}[\hat{X}(f)]=F^{-1}[S(f)]=\hat{X}(t) \tag{3-230}$$

频率域滤波的数学过程为

$$X(t)\rightarrow F[X(t)]\rightarrow X(f)\rightarrow \boxed{\text{Filter}X(f)\cdot H(f)}\rightarrow \hat{X}(f)\rightarrow F^{-1}[\hat{X}(f)]\rightarrow \hat{X}(t) \tag{3-231}$$

B. 一维时间域滤波（褶积滤波）

时间域滤波是以频率域滤波为基础的，但时间域滤波的计算量较少，其实现过程分为以下几个步骤：

1）根据滤波器的频率响应 $H(f)$，利用傅里叶逆变换计算脉冲响应 $h(t)$

$$F^{-1}[H(f)]=h(t) \tag{3-232}$$

2）用 $h(t)$ 与地震记录道 $X(t)$ 作褶积运算，得到滤波后的地震记录

$$X(t)*h(t)=\hat{X}(t) \tag{3-233}$$

此褶积运算数学表达式与频率域滤波方程相对应，即

$$\hat{X}(t)=X(t)*h(t)\Leftrightarrow \hat{X}(f)=X(f)\cdot H(f) \tag{3-234}$$

时间域滤波的数学过程为

$$X(t)\rightarrow F^{-1}[H(f)]\rightarrow h(t)\rightarrow \boxed{\text{Filter}X(t)*h(t)}\rightarrow \hat{X}(t) \tag{3-235}$$

数学意义：两个时间函数的褶积，其频谱就是相应的两个频谱相乘；两个频谱相乘，其时间函数就是相应的两个时间函数的褶积。

用计算机处理地震资料时，需要对连续信号离散取样。在连续的地震记录中，在时间域按照固定时间间隔 Δt 取样，典型采样间隔范围在 0.25 ~4ms。由抽样定理，给定采样间隔 Δt，可恢复的最高频率为奈奎斯特频率

$$v_N=\frac{\omega_{N/2}}{2\pi N}=\frac{1}{2\Delta t} \tag{3-236}$$

例如，$\Delta t=0.25$ms，$v_N=2000$Hz；$\Delta t=4$ms，$v_N=125$Hz。一般地，最大抽样间隔 $\Delta t_{max}\leqslant 1/2v_N$；最小抽样频率 $f_{min}\geqslant 2v_N$。如果离散时间序列地震信号、滤波因子分别为 $X(n\Delta t)$、$h(n\Delta t)$，相应的频谱为 $X\Delta(f)$、$H\Delta(f)$，则滤波方程为

$$\hat{X}(n\Delta t)=X(n\Delta t)*h(n\Delta t)\Leftrightarrow \hat{X}\Delta(f)=X\Delta(f)\cdot H\Delta(f) \tag{3-237}$$

设，采样间隔 $\Delta t=1$，时间序列为 X（n）、h（n），则离散信号的褶积运算可以表示为

$$\hat{X}(n)=X(n)*h(n)=\sum_{i=0}^{N}h(i)X(n-i) \tag{3-238}$$

离散信号的褶积（卷积）是一种先褶后积再累加求和的运算，具体运算分为四步：①对时间连续地震信号离散采样。②左右互褶，即把脉冲响应函数在时间上反转，把 h（τ）变为 h（$-\tau$）。③对应乘积，即保持输入离散值不动，将反转脉冲响应函数自左至右每次移动一个间隔，与输入值两两对应相乘，然后相加。依次移动，直到 h（$-\tau$）离散值全部通过输入离散值。④ 把各次输出值累加，得到褶积结果。

实际上，由于滤波输入、输出信号都是一系列离散信号，且滤波总在有限的时间内进行，地震波场的滤波器并不能完全实现门式滤波，即不能完全消除干扰波，实际工作中要依据具体的复杂情况，依据上述基本原理设计特定问题的滤波器。

C. 二维视速度滤波

二维视速度滤波利用有效波和干扰波在视速度上的差别进行滤波。二维视速度滤波需要同时考虑对若干地震道进行计算才能得到输出，因此是一种二维滤波。

一个波至的视速度是通过将地面上两点的距离除以同一波至到达这两点的检波器的时差而求得。视速度滤波是通过利用记录排列上地震波视速度的变化，将各道混波反相相加以致抵消，达到滤波，也称为倾角、扇形滤波、正常时差或切割滤波。

如果有效波与干扰波的平面简谐波成分有差异，有效波平面简谐波成分与干扰波平面简谐波成分传播的视速度将出现差异，进而利用二维线性滤波器的空间–时间特性 h（t，x）褶积运算或频率–波数特性 H（ω，k_x）乘积运算，完成滤波。依据二维傅里叶变换方法，如果沿地震测线观测到的地震波 g（t，x）是一个随时间和空间变化的二维函数，则其频率波数谱 G（ω，k）可以表示为

$$\begin{cases} g(t,\ x)=\dfrac{1}{2\pi}\displaystyle\int_{-\infty}^{\infty}\int_{-\infty}^{\infty}G(\omega,\ k^*)\,\mathrm{e}^{\mathrm{j}(\omega t-k^*x)}\,\mathrm{d}\omega\mathrm{d}k^* \\ G(\omega,\ k^*)=\dfrac{1}{2\pi}\displaystyle\int_{-\infty}^{\infty}\int_{-\infty}^{\infty}g(t,\ x)\,\mathrm{e}^{-\mathrm{j}(\omega t-k^*x)}\,\mathrm{d}t\mathrm{d}x \end{cases} \tag{3-239}$$

式中，g（t，x）可以看作无数圆频率为 $\omega=2\pi f$、波数为 k^* 的平面简谐波沿测线以视速度 V^* 传播的地震波。

空间波数 k 是单位长度上波长的个数。利用频率、波长与速度的关系，可以得到空间波数 k 和射线速度 V 之间的联系

$$k=\frac{f}{V}=\frac{\omega}{2\pi V}\rightarrow k^*=\frac{f}{V^*}=\frac{\omega}{2\pi V^*} \tag{3-240}$$

对于一个固定的视速度 V^*，频率 f 与视波数 k^* 的关系是线性的。噪声的视速度一般低于有效波的视速度，因此可以在频率–波数（f–k）图中把它们分离出来，如图 3-11 所示。

（2）反褶积

反褶积（deconvolution）是一种消除大地滤波对地震信号的影响或消除多次波、提高

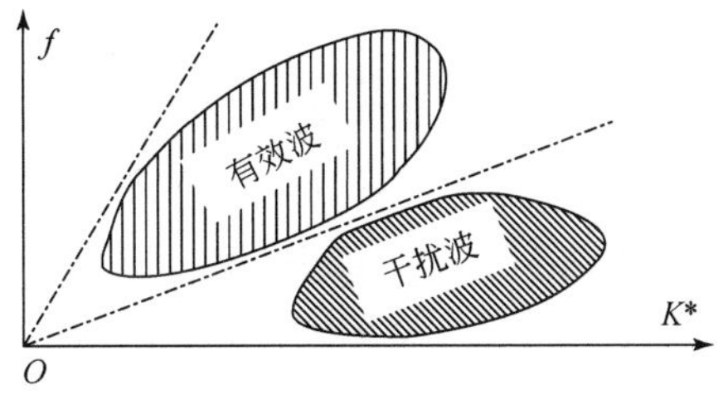

图 3-11　二维波频率-波数（f-k）滤波图

地震记录分辨率的地震波场处理方法。

反褶积又称反滤波（inverse filter）。在地震记录信号中，尖脉冲地震波经地层滤波作用后，将其滤成有时间延续的波形，这种波形的频带较窄，分辨率较低，反褶积就是消除这种滤波作用，以达到压缩地震子波，提取反射系数序列，提高地震记录分辨率的目的。

从信号频谱角度分析，地震脉冲输入地下之后，受到大地吸收和反射系数的影响，构成了输出的反射信号。设，震源为 δ（t）脉冲，即地震波以脉冲形式激发，并向地下垂直入射，如果不考虑地层吸收、散射、多次反射等影响，只受反射界面影响，地层的这种反射作用可看作一种滤波作用

$$\delta(t) \to \boxed{\text{反射界面滤波器 } R(t)} \to \hat{R}(t)$$

$$\hat{R}(t) = \delta(t) * R(t) = \sum_{\tau=1}^{N} R(\tau)\delta(t-\tau) = R_1\delta_{t-1} + R_2\delta_{t-2} + \cdots + R_N\delta_{t-N} \tag{3-241}$$

式（3-241）称为理想地震记录，或理想反射系数序列。由于地震子波为尖脉冲函数 δ（t），褶积模型输出的地层反射系数具有极高分辨率。式中，每一项都是一个单位脉冲，每个脉冲都与反射界面对应，脉冲的个数就是反射界面的个数，脉冲的大小和极性反映了界面反射系数的大小和极性，不同脉冲之间的时差反映了地层的厚度。

但实际的反射地震记录中，地震子波受地层滤波作用以及界面上各类噪声的叠加、干涉作用，会产生一定的时间延续，因此接收的地震信号不再是尖脉冲，而是波形复杂的复波，即

$$\delta(t) \to \boxed{R(t)} - \boxed{b(t)} \to X(t)$$

$$X(t) = \delta(t) * [R(t) * b(t)] = R(t) * b(t) \tag{3-242}$$

式（3-242）表明，地震记录 X（t）是地震子波 b（t）和反射系数 R（t）的褶积。

经过大地滤波作用后，地震子波是一种具有延时特性的短脉冲，若延续时间较长，会引起相邻地层信号之间的相互干涉，特别是遇到互薄层时，常规地震记录很难分辨。从实际地震记录中去掉大地滤波器的作用，使其变为理想地震记录的过程就是反滤波（反褶积）。

反褶积的基本原理是根据地震记录的褶积形式，求取地震子波 b（t）的逆 a（t），将 a（t）作为反滤波器的滤波因子，压缩地震子波的时间长度，提高分辨率。反滤波过程为

$$X(t) \to \boxed{\text{反滤波 } a(t) = b^{-1}(t)} \to R(t)$$

$$X(t) * a(t) = [R(t) * b(t)] * a(t) = R(t) * b(t) * b^{-1}(t) = R(t) * \delta(t) = R(t) \tag{3-243}$$

利用地震子波的逆与地震记录相褶积就可以得到反射系数，这个过程称为反褶积。

反褶积（反滤波）的物理实质是为求取被大地滤波吸收的高频信号，而加宽频带，压缩地震子波延续时间，使子波接近尖脉冲，提高信号分辨率。但加宽频带的同时也会放大高频干扰，降低信噪比。在实际反褶积（反滤波）中，分辨率与信噪比相互制约，目前常用反褶积方法，如最小平方反褶积、人工神经网络反褶积等，很难做到真正使地震记录变为尖脉冲而又压制高频干扰。

对于海洋地震资料来讲，反褶积除了能提高分辨率外，还可以压制鸣震、多次波等。由于海底和海面是两个强反射界面，在这两个面之间会产生多次反射，在地震记录中出现类似正弦振动的干扰，即鸣震、多次波。

海水层相当于一个滤波器，设，$X(f)$ 为反射信号频谱，$F(f)$ 为记录地震信号的频谱，$N(f)$ 为海水层滤波器的频率响应函数，则

$$F(f) = X(f) \cdot N(f) \tag{3-244}$$

从包含干扰的地震记录中获取有效反射信号，必须消除海水层的滤波作用，即对海水层开展反滤波（反褶积）计算，求取海水层滤波器的频率响应函数 $N(f)$ 的逆 $A(f)$，作为反滤波因子

$$\begin{gathered} F(f) \rightarrow \boxed{\text{海水层反滤波(反褶积)}A(f) = N^{-1}(f)} \rightarrow X(f) \\ X(f) = F(f) \cdot A(f) \end{gathered} \tag{3-245}$$

相应地，在时间域中，用反滤波时间响应逆 $a(f)$ 和地震记录法 $f(t)$ 作褶积运算，可得到消除鸣震的一次反射波地震信号 $X(t)$，即

$$\begin{gathered} f(t) \rightarrow \boxed{\text{海水层反滤波(反褶积)}a(t)} \rightarrow X(t) \\ X(t) = f(t) * a(t) \end{gathered} \tag{3-246}$$

一般把消除鸣震、多次波等的反滤波称为预测反褶积。对于海洋地球物理资料来讲，鸣震是主要的干扰波，预测反褶积是提高海洋地震资料信噪比的重要频谱分析方法。

3.3 反演解释方法

反演解释是海洋地球物理理论与实践研究的重要组成部分，是继资料采集、数据处理之后，获取知识和提升理论的重要阶段。迄今为止，人类对地球内部结构与演化规律的基本认识都是对地球物理观测资料反演的结果。

海洋地球物理反演解释方法的任务就是基于海面或海底附近的地球物理观测场变量（d 向量组），依据数学物理方程，采用快速、准确、稳定的算法，在准确描述观测数据、模型约束条件基础上，推算场源结构模型（m 向量组），寻找模型的最优参数，获取海洋之下地球物理场源信息，解决实际问题。只要具备一定的数理基础，同时又较好掌握海洋地球物理学基础知识，就可以开展反演解释研究。

反演理论和方法是解释自然奥秘的有效工具，不仅能解决海底构造、油气资源勘查中的问题，也能解决地震灾害、气候预测中的问题。限于篇幅，本节着重介绍反演解释方法

以及具体应用。

3.3.1 线性反演方法

地球物理反演问题中，将观测数据与地球物理模型参数相联系的数学表达式称为数学物理模型。虽然不同的地球物理场具有不同的数学物理模型，但把观测数据和物理模型参数联系在一起的数学表达式却只有线性和非线性两大类。

设，x 表示模型参数，y 表示观测数据，F 表示 x 和 y 的函数，如果

$$F(x_1 + x_2) = F(x_1) + F(x_2) \quad 且 \quad F(\alpha x) = \alpha F(x) \tag{3-247}$$

满足以上两个条件的函数就是线性的，否则就是非线性的。

海洋地球物理研究中，大多数观测数据和模型参数之间都不满足线性关系。非线性反演求解比较复杂，常常需要将非线性问题在一定近似条件下，简化或近似为线性反演问题，如通过参数置换、泰勒级数展开等方法将非线性问题转换为线性问题，使其成为线性反演问题。

3.3.1.1 数据空间与模型空间

如果将一个物理系统用一系列的量来表征，其中一部分可以直接观测或测量的量组成数据空间，或称数据向量 $d=(d_1, d_2, \cdots)$，任何一个可能的地球物理观测数据都是数据空间中的一个点或数据向量中的一个分量。另一部分不可观测或不可测量的量组成模型空间，或称模型参数集合 $m_T=(m_1, m_2, \cdots)$。则反演一组地球物理观测数据，就是在模型空间中寻求一个特殊解，使之拟合观测数据，依据数据空间与模型空间的对应关系，达到认识地球物理系统基本规律的目的。

如果把模型空间中的一个点定义为 m，数据空间的一个点定义为 d，则

$$d = Gm \quad (正演) \leftrightarrow m = G^{-1}d \quad (反演) \tag{3-248}$$

式中，G 为满足一定物理定律的映射或泛函算子。给定模型 m 求解数据 d 的过程称为正演问题；给定数据 d 求解模型参数 m 的过程称为反演问题。

虽然，海洋地球物理观测方法不同，各种方法研究的地球介质参数不同，但是各种观测资料的反演方法却有许多共同之处，都需要研究场、场源、二者之间的关系三个要素。（见 2.2 节）地球物理场与场源的关系是一种数学物理逻辑关系，重、热、震、电磁等的物理定律不同，物理表达形式不同，但基本的数学形式只有三种，即积分方程形式、微分方程形式、矩阵方程形式。

如果 $d(x)$ 表示场的空间分布函数，$G(x, \zeta)$ 表示场与场源关系的函数，$m(\zeta)$ 表示场源模型函数，则场与场源关系的积分方程为

$$d(x) = \int G(x, \zeta) \cdot m(\zeta) \mathrm{d}\zeta \tag{3-249}$$

如果 L 表示场的微分算子（拉普拉斯算子、傅里叶算子、亥姆霍兹算子、波动算子），u 表示场的分布函数；g 表示场源相关的分布函数，则场与场源关系的微分方程为

$$Lu = \begin{cases} 0 \\ g(x) \end{cases} \tag{3-250}$$

微分方程可以通过给定边值条件，求解不能直接测量的场源模型参数，是一种间接地球物理反演方法。

如果将场的空间分布函数 d 表示为 M 维向量，场与场源关系函数 G 表示为一个 $M \times N$ 阶矩阵，场源模型函数 m 表示为 N 维向量，则场与场源关系的矩阵方程为

$$\begin{bmatrix} d_1 \\ d_2 \\ \vdots \\ d_M \end{bmatrix} = \begin{bmatrix} G_{11} & G_{12} & \cdots & G_{1N} \\ G_{21} & G_{22} & \cdots & G_{2N} \\ \vdots & \vdots & \ddots & \vdots \\ G_{M1} & G_{M2} & \cdots & G_{MN} \end{bmatrix} \begin{bmatrix} m_1 \\ m_2 \\ \vdots \\ m_N \end{bmatrix} \tag{3-251}$$

矩阵方程也可以看作积分方程离散化后的结果。反演问题变成求解 $M \times N$ 阶线性方程组问题。

3.3.1.2 反演理论的基本问题

反演问题是建立在正演问题基础之上的，如果正演问题的物理规律不清楚，则反演问题无从谈起。即使正演问题已圆满解决，反演问题也不一定能解决，因为反演问题除了需要正演问题的数学物理方程外，还要面对解的存在性（给定数据，能否找到满足物理规律的解）、解的非唯一性、如何构建能拟合观测数据的模型、算法与解的稳定性、结果的评价（如何从众多解中获取真实解的信息）等方面的问题。

（1）解的非唯一性

反演问题中，引起解的非唯一性的主要原因是场的等效性（不同场源分布，产生相同场值分布）、观测资料的局限性（数量有限的离散采样数据，确定无限维度模型空间）、测量误差和计算误差（降低分辨力）。减少反演多解性的主要途径，一是扩大观测范围获取更多信息，二是反演过程施加有效约束条件。

（2）反演模型的构建

反演模型的构建主要依据数学物理方法，分为线性与非线性数学物理模型、连续与离散数学物理模型。其中，线性模型是指表达场源模型参数 m 与观测数据 d 之间关系的 G 映射为线性映射，即

$$G(am_1 + bm_2) = aGm_1 + bGm_2 \tag{3-252}$$

式中，m_1 与 m_2 为模型空间中的两个模型；a、b 为任意常数。

满足式（3-252）确定的数学物理模型为线性模型，否则为非线性模型。例如，剩余密度为 $\Delta\rho$、半径为 R、中心埋深为 h 的均匀密度球体在地面球形投影点的重力异常为

$$\Delta g(x, y, 0) = \frac{4\pi G R^3}{3} \frac{\Delta\rho h}{(x^2 + y^2 + h^2)^{3/2}} \tag{3-253}$$

如果利用式（3-253）反演剩余密度 $\Delta\rho$，则该数学物理模型为线性模型；如果利用式（3-253）反演中心埋深 h，则该数学物理模型为非线性模型。

除了线性与非线性数学物理模型之外，反演模型中还有连续模型参数与离散模型参数

问题，即某一物理系统的模型参数可以用连续函数描述，也可以用有限个离散值描述，前者称为连续数学物理模型，后者称为离散数学物理模型。例如，位场叠加原理把地下某区域分割离散成独立的密度体，利用去几何参数（空间位置）和物理参数（密度）来表示它在地表产生的重力异常

$$\Delta g_i = \sum_{j=1}^{m} B_{ij}\Delta\rho_j, \quad i = 1, 2, \cdots, n \tag{3-254}$$

式中，B_{ij}为第 j 个密度格子在地表第 i 点的重力效应；$\Delta\rho_j$为第 j 个密度格子的替换密度；Δg_i为地表第 i 点的重力异常。

通过离散化数学物理模型，将密度体分成一个个位置固定的单位密度格子，其在地表产生的重力异常可通过改变各单位密度格子的物性值，求解每一个子区域的单元矩阵，实现三维重力异常正演的并行计算。

（3）反演求解的不稳定性

反演问题中，如果观测数据包含误差，就可能造成反演求解的极大波动，即反演问题的不稳定性。例题，利用重力观测数据求解单一密度界面的深度反演问题。设，界面平均深度为 H，界面上下密度差为 $\Delta\rho$，则由界面起伏引起的重力异常为

$$\Delta g(x, y, 0) = 2\pi G\int_{-\infty}^{+\infty}\frac{\Delta h(\zeta)\cdot D}{[(x-\zeta)^2 + D^2]^{3/2}}\mathrm{d}\zeta$$
$$h(\zeta) = D + \Delta h(\zeta) \tag{3-255}$$

式中，x 为观测点的水平坐标；ζ 为深度点的水平坐标；$h(\zeta)$ 为深度点 ζ 的深度。如果观测资料 Δg 存在微小误差 δ，则反演结果 Δh 将出现剧烈不稳定。

为考察观测对反演结果稳定性的影响，将上述积分方程表示为矩阵方程，令，Δg_c为含误差的重力观测，A 为集合算子，Δh 为反演参数，设

$$\Delta g_c = A\cdot\Delta h, \quad A = \begin{bmatrix} 1.11 & 1 \\ 1 & 0.9 \end{bmatrix}, \quad \Delta g_c = \begin{bmatrix} 3.11 + c_1 \\ 2.80 + c_2 \end{bmatrix}, \quad \Delta h = \begin{bmatrix} \Delta h_1 \\ \Delta h_2 \end{bmatrix} \tag{3-256}$$

如果重力观测没有误差，即 $c_1 = c_2 = 0$，则

$$\Delta g_c = A\cdot\Delta h \to \begin{cases} 1.11\Delta h_1 + \Delta h_2 = 3.11 \\ \Delta h_1 + 0.90\Delta h_2 = 2.80 \end{cases} \to \Delta h_1 = 1, \quad \Delta h_2 = 2 \tag{3-257}$$

如果重力观测包含误差，$c_1 = -0.01$、$c_2 = 0.01$，则

$$\Delta g_c = A\cdot\Delta h \to \begin{cases} 1.11\Delta h_1 + \Delta h_2 = 3.10 \\ \Delta h_1 + 0.90\Delta h_2 = 2.81 \end{cases} \to \Delta h_1 = 20, \quad \Delta h_2 = -19.1 \tag{3-258}$$

上述结果表明，一个微小的观测误差，可以造成反演解的剧烈波动，导致方程组求解的不稳定性。通过正则化算法，可以减低反演的不稳定性。

（4）反演结果（模型）的评价

地球物理反演的先验信息非常重要，贯穿于反演解释的整个过程。通常反演解释希望获得唯一解或最好的“真解”，但一般只能求得某种意义下的“最佳解”。

所谓“最佳解”就是依据某些标准，建立目标函数，求其最小值所对应的一组模型参

数。最常用的目标函数是观测数据 d 与理论计算数据 Gm 之间的残差平方和，取其最小值所对应的模型参数作为“最佳解”，也称最小平方解。

评价标准：对于 M 中的每一个模型 m，假定都有一个唯一的响应向量 u，通过地球模型物理性质的数学运算 $G[m]$，$m\rightarrow G[m]\rightarrow u$，$\boldsymbol{e}=\boldsymbol{d}-\boldsymbol{Gm}$。模型的优劣通过对比计算值和测量值之差 Δ 来衡量，显然 Δ 小的模型更优

$$\Delta=\sqrt{\frac{1}{D}\sum_{i=1}^{D}\left[\frac{u_i-d_i}{e_i}\right]^2} \tag{3-259}$$

3.3.1.3 线性反演问题的模型构建与求解

对于线性问题，有

$$\boldsymbol{d}_M=\boldsymbol{G}_{M\times N}\boldsymbol{m}_N+\Delta \tag{3-260}$$

式中，观测数据 $\boldsymbol{d}$ 的数目为 M，待定模型参数 $\boldsymbol{m}$ 的数目为 N，$\boldsymbol{G}_{M\times N}$表示为一个 $M\times N$ 阶矩阵，其元素为模型和响应之间关系的物理参数，秩为 r。$\boldsymbol{Gm}$ 可看作模型物理性质数学运算的线性化表示，Δ 是响应值和测量值的差异。

在线性反演中，会根据模型参数和观测数据与解的情况，构建出四类反演问题：

$M=N=r$，适定问题，观测资料使反演求解可能得到唯一的模型 $\boldsymbol{m}$；

$M>N=r$，超定问题，观测资料多于模型参数信息，反演找不到模型 $\boldsymbol{m}$ 满足 Δ 范围内所有限制条件；

$M=r<N$，欠定问题，反演数据不足，不能确定模型参数，模型 $\boldsymbol{m}$ 的解不稳定；

$M>N>r$，混定问题，观测数据足够多，却不足以提供确定 N 个模型参数的独立信息。

（1）适定问题与超定问题的求解

$$\boldsymbol{d}_{M\times 1}=\boldsymbol{G}_{M\times N}\boldsymbol{m}_{N\times 1}\quad (M\geqslant N=r) \tag{3-261}$$

在线性反演问题中，如果观测数据的个数多于模型参数的个数，即 $M\geqslant N=r$ 的情况下，最简单、最常用的反演方法是最小方差法。

由于存在观测误差以及解的不稳定问题，求解精确解没有意义，期望得到一组与观测数据误差平方和最小所对应的模型参数，即方差 Δ 为最小的解

$$\Delta=\boldsymbol{e}^{\mathrm{T}}\boldsymbol{e}=(\boldsymbol{d}-\boldsymbol{Gm})^{\mathrm{T}}(\boldsymbol{d}-\boldsymbol{Gm})\rightarrow\min,\qquad \boldsymbol{e}=\begin{bmatrix} d_1-\sum_{i=1}^{M}G_{1i}m_i \\ d_2-\sum_{i=1}^{M}G_{2i}m_i \\ \cdots \\ d_m-\sum_{i=1}^{M}G_{Mi}m_i \end{bmatrix} \tag{3-262}$$

这样的解称为最小二乘条件下的最优解。

设，观测数据 $\boldsymbol{d}$ 为 M 维向量，模型参数 $\boldsymbol{m}$ 为 N 维向量，且 $M>N$，则式（3-262）转换为求解的线性方程组

$$\Delta = \boldsymbol{e}^{\mathrm{T}}\boldsymbol{e} = \sum_{i=1}^{M}(d_i - \sum_{j=1}^{N}G_{ij}m_j)(d_i - \sum_{k=1}^{N}G_{ik}m_k) \rightarrow \min \tag{3-263}$$

对于这类多元函数求极小值问题，必须满足方程组 $\partial\Delta/\partial m_q=0$，$q=0$，1，…，$N$，即误差对对模型各变量偏微分为 0 组成的线性方程组。求解此方程组，得

$$\begin{aligned}\frac{\partial\Delta}{\partial m_q} &= \frac{\partial}{\partial m_q}(\sum_{j=1}^{N}\sum_{k=1}^{N}m_jm_k\sum_{i=1}^{M}G_{ij}G_{ik} - 2\sum_{j=1}^{N}m_j\sum_{i=1}^{M}G_{ij}d_i + \sum_{i=1}^{M}d_id_i)\\ &= 2\sum_{k=1}^{N}m_k\sum_{i=1}^{M}G_{iq}G_{ik} - 2\sum_{i=1}^{M}G_{iq}d_i = 0\\ &\rightarrow \boldsymbol{G}^{\mathrm{T}}\boldsymbol{G}\boldsymbol{m} - \boldsymbol{G}^{\mathrm{T}}\boldsymbol{d} = 0\\ &\rightarrow \boldsymbol{m} = (\boldsymbol{G}^{\mathrm{T}}\boldsymbol{G})^{-1}\boldsymbol{G}^{\mathrm{T}}\boldsymbol{d}\end{aligned} \tag{3-264}$$

【例题】设，观测数据 d_i（$i=1$，2，3，…，M）是模型参数 m_1、m_2、m_3与空间坐标（x_i，y_i）的函数 $d_i=m_1+m_2x_i+m_3y_i$，求：模型参数 $\boldsymbol{m}$?

解：将此问题表示为矩阵方程

$$\boldsymbol{d}=\boldsymbol{G}\boldsymbol{m},\quad \boldsymbol{G}=\begin{bmatrix}1 & x_1 & y_1\\ 1 & x_2 & y_2\\ \vdots & \vdots & \vdots\\ 1 & x_M & y_M\end{bmatrix},\quad \boldsymbol{m}=\begin{bmatrix}m_1\\ m_2\\ m_3\end{bmatrix},\quad \boldsymbol{d}=\begin{bmatrix}d_1\\ d_2\\ \vdots\\ d_M\end{bmatrix}$$

形成 $\boldsymbol{G}^{\mathrm{T}}\boldsymbol{G}$

$$\boldsymbol{G}^{\mathrm{T}}\boldsymbol{G}=\begin{bmatrix}1 & 1 & \cdots & 1\\ x_1 & x_2 & \cdots & x_M\\ y_1 & y_2 & \cdots & y_M\end{bmatrix}\begin{bmatrix}1 & x_1 & y_1\\ 1 & x_2 & y_2\\ \vdots & \vdots & \vdots\\ 1 & x_M & y_M\end{bmatrix}=\begin{bmatrix}M & \sum x_i & \sum y_i\\ \sum x_i & \sum x_i^{\ 2} & \sum x_iy_i\\ \sum y_i & \sum x_iy_i & \sum y_i^{\ 2}\end{bmatrix}$$

形成 $\boldsymbol{G}^{\mathrm{T}}\boldsymbol{d}$

$$\boldsymbol{G}^{\mathrm{T}}\boldsymbol{d}=\begin{bmatrix}1 & 1 & \cdots & 1\\ x_1 & x_2 & \cdots & x_M\\ y_1 & y_2 & \cdots & y_M\end{bmatrix}\begin{bmatrix}d_1\\ d_2\\ \vdots\\ d_M\end{bmatrix}=\begin{bmatrix}\sum d_i\\ \sum x_id_i\\ \sum y_id_i\end{bmatrix}$$

则最小方差解为　$\boldsymbol{m}=(\boldsymbol{G}^{\mathrm{T}}\boldsymbol{G})^{-1}$（$\boldsymbol{G}^{\mathrm{T}}\boldsymbol{d}$）

$$\boldsymbol{m}=\begin{bmatrix}m_1\\ m_2\\ m_3\end{bmatrix}=(\boldsymbol{G}^{\mathrm{T}}\boldsymbol{G})^{-1}(\boldsymbol{G}^{\mathrm{T}}\boldsymbol{d})=\begin{bmatrix}M & \sum x_i & \sum y_i\\ \sum x_i & \sum x_i^2 & \sum x_iy_i\\ \sum y_i & \sum x_iy_i & \sum y_i^2\end{bmatrix}^{-1}\begin{bmatrix}\sum d_i\\ \sum x_id_i\\ \sum y_id_i\end{bmatrix}$$

线性方程 $\boldsymbol{G}^{\mathrm{T}}\boldsymbol{G}\boldsymbol{m}=\boldsymbol{G}^{\mathrm{T}}\boldsymbol{d}$ 中，如果系数矩阵 $\boldsymbol{G}^{\mathrm{T}}\boldsymbol{G}$（$N\times N$）的秩 $r<N$，则方程是奇异的。此条件下，即使 $M>N$，在 M 个观测数据中，也没有足够能确定 N 个未知数的观测数据。方程是奇异的，表明 $\boldsymbol{G}^{\mathrm{T}}\boldsymbol{G}$ 或 $\boldsymbol{G}$ 是奇异的，奇异矩阵没有常规意义下的解。如果 $\boldsymbol{G}^{\mathrm{T}}\boldsymbol{G}$ 有零特征值存在，方程是奇异的，无法求解。如果 $\boldsymbol{G}^{\mathrm{T}}\boldsymbol{G}$ 的特征值很小，方程是病态的，会使解变得极

不稳定，甚至无法收敛。克服反演过程中的奇异和病态问题，是反演解释的重要课题。

（2）欠定问题的求解

$$\boldsymbol{d}_{M\times 1} = \boldsymbol{G}_{M\times N}\boldsymbol{m}_{N\times 1} \quad (r = M < N) \tag{3-265}$$

假定反演问题 $\boldsymbol{Gm}=\boldsymbol{d}$ 是一个纯欠定问题，则方程数比未知模型参数少，即 $M<N$，观测资料提供的信息不足以确定模型参数。

纯欠定问题中，未知参数的个数 N 大于观测数据的个数 M，且矩阵 $\boldsymbol{G}$ 的秩 $r=M$ 的情况下，在 M 个方程中，既无相关方程，也无矛盾方程，从线性代数理论可知，此时有无限多个解能满足线性方程组，且其误差均为零。虽然观测数据提供了一些确定模型参数的信息，但其数量不足以全部确定模型参数，未提供确定模型参数的足够充分的信息。因此解不是唯一的，甚至有无限多能拟合观测数据的解。

为了获得反问题的解 m^{est}，必须有能精确选出其误差 Δ 为零的无穷多个解中某一解的方法。要做到这一点，必须给方程 $\boldsymbol{Gm}=\boldsymbol{d}$ 附加先验信息。先验信息能使关于解的特定期望以定量的形式出现，且这些期望不依赖于实测数据。第一类先验信息是给定待求地球物理参数的物理性质和其可能的数值范围，如速度、电阻率等的非负性、限定范围等；第二类先验信息是借助其他已知地质、地球物理和钻井资料，如反演莫霍面埋深、沉积层厚度等；第三类先验信息是对模型参数加权，在一定权系数约束下求解；第四类先验信息是反问题解的长度用欧几里得长度来度量，在 L_2 范数度量下，如果长度 L 很小，就把所有得到的解规定为“最简单”。

其中，第四类先验信息在实际反演过程中经常使用。L_2 范数定义的 $L=\boldsymbol{m}^{\mathrm{T}}\boldsymbol{m}=\min$ 最简单模型，是在保留了实际地球物理模型基本特征不变情况下对地球物理模型的一种简化。设，纯欠定问题的目标函数，在 L_2 范数定义下有极小，即

$$L = \boldsymbol{m}^{\mathrm{T}}\boldsymbol{m} \to \min \tag{3-266}$$

根据极值理论，引入拉格朗日算子 $\boldsymbol{\lambda}$，将条件极值问题化为无条件极值问题，求 $\boldsymbol{e}=\boldsymbol{d}-\boldsymbol{Gm}$ 约束下使 $L=\boldsymbol{m}^{\mathrm{T}}\boldsymbol{m}$ 极小解的估计值 m^{est}。目标函数变为

$$\Delta = \boldsymbol{m}^{\mathrm{T}}\boldsymbol{m} + \boldsymbol{\lambda}^{\mathrm{T}}(\boldsymbol{d} - \boldsymbol{Gm}) \to \min \quad \begin{cases} \varphi(m) = L + \sum\limits_{i}^{M} \lambda_i e_i \to \min \\ \varphi(m) = \sum\limits_{j=1}^{M} m_j^2 + \sum\limits_{i=1}^{M} \lambda_i\left(d_i - \sum\limits_{j=1}^{N} G_{ij} m_j\right) \end{cases} \tag{3-267}$$

式中，λ_i 为拉格朗日乘子。对模型 m_q 取极小，得

$$\begin{aligned} \frac{\partial\varphi(m)}{\partial m_q} &= \sum_{j=1}^{N} 2\frac{\partial m_j}{\partial m_q} m_j - \sum_{i=1}^{M}\lambda_i \sum_{j=1}^{N} G_{ij}\frac{\partial m_j}{\partial m_q} \\ &= 2m_q - \sum_{i=1}^{M}\lambda_i G_{iq} = 0 \\ &\to 2\boldsymbol{m} - \boldsymbol{G}^{\mathrm{T}}\boldsymbol{\lambda} = 0 \\ &\to \begin{cases} 2\boldsymbol{m} = \boldsymbol{G}^{\mathrm{T}}\boldsymbol{\lambda} \\ \boldsymbol{Gm} = \boldsymbol{d} \end{cases} \\ &\to m^{\mathrm{est}} = \boldsymbol{G}^{\mathrm{T}}(\boldsymbol{G}\boldsymbol{G}^{\mathrm{T}})^{-1}\boldsymbol{d} \end{aligned} \tag{3-268}$$

$\boldsymbol{GG}^{\mathrm{T}}$是一个 $M\times M$ 阶方阵，如果它的逆矩阵存在，就能解此方程求出拉格朗日乘子 λ_i，进而求得欠定问题的解 m^{est}。该解是在 L_2范数度量下得到的最小模型，它只在纯欠定的情况下才有意义。

地球物理资料的反演中经常遇到欠定问题。在求最小方差解的超定问题中，要求对称矩阵 $\boldsymbol{GG}^{\mathrm{T}}$的逆是 $N\times N$ 阶方阵；而在求 L_2范数最小模型解的纯欠定问题中，要求对称矩阵 $\boldsymbol{GG}^{\mathrm{T}}$的逆是 $M\times M$ 阶方阵。求解欠定问题时，也存在奇异和病态两种问题，此时奇异问题是指 $\boldsymbol{GG}^{\mathrm{T}}$的特征值中有为零的问题，病态问题是指 $\boldsymbol{GG}^{\mathrm{T}}$中有小特征值的问题。

（3）混定问题的求解［马奎特（Marquardt）法］

$$\boldsymbol{d}_{M\times 1} = \boldsymbol{G}_{M\times N}\boldsymbol{m}_{N\times 1} \quad (M > N > r) \tag{3-269}$$

大多数地球物理反演问题，既不是完全超定，也不是完全欠定，而是表现为一种混定形式。求解此类问题的方法通常称为马奎特法，也称阻尼最小二乘法。

就观测数据与模型参数数目而言，$M>N$ 表现为超定，有 r 个线性无关的方程，能确定 r 个非零解。但 $N>r$，又具有欠定性质，虽然有足够多的观测数据，却仍然不足以提供确定 N 个模型参数的独立信息。

无论是用最小二乘法还是用最小模型法求解这类问题，都不能得到满意的结果。因此需要综合求解超定问题和欠定问题的目标函数，取它们的线性组合，即混定问题目标函数为

$$\varphi(m) = \Delta + \varepsilon^2 L = (\boldsymbol{d} - \boldsymbol{Gm})^{\mathrm{T}}(\boldsymbol{d} - \boldsymbol{Gm}) + \varepsilon^2 \boldsymbol{m}^{\mathrm{T}}\boldsymbol{m} \tag{3-270}$$

令，$\partial\varphi/\partial m = 0$，得

$$m = (\boldsymbol{G}^{\mathrm{T}}\boldsymbol{G} + \varepsilon^2\boldsymbol{E})^{-1}\boldsymbol{G}^{\mathrm{T}}\boldsymbol{d} \tag{3-271}$$

式中，ε^2称为阻尼因子或加权因子，它取决于预测误差 Δ 与模型长度 L_2范数长度项。

如果所取的 ε^2足够大，则模型的 L_2范数长度在极小化过程中起主要作用，或者说，会使解的欠定部分达到极小；如果所取的 ε^2非常小（约等于 0），则使预测误差 Δ 极小，或者说，会使解的超定部分达到极小。

对大多数混定地球物理反演问题而言，ε^2为零或足够大都难以取得模型的最优解。调整 ε^2的大小，就是寻找在迭代过程中的最佳校正方向和最佳校正步长，但实际不存在一种简单的计算最佳阻尼系数 ε^2的方法，只能在反演过程中用“尝试法”确定某一个折中值，使欠定部分解的长度近似取极小的同时，使 Δ 近似达到极小。

根据对称矩阵 $\boldsymbol{GG}^{\mathrm{T}}$的正交分解，有

$$\boldsymbol{G}^{\mathrm{T}}\boldsymbol{G} = \boldsymbol{R\Lambda R}^{\mathrm{T}} \tag{3-272}$$

式中，$\boldsymbol{\Lambda}$ 为 $\boldsymbol{GG}^{\mathrm{T}}$的特征值构成的对角线矩阵；$\boldsymbol{R}$ 为 $\boldsymbol{GG}^{\mathrm{T}}$的特征向量矩阵，且满足

$$\boldsymbol{RR}^{\mathrm{T}} = \boldsymbol{R}^{\mathrm{T}}\boldsymbol{R} = \boldsymbol{E} \tag{3-273}$$

那么，混定反演问题解中，关于 ε^2的系数矩阵可写为

$$[\boldsymbol{G}^{\mathrm{T}}\boldsymbol{G} + \varepsilon^2\boldsymbol{E}] = [\boldsymbol{R\Lambda R}^{\mathrm{T}} + \varepsilon^2\boldsymbol{E}] = \boldsymbol{R\Lambda}'\boldsymbol{R}^{\mathrm{T}}$$

$$\boldsymbol{\Lambda}' = \begin{bmatrix} \lambda_1 + \varepsilon^2 & & & \\ & \lambda_2 + \varepsilon^2 & & \\ & & \cdots & \\ & & & \lambda_r + \varepsilon^2 \end{bmatrix} \tag{3-274}$$

λ_i 为对称矩阵 $\boldsymbol{GG}^{\mathrm{T}}$第 i 个特征值，$\boldsymbol{\Lambda}'$为对角线矩阵。对角线矩阵 $\boldsymbol{\Lambda}'$在 $\boldsymbol{\Lambda}$ 的各角线要素上加了一个正数 ε^2，极大地改善了欠定反演问题系数矩阵［$\boldsymbol{G}^{\mathrm{T}}\boldsymbol{G}+\varepsilon^2\boldsymbol{E}$］的求逆条件。

上述方法称为阻尼最小二乘法，相应的模型参数估计值反演方法称为马奎特法。用这种方法求解混定问题，不仅考虑了观测误差也考虑了求解误差，可以有效克服问题的欠定性（Osorio and Medina，2013；Thanassoulas et al.，1987）。反演方程中，G 出现奇异或病态时，马奎特法（阻尼最小二乘法）往往可以稳定求解。

需要强调的是，马奎特法（阻尼最小二乘法）应用的条件是数据方程为混定时，即系数矩阵为奇异和病态时。

3.3.1.4 广义反演法

线性反演问题的求解，除了最小长度法（求超定问题时，采用误差向量长度最小准则；求欠定问题时，采用模型参数向量长度最小准则；等等）之外，还可以从广义逆矩阵的角度求解线性反演问题。基于广义逆矩阵建立起来的线性反演法称为广义反演法（generalized inversion），或广义线性反演法。

（1）广义逆矩阵

设，线性反演问题 $\boldsymbol{m}=\boldsymbol{G}^{-1}\boldsymbol{d}$ 是将在数据空间中的观测数据 $\boldsymbol{d}$ 通过 $\boldsymbol{G}^{-1}$ 映射到模型空间中的模型 m 的一种运算，即

$$\begin{bmatrix} m_1 \\ m_2 \\ \vdots \\ m_N \end{bmatrix} = \begin{bmatrix} G_{11} & G_{12} & \cdots & G_{1N} \\ G_{21} & G_{22} & \cdots & G_{2N} \\ \vdots & \vdots & \ddots & \vdots \\ G_{M1} & G_{M2} & \cdots & G_{MN} \end{bmatrix}^{-1} \begin{bmatrix} d_1 \\ d_2 \\ \vdots \\ d_M \end{bmatrix} \tag{3-275}$$

由矩阵理论可知，如果 $\boldsymbol{G}$ 是 N 阶方阵，存在 $\boldsymbol{GA}=\boldsymbol{AG}=\boldsymbol{E}$，则称 $\boldsymbol{A}$ 是 $\boldsymbol{G}$ 的逆阵 $\boldsymbol{G}^{-1}$，其中 $\boldsymbol{E}$ 为单位矩阵。

$\boldsymbol{G}$ 可逆的充分必要条件是 $|\boldsymbol{G}|\neq 0$，且 $\boldsymbol{G}^{-1}=\boldsymbol{G}^*/|\boldsymbol{G}|$。$\boldsymbol{G}^*$ 是 $\boldsymbol{G}$ 的伴随阵。当 $|\boldsymbol{G}|\neq 0$ 时，$\boldsymbol{G}$ 称为非奇异阵；当 $|\boldsymbol{G}|=0$ 时，$\boldsymbol{G}$ 称为奇异阵。

若 $\boldsymbol{G}$ 是非奇异矩阵，那么 $\boldsymbol{G}^{-1}$是 $\boldsymbol{G}$ 的逆矩阵，且有 $\boldsymbol{GG}^{-1}=\boldsymbol{G}^{-1}\boldsymbol{G}=\boldsymbol{E}$。

若 $\boldsymbol{G}$ 是奇异矩阵，那么 $\boldsymbol{G}$ 的逆 $\boldsymbol{G}^{-1}$并不存在。因此，称 $\boldsymbol{G}^{-R}$为矩阵 $\boldsymbol{G}$ 的广义逆，$\boldsymbol{GG}^{-R}\neq\boldsymbol{G}^{-R}\boldsymbol{G}\neq\boldsymbol{E}$。

所谓广义逆就是矩阵 $\boldsymbol{G}$ 在常规意义下的逆的推广，将普通逆矩阵看作广义逆矩阵的一种特殊形式。

（2）奇异值分解（singular value decomposition）

1）若 $\boldsymbol{G}$ 为 $M\times M$ 阶实对称、非奇异矩阵，则总存在正交矩阵 $\boldsymbol{U}$，使

$$\boldsymbol{G}=\boldsymbol{U\Lambda U}^{\mathrm{T}} \quad \boldsymbol{U}^{\mathrm{T}}\boldsymbol{U}=\boldsymbol{UU}^{\mathrm{T}}=\boldsymbol{E}$$

$$\boldsymbol{\Lambda}=\begin{bmatrix} \lambda_1 & 0 & 0 & \cdots & 0 \\ 0 & \lambda_2 & 0 & \cdots & 0 \\ \vdots & \vdots & \vdots & \ddots & \vdots \\ 0 & \cdots & \cdots & \cdots & \lambda_M \end{bmatrix} \tag{3-276}$$

式中，$\boldsymbol{U}$ 是 $\boldsymbol{G}$ 的 M 个特征向量组成的特征向量矩阵，是正交矩阵；$\boldsymbol{\Lambda}$ 是 $\boldsymbol{G}$ 的 M 个特征值组成的对角线矩阵；λ_i是矩阵 $\boldsymbol{G}$ 的第 i 个特征值。

这就是实对称矩阵的正交分解。任何一个实对称矩阵 $\boldsymbol{G}$ 均可分解为三个矩阵之连乘积，第一和第三个矩阵分别为 $\boldsymbol{G}$ 的特征向量矩阵 $\boldsymbol{U}$ 和它的转置 $\boldsymbol{U}^{\mathrm{T}}$，第二个矩阵为 $\boldsymbol{G}$ 的特征值构成的对角线矩阵 $\boldsymbol{\Lambda}$。

2）若 $\boldsymbol{G}$ 是非奇异、非对称矩阵，那么上述正交分解不成立。此时存在两个正交矩阵 $\boldsymbol{U}$ 和 $\boldsymbol{V}$

$$\begin{aligned} &\boldsymbol{G} = \boldsymbol{U\Lambda V}^{\mathrm{T}}, \qquad \boldsymbol{U}^{\mathrm{T}}\boldsymbol{U} = \boldsymbol{UU}^{\mathrm{T}} = \boldsymbol{E}_M \\ &\boldsymbol{V}^{\mathrm{T}}\boldsymbol{V} = \boldsymbol{VV}^{\mathrm{T}} = \boldsymbol{E}_N, \qquad \boldsymbol{V}^{\mathrm{T}}\boldsymbol{U} \neq \boldsymbol{U}^{\mathrm{T}}\boldsymbol{V} \neq \boldsymbol{E} \end{aligned} \tag{3-277}$$

$\boldsymbol{U}$、$\boldsymbol{V}$ 分别是 $\boldsymbol{GG}^{\mathrm{T}}$和 $\boldsymbol{G}^{\mathrm{T}}\boldsymbol{G}$ 对应的特征向量组成的特征向量矩阵、正交矩阵。$\boldsymbol{\Lambda}$ 是 $\boldsymbol{GG}^{\mathrm{T}}$ 或 $\boldsymbol{G}^{\mathrm{T}}\boldsymbol{G}$ 的特征值正根 x_i 组成的对角线矩阵。

这就是非奇异且非对称矩阵的分解。任何一个非奇异、非对称矩阵 $\boldsymbol{G}$ 均可分解为三个矩阵 $\boldsymbol{U}$、$\boldsymbol{\Lambda}$ 和 $\boldsymbol{V}^{\mathrm{T}}$之积，其中 $\boldsymbol{U}$ 和 $\boldsymbol{V}$ 分别为对称矩阵 $\boldsymbol{GG}^{\mathrm{T}}$和 $\boldsymbol{G}^{\mathrm{T}}\boldsymbol{G}$ 之特征向量矩阵，$\boldsymbol{\Lambda}$ 为 $\boldsymbol{GG}^{\mathrm{T}}$或 $\boldsymbol{G}^{\mathrm{T}}\boldsymbol{G}$ 特征值正根 x_i（$i=1$，2，…，M）组成的对角线矩阵。

3）若 $\boldsymbol{G}$ 是 $M\times N$ 阶奇异矩阵，此时需要奇异值分解，即

$$\left.\begin{aligned} &\boldsymbol{G} = \boldsymbol{U}_r\boldsymbol{\Lambda}_r\boldsymbol{V}_r^{\mathrm{T}} \\ &\boldsymbol{U}_r^{\mathrm{T}}\boldsymbol{U}_r = \boldsymbol{E}_r \\ &\boldsymbol{V}_r^{\mathrm{T}}\boldsymbol{V}_r = \boldsymbol{E}_r \end{aligned}\right\}, \qquad \Lambda_r = \begin{bmatrix} \lambda_1 & 0 & 0 & \cdots & 0 \\ 0 & \lambda_2 & 0 & \cdots & 0 \\ 0 & 0 & \lambda_3 & \cdots & 0 \\ \vdots & \vdots & \vdots & \ddots & \vdots \\ 0 & \cdots & \cdots & \cdots & \lambda_r \end{bmatrix} \tag{3-278}$$

式（3-278）称为奇异矩阵 $\boldsymbol{G}$ 的奇异值分解。式中，$\boldsymbol{\Lambda}_r$为 $\boldsymbol{GG}^{\mathrm{T}}$或 $\boldsymbol{G}^{\mathrm{T}}\boldsymbol{G}$ 的 r 个非零特征值正根组成的对角线矩阵；r 为矩阵 $\boldsymbol{G}$ 的秩；$\boldsymbol{U}_r$为矩阵 $\boldsymbol{GG}^{\mathrm{T}}$的 $M\times r$ 阶特征向量组成的特征向量矩阵；$\boldsymbol{V}_r$为矩阵 $\boldsymbol{G}^{\mathrm{T}}\boldsymbol{G}$ 的 $N\times r$ 阶特征向量组成的特征向量矩阵，它们都是半正交矩阵。

如果 N 阶方阵 $\boldsymbol{A}$，满足 $\boldsymbol{A}^{\mathrm{T}}\boldsymbol{A}=\boldsymbol{E}$，则为正交阵。如果 $\boldsymbol{A}$ 是正交阵，则 $\boldsymbol{A}^{-1}=\boldsymbol{A}^{\mathrm{T}}$。对于 N 阶方阵 $\boldsymbol{A}$，如果存在数 λ，使 N 维非零向量 $\boldsymbol{\alpha}$，有

$$\boldsymbol{A\alpha} = \lambda\boldsymbol{\alpha} \tag{3-279}$$

则 λ 称为方阵 $\boldsymbol{A}$ 的特征值，$\boldsymbol{\alpha}$ 称为方阵 $\boldsymbol{A}$ 的属于特征值 λ 的特征向量。

由矩阵方程

$$(\boldsymbol{A} - \lambda\boldsymbol{E})x = 0 \tag{3-280}$$

得方阵 $\boldsymbol{A}$ 的特征方程

$$f(\lambda) = |\boldsymbol{A} - \lambda\boldsymbol{E}| = 0 \tag{3-281}$$

f（λ）是一个关于 λ 的 N 次多项式，它的 N 个根就是方阵 $\boldsymbol{A}$ 的特征值。设 λ_i是方阵 $\boldsymbol{A}$ 的一个特征值，则由方程

$$(\boldsymbol{A} - \lambda_i\boldsymbol{E})x = 0 \tag{3-282}$$

可求得非零解 α_i，它的每一个非零解都是方阵 $\boldsymbol{A}$ 的属于特征值 λ 的特征向量。

任何一个 $M\times N$ 阶的矩阵 $\boldsymbol{G}$，均可分解为三个矩阵 $\boldsymbol{U}$、$\boldsymbol{\Lambda}$ 和 $\boldsymbol{V}^{\mathrm{T}}$之乘积，取

$$\boldsymbol{G}=\boldsymbol{U}_r\boldsymbol{\Lambda}_r\boldsymbol{V}_r^{\mathrm{T}}\leftrightarrow\boldsymbol{G}^{-R}=\boldsymbol{V}_r^{\mathrm{T}}[\boldsymbol{\Lambda}_r]^{-1}\boldsymbol{U}_r$$

称 $\boldsymbol{G}^{-R}$ 为矩阵 $\boldsymbol{G}$ 的逆算子，也称为自然逆或广义逆。

（3）广义反演

基于广义逆 $\boldsymbol{G}^{-R}$ 的线性反演方法，通常称为广义反演法，由此线性反演问题的解为

$$\boldsymbol{d}=\boldsymbol{Gm}\leftrightarrow\boldsymbol{m}=\boldsymbol{G}^{-R}\boldsymbol{d}=\boldsymbol{V}_r^{\mathrm{T}}[\boldsymbol{\Lambda}_r]^{-1}\boldsymbol{U}_r\boldsymbol{d} \tag{3-283}$$

1）当 $M=N=r$ 时，U_0 和 V_0 均不存在，$\boldsymbol{U}_r$ 和 $\boldsymbol{V}_r$ 都是标准的正交矩阵，即

$$\boldsymbol{GG}^{-R}=[\boldsymbol{U}_r\boldsymbol{\Lambda}_r\boldsymbol{V}_r^{\mathrm{T}}][\boldsymbol{V}_r^{\mathrm{T}}[\boldsymbol{\Lambda}_r]^{-1}\boldsymbol{U}_r]=\boldsymbol{G}^{-R}\boldsymbol{G}=\boldsymbol{E}\rightarrow\boldsymbol{G}^{-R}=\boldsymbol{G}^{-1} \tag{3-284}$$

因此，广义反演解为

$$\boldsymbol{d}=\boldsymbol{Gm}\leftrightarrow\boldsymbol{m}=\boldsymbol{G}^{-R}\boldsymbol{d}=\boldsymbol{G}^{-1}\boldsymbol{d} \tag{3-285}$$

由此式，求得的 $\boldsymbol{m}$ 就是 $\boldsymbol{Gm}=\boldsymbol{d}$ 的唯一解。

2）当 $r=N<M$ 时，$\boldsymbol{Gm}=\boldsymbol{d}$ 是超定方程。V_0 不存在，U_0 存在，即 $\boldsymbol{V}_r$ 是正交矩阵，$\boldsymbol{U}_r$ 是半正交矩阵

$$\left.\begin{array}{l}\boldsymbol{V}_r^{\mathrm{T}}\boldsymbol{V}_r=\boldsymbol{V}_r\boldsymbol{V}_r^{\mathrm{T}}=\boldsymbol{E}_r\\ \boldsymbol{U}_r^{\mathrm{T}}\boldsymbol{U}_r=\boldsymbol{E}_r,\quad \boldsymbol{U}_r\boldsymbol{U}_r^{\mathrm{T}}\neq\boldsymbol{E}_r\end{array}\right\},\quad \boldsymbol{G}^{-R}=\boldsymbol{V}_r[\boldsymbol{\Lambda}_r]^{-1}\boldsymbol{U}_r^{\mathrm{T}}=(\boldsymbol{G}^{\mathrm{T}}\boldsymbol{G})^{-1}\boldsymbol{G}^{\mathrm{T}} \tag{3-286}$$

因此，广义反演解为

$$\boldsymbol{d}=\boldsymbol{Gm}\leftrightarrow\boldsymbol{m}=\boldsymbol{G}^{-R}\boldsymbol{d}=(\boldsymbol{G}^{T}\boldsymbol{G})^{-1}\boldsymbol{G}^{\mathrm{T}}\boldsymbol{d} \tag{3-287}$$

这就是最小方差解，且具有唯一性。

3）当 $r=M<N$ 时，$\boldsymbol{Gm}=\boldsymbol{d}$ 是欠定方程。V_0 存在，U_0 不存在，即 $\boldsymbol{V}_r$ 是半正交矩阵，$\boldsymbol{U}_r$ 是正交矩阵

$$\left.\begin{array}{l}\boldsymbol{U}_r^{\mathrm{T}}\boldsymbol{U}_r=\boldsymbol{U}_r\boldsymbol{U}_r^{\mathrm{T}}=\boldsymbol{E}_r\\ \boldsymbol{V}_r^{\mathrm{T}}\boldsymbol{V}_r=\boldsymbol{E}_r\quad \boldsymbol{V}_r\boldsymbol{V}_r^{\mathrm{T}}\neq\boldsymbol{E}_r\end{array}\right\},\quad \boldsymbol{G}^{-R}=\boldsymbol{V}_r[\boldsymbol{\Lambda}_r]^{-1}\boldsymbol{U}_r^{\mathrm{T}}=\boldsymbol{G}^{\mathrm{T}}(\boldsymbol{GG}^{\mathrm{T}})^{-1} \tag{3-288}$$

因此，广义反演解为

$$\boldsymbol{d}=\boldsymbol{Gm}\leftrightarrow\boldsymbol{m}=\boldsymbol{G}^{-R}\boldsymbol{d}=\boldsymbol{G}^{\mathrm{T}}(\boldsymbol{GG}^{\mathrm{T}})^{-1}\boldsymbol{d} \tag{3-289}$$

这就是最小长度解，且具有唯一性。

3.3.2 非线性反演方法

地球物理反演问题的线性反演法是一种理论完整、应用广泛、效果理想的反演方法。但是，实际的地球物理问题大多是非线性问题。例如，观测数据 $\boldsymbol{d}$ 和模型参数 $\boldsymbol{m}$ 之间不存在线性关系，或者数据方程是病态的，或者映射矩阵是奇异的，或者计算向量维数增加，计算量指数倍增，无法得到单一稳定的解，等等。线性反演算法中，通常只能得到众多模型中的一小部分，许多未知模型空间区域的优良模型其实都未被发现，因此需要研究非线性反演方法。

非线性反演方法大致分为两类，一类是基于局域的非线性反演方法，如梯度法［最速（陡）下降法］、非线性最小二乘法、Levenberg-Marquardt 法、拟牛顿法、共轭梯度法等。另一类是基于全局搜索的非线性反演方法，如遗传算法、贝叶斯方法、蒙特卡罗法

(Monte Carlo method)、模拟退火算法（simulated annealing algorithm)、神经网络算法等。

3.3.2.1 局域算法

局域非线性反演中，常常依据观测数据 $\boldsymbol{d}$，以及模型参数 $\boldsymbol{m}$ 和 $\boldsymbol{d}$ 之间的显式非线性关系 $\boldsymbol{d}=G(\boldsymbol{m})$ 或隐式非线性关系 $F(\boldsymbol{d},\boldsymbol{m})=0$，设置目标函数，采用以微分为基础的最优化方法，寻找模型的最优参数。

微分为基础的局域非线性反演方法又分为间接法和直接法。间接法令目标函数的梯度为零得到一组一般是非线性的方程，通过解方程求得局部极值。直接法通过移动搜索寻找局部极值，搜索移动的方向一般与该处梯度有关。

（1）梯度法

梯度法又称最速下降法（the steepest descent）或最速上升法（the stecpest ascent），是最早、最基础的局域非线性最优化方法。梯度法在地球物理反演问题研究过程中曾起到重要作用，直到现在，仍有一些地球物理资料的反演问题采用梯度法求解（Devayya and Wingham，2002）。

梯度法就是从一个初始模型出发，沿负梯度方向搜索求取函数极小点的一种最优化方法。因此梯度法反演求取目标函数 $\phi[\boldsymbol{m}]$ 极小点时，要注意三个关键：①初始模型；②负梯度方向；③合适的步长。

设，模型参数 $\boldsymbol{m}$ 和观测数据 $\boldsymbol{d}$ 呈显式的非线性关系 $\boldsymbol{d}=g(\boldsymbol{m})$，则在 L_2 范数意义下，目标函数可写为

$$\phi[\boldsymbol{m}]=\sum_{i=1}^{m}[d_i-d_i^{\ k}]^2 \tag{3-290}$$

式中，d_i 为观测值；$d_i^{\ k}$ 为 k 次迭代的理论值。

1）建立初始模型：选择目标函数 $\phi[\boldsymbol{m}]$ 建立 P 维梯度向量

$$g[\boldsymbol{m}]=\nabla\phi[\boldsymbol{m}]=\left(\frac{\partial\phi}{\partial m_1},\ \frac{\partial\phi}{\partial m_2},\ \cdots,\ \frac{\partial\phi}{\partial m_P}\right) \tag{3-291}$$

2）确定负梯度方向：在模型中给一个初始 $m^{(0)}$ 点，其负梯度向量为

$$-g^{(0)}=-\nabla\phi[\boldsymbol{m}]_{m=m^{(0)}} \tag{3-292}$$

这就是目标函数 $\phi[m]$ 下降最快的方向。沿目标函数 $\phi[m]$ 的负梯度方向搜索，只要步长适当，经过反复迭代，最终可以达到目标函数的极小点。

3）选择合适的步长：设与 $-g^{(0)}$ 同方向的步长为 t，则

$$m(t)=m^{(0)}-t\cdot g^{(0)} \tag{3-293}$$

负梯度向量总是使数值减小，若 $t>0$，则满足

$$\phi[m(t)]\leqslant\phi[m^{(0)}] \tag{3-294}$$

则最优步长满足

$$t_0^*=\operatorname{argmin}\phi[m^{(0)}-t\cdot g^{(0)}] \tag{3-295}$$

迭代后可得

$$m^{(k)}=m^{(k-1)}-t_k^*\cdot g^{(k-1)} \tag{3-296}$$

通常采用分半算法（bisection algorithm）求最优步长。具体做法：设，模型空间可容纳范围为

$$m_i^- \leqslant m_i \leqslant m_i^+ \quad (i=1,\ 2,\ \cdots,\ P) \tag{3-297}$$

从当前模型 $m^{(k)}$ 射出射线并指向下降最快的方向，最终会与模型空间相交。$t\in[0,\ t_{\mathrm{BDY}}]$ 分成 N 等份，$t_0=0$，$t_N=t_{\mathrm{BDY}}$，$\Phi_k(t_i)=F[m^{(k)}-t_i g^{(k)}]$，为了搜索极小值，定义两点 t_A、t_B

$$t_A \leqslant t_k^* \leqslant t_B \quad \min t_k^* = \arg\min_{t\in[0,\ t_{\mathrm{BDY}}]}\Phi_k(t) \tag{3-298}$$

$\Phi_k(t)$ 最可能的极小值位于 $[t_A,\ t_B]$ 内，将该区间再 N 等分，继续按上述步骤迭代，找到更小的区间，满足小于设定好的最小步长。

一般说来，从任意初始模型出发，梯度法均能收敛。开始收敛速度快，往后越来越慢，尤其是在零极小值附近，要向极小点前进一步都必须付出较大的代价。梯度法迭代不收敛的情况：①目标函数 $\phi[m]$ 的鞍部点位于该函数的局部平坦处；②到达模型空间的边界。当出现这两种情况时，需要改变初始模型 $m^{(0)}$ 重新迭代。

梯度法对初始值的选择不敏感，在迭代初期表现较好，但迭代后期收敛速度较慢。实际反演问题中，很少单独用来求解极小值问题。因此在实际应用过程中，常与拟牛顿法配合，一般采用远离极小点时用梯度法，当值降到一定程度后，改用牛顿法，既能保证反演收敛，又能保证迭代速度。

（2）非线性最小二乘法

最小二乘法是一种最优化算法。最优化算法种类很多，最速下降法（梯度法）、最小二乘法、蒙特卡罗法、遗传算法、模拟退火算法、神经网络算法等都属于最优化算法。其中，最小二乘法是最常用的方法。

非线性最小二乘法反演的基本思想是：用线性函数近似非线性函数，再模仿线性最小二乘法求解。其常用的计算方法是高斯-牛顿（Gauss-Newton）法（Hui and Durlofsky, 2005；Schulz-Stellenfleth et al., 2002）（见 3.1.2 节）。

设，模型参数 $\boldsymbol{m}$ 和观测数据 $\boldsymbol{d}$ 呈隐式的非线性关系 $F(\boldsymbol{m})=0$，对于每一个模型 m_i，都有一个唯一的响应向量 $F_i(\boldsymbol{m})$，$\boldsymbol{e}=\boldsymbol{d}-\boldsymbol{G}\boldsymbol{m}$，则对比计算值和测量值之差 Δ 来衡量反演结果

$$\begin{aligned}
&\Delta^{\mathrm{T}}\Delta = \sum_{i=1}^{D}\left[\frac{d_i - F_i[\boldsymbol{m}]}{e_i}\right]^2\\
&\boldsymbol{m}^* = \arg\min_{m\in M}\sum_{i=1}^{D}\left[\frac{d_i - F_i[\boldsymbol{m}]}{e_i}\right]^2\\
&\frac{\partial\Delta^{\mathrm{T}}\Delta}{\partial m_j} = -2\sum_{i=1}^{D}\left[\frac{d_i - F_i[\boldsymbol{m}]}{e_i}\right]\frac{\partial F_i}{\partial m_j} = 0 \quad (j=1,\ 2,\ \cdots,\ P)
\end{aligned} \tag{3-299}$$

$F[\boldsymbol{m}^*]$ 以 $\boldsymbol{m}^{(0)}$ 为初始点按泰勒级数展开，仅保留前两项，得

$$F[\boldsymbol{m}^*] \approx F[\boldsymbol{m}^{(0)}] + \sum_{k=1}^{P}\frac{\partial F[\boldsymbol{m}]}{\partial m_k}\delta m_k, \qquad \delta\boldsymbol{m} = \boldsymbol{m}^* - \boldsymbol{m}^{(0)} \tag{3-300}$$

由多元函数求极值方法，对式（3-300）关于 m_k（$k=0,\ 1,\ \cdots,\ 5$）求偏导数，并令

导数值为 0，则得到矩阵方程

$$\begin{gathered}\sum_{i=1}^{D}\frac{1}{e_i^2}\left[d_i-F_i[\boldsymbol{m}^{(0)}]-\sum_{k=1}^{P}\frac{\partial F_i}{\partial m_k}\delta m_k\right]\frac{\partial F_i}{\partial m_j}=0\quad(j=1,\ 2,\ \cdots,\ P)\\ \sum_{i=1}^{D}\frac{1}{e_i^2}\frac{\partial F_i}{\partial m_j}\sum_{k=1}^{P}\frac{\partial F_i}{\partial m_k}\delta m_k=\sum_{i=1}^{D}\frac{1}{e_i^2}[d_i-F_i[\boldsymbol{m}^{(0)}]]\frac{\partial F_i}{\partial m_j}\quad(j=1,\ 2,\ \cdots,\ P)\end{gathered}\tag{3-301}$$

上述矩阵方程可表示为

$$\boldsymbol{A}\delta\boldsymbol{m}=\boldsymbol{b},\quad\begin{cases}A_{jk}=\displaystyle\sum_{i=1}^{D}\frac{1}{e_i^2}\frac{\partial F_i}{\partial m_j}\frac{\partial F_i}{\partial m_k}\quad(j,\ k=1,\ 2,\ \cdots,\ P)\\ b_j=\displaystyle\sum_{i=1}^{D}\frac{1}{e_i^2}[d_i-F_i[\boldsymbol{m}^{(0)}]]\frac{\partial F_i}{\partial m_j}\quad(j=1,\ 2,\ \cdots,\ P)\end{cases}\tag{3-302}$$

进一步地，有

$$\Delta J_{ij}=\frac{\partial F_i}{\partial m_j}\rightarrow(\boldsymbol{J}^{\mathrm{T}}\boldsymbol{J})\delta\boldsymbol{m}=\boldsymbol{J}^{\mathrm{T}}\Delta\rightarrow\delta\boldsymbol{m}=(\boldsymbol{J}^{\mathrm{T}}\boldsymbol{J})^{-1}\boldsymbol{J}^{\mathrm{T}}\tag{3-303}$$

式中，$\boldsymbol{J}$ 为雅可比矩阵。此矩阵方程的解与线性最小二乘法最优化解 $\boldsymbol{m}^*$ 形式相同。

为保证反演过程稳定收敛，常采用改进的阻尼最小二乘法（马奎特法）求解目标函数的法方程组

$$\delta\boldsymbol{m}=(\boldsymbol{J}^{\mathrm{T}}\boldsymbol{J})^{-1}\boldsymbol{J}^{\mathrm{T}}\rightarrow\delta\boldsymbol{m}=(\boldsymbol{J}^{\mathrm{T}}\boldsymbol{J}+\varepsilon^2\boldsymbol{E})^{-1}\boldsymbol{J}^{\mathrm{T}}\Delta\boldsymbol{G}\tag{3-304}$$

式中，ε^2 为阻尼因子；$\Delta\boldsymbol{G}$ 为对数型拟合方差的目标函数列向量。

阻尼最小二乘法的主要计算工作是解法方程，而要解法方程组，关键在于求出系数矩阵 $\boldsymbol{J}$。雅可比矩阵的计算是反演计算的重要一步，有多种方法可以计算雅可比矩阵。

（3）Levenberg-Marquardt 法

非线性最小二乘法中雅可比矩阵经常是奇异的，高斯-牛顿法就会变得不稳定，于是就提出了稳定的 Levenberg-Marquardt 法。

将阻尼最小二乘法（马奎特法）求解目标函数的矩阵方程改为

$$\delta\boldsymbol{m}=(\boldsymbol{J}^{\mathrm{T}}\boldsymbol{J}+\eta\boldsymbol{E})^{-1}\boldsymbol{J}^{\mathrm{T}}\Delta\tag{3-305}$$

式中，$\boldsymbol{E}$ 为 $P\times P$ 的单位矩阵，目的是适当增加 $\boldsymbol{J}^{\mathrm{T}}\boldsymbol{J}$ 的对角元，以便能继续迭代。η 为稳定参数，$\eta\geqslant 0$。当 $\eta=0$ 时，则为高斯-牛顿法；当 η 取值很大时，则接近梯度法。每迭代成功一步，η 减小一次。当接近误差目标时，逐渐与高斯-牛顿法相似。

（4）拟牛顿法

牛顿法收敛速度快，但要求赫斯（Hess）矩阵可逆，并要计算二阶导数和逆矩阵，计算量过于繁重。为了克服牛顿法的缺点，同时保持较快收敛速度的优点，就产生了拟牛顿法。

拟牛顿法的基本思想是，迭代过程中，只利用目标函数和梯度信息，构造赫斯矩阵的近似矩阵，由此获得一个搜索方向，生成新的迭代点。近似矩阵构造方式不同，拟牛顿法形式不同。

若以 $\delta\boldsymbol{m}$ 为模型修正向量，构建一个具有更小目标函数值的新模型

$$\boldsymbol{m}^{(k+1)}=\boldsymbol{m}^{(k)}+\delta\boldsymbol{m}\tag{3-306}$$

则由多元泰勒级数展开，得

$$\phi[\boldsymbol{m}^{(k)}+\delta\boldsymbol{m}]\approx\phi[\boldsymbol{m}^{(k)}]+\nabla\phi[\boldsymbol{m}^{(k)}]^{\mathrm{T}}\delta\boldsymbol{m}+\frac{1}{2}\delta\boldsymbol{m}^{\mathrm{T}}\boldsymbol{B}\delta\boldsymbol{m} \tag{3-307}$$

式中，$\boldsymbol{B}$ 代表赫斯矩阵，其元素由二阶导数确定，即

$$B_{ij}=\frac{\partial^2\phi}{\partial m_i\partial m_j}\quad(i,\ j=1,\ 2,\ \cdots,\ P) \tag{3-308}$$

当 $B_{ij}=0$ 时，得牛顿模型修正公式

$$\nabla\phi[\boldsymbol{m}^{(k)}+\delta\boldsymbol{m}]=\nabla\phi[\boldsymbol{m}^{(k)}]+\boldsymbol{B}\delta\boldsymbol{m}=0 \tag{3-309}$$

则模型修正向量的解为

$$\delta\boldsymbol{m}=-\boldsymbol{B}^{-1}\nabla\phi[\boldsymbol{m}^{(k)}] \tag{3-310}$$

（5）共轭梯度法

共轭梯度法是介于最速下降法与牛顿法之间的一个方法。最早用于解正定系数矩阵线性方程组，后来被改进为解非线性最优化问题的共轭梯度法。共轭梯度法仅需利用一阶导数信息，不需要矩阵存储，既克服了最速下降法收敛慢的缺点，又避免了牛顿法需要存储和计算赫斯矩阵并求逆的缺点，被广泛用于求解实际问题（Frank and Balanis，1986；Gough and Lane，1998）。

共轭梯度法基本原理：设，$\boldsymbol{P}_1$和$\boldsymbol{P}_2$为两个 n 维向量，如果存在一个 $n\times n$ 的正定对称矩阵 $\boldsymbol{H}$（赫斯矩阵），使得

$$\boldsymbol{P}_1^{\mathrm{T}}\boldsymbol{H}\boldsymbol{P}_2=0 \tag{3-311}$$

则称 $\boldsymbol{P}_1$和$\boldsymbol{P}_2$是关于矩阵 $\boldsymbol{H}$ 共轭的，并把彼此相互共轭的 $\boldsymbol{P}_1$和$\boldsymbol{P}_2$所代表的 n 维空间的两个方向称为共轭方向。

共轭梯度法反演步骤。

1）确定共轭方向。构造出 n 个彼此共轭的方向向量，首先找到一组线性无关的向量，然后通过向量计算构造共轭向量。一组线性无关的向量方法与最速下降法中梯度向量构造方法相同。

2）沿共轭方向搜索。①给定初始搜索点 x_0，计算此点的梯度值；构造一组正交向量 g_0，g_1，…，g_{n-1}，令 $p_0=g_0$；②设置循环变量（$k=1$，2，…，$n-1$），计算共轭向量$p_1\sim p_{n-1}$；③从初始搜索点 x_0 开始，沿共轭向量 $P_1\sim P_{n-1}$ 所指向的方向依次搜索。每步搜索 $X_k=X_{k-1}+\beta_{k-1}P_{k-1}$，（$k=1$，2，…，$n-1$）。每次迭代的修改量为 $\Delta X=X_k-X_{k-1}=\beta_{k-1}P_{k-1}$。最终经过 n 步搜索，到达极值点 x^*

$$x^*=x_n=x_0+\sum_{i=0}^{n-1}\beta_iP_i \tag{3-312}$$

x^* 就是目标函数的极小值，同时也是方程 $\boldsymbol{H}x=b$ 的解。在 n 维目标函数为标准二次型的情况下，共轭梯度法经过 n 次迭代，能获取精确解的性质被称为二次截止性。

3）非线性共轭梯度反演（高次）。非线性问题的目标函数可能存在局部极值，并破坏二次截止性，共轭梯度法可在两个方面加以改进：①不断重启共轭梯度法，持续迭代，在 n 维空间内逐步搜索极值点；②计算共轭向量时，由于赫斯矩阵在局部线性化时有可能

病态，可采用式（3-313）回避赫斯矩阵的计算

$$\beta_k = \frac{g^{(k+1)\mathrm{T}} g^{(k+1)}}{g^{(k)\mathrm{T}} g^{(k)}} \tag{3-313}$$

3.3.2.2 全局算法

局域算法需要求目标函数的导数，且局部极值未必是全局最优。如果反演问题的非线性不严重，模型参数较少，目标函数仅有单个极小，采用局域算法求解非线性反演问题是可行的。但对于高次非线性函数，模型参数较多，且目标函数存在多个极小区域的情况，用诸如梯度法等局域非线性反演方法，反演结果容易陷入局部极小。

全局算法仅需要利用目标函数，而不需要求其导数或其他附加限制，可以用于求解高次非线性函数、多参数、具有多个局部极小的非线性反演问题。它采用随机而非确定性的规则，随机在模型空间中选择模型，对一簇而非一个点进行全局搜索，以求出总体极小。

全局算法是一种普遍适用各种非线性问题的有效反演方法。全局非线性反演方法需要充分地暴露模型空间，通过大量计算找到比较合理的解，因此在搜索最优解方面，优于局域反演算法。

（1）遗传算法

遗传算法的基本思想是基于模仿生物界的自然选择、适者生存的遗传过程而建立的一种最优化方法。它把问题的参数用基因代表，把问题的解用染色体代表（二进制字符串），从而得到一个由具有不同染色体的个体组成的群体，这个群体产生的后代随机化地继承父代的最好特征，并在遗传和自然选择控制支配下继续这一过程。这样群体的染色体都将逐渐适应环境，不断进化，最后收敛到一簇最适应环境的类似个体，即得到问题最优的解。

遗传算法的思想是由一些生物学家利用计算机模拟生物系统演化而提出的，指着重于变异而不是交配来获得新的基因组合，因此模拟效果不佳。后来在计算中增加了交配机制，改善了遗传算法求解最优化问题的通用性。在地球物理非线性反演问题中，遗传算法的有效性、稳健性、易并行处理等优点发挥了重要作用。

A. 遗传算法的数学分析

遗传算法反演过程和其他反演算法类似，从初始模型集出发，计算理论曲线与实测曲线的拟合情况，并根据拟合结果通过遗传操作对模型参数进行修改，使模型集逐步逼近最优解。

遗传算法首先要面对的一个重要问题是，建立解与二进制数码间的映射关系。二进制数码方便遗传算法求解，将反演模型的每一个参数表示为一个二进制数码，模型的全部参数用这些二进制数码串联在一起组成字符串代表。例如，用遗传算法求函数 $f(x, y) = -(1-x)^2(1-y)^2$ 自变量 x、y 取值均在 0 ~ 7 的整数时的极值：将 x、y 的十进制数用一个三位的二进制数来代表，x、y 的组合用两个三位的二进制数串接，即 $f(2, 5)$ 中 x 取整数 2，其二进制码为 010；y 取整数 5，其二进制码为 101，则 $f(2, 5)$ 编码为 010 101，经遗传交配和变异新的模型编码 001 001，解码为 $x=1$，$y=1$，则 $f(1, 1) = -(1-1)^2(1-1)^2$。

目标函数是遗传算法中另一个重要问题。在最优化问题中，通过目标函数 f 比较观测值 o 和模型正演计算值 c，目标函数的选择对提高收敛速度有重要影响。设，有 n 组观测值，则目标函数为

$$f = \sum_{i=1}^{n} w_i (o_i - c_i)^2 \tag{3-314}$$

式中，w_i 为依据观测数据的精度设置的计算权重。

为避免迭代初期偶发的优越点（未必靠近全局最优点），或避免后期模型收敛到最优值附近后，各模型目标函数相差不大，造成搜索效率下降的情况，可以在反演迭代中变换目标函数的尺度。一般可以利用反演模型种群的方差和均值，线性缩放目标函数，将目标函数（偏差函数）接近最小值的部分（即拟合函数接近最大值部分）拉伸，把目标函数接近最大值部分压缩。

优胜劣汰是遗传算法的基本原则。计算中，按照各个体的生存概率，随机选取模型，直到选出需要的种群数目为止。这种选择模型种群的方法可以给优良模型较大的生存概率，但也可能出现随机失去较好模型、保留较差模型的偶然情况。可以采用期望值法，即用各个体的生存概率乘以种群总数得到该模型的期望数（取整数），以此确定下一代各模型数目，为避免失去已经获得的最佳模型，可以人为地保存每代最佳模型，以提高搜索效率，并保证模型种群总数不变。

遗传算法中一些参数的选择对收敛性和收敛效率有很大影响。这些参数包括交配概率 P_c、变异概率 P_m 和种群大小等，在多极值问题中，还包括换代概率 P_a。

交配概率 P_c 决定了参与交配的个体数目，可以是种群中的全部个体，也可以是部分个体。一般地，交配模型的选择根据初始模型目标函数值的大小确定，以使初始模型集中的所有模型都相互配对，配对的两个模型将作为父代模型来繁殖下一代，下一代模型可能继承父代优良基因而生成优于父代的新模型个体。经验表明，交配概率 P_c 取 0.8 ~ 1.0 较为合适。

变异概率 P_m 是另一个重要的待选参数。反演迭代过程中，模型个体以一定的变异概率 P_m 产生基因突变，形成的某个子代模型随机地由原来为 1 的基因变为 0，或原来为 0 的基因变为 1。P_m 取值太小，模型产生变异的能力不够，种群最后演变为一个单一模型（可能是一个局部极值点，不是全局最优值）；P_m 取值太大，模型经常产生变异，种群的平均拟合程度改进很慢，收敛速度低。适当选取 P_m 值，可以使模型种群平均拟合和最佳模型拟合都得到较迅速的改进，而不陷于一个局部极值。经验表明，变异概率 P_m 取 0.001 ~ 0.01 较为合适。

模型种群大小对遗传算法反演的收敛效率有较大影响。如果模型种群内模型个体数目太少，不能保证基因（场源信息）的多样性；如果模型种群太大，又会增加每一代模型的迭代计算时间，降低搜索效率。经验表明，一般模型种群内个体数目在 32 ~ 128。

上述模型基因交配概率 P_c、变异概率 P_m 对初始模型集中的每一对配对模型进行操作，操作完成后，完成一次迭代计算，形成第一代模型集。将第一代模型集当作初始模型集重复上述步骤，便完成第二代模型集，以致第三代、第四代模型集……直至模型集中的

每一个体的拟合函数值基本相等，此时对模型参数进行二进制解码即为反演结果。

遗传算法中，遗传的代数相当于迭代的次数。在迭代过程中，对每一个模型参数同时进行配对交换和变异操作，相当于对模型空间进行多途径的搜索，所以遗传算法本身具有平行性，搜索效率比一般非线性反演方法高。

遗传算法是一种模拟生物进化过程的优化搜索算法。它有以下四方面的特点：①直接处理模型参数集的编码，而不是参数本身；②对一组模型群体搜索，而不是对单个模型搜索；③仅利用正演计算目标函数的值，而不使用导数或其他计算值；④使用三种随机化的遗传规则（选择、交配和突变）进行搜索，而不是用确定的规律去搜索。

遗传算法具有全局搜索、不用求导、效率较高、易于并行计算等优点，适合用于处理复杂、受干扰的海洋地球物理问题及地球动力学问题。遗传算法求解地球物理非线性反演问题一般不会陷入局部极小，可以求解出一定精度范围内拟合观测资料的一批模型的参数分布情况。可以通过把多次遗传反演求出的、精度达到一定要求的模型集合起来，统计各模型参数分布的直方图；也可以选取两个参量（如迭代次数、种群大小等）分别作为 x 轴和 y 轴，作目标函数的等值线图。依据模型参数直方图和目标函数等值线图，解释模型参数不同分布特征的物理含义，分析不同控制参量对反演结果不确定性和收敛变化速度趋势的影响，计算较优模型子集各参数的后验概率密度等。

B. 遗传算法的计算方法

遗传算法的计算程序一般由两部分组成，一部分是遗传算法的通用程序，使用者一般不需要对它进行任何变动；另一部分是特定问题遗传算法的正演程序及输入和输出程序，使用者可以根据自己的问题特点，写出正演程序并对输入输出部分略加修改，编写自己的程序。具体计算时，将二者编译和连接即可。

计算过程中，需要依据具体问题，给出遗传算法所要求的控制参量值，具体包括以下几点：①遗传算法循环迭代次数（maximum number of iterations）；②是否保存上一代最佳模型标志数（switeh to retain best model 1 = YES，0 = NO）；③是否写出每代迭代时模型演变细节的标志数（switeh to write out details of each iteration 1 = YES，0 = NO）（这些细节会占用大量内存，所以除试算时外，实际运算中均取值 0）；④ 目标函数拉伸（fitness function transform 0 = lin，1 = exp，2 = none）；⑤ 交配概率 P_c（probability of crossover），一般取接近 1 的较大概率（0.8 ~ 1）；⑥ 变异概率 P_m（probability of mutation），一般取0.001 ~ 0.02。⑦种群大小（size of population），必须取 2 的整数倍（如 4、8、16 等），一般取32 ~ 128。

C. 遗传算法的应用实例

遗传算法采取一种自适应演化过程的方法来逼近问题解答，最适于解决复杂的非线性地球物理反演问题。尽管它缺乏线性反演理论所需的数学证明，理论性较弱，但它的应用性很强，在最优化问题方面，除了地球物理学科（Yao and Tian，2003）外，还在基于遗传的机器学习、图像处理、模式识别、社会科学等复杂非线性现象研究方面有广泛的应用。

遗传算法反演实例 1：遗传–有限单元重力梯度并行反演南海西缘走滑带密度结构

隐含并行性是遗传算法的一个重要特征。遗传算法的隐含并行性使遗传算法在搜索空间里，正演计算同一种群中各个体的目标函数时，彼此独立，平行计算。遗传算法并行处理既可以同步式主–仆并行计算，也可以分布式异步并行计算。①同步式主–仆并行，由一个主过程控制 k 个仆过程，主过程控制群体的选择、交配和遗传操作，仆过程只简单执行对种群中各个体目标函数适应度的评价；②分布式异步并行，有 k 个同样的计算处理器，各自独立执行遗传操作和对象函数适应度评价。

南海西缘走滑断裂带连接多个地块，是研究南海地质演化、大陆边缘动力学及资源效应的关键地带。基于同步式主–仆并行遗传算法，利用重力梯度资料，在区域重磁资料、地震层析资料、岩石热物性资料约束下，开展三维反演，确定壳幔密度界面和物性结构。

具体步骤：①数据准备，给定初始模型和观测重、震、热场值；②正演计算，调用三维有限元程序正演计算重、震、热异常场值，并给出三维结构模型的单元刚度矩阵；③反演计算，运行遗传算法程序，将同步式主–仆并行与分布式异步并行结合，形成分布式同步主–仆并行遗传反演方法，判断、分解模型，调用单元刚度矩阵正演计算，由实测重、震、热场值反演求解最优模型（图 3-12）。

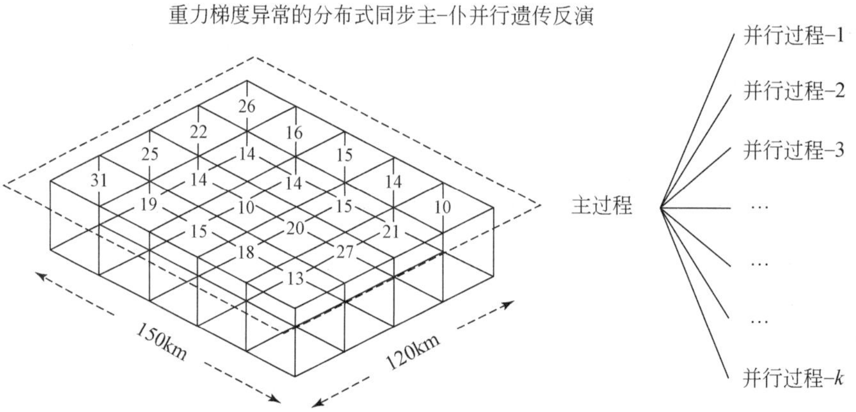

图 3-12　120km×150km 遗传–有限单元重力反演试验区被分配给 20 个分布并行计算系统的示意图

其中，步骤②正演计算过程调用有限元解正问题时，在三维有限元程序中分割计算区域，将计算区域分解成一个个位置固定的单元格子，用单元格子的几何参数（空间位置）和物理参数（密度、速度、温度）表示重、震、热异常。通过并行计算求解每一个子区域的单元刚度矩阵，实现三维有限单元重、震、热正演的并行计算。步骤③反演计算部分，采用分布式同步主–仆并行遗传反演，通过主过程控制 k 个各自独立的处理器：ⅰ，由主过程将密度模型分解为 k 个子模型；ⅱ，通过网络将 k 个子模型分送 k 个与主机连接结的独立处理器同时执行有限元正演计算，并将计算结果回送主机；ⅲ，主过程将 k 个子模型正演结果合成叠加，完成一次计算。反复循环步骤 ⅱ 和 ⅲ，直至得到最佳反演结果（图 3-13）。

遗传算法反演实例 2：面波频散反演浅层地壳速度结构

基于台阵观测的瑞利面波频散信息，利用遗传算法反演地下介质波速结构。面波频散曲线与速度结构呈非线性关系，为便于反演，用忽略高阶项的泰勒级数展开式构建频散曲

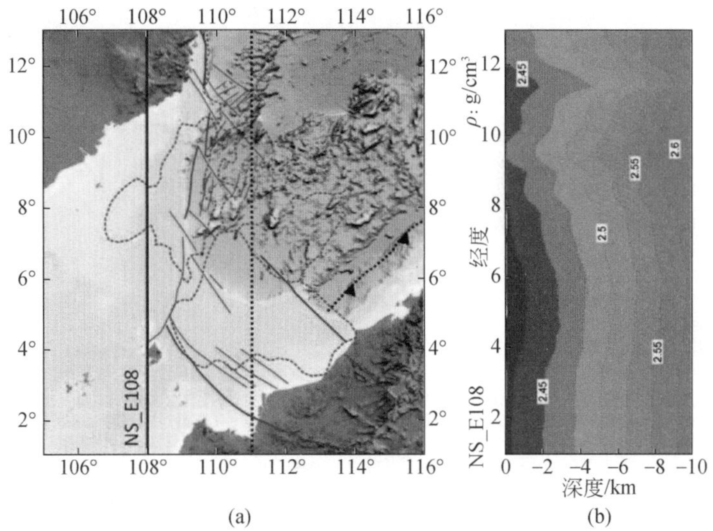

图 3-13　南海西缘走滑构造重力梯度异常的分布式主-仆并行遗传反演结果

线与速度结构之间的准线性关系。

利用面波资料获得地下介质横波速度结构，首先要提取瑞利波频散曲线。不同瑞利波勘探方法对应不同的频散曲线提取方法，被动源面波方法（微动探测方法）采用 SPAC（空间自相关）法和 F-K（频率波数）法。多层介质中面波频散的正演计算已经有了成熟的计算方法，利用正演计算的不同频率的理论速度（v_{cal_i}）与观测速度（v_{obs_i}）差值的均方根值作为目标函数

$$f=\sqrt{\frac{\sum_{i=1}^{n}\left(v_{\mathrm{obs}_i}-v_{\mathrm{cal}_i}\right)^2}{n}} \tag{3-315}$$

目标函数最小二乘意义下的极值作为最优模型。

瑞利波频散曲线的反演属于非线性反演问题，遗传反演目标函数会呈现多个极小值点（图 3-14）。首先我们给定一个含低速层的六层模型，正演计算其频散曲线，然后利用该频散特性用遗传算法反演各层的厚度和速度，将反演结果与原给定模型比较以确定遗传算法反演的有效性。

由于不需要求微分计算，对初始模型无特别要求，可以在相当大的范围内开始搜索。在遗传算法计算中，仅经过 30 步计算，每步计算 64 个模型，即正演 1920 个模型后，可得到初步结果（图 3-14）。

除了搜索最佳模型个体外，观察模型群体参数的分布状况也有助于我们了解搜索结果的评价。根据初步搜索的最佳模型和最后 5 步群体各模型参数的分布直方图，可以进一步缩小搜索范围，着重搜索各层厚度。最终深度偏差不超过 0.5m，速度偏差不超过 25m/s。

反演实践表明，遗传算法反演面波频散资料，反演的浅层地壳速度结构中，对波速的分辨能力强于对厚度的分辨能力；对浅层的分辨能力强于对深层的分辨能力。

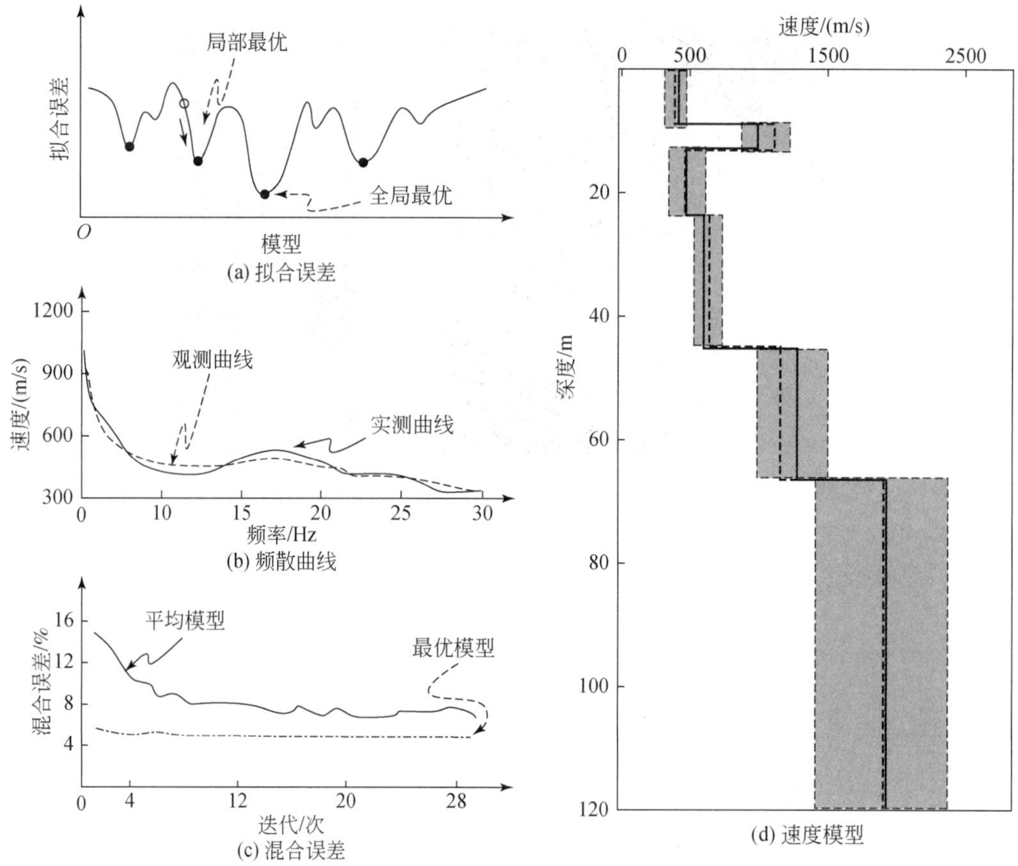

图 3-14　面波频散反演浅层地壳速度结构

遗传算法反演实例 3：钻孔温度反演过去气候变化

地表温度变化会影响地下温度变化，特别是长周期地表温度变化可以穿透相当大的深度。因此，可以利用钻孔温度反演过去地表气温的变化。设，地表平坦、岩性均一、各向同性的岩层热扩散率为 κ，时刻 t 温度 T 只随深度 Z 变化，热传导方程为

$$\frac{\partial T}{\partial t} = \kappa \frac{\partial^2 T}{\partial^2 Z} \tag{3-316}$$

求解式（3-316），得 t 时刻地表温度与深部温度、地表热流的关系为

$$T(z,\ t) = T_0 + (T_s - T_0)\,\mathrm{erfc}\left(\frac{z}{\sqrt{4\kappa t}}\right),\qquad q(t) = \frac{k(T_s - T_0)}{\sqrt{\pi\kappa t}} \tag{3-317}$$

式中，erfc（x）为余误差函数；k 为热导率。

由此可得地表过去一个［t_1，t_2］时期幅度为 ΔT 的温度方波脉冲引起地下深度 z 处的温度

$$T(z,\ t) = \Delta T\left[\mathrm{erfc}\left(\frac{z}{\sqrt{4\kappa t_1}}\right) - \mathrm{erfc}\left(\frac{z}{\sqrt{4\kappa t_2}}\right)\right] \tag{3-318}$$

如果近千年大地热流 q 没有发生显著变化，钻孔测温中地壳浅层放射性产热可忽略，则钻孔温度为大地热流的贡献和地表产生气温变化的多个方波温度脉冲 ΔT_i 之和，即

$$T(z,\ 0)=\frac{qz}{k}+\sum T(z,\ t) \tag{3-319}$$

则可以根据实测钻孔内的温度，岩石热扩散率 κ 和热导率 k，反演过去各时段的气温。

将过去 1000 年按时段分割，过去 5 年分成 0.5 年一段的 10 个时间间隔，过去 5～15 年分成 2 年一段的 5 个时间间隔，过去 15～40 年分成 5 年一段的 5 个时间间隔，过去 40～100 年分成 10 年一段的 6 个时间间隔，过去 100～300 年分成 20 年一段的 10 个时间间隔，过去 300～1000 年分成 50 年一段的 14 个时间间隔。然后运行遗传算法程序，求解过去 1000 年总计 50 个时间间隔的气温。设定：①遗传算法循环迭代次数为 100 次；②每次迭代保存上一代最佳模型；③目标函数线性拉伸；④交配概率 P_c 取 0.8；⑤变异概率 P_m 取 0.01；⑥种群大小取 128。

遗传算法反演实例 4：利用遗传算法反演大气垂直温度结构

由大气辐射对流能量方程，可得地-气系统的能量平衡方程

$$\sigma T_s^4=\frac{S_0(1-A_p)}{2(2-\varepsilon_a)} \tag{3-320}$$

式中，S_0 为太阳的辐照度；A_p 为地球的反照率；σ 为玻尔兹曼（Boltzmann）常数；T_s 为地球表面温度；ε_a 为大气的辐射系数。

大气温度在垂直方向有变化，需要建立多层辐射对流模型。假定，每一层温度为 T_i，ε_i 为大气长波辐射系数，每层大气对太阳短波的吸收系数为 α_i，那么有

$$\alpha_n=1-\frac{169}{237(1-\alpha_1)(1-\alpha_2)\cdots(1-\alpha_{n-1})} \tag{3-321}$$

将垂直大气层每 5km 分为一层，高度小于 10km 以下的大气层加上对流项 F_1、F_2，则地表层的方程为

$$\begin{aligned}&-\sigma T_s^4+\varepsilon_1\sigma T_1{}^4+(1-\varepsilon_1)\varepsilon_2\sigma T_2{}^4+(1-\varepsilon_1)(1-\varepsilon_2)\varepsilon_3\sigma T_3^4+\cdots\\&+(1-\varepsilon_1)\cdots(1-\varepsilon_{n-1})\varepsilon_n\sigma T_n^4=-(1-\alpha_n)\cdots(1-\alpha_1)\frac{(1-A_p)S_0}{4}-F_1\end{aligned} \tag{3-322}$$

第一层的方程为

$$\begin{aligned}&\varepsilon_1\sigma T_s^4-2\varepsilon_1\sigma T_1{}^4+\varepsilon_1\varepsilon_2\sigma T_2^4+(1-\varepsilon_2)\varepsilon_3\sigma T_3^4+\cdots\\&+(1-\varepsilon_2)\cdots(1-\varepsilon_{n-1})\varepsilon_n\sigma T_n^4=-\alpha_n(1-\alpha_{n-1})\cdots(1-\alpha_1)\frac{(1-A_p)S_0}{4}+F_1-F_2\end{aligned} \tag{3-323}$$

同理可写出其他各层方程。

上述方程描述了地-气系统的平均的能量平衡，把大气中所发生的各种物理过程的影响效应综合在几个参数中。我们运用遗传算法求解参数 ε_i、α_i，反演大气层结温度曲线。首先将多层大气模型从地表 0km 至空中垂直高度 60km 的大气层分为 12 层，每层厚 5km，共 13 个节点。然后将多层大气模型中各层的辐射系数 ε_i 和吸收系数 α_i 作为模型参数，把大气中不同高度层结温度的实测值与计算值之差作为遗传算法中的目标函数，并进行遗传

搜索，直到目标函数值达到合理的极小值。

遗传反演计算的参数值：种群大小=32，变异概率 $P_m=0.02$，固定交换概率 $P_c=0.9$。初始迭代循环共5次，每次循环的迭代次数为100，优化一次搜索区间，在找到理想区间后的最后迭代循环中再迭代2000次，即运算32×2000+32=640 32个模型后，确定最优值。

根据约束条件，初始搜索区间为：地表辐射系数和吸收系数在0.99～1.0搜索，其他各层辐射系数和吸收系数在0～1.0搜索。反演后期进入动态优化搜索区间和多次循环搜索运算，以提高后期搜索效率。

反演结果表明，近地表处，大气辐射系数和吸收系数值较高，可能与 CO_2、水汽影响有关；25～30 km高度处，辐射系数和吸收系数达到较高值，可能与 O_3 含量增加有关。

（2）贝叶斯方法

贝叶斯方法采用概率统计方法（常规地球物理反演采用确定性方法），把观察数据和模型都看成随机变量，以模型的均值、方差和后概率分布预测反演结果，反演结果是模型参数的概率分布（Moon and So，1995；Wu et al.，2017）。

1760年，英国业余数学爱好者贝叶斯提出：用客观的新信息更新我们对某一事物的最初认识（初始模型），我们就会得到一个新的、改进的认识（模型）。用数学语言表达为支持某项属性的事件发生的越多，该属性成立的可能性就越大。例如，看京剧样板戏，某个人物一出场，长相、步伐等就可以大致推断其是否为好人。

A. 贝叶斯方法反演的数学基础

贝叶斯方法建立在主观判断的基础上，首先估计一个模型值，然后根据客观事实不断修正模型。

1774年，法国数学家拉普拉斯再次发现贝叶斯方法，并给出贝叶斯公式的表达式

$$P(A \mid B)=\frac{P(B \mid A) \times P(A)}{P(B)} \tag{3-324}$$

式中，$P(A)$ 称作先验概率；$P(A \mid B)$ 称作后验概率。式（3-324）表示，在 B 事件发生条件下 A 事件发生的条件概率 $P(A \mid B)$，等于 A 事件发生条件下 B 事件发生的条件概率 $P(B \mid A)$ 乘以 A 事件发生的概率 $P(A)$ 再除以 B 事件发生的概率 $P(B)$。

经典统计学理论认为，反复观测一个可以重复的现象，积累足够多的数据，就能从中推断出客观规律。但贝叶斯方法要凭直觉预先给定一个主观猜测，如同“算命的瞎子”，根据试探对象的“新信息”，不断修正“模型”。

虽然贝叶斯方法不符合科学精神，但却是我们日常生活中常常被潜意识使用的有效决策方法。例如，吃饭找饭馆、判断陌生人、迷路找方向等。因此，非常适合反演非线性地球物理问题的最优模型。

B. 贝叶斯方法的反演方法

对于地球物理观测场变量（d 向量组），利用贝叶斯反演场源结构模型（m 向量组），可以表示为

$$P(m \mid d)=\frac{P(d \mid m) P(m)}{P(d)} \tag{3-325}$$

式中，m 为模型参数；d 为观测数据；$P(m)$ 为模型参数的先验概率分布；$P(d)$ 为地质条件先验概率分布（可视为常数）。$P(m|d)$ 为组合先验信息和似然概率得到的模型参数后验概率，$P(d|m)$ 为给定模型参数条件下具体地质条件（观测数据）的似然函数。

似然函数：在贝叶斯反演计算中，似然函数 $P(d|m)$ 的大小反映了模型响应与观测数据的失配程度。通常实际的观测数据总是会存在一定的噪声，同时反演的模型结果也会有误差，假定这些噪声和误差的分布均为高斯分布，似然函数表示为

$$P(d|m)=\frac{1}{\sqrt{2\pi\ |\boldsymbol{C}|^{\frac{1}{2}}}}\exp\left[-\frac{1}{2}\Delta^{\mathrm{T}}\boldsymbol{C}^{-1}\Delta\right] \tag{3-326}$$

式中，$\boldsymbol{C}$ 是数据协方差矩阵，它包含了每个模型的观测误差对数据的影响。

贝叶斯反演流程：①了解地质结构、参数；②确定反演模型参数先验概率分布；③以参数先验概率分布为约束条件，建立初始模型；④依据初始模型正演，计算能量函数与似然函数；⑤判别模型是否可以接受，“是”则保存模型；⑥修改模型参数获得新模型（重复步骤④～⑥，以获得更多的模型样本）；⑦对所有反演的模型样本进行统计，计算模型均值、方差和后验概率分布。

（3）蒙特卡罗法

蒙特卡罗法也是一种以概率统计理论为基础的反演计算方法。非线性反演都需要搜索整个模型空间，以求取最优解，或者规则划分模型空间逐步搜索，或者随机在模型空间中选择模型比较搜索。将反演过程中任何一个阶段，用随机（或似随机）发生器产生模型的方法统称为蒙特卡罗法。

蒙特卡罗法实际上是一种“赌博法”，特别适合解决高次非线性、大规模、多参数、具有多个局部极小的地球物理非线性反演问题。利用蒙特卡罗法，按照一定先验信息给出的先验约束，给定地球物理场源参数变化范围，在模型空间随机选择大量可供选择的模型。对所有随机模型进行正演计算，得到相应的理论场值，然后比较理论场值与观测场值的误差，检验其是否符合先验约束条件，如果符合，则接受所选模型，否则剔除该模型。需要强调的是，蒙特卡罗法不是求目标函数小于某一给定值的最优解，而是求满足先验约束条件的解集。

蒙特卡罗法在随机搜索模型空间时，需要不同概率分布的随机变量的抽样值，即随机数。依据随机数在场源参数变化范围内抽样，产生随机模型。传统蒙特卡罗法通常利用 [0，1] 区间上均匀分布的随机变量，由其产生的抽样随机数最简单、最直接，但存在计算量大、收敛速度慢的缺点，且模型拟合误差不确定，仅仅是概率的反映。

目前，对传统蒙特卡罗法的改进主要集中在随机搜索的方法，摈弃均匀分布的随机抽样，发展在一定先验知识引导下有“方向”的随机搜索，即启发式搜索。例如，马尔可夫链蒙特卡罗反演方法（Malinverno，2010；Oh and Kwon，2001）。

马尔可夫链定理：如果一个非周期马尔可夫链具有转移概率矩阵 $\boldsymbol{P}$，它的任何两个状态是连通的。或者说，状态转移的概率只依赖于前一个状态。

马尔可夫链具有平稳的收敛性。例如，一个属于下层收入的人，他的子女属于下层收入的概率是 0.65，属于中层收入的概率是 0.28，属于上层收入的概率是 0.07。从父代到

子代，收入阶层变化的转移概率用矩阵表示，转移概率矩阵 $\boldsymbol{P}=[0.65\quad 0.28\quad 0.07]$，给定任意初始概率分布，则可以计算前 n 代人的收入分布状况大致稳定。

马尔可夫链蒙特卡罗反演流程：①了解地质结构、参数。②以模型参数先验概率分布 $P(m)$ 为约束条件，产生随机初始模型 $m^{(0)}$。③依据初始模型正演，计算似然函数 $P(d|m)$。④确定反演模型参数后验概率分布 $P(m|d)$，构建候选模型 $m^{(k+1)}$。⑤计算接受概率 α，在 $[0,1]$ 区间选择一个随机数 r，如果 $r<\alpha$，接受 $m^{(k+1)}$，保存模型。⑥在马尔可夫链 $\{m^{(0)}, m^{(1)}, m^{(2)}, \cdots\}$ 中加入 $m^{(k+1)}$，每个连续的模型 $m^{(k+1)}$ 只依赖于前一个 $m^{(k)}$。此阶段中，随机模型被系统地引导到包含最可能模型 m^* 的模型空间区域，即后验概率密度函数的峰值区。⑦按照约束条件规定的概率添加、删除或移动模型。当马尔可夫链足够长时，模型参数后验概率分布 $P(m|d)$ 峰值的统计特性不再随着链中新模型的加入而发生明显变化，终止计算。

（4）模拟退火算法

模拟退火算法是基于蒙特卡罗法迭代求解策略的一种随机搜索最优解的算法（Marion et al.，2006；Schou and Skriver，2001）。

固体物质退火过程与一般优化问题具有相似性。将固体加温，再徐徐冷却，如果冷却十分缓慢，物体就会形成理想的晶体，其总体能量呈现极小；反之，如果冷却并非十分缓慢，就会出现局部能量极小。退火过程类似于利用最优化原理求解非线性地球物理反演问题，基于这种类似，Rothman 将退火原理引入地球物理反演，并称之为模拟退火算法。

模拟退火算法是一种通用的优化算法，理论上算法具有概率的全局优化性能。

模拟退火算法基本思想：将模型参数作为融化物质分子，将目标函数看作融化物质的能量。从某一较高温度初值出发，通过缓慢减小模拟温度 T，赋予搜索过程一种时变且最终趋于零的概率突跳性，通过迭代，在解空间中随机寻找目标函数的全局最优解。

模拟退火反演计算方法：依据液体凝结或退火结晶的统计力学过程，物体在具有能量 E_k 的任意构型 k 中，物体中每个分子的状态服从吉布斯概率 $P(E_k)$ 分布

$$P(E_k) \sim \mathrm{e}^{-\frac{E_k}{K_\mathrm{B}T}} \tag{3-327}$$

式中，E_k 为第 k 个分子的能量函数；$P(E_k)$ 为其概率密度；k_B 为玻尔兹曼常数；T 为温度。

式（3-327）表明，随着温度的降低，分子的能量随之变小，物体从熔融的液态向固态转变，每个分子取哪种状态由其概率密度的大小决定。概率密度越大，分子取该状态的可能性越大。

在非线性地球物理反演问题中，式（3-328）变化为

$$P(\phi[m]) \sim \mathrm{e}^{\frac{-\phi[m]}{T}} \tag{3-328}$$

式中，m 为模型参数，代表熔化物体的每一个分子；$\phi[m]$ 是目标函数，代表熔化物体的能量函数。

反演的过程就是通过缓慢地减小模拟温度 T 来进行迭代反演，使目标函数最终达到极小

$$\Delta\phi = \phi[m + \Delta m] - \phi[m], \quad P(\Delta\phi[m]) \sim e^{\frac{-\Delta\phi[m]}{T}} \tag{3-329}$$

计算中，对待定模型参数 m（$i=1$，2，…，N），先取一初始模型，计算相应的目标函数 ϕ［m］。然后随机修改模型，得 $m+\Delta m$，其对应的目标函数为 ϕ［$m+\Delta m$］。若 $\Delta\phi\leqslant 0$，表明模型修改方向使目标函数减小，修改可以接受；若 $\Delta\phi>0$，计算 P（$\Delta\phi$［m］）；若 $0<P$（$\Delta\phi$［m］）$<R$，（R 是 0～1 的一个随机数），修改仍可接受，否则拒绝修改。

反演中，退火温度的选取非常重要，选择不当，将导致反演失败。依据柯西分布，模拟温度 T 的减小（冷却）计算公式为

$$f(\Delta m) \sim \frac{T_k}{\sqrt{\Delta m^2 + {T_k}^2}}, \quad \begin{cases} T_k = \dfrac{T_0}{\ln k} & \text{FSA-Szu 和 Hartley(1987)} \\ T_k = \dfrac{T_0}{k} & \text{VFSA-Ingber(1989)} \end{cases} \tag{3-330}$$

式中，k 为迭代次数；T_0 为初始温度（视具体情况而定）；T_k 为第 k 次迭代时的温度。

显然，温度 T 是目标函数 ϕ［m］的一个重要控制参数。T 较小时，对 ϕ［m］起着一种放大作用，使低温时不易接受模型修改，相当于物体在低温时分子被束缚在平衡位置附近。

与其他非线性反演相比，模拟退火算法不依赖于初始模型，不需要计算雅可比矩阵，因此被广泛用于地震波场反演中，如振幅随偏距的变化（AVO）和弹性阻抗叠前反演、振幅和旅行时叠后反演、岩层空间结构和物理性质成像反演、合成地震记录等地震方法中有许多成功的反演实例。

（5）神经网络算法

神经网络算法是近年来地球物理资料处理和反演解释中的一个热门研究课题（Chaudhari et al.，2009）。利用神经网络可以开展模式识别、信号处理、判断决策、组合优化，如现今火爆的人工智能中的长短记忆神经网络深度学习方法与模型研究，也充分挖掘了神经网络算法。

现代科学技术的发展，对人类的神经系统已有相当了解。一般认为，每一个人工神经元，可以接受一组来自系统中其他神经元的输入信号（neuron inputs）X，每个输入对应一个权 W（input coefficients），所有输入的加权和（summing node）决定该神经元的激活状态。

设，n 个输入 x_1，x_2，…，x_n，相应的连接权值依次为 w_1，w_2，…，w_n，则输入向量 $\boldsymbol{X}$ 和连接权向量 $\boldsymbol{W}$ 可写为

$$\boldsymbol{X} = (x_1, x_1, \cdots, x_n), \quad \boldsymbol{W} = (w_1, w_1, \cdots, w_n)^{\mathrm{T}} \tag{3-331}$$

决定该神经元激活状态的所有输入的加权和，称为激活函数（activation function）net

$$\text{net} = \sum x_i w_i = \boldsymbol{XW} = (x_1, x_1, \cdots, x_n) \cdot (w_1, w_1, \cdots, w_n)^{\mathrm{T}} \tag{3-332}$$

神经元获得网络输入后，给出适当输出。每个神经元有一个阈值，当神经元获得的输入信号的累积效果超过阈值时，就处于激发态；否则处于抑制态。

激活函数 net 执行对神经元所获得的网络输入的变换，可将神经元的输出进行放大处理或限制在一个适当的范围内。

对于一个单级网，如果输入向量 $\boldsymbol{X}$（x_1，x_2，…，x_n），经过变换后输出向量 $\boldsymbol{Y}$

$(y_1, y_2, \cdots, y_n)$。设，输入层的第 i 个神经元到输出层的第 j 个神经元的连接强度（权值）为 w_{ij}。取所有的权构成权矩阵 $\boldsymbol{W}=(w_{ij})$，输出层的第 j 个神经元的网络输入记为 a_j。则

$$\begin{aligned} a_j &= x_1 w_{1j} + x_2 w_{2j} + \cdots + x_n w_{nj} \quad (1 \leqslant j \leqslant n) \\ a &= (a_1 + a_2 + \cdots + a_n) \rightarrow Y = F(a) \end{aligned} \tag{3-333}$$

用神经网络解决非线性地球物理反演问题的关键是把问题映射为神经网络系统，并写出相应的能量函数表达式和应满足的约束条件。

A. 霍普菲尔德神经网络反演方法

基于上述人工神经元一般知识，1985 年，霍普菲尔德（Hopfield）和塔克（Tank）建立了互相连接型神经网络模型。霍普菲尔德神经网络是一种非线性单级网递归反馈型网络，每个神经元既是输入也是输出，权重矩阵是对称矩阵。采用能量函数概念判断网络状态的变化趋势，当能量函数最小时，能够得到某个极小值的目标函数。

霍普菲尔德神经网络模型有离散型和连续型两种，离散型适用于联想记忆，连续型适合处理优化问题。

离散型霍普菲尔德神经网络：设，每个神经元只取二元离散值 0、1 或 -1、1，神经元 i 和神经元 j 之间的权重由 w_{ij} 决定。则神经元状态和输出的关系为

$$\left.\begin{aligned} u_i(t+1) &= \sum_{j=1}^{n} w_{ij} v_j(t) + I_i \\ v_i(t+1) &= f(u_i) = \begin{cases} 1 & u_i > 0 \\ 0 & u_i \leqslant 0 \end{cases} \end{aligned}\right\}, \quad E = -\frac{1}{2}\sum_{i=1}^{n}\sum_{j=1}^{n} w_{ij} v_i v_j - \sum_{i=1}^{n} I_i v_i \tag{3-334}$$

式中，u_i 为输入；v_i 为输出；I_i 为外部输入；f 为激活函数；E 为能量函数。

离散型霍普菲尔德神经网络模型中，如果权重矩阵非负对角线对称，则能量函数可以保证最小化任何二元变量的二次函数，直到系统收敛到一种稳定状态。

连续型霍普菲尔德神经网络：设，每个神经元输出是 0 ~ 1 的连续值，神经元 i 和神经元 j 之间的权重由 w_{ij} 决定。则神经元状态和输出的关系为

$$v_i = f(u_i) = \left[1 + \mathrm{th}\left(\frac{u_i}{u_0}\right)\right], \quad E = -\frac{1}{2}\sum_{i=1}^{n}\sum_{j=1}^{n} w_{ij} v_i v_j - \sum_{i=1}^{n} I_i v_i + \int_0^{v_i} f^{-1}(v)\,\mathrm{d}v \tag{3-335}$$

连续型霍普菲尔德神经网络模型形式，选择好能够恰当表示要被最小化的函数和期望的状态的权重、外部输入，便可以计算出特定优化问题。

霍普菲尔德神经网络反演非线性地球物理问题流程：①根据已知地质、地球物理信息，确定地球物理模型参数（如厚度、速度、密度、电阻率等）的可能变化范围，并根据初始模型参数，确定它们的 u、v、w、I、f、E；②根据初始模型计算上一步确定的 u、v、w、I、f、E 第 i 个模型参数，计算每个模型参数 m（$i=1, 2, \cdots, N$）对应的神经元输出值；③根据计算的输出求出能量函数 E，再计算第 i 个模型参数值；④计算拟合方差，若小于给定的某一正数，则将第三步求得的模型参数作为反演结果，否则重复第一 ~ 第三步运算，直至符合要求为止。

B. BP 神经网络反演方法

1986 年，Rumelhart 和 McCelland 提出了一种按误差反向传播算法的多层前馈网络 BP。利用输出后的误差，估计输出层的前一层误差，再利用计算出的前一层误差，估计更前一层的误差，如此一层一层的反向传递下去，获得其他各层的误差估计。

BP 神经网络能学习和存储大量的输入-输出映射关系，无需事前揭示描述这种映射关系的数学方程，是目前应用广泛的神经网络模型。

BP 神经网络反演算法：设，输入层的输出值等于输入值，隐含层中，对于节点 j，其输入值 h_j 为其前一层各节点输出值 x_i 的加权和，它的输出值为

$$h_j = f\left(\sum_{i=1}^{n} x_i w_{ij} - \theta\right) \tag{3-336}$$

输出层中，类似于隐含层，它的输出值为

$$y_k = f\left(\sum h_j w_{ij} - \theta\right) \tag{3-337}$$

神经元节点的激活函数一般选用 Sigmoid 函数，即

$$f(x) = \frac{1}{1 + \mathrm{e}^{-x}} \tag{3-338}$$

误差函数一般选用神经网络训练过程中最小误差准则来不断调整网络节点的权值，直至误差 $<\varepsilon$。

BP 神经网络实际为最优化问题，可以用于求解非线性地球物理反演问题的最优解（Benediktsson et al.，2002）。例如，在求目标函数极小值过程中，传统的搜索方法选用最速下降法，因此可以在最速下降法中的最优化问题中，利用 BP 神经网络，通过多次迭代，对网络权值 w_i 进行修正，使误差目标函数沿负梯度方向下降。这种方法在刚开始几步可以有较好的收敛效果，但当迭代次数增加后，容易陷入振荡，出现锯齿现象，导致结果精度减低。

本章习题见附录二。

参考文献

程佩青, 2017. 数字信号处理教程（第五版）. 北京：清华大学出版社.

管志宁, 2005. 地磁场与磁力勘探. 北京：地质出版社.

同济大学, 2012. 工程数学：线性代数. 第五版. 北京：高等教育出版社.

王家映, 2002. 地球物理反演理论. 北京：高等教育出版社.

西安交通大学, 2012. 工程数学：复变函数（第五版）. 北京：高等教育出版社.

颜庆津, 2012. 数值分析（第四版）. 北京：北京航空航天大学出版社.

姚姚, 2006. 地震波场与地震勘探. 北京：地质出版社.

曾华霖, 2005. 重力场与重力勘探. 北京：地质出版社.

张元林, 2012. 工程数学：积分变换（第五版）. 北京：高等教育出版社.

张媛, 程云龙, 潘显兵, 等, 2017. 复变函数与积分变换. 北京：清华大学出版社.

张韵华, 王新茂, 陈效群, 等, 2018. 数值计算方法与算法. 北京：科学出版社.

BEGEHR H, DZHURAEV A, 2004. On Some Complex Differential and Singular Integral Operators. https://link.springe.com/chapter/10.1007%2F1-4020-2828-3_16 [2020-01-10].

BENEDIKTSSON J A, ERSOY O K, SWAIN P H, 2002. A Consensual Neural Network//IEEE International Geoscience and Remote Sensing Symposium.

CHAUDHARI S, BALASUBRAMANIAN R, GANGOPADHYAY A, 2009. Upwelling Detection in AVHRR Sea Surface Temperature (SST) Images using Neural-Network Framework//IEEE International Geoscience & Remote Sensing Symposium.

CHAURASIA V B L, KUMAR TAK G, 1999. Double integral relations involving a general class of polynomials and the multivariable H-function. Kyungpook Mathematical Journal, 93 (2): 75-81.

DEVAYYA R, WINGHAM D J, 2002. The numerical calculation of rough surface scattering by the conjugate gradient method. IEEE Transactions on Geoscience and Remote Sensing, 30 (3): 645-648.

FRANK M S, BALANIS C A, 1986. Gradient methods for geophysical image inversions. Esa Proceedings of the International Geoscience and Remote Sensing Symposium, (5): 223-227.

GOUGH P T, LANE R G, 1998. Autofocussing SAR and SAS images using a conjugate gradient search algorithm. Paper read at IEEE International Geoscience and Remote Sensing Symposium, 2: 621-623.

HUI M, DURLOFSKY L J, 2005. Accurate coarse modeling of well-driven, high-mobility-ratio displacements in heterogeneous reservoirs. Journal of Petroleum Science and Engineering, 49 (1): 37-56.

INGBER L. 1989. Very fast simulated re-annealing. Mathematical and Computer Modelling, 12 (8): 967-973.

LIF, DU L, JIN R, 2008. Basic equations of complex variable function method in elasticity plane problems. Journal of Ship Mechanics, 12 (1): 63.

MALINVERNO A, 2010. Parsimonious Bayesian Markov chain Monte Carlo inversion in a nonlinear geophysical problem. Geophysical Journal International, 151 (3): 675-688.

MARION R, MICHEL R, FAYE C, 2006. Atmospheric correction of hyperspectral data over dark surfaces via simulated annealing. IEEE Transactions on Geoscience and Remote Sensing, 6: 1566-1574.

MOON W M, SO C S, 1995. Information representation and integration of multiple sets of spatial geoscience data//International Geoscience and Remote Sensing Symposium.

OH S H, KWON B D, 2001. Geostatistical approach to bayesian inversion of geophysical data: Markov chain Monte Carlo method. Earth Planets and Space, 53 (8): 777-791.

OLDENBURG D W, 1974. The inversion and interpretation of gravity anomalies. Geophysics, 39 (4): 526-536.

OSORIO A F, MEDINA R, 2013. Environmental applications of camera images calibrated by means of the Levenberg-Marquardt method. Computers and Geosciences, 51 (2): 74-82.

SCHOU J, SKRIVER H, 2001. Restoration of polarimetric SAR images using simulated annealing. Geoscience and Remote Sensing IEEE Transactions on, 39 (9): 2005-2016.

SCHULZ-STELLENFLETH J, LEHNER S, HOJA D, et al., 2002. A parametric scheme for ocean wave retrieval from complex SAR data using prior information. Geoscience and Remote Sensing Symposium IEEE International, 4: 2156 -2158.

SZU H, HARTLEY R. 1987. Fast simulated annealing. Physics Letters A, 122 (3-4): 157-162.

THANASSOULAS C, TSELENTIS G A, DIMITRIADIS K, 1987. Gravity inversion of a fault by Marquardt's method. Computers and Geosciences, 13 (4): 399-404.

WU X, WALKER J P R, DIGER C, et al., 2017. Medium-Resolution Soil Moisture Retrieval Using the Bayesian Merging Method. IEEE Transactions on Geoscience and Remote Sensing, 99: 1-12.

YAO H, TIAN L, 2003. A genetic-algorithm-based selective principal component analysis (GA-SPCA) method for high-dimensional data feature extraction. IEEE Transactions on Geoscience and Remote Sensing, 41 (6): 1469-1478.

第 4 章 海洋地球物理调查方法

4.1 海底浅层结构探测

海底浅层结构探测（sub-bottom profile survey）是一种基于水声学原理，利用声波在海底及以下介质中的透射和反射信息，获取海底浅部地层结构及构造声学剖面的连续走航式海洋地球物理调查方法。目前，能实现海底浅层结构探测的技术方法主要有浅地层地震剖面仪和单道地震探测系统（图 4-1）。

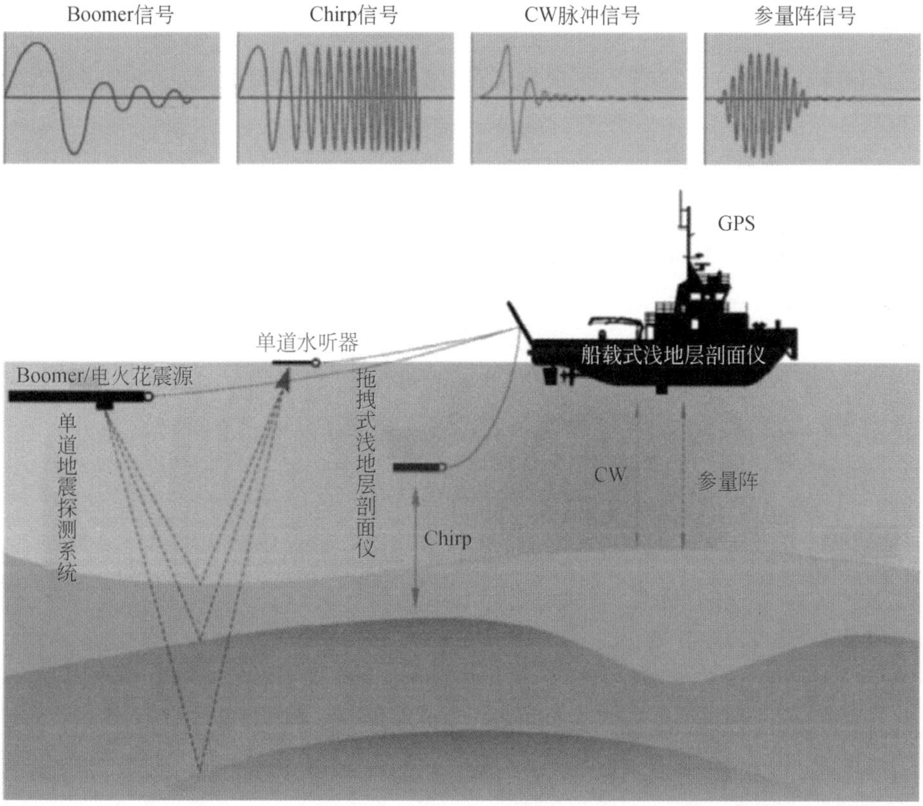

图 4-1　浅层结构探测示意图

浅地层剖面仪和单道地震通过将控制信号转换为不同频率的声波脉冲向海底发射，声波在传播过程中遇到不同地层速度、密度组成的声波阻抗界面，经反射信号输出，可以识别海底浅地层结构。在多数情况下，声学反射界面表示不同地质时代、不同沉积环境和沉积物质组成的地层界面，且相对于多道地震等方法具有很高的分辨率，能够经济高效地探测海底浅部地层结构。通过数据处理分析，这类方法可识别出海底埋藏的古河道、沉船、浅层气、断层、软弱地层和基岩等信息，因此被广泛应用于海底地形地貌、海洋地质调查、海洋工程勘察、水下考古等领域。

4.1.1 技术要求

海底浅层结构探测设备的技术指标包括工作水深、探测深度、分辨率、反射信号、工作频率和测线布设等，通常与换能器类型，震源的激发能量、主频和调制脉冲宽度，装备耐压程度，安装平台工作水深等有关。安装平台离海底越近，装备耐压程度越高，激发信号功率大、主频低、脉冲宽、延续时间长的仪器设备工作水深和探测深度越大，反之越小；分辨率与频宽频高成正比，与探测深度成反比，主频和带宽越高，地层分辨率越好，信号衰减越快，穿透深度越浅。此外，信号质量与地层类型、设备激发信号类型等都有密切联系。

依据国家海洋行业规范①以及国内外探测装备技术参数（表4-1），归纳海底浅层结构探测方法技术要求。

4.1.1.1 工作水深

拖曳式浅水型浅地层剖面仪：工作水深小于100m；
拖曳式深水型浅地层剖面仪：工作水深小于6000m；
船载式浅水型浅地层剖面仪：工作水深小于100m；
船载式深水型浅地层剖面仪：工作水深小于6000m；
智能平台式浅地层剖面仪：工作水深一般小于6000m，具体视平台工作水深而定；
单道地震探测系统：工作水深一般小于100m。

4.1.1.2 探测深度

拖曳式浅水型浅地层剖面仪：海底面以下（垂直）30～50m；
拖曳式深水型浅地层剖面仪：海底面以下（垂直）200m；
船载式浅水型浅地层剖面仪：海底面以下（垂直）30～50m；
船载式深水型浅地层剖面仪：海底面以下（垂直）200m；
智能平台式浅地层剖面仪：海底面以下（垂直）40～150m；
单道地震探测系统：海底面以下（垂直）150～500m。

① 指的是《海洋调查规范 第10部分：海底地形地貌调查》（GB/T 12763.10—2007）；《海洋调查规范 第11部分：海洋工程地质调查》（GB/T 12763.11—2007）；《海洋调查规范 第8部分：海洋地质地球物理调查》（GB/T 12763.8—2007）。

表 4-1　部分市场主流浅地层结构探测装备及主要技术参数

公司名称	所属国家和地区	产品名称	类型	频率/kHz	发射频率/kHz	脉冲长度/ms	最大发射功率或能量	最大穿透度深度/mbsf	测试地层
Applied Acoustics	英国	CSP2200 Sparker	单道地震探测系统	0.2～3	6	0.3～3.0	2200J	500	—
Benthos	美国	CAP-6600 Chirp	拖曳式浅地层剖面仪	2～7	12	—	64kW	60	—
C-Products	中国香港	C-Boom LVB	拖曳式浅地层剖面仪	3.5	8	0.485～0.676	100J	60	钙质砂层
Edge Tech	美国	3100P SBP System	拖曳式浅地层剖面仪	2～16	15	100/5	20kJ	80	粗砂黏土
		2205 SBP	智能平台式浅地层剖面仪	1～10/2～16/4～24	—	—	—	40/80/150	—
		3200XS SBP System	拖曳式浅地层剖面仪	0.5～12	15	100/5	200kJ	200	粗砂/黏土
General Acoustic	德国	SUBPRO2545	智能平台式浅地层剖面仪	25～45	25/9° 45/6°	0.08～1	60W	8	河道泥砂
GeoAcoustics	英国	GeoChirp Ⅱ	拖曳式/智能平台式浅地层剖面仪	2～7	8	32	5/10kW	100	多种地层
		GeoChirp Ⅲ-D	拖曳式/智能平台式浅地层剖面仪	1.5～13	8	32	4kW	50	多种地层
Geo-Resources	荷兰	Geo-Sparker Sub-tow	单道地震探测系统	1～2.5	2	0.4	1kJ	300	软地层
Innomar	德国	SES-966 Standard	拖曳式/智能平台式浅地层剖面仪	46/8/10/12	50	0.08～0.5	18kW	50	黏土
		SES-2000 Deep	拖曳式/智能平台式浅地层剖面仪	2～7	30	0.25～3.7	80kW	150	黏土
IKB	加拿大	SEISTEC™ Profiler	单道地震探测系统	0.7～12	—	0.1～0.18	500J	20	砂层
Kongsberg	挪威	TOPAS PS18/40	船载式浅地层剖面仪	0.5～6	—	—	32kW	150	—
S.I.G	法国	Mille	单道地震探测系统	1	1	0.7	1kJ	400	沉积层
		Energos200	单道地震探测系统	1.2	4	0.8	0.25kJ	120	沉积层
SyQwest	美国	StrataBox Instrument	船载式浅地层剖面仪	3.5/10	0～10	0.1～0.8	0.3/1kW	—	—
		Bathy 2010	船载式浅地层剖面仪	3.5	4	0.1～50	5/10kW	200	淤泥/砂层

4.1.1.3 分辨率

拖曳式浅水型浅地层剖面仪：分辨率 20 ~ 30cm；
拖曳式深水型浅地层剖面仪：分辨率 3 ~ 5m；
船载式浅水型浅地层剖面仪：分辨率 20 ~ 30cm；
船载式深水型浅地层剖面仪：分辨率 3 ~ 5m；
智能平台式浅地层剖面仪：分辨率 4 ~ 25cm；
单道地震探测系统：分辨率 20 ~ 150cm。

4.1.1.4 反射信号

海底浅层结构剖面记录要求地层反射信号和时标信号连贯清晰。剖面记录上必须注记测线号、航向、扫描宽度、时标、水深、测线探测起始与结束时间及特殊情况简述等；记录班报上每条测线必须写上项目名称、记录纸的卷号和作业时间；单条测线的漏测率不得超过测线长度的 5%，连续漏测不得超过 1km。

4.1.1.5 工作频率

拖曳式浅水型浅地层剖面仪频带范围为 250Hz ~ 14kHz，拖曳式深水型浅地层剖面仪频带范围为 40Hz ~ 1kHz。船载式浅地层剖面仪通常为工作频率可线性调频的 Chirp 信号和参量阵差频信号。其中，Chirp 线性调频高频扫描范围为 1.5 ~ 10kHz，低频扫描范围为 2.2 ~ 6.6kHz；参量阵换能器激发的高低频信号为 500Hz ~ 6kHz；HOV/AUV/ROV/USV 式浅地层剖面仪通常采用的参量阵激发信号为 1 ~ 24kHz。单道地震探测系统的震源频谱范围为 40Hz ~ 10kHz，电缆接收带宽为 10Hz ~ 20kHz。

4.1.1.6 测线布设

地层剖面探测通常有选择地进行，若进行面积性调查时，其调查比例尺与测线、测网布设技术要求见表 4-2。

表 4-2 调查项目的主要技术要求

<table>
<tr><th>调查项目</th><th>调查比例尺</th><th>主测线间距
（联络测线间距/km×主测线间距/km）</th><th>导航定位要求</th><th>测线偏离/
测线间距/%</th></tr>
<tr><td rowspan="4">海底浅层结构探测</td><td>1 : 100 万</td><td>≤40×5</td><td rowspan="4">DGPS 定位</td><td rowspan="4"><20</td></tr>
<tr><td>1 : 50 万</td><td>≤20×5</td></tr>
<tr><td>1 : 20 万</td><td>≤10×5</td></tr>
<tr><td>1 : 10 万</td><td>≤5×5</td></tr>
</table>

主测线方位应与海底地形等深线的总趋势线方向垂直，或者与区域地质构造走向垂直，联络测线方向与主测线垂直。在测量过程中，若遇海底地层分布变化较大的海区，应

加密测线，加密的程度以能完整地反映海底地层空间变化为原则。测量手段浅地层结构探测根据探测深度不同，可采用浅地层剖面仪或单道地震探测系统两种方式。导航定位使用差分全球定位系统（differential global positioning system，DGPS）定位仪，所采用的定位仪的数据更新率应不低于1Hz，定位准确度优于10m，DGPS基准台的平面位置准确度应符合国家GPS E级网的要求。

4.1.2 仪器设备

目前在浅地层结构调查中应用较多的浅地层剖面仪和单道地震探测系统主要有美国Benthos公司生产的CAP-6600Chirp，DPSTechnology公司生产的3.5kHz型SBP、Mono-PulserV2型Boomer和Sparker，Edge Tech公司生产的3100P和3200XS，SyQwest公司生产的StrataBox和Bathy系列；德国Atlas公司生产的Parasound全海深声参量阵P35和P70型，Innomar公司生产的SES-96、SES-2000声参量阵系列；英国Applied Acoustics公司生产的CSP系列，GeoAcoustics公司生产的GeoPulse、GeoChirp系列；法国S.I.G.公司生产的Boomer/Sparker系列；中国香港C-Products公司生产的C-Boom LVB；荷兰Geo-Resources公司生产的Geo-Sparker系列；挪威Kongsberg公司生产的SBP120系列和TOPAS PS18/40声参量阵系列；加拿大IKB生产的SEISTEC™ Profiler和SPA-3SignalProcessor，Knudsen公司生产的320系列和Chirp 3200系列等。

4.1.2.1 单道地震探测系统

单道地震探测系统简称单道地震，是使用震源系统如电火花震源等激发地震波，通过独立的单通道组合水听器微型拖缆接收声学反射信号的一种浅地层剖面探测方法，主要用于海底地形、浅表层沉积物结构及声学基底情况的调查。单道地震与多道地震相比，不使用叠加技术，能更好地保留高频信号，提高地震记录分辨率；与浅地层剖面相比，不存在参量阵和Chirp换能器能量小和频率高、频带窄等导致的“假高分辨率”问题。单道地震通常采用电磁脉冲、高频气枪和电火花震源，分辨率比多道地震高，穿透能力比浅地层剖面强，在浅层结构探测应用中起到非常重要的作用。

4.1.2.2 浅地层地震剖面仪

浅地层地震剖面仪简称浅地层剖面仪，是发射源和接收器都组合在单个换能器阵列中的声学探测装备，在探测过程中通过不断地收发高频声波能获取最直观的浅地层地震反射信号记录，可实现对海底沉积层结构和构造的连续探测。其工作原理是通过发射换能器按一定时间间隔垂直向下发射声脉冲，声脉冲穿过海水层或海底以下界面后一部分声能反射返回接收换能器，另一部分声能继续向更深地层传播，同时在各层界面声能继续反射返回接收换能器，直到声能完全损失耗尽，因此其不仅可以获得设备到海底表面的测深值，还可以观测到反映海底浅部地层结构的连续记录。浅地层剖面技术经历过三个发展阶段，即早期的CW脉冲调制技术、随后发展的Chirp调频信号技术及参量阵技术。由于浅地层剖面探测中的分辨率与穿透深度指标互相矛盾，基于脉冲调制原理的 CW 技术要实现高分辨率探测，就需调制脉宽窄的发射声脉冲，但窄脉冲信号的能量有限，穿透深度浅，无法探测到较深的地层；如需实现较深层探测，则需增大发射声脉冲宽度来增加发射能量，但增大发射声脉冲宽度就降低了地层分辨率。为调和分辨率与穿透深度的矛盾，出现了 Chirp 线性调频技术，其原理是通过调制、发射、接收、解调一系列具有较宽和较窄脉冲宽度的线性脉冲，对海底及以下地层进行探测。声呐在发射和接收信号中包含了从高频到低频的一系列声波，使得探测分辨率和深度都大大提高。参量阵技术在高电压驱动下同时向海底发射两个频率接近的高频声学脉冲信号，并作为主频。这两个主频声学脉冲信号在水体中传播时会出现差频效应，产生一系列的二次频率，生成的二次频率可以分别提取，根据不同需求进行相关探测，如高频用于水深探测，低频及差频用于穿透海底沉积物，探测海底沉积物结构和构造。参量阵技术比 Chirp 线性调频技术具有更高的分辨率，特别是在深水作业时。

根据工作水深范围，浅地层剖面仪可分为浅水型浅地层剖面仪和深水型浅地层剖面仪；根据安装和工作方式，可分为拖曳式浅地层剖面仪、船载式浅地层剖面仪、智能平台式浅地层剖面仪。拖曳式浅地层剖面仪将接收和发射换能器阵列嵌入在拖鱼或拖体上，控制和显示端安装在调查船上，通过线缆拖曳在调查船后方水面或近海底进行走航式施工作业，具有高度集成、体积小、噪声低、发射功率小等特征，适用于小面积精细调查。船载式浅地层剖面仪将接收和发射换能器阵列安装在调查船的船底或固定在侧舷，控制和显示端安装在调查船实验室，具有发射功率高、阵列大、系统复杂等特点，适用于走行式大面积范围普查。智能平台式浅地层剖面仪是指高度模块化集成或挂载于载人潜水器（human occupied vehicle，HOV）、遥控潜水器（remotely operated vehicle，ROV）、自治式潜水器（autonomous underwater vehicle，AUV）和水面无人船（unmanned surface vehicles，USV）等智能平台上的浅地层探测系统，其能通过遥控或自主采集的模式实现深海近底或浅海高分辨率的浅地层剖面数据获取。

拖曳式浅地层剖面仪主要由声源、接收换能器以及接收、记录设备三部分组成。船载式浅地层剖面仪以深水浅地层剖面探测为主要内容，并可兼做水深测量。设备硬件由主机和两组安装于船底的换能器基阵及连接电缆组成，主机由计算机工作站、显示器、数字磁带机、发射接收机和线性功率放大器组成。单道地震探测系统由震源系统和电缆接收系统组成。震源系统根据用途不同和能量不同分为声波脉冲发生器、电火花和气枪。电缆接收系统由接收电缆和信号处理、储存部分组成。

（1）声源

声源即发射换能器，在地震勘探上称为震源。它是产生声波的装置，实现电能或化学能向声能的转化。根据海底的地层结构和探测目的的不同选择不同的发射功率。根据声波的产生原理可分为以下几类。

1）压电陶瓷式：根据某些矿物晶体（锆钛酸铝、陶瓷、石英等）具有压电效应而研制，主要分为固定频率和线性调频脉冲（Chirp）两种。

2）电磁脉冲式：其发声原理是电磁效应，即脉冲电流通过处于磁场中的线圈时，将使作为线圈负荷的金属板产生相对位移，从而引起周围介质产生振荡而发出声波。

3）电火花声源：其发声原理为高压放电，即利用高压电在水中放电，导致电极周围水体在极短时间里分解成气体，产生脉冲振动。该种仪器穿透深度较大，但是分辨率较低，如英国 Applied Acoustics 公司生产的 CSP 系列等。

4）声参量阵式：利用差频原理，即在高压下同时向水底发射两个频率接近的高频声波信号（F_1，F_2）作为主频，当声波作用于水体时，会产生一系列二次频率，如 F_1、F_2、F_1+F_2、F_1-F_2、$2F_1$、$2F_2$ 等。其中 F_1 高频可用于探测水深，而 F_1、F_2 频率非常接近，因此 F_1-F_2 频率很低，具有很强的穿透性，可以用来探测海底浅地层剖面。该种仪器具有换能器体积小、重量轻、波束角小、指向性好、分辨率高等特点，适合于浮泥、淤泥、沉积层等浅部地层的详细分层及目标探测，但缺点是穿透能力较差。

5）其他声源：主要有气枪、蒸气枪、水枪、组合枪、炸药等。

拖曳式和船载式浅水型浅地层剖面仪的声源级为 86dB（relm，1Pa），频谱为 250Hz～14kHZ；拖曳式深水型浅地层剖面仪的声源级为 90～97dB（relm，1Pa），频谱为 40Hz～1kHz；船载式浅地层剖面仪输出至换能器基阵的功率峰值达 3kW；单道地震震源声源级达到 50～300dB，震源频谱为 40Hz～10kHz，且组合震源的同步准确度应优于 0.5ms。

（2）接收换能器

接收换能器即接收水听器，是将介质的质点振动（位移、加速度的变化）转化成电信号并输出的系统，是将机械能（声能）转化为电能的装置。水听器由密封在油管里的多个按照一定顺序排列起来的检波器组成，其性质与检波器的本身指标、排列间隔和数量有关。

1）浅水型浅地层剖面仪的水听器技术指标：

灵敏度 -104～-100dB/(V·Pa)；接收带宽 100Hz～10kHz。

2）深水型浅地层剖面仪的水听器技术指标：

灵敏度 -84～-80dB/(V·Pa)；接收带宽 20Hz～1.5kHz。

3）HOV/AUV/ROV/USV 的水听器技术指标：

灵敏度应优于-110dB/(V·Pa)；接收带宽 1～24kHz。

4）单道地震电缆水听器技术指标：

灵敏度应优于-90dB/(V·Pa)；接收带宽 10Hz～20kHz。

（3）接收、记录设备

记录声波反射波返回时间和强度并将其在计算机屏幕上显示出来的设备。随着计算机技术日新月异的发展，该系统也越来越智能化、人性化，不但能够将记录显示在操作员面前，还能进行完全存储，使得记录资料更全面。接收、记录设备要求具有在接收频段内可任意选择中心频率和带宽的滤波器；TVG 增益调节功能；总增益、对比度和门限调节功能；对数字浅地层剖面仪和数字单道地震探测系统而言，应能实时接收导航定位数据；工作前记录器用信号发生器进行调节，能同时进行模拟记录剖面输出和数字采集处理与存储。

4.1.3 海上测量

4.1.3.1 仪器安装

舷挂式浅地层剖面仪安装于船的中后部一侧；拖曳式浅地层剖面仪拖曳于船尾部。单道地震的接收电缆与声源视水深分别拖曳于船尾部一侧或两侧；震源箱必须放置在干燥、温度低于60℃的环境中，远离触发放大器和记录仪；若用电极作为震源，电极电缆和检波器接收电缆必须相距1m以上，避免相互感应。震源箱、发射和接收换能器必须良好接地，接收记录设备应安置在船尾部实验室。驾驶台、仪器操作室和后甲板三方的语音通信畅通。

4.1.3.2 试前调试

导航定位数据接入后，应进行浅地层剖面仪和单道地震探测系统与导航定位仪之间的时钟同步，消除两系统之间的时间迟延；GPS定位仪稳定性和定位精度不大于±10m。浅地层剖面仪的传感器位置以及单道地震震源和接收信号电缆的位置应与定位系统的天线位置进行归算。浅地层剖面仪在固定安装和舷挂式安装时，其位置归算准确度应优于0.05m，在拖曳式安装时，其位置归算准确度应优于拖缆长度的10%。浅地层剖面仪拖曳式换能器，应使拖曳阵保持平稳。地震震源试验时，电火花试验应在浓度为5%的盐水中进行，气枪充气试验应在水中进行；地震接收电缆测试时，应确保接收电缆无漏油，水听器充油管内无气泡；接收电缆和震源电缆入水后绝缘电阻不小于1MΩ。系统的声源（震源）、接收单元和数据处理单元与GPS定位系统及外设连接正确，各部分工作正常。

4.1.3.3 参数确定

通过海上试验调整仪器参数，获得一组符合调查海域和调查目标的最佳设置参数。浅地层剖面仪的试验项目包括实际测量深度范围内的最佳发射频率、脉宽和增益参数，单道地震探测系统的试验项目包括实际测量深度范围内的最佳震源能量和接收增益、滤波、延迟以及记录长度、采样频率、通道数、同步类型、海底跟踪值。浅地层剖面仪在水深大于100m的调查区域，应使用频率较低的声波发生传感器或增加设备的发射能量以获得最佳的测量效果。单道地震探测系统在不同水深可使用不同震源系统。30m以内的水深可使用声波脉冲发生器，30～300m的水深可使用电火花，并根据水深的不同调整震源能量和电缆接收的频率等参数以获得最佳测量效果；水深大于300m的测量，应使用气枪，根据水深的不同调整气枪的气压和电缆接收的频率等参数以获得最佳的测量效果。施工过程中，根据实际情况调整电缆长度、沉放深度以及震源和水听器中心之间的距离，以便获得最佳采集效果。

4.1.3.4 海上测量

根据项目技术要求和试验的结果，选择并设置设备的调查参数，在测区进行水深测量，将水深测量值输入探测系统；进入测线前，发射功率、接收增益作调试校正后整个航次均固定不变，使其定量发射和接收。在测线作业时，要求调查船沿测线匀速航行，航速不得大于 6kn，船沿测线偏离不大于 100m，调查船进入和离开测线时，中途停船或改变航速时均要通告仪器操作室；更换测线时，船只应大弧度转弯，保证船只和船尾水下拖曳设备在进测线前对准测线；作业时偏航距应不大于测线间距的 25%；测线未完需续测时，续测测线应在断点处进行大于 2km 的重复测线；测量定位点的间距应不大于成果图上 1mm。

4.1.3.5 系统监测

进入测线后，值班员应启动数字磁带机，并建立文件名。通过显示屏监视探测系统跟踪海底，若探测系统因某种原因无法跟踪海底线，它会自动扩大追踪门，直至搜索到海底线，这段自动搜索过程一般时间较短。特殊情况下自动搜索时间较长，值班员应做书面记录，以便在信号回放处理时删掉这段探测资料。若系统无法自动搜索到海底线，应重新进行参数确定。

4.1.4 资料整理

4.1.4.1 探测记录

(1) 打印记录

地层反射信号的剖面记录必须连贯清晰；每隔 15 ~ 30min 在实时剖面上打印一次时间、水深、船位信息；拟记录图像标注，其内容包括项目名称、调查日期与时间、仪器型号、仪器参数变化情况、测线号、测线起止点号和测量者等。

(2) 值班记录

每小时记录一次海区、测线号、时间、船位、海况、仪器系统工作情况、调试情况、特殊情况的处理等。记录班报填写，其内容包括项目名称、调查海区、测量者、仪器名称与型号、日期、时间、测线号、点号、航速、航向、量程、声源功率、接收增益、工作频率、拖缆入水长度、记录纸卷号和数字记录文件名等。

(3) 作业参数

确定后一般不能随意更改，当水深和底质类型变化较大影响到剖面记录质量时，仪器操作员可对采集参数作适当的调整，以保证记录剖面的质量和穿透的深度，同时必须在记录班报上注明。

(4) 数据记录检查

当记录面貌出现异常时，必须及时检查原因，尽快排除故障。值班员应及时记录测线探测情况、周围环境状况及特殊情况处理过程等。从记录剖面上发现可能为新的断裂、滑坡、塌陷、浅层气及其他特殊地质体时，必须仔细观察并认真记录。

4.1.4.2 资料整理和处理

为了检查和校核外业工作的总体质量和资料完整性，应对所取得的数据进行回放，并做出初步评价，现场进行资料整理。资料整理的内容如下。

（1）资料完整性

1）根据航迹图并与设计测线进行对比，检查是否有遗漏未测的测线，进行完整性检查；通过数据回放或打印记录检查，对数据质量进行初步评价；检查记录磁带和打印资料是否完整，对各种纸质打印资料、班报记录进行整理、装订和会签；班组长对原始数据文件应进行百分之百检查，并进行数据备份。

2）现场资料检查作业组应对全天的班报记录和测量数据进行浏览，检查班报记录和测量记录的完整性、剖面反射信号的连续性和定位数据的准确性等，检查情况应记人当天的班报记录。海上测量工作结束后，作业组应对所获得的测量资料进行全面检查，检查合格后方可进行内业数据处理。

（2）数据可靠性

识别地层剖面图像记录上的干扰信号，包括海况、生物、尾流、螺旋桨等引起的噪声。在浅地层剖面上，海况、生物、尾流引起的背景噪声属于宽带，在记录上表现为均匀的“雪花”状，机械振动及仪器接地不良引起的电噪声属于窄带，记录上表现为特殊的条带状。另外是与发射脉冲和扫描频率有关的声发射反向散射能量造成混响噪声，它常出现于大功率声源在浅水区工作时，使地层回波模糊，记录分辨率低。

4.1.5 地质解释

4.1.5.1 解释内容

浅地层剖面的解释内容主要包括追踪反射界面、划分反射波组，分析反射波组的特征，开展不同沉积类型的界面、沉积间断面、断裂构造、杂乱反射、基底、水下异常体的定性解释，以及结合钻探资料开展正反演计算的定量解释等。

浅地层剖面反射界面追踪、反射波组划分的基本原则是：同一层波组反射连续、清晰、可区域性追踪；层组内反射结构、形态、能量、频率等基本相似，与相邻层组有显著差异；主测线与联络线剖面相同层组的反射界面应能闭合。

4.1.5.2 定性解释

对于浅地层剖面仪采集的资料，由于穿透较浅，其定性解释内容相对简单，主要包括识别和划分松散层和声学基岩、识别和解释表层断层、识别和分析表层地质体类型、分析地貌特征。对于单道地震探测系统，由于探测资料相对复杂且地层穿透较深，其定性解释内容相对丰富，主要包括识别干扰信号，区分背景噪声干扰和多次反射波干扰；识别反射界面，划分地震层序；利用所收集的地质资料划分地层，解释主要断层，特别应识别至海底的活动断层；根据地震相和其他资料分析古地貌和古沉积环境；识别和分析特殊地质体等。

剖面定性解释有以下几条基本原则。

1）区域性强反射界面，且邻层对比差异明显，通常是不同沉积物类型的界面或沉积间断面。如图 4-2 所示，通过浅地层记录剖面可以识别出两个强反射界面、一个沉积间断面以及海底出露的硬底质基岩或珊瑚礁。记录剖面上海底表层上下剧烈起伏的现象可以解释为区域海底发育有海草或珊瑚礁。

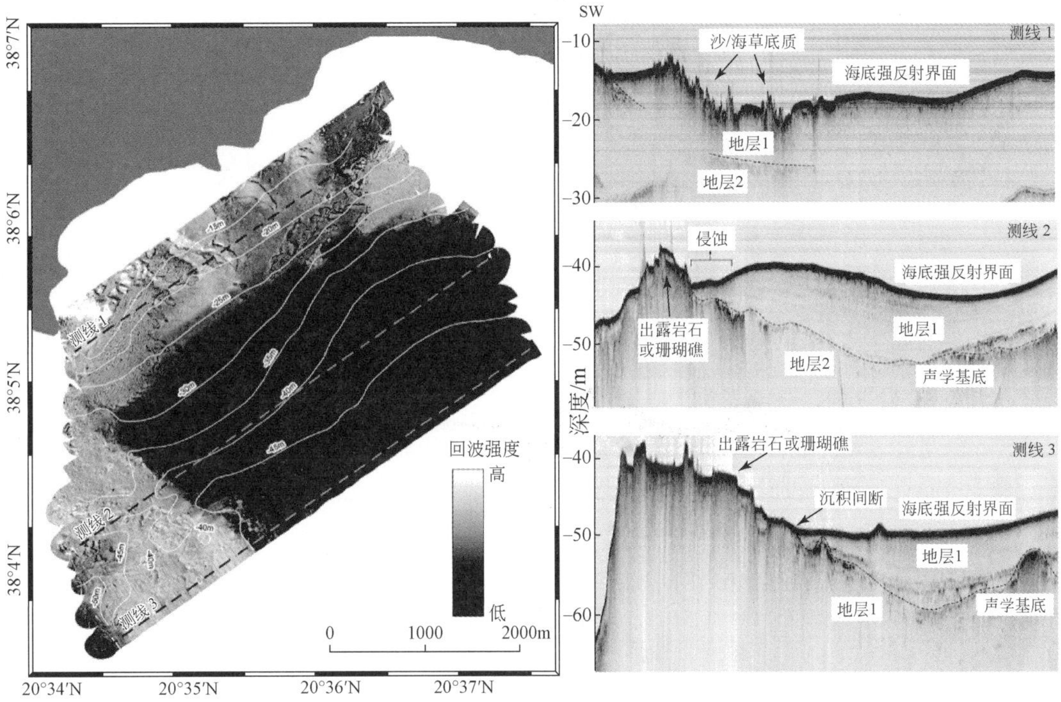

图 4-2　洛达斯西海岸浅地层结构探测测线及记录剖面

资料来源：Fakiris 等（2018）

2）层内及层界面的反射波位移（错位）或扭曲变形，一般是断裂或构造运动引起的地层牵引。若波层组呈现声屏蔽现象，在杂乱反射情况下，出现透明亮点，通常反映沉积物中存在含气层。

3）层界面起伏较大，其下波反射模糊，一般定位声波基底。如图 4-3 所示，主测线与联络线剖面相同层组的反射界面基本能闭合，层组内反射结构、形态、能量、频率等基本相似，而主反射界面以深除了多次波和其他干扰波外，反射波非常模糊，可以解释为声学基底。

4）呈双曲线反射现象是海底管道或较大的异物体（如沉船等）的反映。海底管道在浅地层剖面仪图像上表现为一条抛物线，抛物线顶点就是管道的平面位置，抛物线顶点到海底面的垂距就是管道的掩埋深度或裸露悬空高度。因此，可以根据管道引起的抛物线顶点位置与海底反射之间的相互关系判断管道的空间状态。如果抛物线顶点位于海底反射以上，且高度大于管道直径，则为悬空；如果高度小于管道直径，则为裸露。

5）地层剖面的准确解释应与钻探资料相结合。地质钻孔资料是划分声学地层层序，

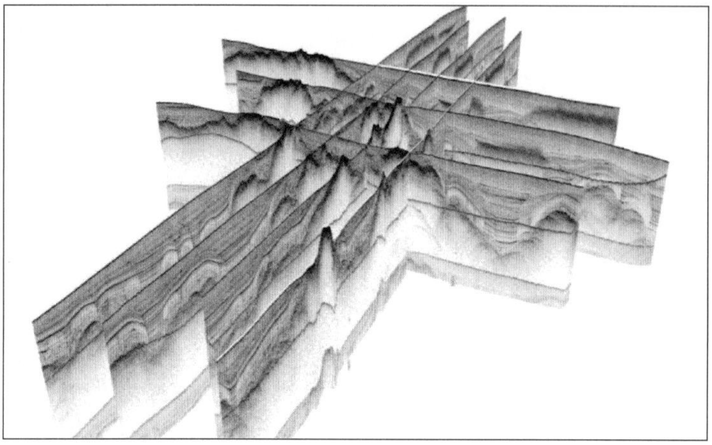

(a) 主测线与联络线剖面联合解释

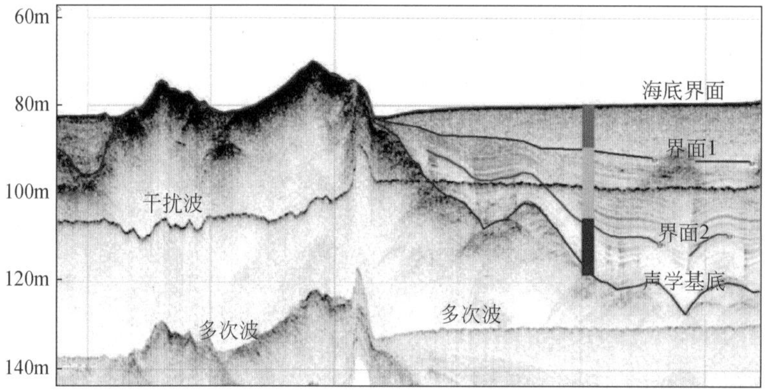

(b) 单测线剖面记录

图 4-3　浅地层剖面声学基底和多次波现象

解释海底沉积物结构、地层构造，推测其沉积物类型、沉积环境及其工程地质特性的关键资料，如该区拥有钻探资料，再结合剖面图像的反射结构、振幅、频率和同相轴连续性等特征，可以分析地层中的重要地质要素，确定其性质、大小、形态、走向及分布范围。

4.1.5.3　定量解释

定量解释是在定性解释的基础上，选择观测精度较高的、有意义的剖面（通常称精测剖面)，利用数学计算或数值模拟方法求出地质目标的埋深、产状、空间位置等，或者推算波阻抗、速度、应力、形变、密度、孔隙度等物性参数。在众多的地球物理定量解释当中，目前以多道地震剖面定量解释的准确度最高，对于浅地层剖面定量解释工作现阶段还处于初期，主要工作集中在钻孔层位对比、声波正演、地层声速反演、时间-深度转换和沉积层厚度反演等。

如图 4-4 所示，法国西布列塔尼大学 Rakotonarivo 等（2011）通过建立浅地层参数模型，利用传递函数方法开展了 Chirp 声呐信号正演模拟，研究了 1 ~ 10kHz 的 Chirp 信号在海底沉积物层中的穿透、衰减情况以及受阻抗、粒度和过渡层的影响。研究表明，3.5kHz 中心频率的 Chirp 信号合成记录与实际的浅地层剖面在 0 ~ 15m 地层范围有很好的一致性。正演模拟可以获得稳健的层厚、阻抗和过渡层厚度估计，但粒度和衰减受波长和层厚条件影响。

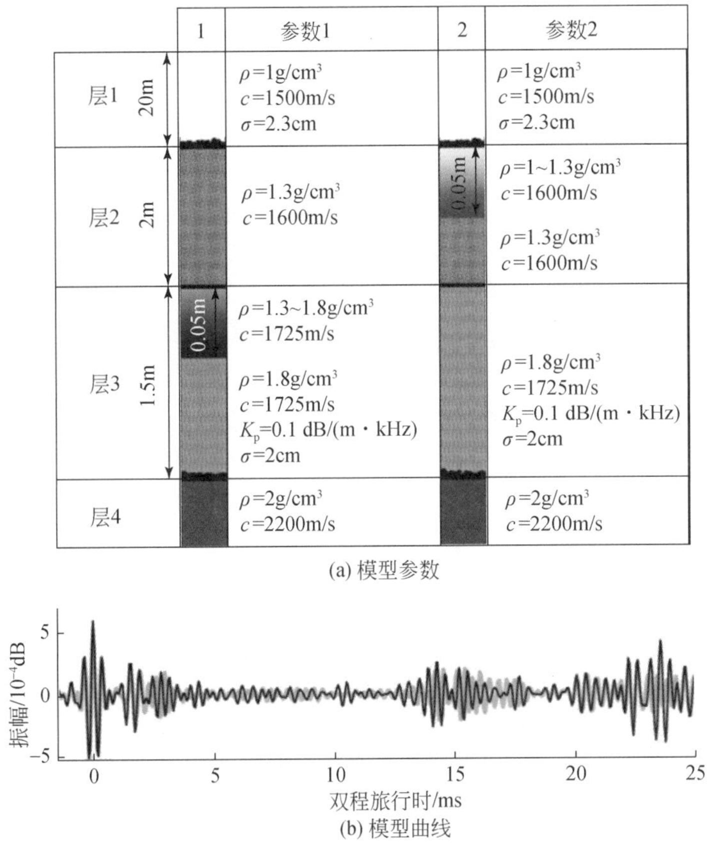

图 4-4　地层剖面模型正演

资料来源：Rakotonarivo 等（2011）

4.1.5.4　地质图件与报告

海底浅层结构探测的成果图件主要为地层剖面地质解释图；在编制工作前，应收集探测海域海底沉积物的分布及其声速、密度等资料，并根据资料整理结果。在编制地层剖面解译图时，其水平与垂直比例应合理，且纵横比例不应小于 1 ∶ 25；图面内容包括地形剖面线、地层界面、岩性、灾害地质要素、主要地物标志、取样站位、钻孔位置及其柱状图和测试结果等，还需编制主要层位的地层等厚度图和地层界面埋深图。

海底浅层结构调查报告编写的主要内容包括前言、海上调查及资料整理、资料分析和解释、评价与结论等。其中，前言部分的主要目的是介绍调查任务的来源、目的和任务，调查海区的范围和地理位置、调查项目内容和工作量，外、内业工作时间和分工协作情况等；海上调查及资料整理部分主要用来陈述海上调查的工作方法、测线布设、仪器和设备系统的性能及各项指标、观测系统选择及工作情况、导航定位系统及其准确度、原始资料质量、资料整理方法、成果资料准确度等；资料分析和解释部分主要包括资料分析方法及其依据、各要素的分布特征、规律和综合分析等；评价与结论部分主要是针对调查工作进行地质环境、地质构造分析以及矿产资源评价等，以得出与实际相符合的结论和建议。

4.2 海底热流测量

地球内部蕴含着巨大的热量，由地球内部通过传导、对流和辐射的方式向地表输送。过去几十年对板块构造理论的研究简单明确地告诉我们，所有地质过程最终都是地球冷却（即热损失）的结果。例如，大洋岩石圈板块在洋中脊形成，其运动和增生以及最终通过俯冲带进入地幔导致地幔冷却降温。大地热流密度（简称大地热流或热流密度）反映了地球表面单位时间内单位面积上由地球内部以传导方式传至地表，而后散发到宇宙太空中的热量，数值上等于地温梯度与岩石热导率的乘积，是衡量地球内热的基本物理量。热流的国际单位为 W/m^2，由于大地热流比较小，通常采用 mW/m^2作为单位。目前测得的地表热流数据大概有几万个，平均值约为 $87mW/m^2$。其中海洋热流（marine heat flow）平均值为 $(101\pm2.2)mW/m^2$，陆地热流平均值为 $(65\pm1.6)mW/m^2$。根据海洋和陆地面积计算得出，地球散失的热量大约 70% 是从海洋散失的。

一般把海域的大地热流简称为海洋热流。海洋热流是研究海底热液活动、海区地球动力学、大陆边缘沉积盆地演化及开展油气水合物资源评价的重要基础数据。海洋热流测量是利用海底不同深度上沉积物的温度差，测量海底的地温梯度值，并测量沉积物的热传导率，来求得海底的地热流值，是直接反映地球内部热状态的一种方法。海洋热流测量对海洋地质中岩石圈结构、海上油气能源勘探等研究一直发挥着积极作用。与其他海洋地球物理手段相比，具有耗资少、方法简单、见效快、数据直观等优点。因此，海洋地热流测量以及相关的研究工作越来越被人们关注。

目前主要有两种方法可以测得海底热流值：一种是通过分析在深海和大洋钻探的钻孔或石油钻井中测温数据与测温井段内岩心热导率获得，简称钻孔热流（drill-derived heat flow）。通过深海钻探和石油钻井得到的热流值受地表的浅层作用影响较小、可靠性较高，然而易受作业条件限制，数量与空间分布有限，且费用较高、工作效率较低，因此应用不太普遍。另一种是利用海底地热调查设备测量海底表层沉积物的地温梯度和热导率获得，简称海底热流（seafloor heat flow）或探针热流。探针热流测量方法的操作相对简单，成本低廉，效率较高，且随着技术的不断改善，精度也在逐渐提高，因此是获取海底热流的重要途径。

1950 年，由 Bullard、Revelle 和 Maxwell 设计的 Bullard 型热流计在太平洋成功地进行了首次海底热流测量。后来经过不断改进，Bullard 型热流计可以在进行地温梯度测量的同时，获取沉积物样品来测量热导率，继而出现了一系列改进的 Bullard 型热流计，功能更加丰富。Bullard 型热流计的结构设计为后来热流计的发展奠定了基础，此后出现的热流计多数都采用这种探针式结构。该仪器在实际工作中遇到的问题也为其后热流计的设计提供了宝贵经验和技术。Bullard 型热流计探针结构上主要包括探针和记录系统两部分（图 4-5），外形为细长的管状，长通常为 2 ~ 6m，直径 2 ~ 4cm 的不锈钢钢管，内部排列着固定间隔的几个至几十个热敏电阻，重量在 350 ~ 1000kg。探针上部连接电子密封舱，舱内有微控制器、测量单元、数据存储单元、电池等部件。这类设备均具有数据采集、量化、处理、存储乃至发送测量数据的功能。

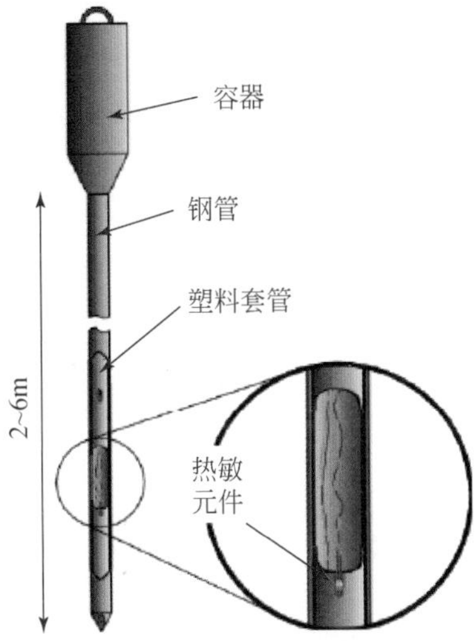

图 4-5　Bullard 型热流计探针结构示意图

拉蒙特地学观测中心（Lamont Geological Observatory）的 Ewing、Gerard 和 Lanseth 在 1957 年设计制作了 Ewing 型热流计（图 4-6），并在 1959 年成功应用于西大西洋热流测量。Ewing 型热流计探针用装有温度传感器（热敏元件）的小型探针取代 Bullard 型热流计探针的管状探针，并安装在配有重块的钢矛上或取样管外壁上，可以实现海底表层沉积物的原位地温测量。热导率通过室内测量采集的沉积物样品获得。探针的热响应时间与其尺寸大小有关，Ewing 型热流计探针的外径只有几毫米，比 Bullard 型热流计探针（约 2.7cm）小很多，直径的减小大大缩短了插入沉积物后达到温度平衡所需的时间。Ewing 型热流计探针在沉积物中测量时间只需约 10min，极大地提高了海底作业的安全性。2002 年，Pfender 和 Villinger 制作了自容式微型探针，克服连接小型探针和存储设备的水密电缆在探针作业时容易损坏的问题，目前广州海洋地质调查局和中国科学院南海海洋研究所也掌握了自容式微型探针的制作技术，装配有 Ewing 型热流计探针。

相比于 Bullard 型热流计，Ewing 型热流计最明显的改进是采用了取样器，在动力装置插入的同时获取沉积物样品。Ewing 型热流计克服了 Bullard 型热流计测量时间过长、船体漂移、海底取样等问题，但由于热导率测量效率极低，Ewing 型热流计仍然不能同时测量热导率和地温梯度。

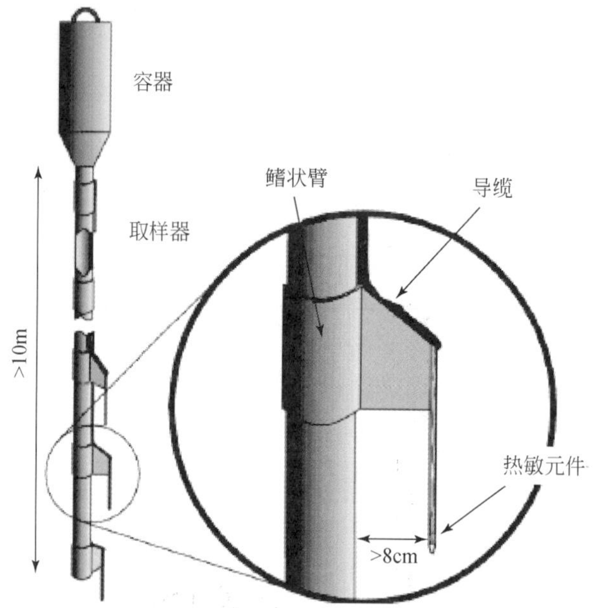

图 4-6　Ewing 型热流计探针结构示意图

1976 年，基于热导率原位测量技术，缩短热导率测量时间，同步测量热导率与地温梯度的 Lister 型热流计应运而生，并由“Endeavor”号调查船在加拿大西海岸进行调查时首次应用于海底热量测量，在随后的许多调查中，都使用了 Lister 型热流计，并对其结构进行了部分改进。海底热流原位测量技术的实现，对海底热流探测方法的改进意义重大。Lister 型热流计（图 4-7）是在 Bullard 型热流计基础上改进的，其探针呈细长的管状（直

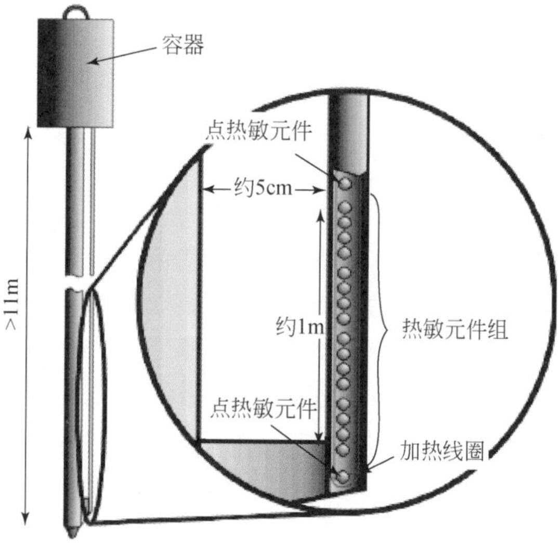

图 4-7　Lister 型热流计探针结构示意图

径约1cm)，内装有测温传感器。探针固定在一个直径为5~10cm的一头削尖的强力支架上，探针距离支架5cm以上（以避免受到实心柱体摩擦热的影响)，形状如小提琴的琴弓，所以又称为“琴弓”形探针。探针内部结构复杂，包括点热敏元件、热敏元件组、发热线圈。点热敏元件为3~4个，间距固定，其所测得的温度用于计算地温梯度；热敏元件组由9个或16个经串联、并联连接的热敏元件组成，位于点热敏元件之间，其测量的是两个点热敏元件之间的调和平均温度，用于热导率推导。细管中的发热线圈可以实现脉冲（20s左右的脉冲电流）加热。这样探针插入沉积物后可以获得完整的摩擦阶段（约10min）和脉冲阶段（约20min）的温度记录。摩擦阶段数据可以用来外推沉积物的平衡温度，而热脉冲阶段数据因为已知脉冲热量，可用来解算热导率。通过数据解算（Villinger and Davies，1987；Hartmann and Villinger，2002）可以获得原位地温梯度和原位热导率。

4.2.1 技术要求

4.2.1.1 测网布设

根据实际地质调查任务的需要，科学合理地布设剖面测量的测网。

1）对大区域的平均热流测量时，常以1°×1°或5°×5°为格网，均匀布设3~4个测点，每个测点网至少布设一个测点，并测量热导率。

2）精细测量热流时，以20n mile×20n mile划为一小区块，每个区块每间隔2~3n mile布设一条测线，每条测线上布设3~4个测点，每一个小区块内至少要布设两个沉积物柱状取样点，并测量热导率。

4.2.1.2 测线布设

根据实际地质调查任务的需要，科学合理地布设剖面测量的测线。

1）热流测量剖面应垂直于地质构造走向，并尽量与其他地球物理剖面相重合，剖面上测点间距一般为3~5km，地形平坦，沉积层厚度大的地区，测点间距可放宽到5~10km，地形复杂，沉积厚度变化大的地区，测点间距应加密到1~2km。

2）在剖面上，每隔30~50km取沉积物柱状样，测量热导率。

3）洋中脊、海沟、断裂带等特殊地区，应顺其地质构造走向布设热流剖面。

4.2.1.3 测点布设

布设热流测点要求如下。

1）在测点布设前，应收集工区相关地质、地球物理资料，先进行地震剖面调查，了解水深变化情况和海底沉积层厚度。

2）当布设测点的水深小于1000m时，应收集该海区的底层水温资料，若无历史资料，则应在热流测量工作之前连续观测底层水的温度变化，用于后期的数据处理。

3）测点应布设于沉积层物厚度较大、沉积物较松软的地区，方便探针的插入。

4）在沉积物厚度小于200m的区域或者基岩海底处不能布置热流测点。

4.2.2 仪器设备

测量海底热流的装置包括测地温梯度和热导率两部分，地温在海底直接测得，热导率可在海底测得，也可采集海底沉积物岩心样后在室内测得。

4.2.2.1 数字地温探针

数字地温探针有关要求如下。

（1）热敏元件

测温范围为-1～5℃；分辨率高于1×10^{-3}℃；电阻漂移值不超过5%。

（2）探针

要求为：①内装热敏元件的不锈钢探针承受压强大于100MPa，管壁应尽量薄，使在90s内与周围沉积物达到热平衡（最终温度的95%以上），外径不超过3mm；②安装探针的样管长度不小于5m，样管上探针数不小于5个，针与针距离为1m或1.5m；③地温测量与取样同步进行时，探针可安装在取样管外壁，取样管配重为300～600kg。

4.2.2.2 瞬时热导率探针

瞬时热导率探针有关要求如下：①探针内安装加热细金属丝及热敏元件；②加热丝电阻为50Ω，电热丝的电功率为0.5～1.0W。

4.2.2.3 声波遥测海底热流探针

声波遥测海底热流探针有关要求如下：①14个热敏元件和一根加热金属丝组成探针系统，安装在长大于5m的导管内，管壁应能承受大于5MPa的压强，热敏电阻的间距为0.35m；②探针插入沉积物7.5min后产生加热脉冲，加热脉冲电压调定为直流16V，加热金属丝电阻为0.465Ω/m，加热脉冲时间为15s，单位长度的电功率为500W/m；③探针系统总重量应大于340kg。

4.2.2.4 深度监视系统

配置声波脉冲发生器（pinger）用于监视测量仪器在水体中与海底之间的相对位置或离底深度：①声波脉冲发生器声波频率为12kHz；声脉冲重复率为1/s或2/s；②声波脉冲发生器安装在仪器装置上方30m处的钢缆上，并做好相应记录。

4.2.2.5 调查船设备要求

调查船设备要求如下：①船尾应装有可变螺距推进器，可以1～2km/s慢速航行；②船甲板绞车钢缆长度应为10km，末端负载应大于5t，绞车应能变速，最高下降速度应大于2.5m/s。

4.2.3 海上测量

4.2.3.1 定位要求

热流测量时，调查船停船定点作业，要求每 10 ~ 15min 测定一次船位。作业中，应使船位保持在测点上方，船移位半径不得超过测点水深的 10%。

4.2.3.2 海底地温测量

海底地温测量观测方法（图 4-8）如下。

1）检查电池电量，确保温度测量探针能正常工作；根据已知或估算的底层水温调整好“零”电阻值及参考电阻值，确保实测的地温在测程范围内。

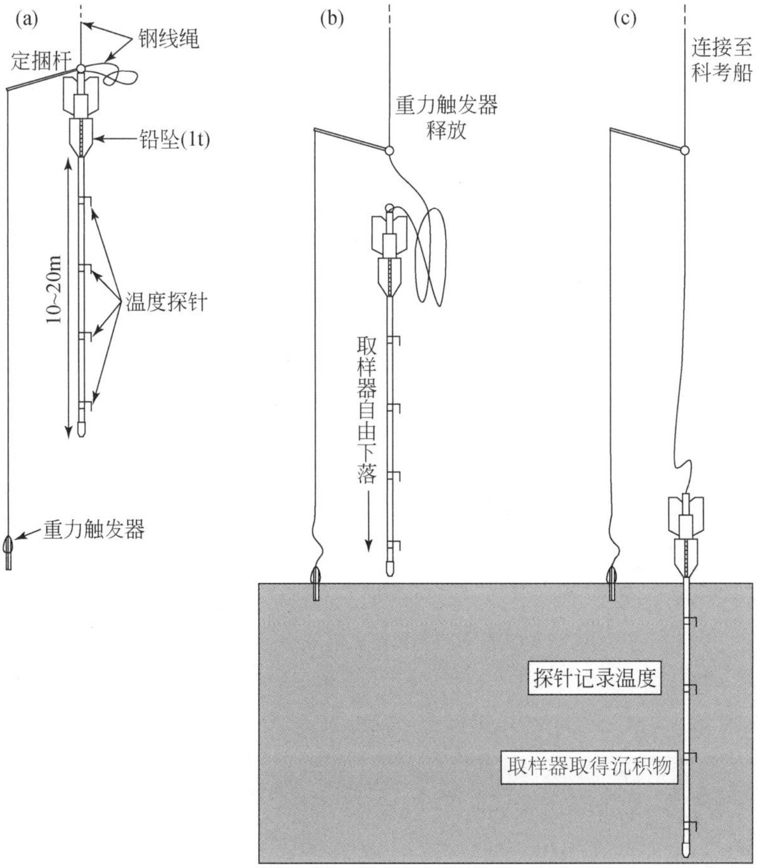

图 4-8　海底热流测量和采集海底沉积物方法

（a）设备向海底下放；（b）当重力触发器接触到海底时，设备自由下落；（c）设备插入海底，探针测量温度，采样器采集海底沉积物

2）调整所有温度测量探针时钟，与 GPS 接收机的授时系统同步，调整测量参数，记录开始时间、记录时间长度（或记录结束时间）、采样持续时间。

3）探测装置入水后，操作绞车按正常转速下放设备，至离海底 100m 左右时将设备停留不少于 3min，测量海水底层水温值，然后迅速施放钢缆，使装置的铁管插入海底沉积物内，待探针与周围沉积物温度达到热平衡后，测一组地温数据。

4）地温观测时，探针应无扰动地插入沉积物内。

5）探针入海后，视海流和海况，观测钢缆张力和缆长的变化情况，缓慢地多施钢缆 30～50m。

6）海底现场地温测量的同时，进行沉积物柱状取样，沉积物柱状取样管收回船上后，应立即卸出柱状心样放置船上实验室。

数字地温系统在沉积物中的采样速率≥2s/次，共采集海水底层温度、沉积物温度（5 个）及探管倾斜 7 个数据。数据记录在仪器内部的非易失性存储器上或记录在磁带上，同时以声脉冲发射到船上。

地温梯度测量时，应进行监视记录及其他仪器记录数据的登录，使用电子文档记录班报：①每个站位记录一次班报，班报填写应准确、不得涂改，每个站位需打印并有当班操作人员签名；②当出现仪器发生故障、船只干扰和热流计探针没有插入到海底横卧在海床上等特殊情况时，应及时采取措施，并记录班报；③热流测量的组长对班报记录进行检查并签名，调查船技术负责对每个作业周期的班报记录进行全面检查并签名。

4.2.3.3 海底热导率测量

热导率的测量可以在实验室中利用热导率仪测量（实验室条件下获得的热导率需要进行温压校正），也可以利用具有热脉冲功能的 Lister 型或改良的 Ewing 型热流计探针进行原位测量。

热导率测量法分为间接测量法和直接测量法。间接测量法，如含水量测量法，依据的是热导率与样品含水量之间的经验关系。由于沉积物成分的差异，不同地区所适用的经验关系也不同。海洋表层沉积物通常都未固结，针状探头比较容易插入，故在实验室一般采用探针法测量海底沉积物的热导率。目前使用比较广泛的探针法为单针法。

1959 年，Von Herzen 和 Maxwell 发明了一种被广泛使用的技术，在岩心回收到甲板上后，利用温度传感探针立刻对岩心进行热导率测量。探针内部安装有温度传感器（热敏电阻）和加热线圈（一圈连接低压电源的电线）。温度传感器位于探针中部，用于测量所处位置的温度变化。为了应用无限长线热源衰减理论公式求解，该方法要求探针长度与半径比值（L/a）足够大，通常情况下，L 为 70～100mm，a 为 1mm。

与 Lister 型热流计探针采用脉冲加热测量原位热导率方法不同，实验室热导率测量一般采用恒定功率持续加热技术。测量时，将探针插入岩心内部，当热量以恒定的速率在电线中传输时就可记录其温度值。这种连续供热的测量方法被称单针法，也叫持续供热线源法（continued-powered source line method），属于非稳态法，其受岩心物质的干扰很小。

(1) 室内热导率测量方法

1) 从海底取得的沉积物柱状岩心应无扰动地放置在恒温实验室内，并保持沉积物内的水分，测量热导率前，应使沉积物岩心的内部温度达到一致，允许误差为±1℃。

2) 将探针插入岩心内，当电热丝通电加热后，测量周围沉积物的温度变化，求出热导率，其关系式为

$$K_0 = \frac{P}{4\pi\Delta T}\ln\frac{t_2}{t_1} \tag{4-1}$$

式中，K_0为热导率，单位为 W/(m·℃)；P 为单位长度的电功率，单位为 W/m；$\Delta T = T_2 - T_1$，T_1和 T_2分别为 t_1和 t_2时刻的瞬间温度，单位为℃。

3) 沿岩心变更测位，得到多个热导率数据，最后用最小二乘法求出合适的平均热导率。

(2) 海底原位测量热导率方法

1) 探针装置插入海底沉积物中后，仪器按程序工作，前 7.5min 测量海底地温梯度，后 15min 测量沉积物热导率。

2) 测地温梯度的采样时间间隔为 15s，每次采样时间为 15s，在 15s 内共采集时间码、参考数和 14 个热敏电阻值等 16 个数据，7.5min 之后，采集沉积物热导率数据，所有数据均记录在磁带上，并以声脉冲发射到船上。

3) 探针与周围沉积物达到热平衡时所测得的数据较可靠，应选择后几组采样数据（最后三组或五组）估算地温梯度。

4) 测得地温梯度数据后，以脉冲电流加热金属丝，产生热脉冲，其能量传入沉积层，观测热脉冲的衰变，以测定沉积物热导率。

热导率与各时刻海底沉积物温度的关系为

$$K = \frac{Q}{4\pi T_0 t} \tag{4-2}$$

式中，K 为沉积物热导率 [W/(m·℃)]；Q 为热脉冲在单位长度放出的总能量 (J/m)；T_0为观测时刻 t 的沉积物温度 (℃)；t 为观测时刻 (s)。

同一测点的热导率应重复测量三次。

4.2.4 资料整理

通过计算机读出原始记录数据，储存在具有文件号的数据磁介质上。对读出的数据进行编辑，剔除受到明显干扰的数据，同时在对数据统计处理时，把那些与平均值偏差大于标准差 1.5 倍的数据舍掉。根据任务要求，采用不同的处理方法。简单的处理方法，只算出地温梯度，热导率和热流密度；较复杂的处理方法，要考虑探针结构的非理想性，以及探针插底时，引起原地温场的扰动对测量数据的影响，还要考虑探针插入沉积物并非瞬时完成等因素的影响。

数据处理的结果，一般包括沉积物温度与深度的关系、热导率与深度的关系、温度与

Bullard 深度的关系、区间地温梯度与深度的关系、热阻与深度的关系、区间热流密度与深度的关系、各测点的平均热流密度等。

4.2.4.1 数据处理

（1）平均地温梯度计算

用数字地温探测进行海底地温观测时，应尽快估算出平均地温梯度，用最小二乘法求得曲线的平均斜率，即平均地温梯度。

（2）热导率校正

实验室测量条件与海底温压条件显然不同，因此应对室内所得结果进行温差和压差校正。温差校正值计算公式为

$$\Delta K_t = \frac{T_0 - T}{400} \tag{4-3}$$

式中，ΔK_t为热导率的温差校正值［W/(m·℃)］；T_0和 T 为热导率的室内和海底现场测得的温度（℃）。

压差校正值计算公式为

$$\Delta K_P = \frac{D}{183\ 000} \tag{4-4}$$

式中，ΔK_P为压差校正值［W/(m·℃)］；D 为测点水深（m）。

经温差校正和压差校正后，热导率 K 的计算式为

$$K = (1 - \Delta K_t + \Delta K_P) \cdot K_0 \tag{4-5}$$

式中，K_0为室内测得的热导率［W/(m·℃)］；ΔK_t、ΔK_P取绝对值。

（3）平均热流密度计算

平均热流密度计算公式为

$$q = - K \nabla T \tag{4-6}$$

式中，q 为热流值［mW/m^2］；K 为平均热导率［W/(m·℃)］；∇T 为平均地温梯度（℃/m）；负号表示方向向上。

4.2.4.2 热流测量数据的质量评价

热流测量数据的质量评价方法如下。

1）探针全部插入沉积物，未受到任何扰动，测得地温梯度有两组或两组以上是相同的，热导率测量准确度也高，可认定该热流密度完全可信，定为Ⅰ级。

2）探针全部（或部分）插入沉积物，几组地温梯度比较相近；热导率测量准确度较高，可认定该热流密度比较可信，定为Ⅱ级。

3）只有一个探针插入沉积物内，估算地温梯度与预想值比较接近，有热导率资料，该热流密度可用，但可信度较差，定为Ⅲ级。

4）不能使用的热流密度定为Ⅳ级。

5）海底地形起伏大，沉积盖层极薄区，测得的热流密度常不准确，可信度低，应降

低其等级，或将其报废。

4.2.4.3 基础图件

（1）温度-深度图绘制方法

1）以海底为零点，纵坐标轴零点上方表示水深，下方表示探针插入的深度，横坐标表示水温或沉积物温度。

2）水温和水深表示在图的上方，沉积物温度与探针插入深度表示在图的下方。

3）若测量的同时采取了沉积物柱状样，则应作柱状岩心图，表示在图的右下角。

（2）热导率-深度图绘制方法

热导率为横坐标，深度为纵坐标，把所测得的热导率值标绘在图上，用最小二乘法求取平均热导率值。

（3）热流剖面图绘制方法

1）纵坐标代表热流密度，横坐标代表距离，绘制热流剖面图。

2）剖面右侧代表东或南，左侧代表西或北。

3）图中应附水深及地震剖面或其他综合地球物理剖面资料。

4）图中应有图名、比例尺、图例和必要的说明。

（4）热流平面分布图绘制方法

1）对大面积热流测量时，将热流密度标于一定比例尺图上，或以点表示，或以等值线表示热流的分布。

2）图中应有图名、比例尺、图例和必要的说明。

4.2.5 地质解释

4.2.5.1 解释基础

解释前的准备工作要求如下。

1）收集测区及邻区的地质资料，着重收集地形、沉积厚度、断裂与岩浆活动及地壳结构等方面的资料。

2）收集测区及邻区的物性资料，如热导率、密度及磁化率等。

3）收集测区及邻区的钻井温度资料。

4）收集测区及邻区的重力、磁力及地震资料。

4.2.5.2 定性解释

将测区不同地质构造单元上的平均热流密度按下列标准划分出各类热流区。

1）热流密度大于 $120mW/m^2$ 为特高热流密度区。

2）热流密度大于 $90mW/m^2$ 小于 $120mW/m^2$ 为高热流密度区。

3）热流密度大于 $70mW/m^2$ 小于 $90mW/m^2$ 为较高热流密度区。

4）热流密度大于55mW/m^{2}小于70mW/m^{2}为正常热流密度区。

5）热流密度大于40mW/m^{2}小于55mW/m^{2}为较低热流密度区。

6）热流密度小于40mW/m^{2}为低热流密度区。

热流异常定性解释的基本原则：解释引起热流异常的地质因素，探求高热流异常的热源机制和低热流异常的可能原因。特别注意岩浆活动、断裂活动及局部水循环作用引起的热流异常。提出合适的热流异常关系（热流-年龄关系或冷却板块关系和瞬时伸长关系）。

4.2.5.3 定量解释

（1）误差因素

海底热流误差来源主要有两类，一类来自测量本身；另一类来自沉积剥蚀作用、孔隙流体、流体循环活动、基底和海底起伏及海底水温的周期性变化等环境因素的影响。随着测量设备、测量技术和数据解算技术的不断完善，海底热流测量本身可以达到较高的精度。但是海底地热探针仅插入海底表层几米深度，测量结果容易受到环境因素的影响。有些环境因素虽然影响测量结果的可信度，但是可以通过地热测量来反映这些环境的特征，如海底流体活动的识别等。下面主要讨论基底、海底起伏、沉积作用和海底温度周期变化的影响。

地形的变化会干扰等温线的分布，干扰大小取决于地形隆起的幅度。在海底起伏较大，且测温深度在地形起伏高程差的范围时，就需要进行热流地形校正。地形起伏对热流分布的影响有两个方面，一是地形凸起处的总热阻大于地形低洼处的总热阻；二是地表温度随高程的变化率小于地温变化率，从而促使热流由地形凸起处向地形低洼处相对集中（图4-9）。

实测热流值的校正可采用数值模拟的方法，考虑到沿水平方向的散热，地形起伏会导致局部地区垂直热流值改变。因此，在沉降区垂直热流值要高于平均背景，在隆起区垂直热流值要低于平均背景。如果平坦海底之下的沉积物覆盖在不规则且热导率较高的基底上，那么由于热流首先通过高的热传导率介质，在海底之下基底最浅处热流值是最大的。沿剖面的海底热流值可以由二维热传导方程求得。如果 T 和 k 分别是剖面上 x 点和 z 点的温度和热导率，则

$$\frac{\partial k}{\partial x}\cdot\frac{\partial T}{\partial x}+\frac{\partial k}{\partial z}\cdot\frac{\partial T}{\partial z}+k\left(\frac{\partial^2 T}{\partial x^2}+\frac{\partial^2 T}{\partial z^2}\right)=0 \tag{4-7}$$

沉积物热披覆效应是指较冷的低热导率物质持续地以较快速率堆积在高热导率地层或者基底上，导致其地温梯度和热流值降低。相反，剥蚀作用将使地层地温梯度和热流值增大。如果盆地没有接受沉积，早期张裂阶段，基底热流随拉张程度增强而增大，而随后的热沉降阶段，基底热流逐渐降低。如果盆地接受沉积，沉积物的热披覆效应导致基底热流明显低于没有接受沉积时的基底热流，而且沉积速率越大，基底热流降低越明显。沉积作用的热披覆程度不仅与沉积速率、沉积持续时间密切相关，而且与沉积物热参数及沉积物压实参数、孔隙流体活动等有关。为了消除沉积物热披覆作用对海底热流测量结果的影响，前人通过建立数值模拟来校正海底热流，以期获得未受沉积物热披覆作用影响的、反

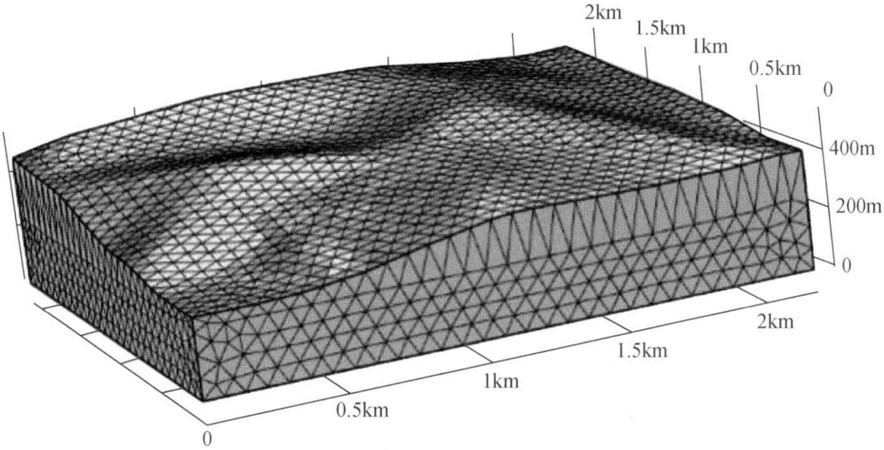

(a)

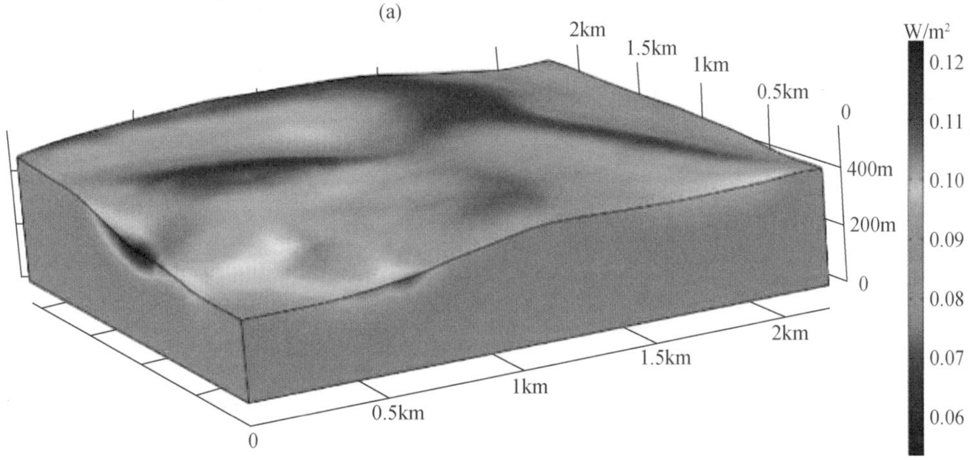

(b)

图 4-9　地形对热流的影响

（a）参照实际地形网格化后的数值模型；（b）当模型设定热流（80mW/m²）为底部边界条件时的计算结果

资料来源：Dong 等（2019）

映实际热状态的热流。

Hutchison（1985）热流校正方法是应用最广泛的方法，他的模型是半无限空间，由具有一定孔隙度的上覆沉积层和下伏无孔隙的基底构成。该模型为考虑沉积作用、压实作用及压实过程中孔隙水运动的一维模型。实际应用时，需要提供实际区域的沉积分层与年龄结构，计算可以获得模型上表面与模型底边界热流的比值，代入实测海底热流，可以获得相应的未受扰动的热流，即校正后的热流。沉积物热披覆作用与沉积速率大小和沉积持续时间长短有关（Hutchison，1985）。较长的沉积时间、较小的沉积速率引起的海底热流变化量与较短沉积时间和较大的沉积速率相当。在远离大陆的深海洋盆区，沉积速率一般低于 100m/Ma，沉积物热披覆作用可以忽略。而靠近大陆的陆架陆坡区，沉积速率往往较高，需要考虑其沉积物热披覆作用。

利用常规地热探针测量海底热流时，一般要求海底水温保持稳定。前人观测发现，水深小于1200m海底水温度往往存在较大的周期性波动，这导致海底表层沉积物温度也受到周期性影响，使得同一站位不同时间测量的地温梯度出现明显变化，无法真正反映该站位的热状态，因此利用常规的海底地热探针（Ewing 型和 Lister 型探针）在海底水温度波动较大的海域很难获取可靠的海底热流。

周期性的海底水温度变化对海底表层温度分布的影响可以利用长期观测数据进行消除。海底水温度变化可以分解为不同周期的傅里叶级数系列

$$T(0,\ t) = T_0 + \sum_i A_i \cos\left(\frac{2\pi t}{P_i} - \phi_i\right) \tag{4-8}$$

式中，T_0 为平均温度；P_i、A_i、ϕ_i 分别为第 i 项的周期、振幅和相位。假定沉积物均一，来自深部的热通量是常数。通过求解一维热扩散方程，受底温变化影响的沉积物温度分布为

$$T(z,\ t) = T_0 + Gz + \sum_i A_i \exp\left(-\sqrt{\frac{\pi}{\kappa P_i}}z\right)\cos\left(\frac{2\pi t}{P_i} - \phi_i - \sqrt{\frac{\pi}{\kappa P_i}}z\right) \tag{4-9}$$

式中，G 为没有受扰动的地温梯度；κ 为沉积物的热扩散系数；z 表示深度。式（4-9）表示底温变化幅度以指数衰减，相位延迟与深度正相关，两者又与周期有关。周期越大，衰减速率越低，相位延迟也越小。求解时，一般利用插入沉积物最上方的热传感器记录到的温度作为海底水温度变化，提取海底水温度变化的周期性参数，随后拟合各深度传感器记录到的温度变化曲线，获得校正后的各深度点的温度变化曲线，进而计算其平均地温梯度。

（2）热传导方程

假设体积 V 内有一个均匀的各向同性的热源 A，S 为包围体积的表面，则单位时间从表面 S 流出的总热量为

$$Q = \oint_S q_n \mathrm{d}S \tag{4-10}$$

式中，q_n 为热流密度 $\boldsymbol{q}$ 在 $\mathrm{d}S$ 法向上的分量，由能量守恒可得到

$$\frac{\partial T}{\partial t} = \frac{k}{\rho c}\nabla^2 T + \frac{A}{\rho c} \tag{4-11}$$

式（4-11）即热传导方程。式中，ρ 为密度；c 为比热；A 为生热率；k 为热导率。

热传导方程给出了温度随时间的变化和温度随空间分布的关系。假定初始条件 $t=0$ 时的温度已知，由热传导方程可以求得不同时间、不同地点的温度。

但是地球内部的生热率分布 A 和热导率 k 不能确切知道，而且热导率 k 不仅是深度函数，还和温度、压力有关，因此直接求解热传导方程有许多困难。但在一些简化条件下，利用热传导方程能定量解释一些问题。

1）如果温度不随时间变化，则有

$$k\nabla^2 T + A = 0 \tag{4-12}$$

如果温度 T 只随深度变化，若给出边界条件，如地表温度为 T_0，地表的热流密度为 q_0，A 为生热率，k 为热导率，则

$$T(z) = T_0 + \frac{q_0}{k}z - \frac{1}{2}\frac{A}{k}z^2 \tag{4-13}$$

2）如果温度随时间变化，则有

$$\frac{\partial T}{\partial t} = \kappa \frac{\partial^2 T}{\partial z^2},\ k = \frac{k}{\rho \cdot c} \tag{4-14}$$

式（4-14）就是冷却时的方程，它描述了在均匀固体半空间约束下，海底冷却过程中的温度变化，给定边界条件，其解为

$$T = T_0 \mathrm{erf}\left(\frac{z}{2\sqrt{\kappa t}}\right) \tag{4-15}$$

式中，$\mathrm{erf}\left(\frac{z}{2\sqrt{\kappa t}}\right)$为误差方程。

4.3 海洋重力测量

重力测量是地球物理调查的主要方法之一，由于地球内部结构及物质密度不同引起重力场变化，据此可研究地质构造和进行资源勘察。海洋重力测量是在陆地重力测量基础上发展起来的，因此陆地重力测量的许多手段和方法可以在海洋重力测量中得到应用。在现有的技术条件下，获取海洋重力场数据的手段也多种多样，主要包括海面（船载）重力测量、海底重力测量、海洋航空重力测量、卫星测高重力测量等。

本节以海面（船载）重力测量方式为主，介绍海洋重力测量的技术指标、仪器设备、海上测量的要求、资料整理以及地质解释。

4.3.1 技术要求

4.3.1.1 技术设计

海洋重力测量任务下达后，首先应做好相关资料的收集工作，及时了解和掌握测区的海洋地理环境。

（1）资料收集

1）测区内最新版的各种海图和航海资料。

2）测区及邻区已有的地质、地球物理、岩石物性等资料。

3）相关重力基点资料，包括岸上基点和海上基点资料。

4）与任务相关的地质构造、矿产与环境资料。

（2）技术设计

在资料调研基础上，根据任务要求进行海洋重力测量技术设计工作，形成技术设计书。其主要内容包括以下部分。

1）海洋重力仪检验的项目和要求，静态和动态试验的时间和地点。

2）测量船停靠码头对比重力基点的时间和要求。

3）调查比例尺、测网布设、调查工作量。

4）导航定位和水深测量的方法和要求。

5）海上重力测量资料的初步整理要求。

6）作业参数和技术要求，明确作业规定和特殊技术要求。

7）预期成果和上交资料内容。

8）制定船只、人员、物力的安排计划。明确人员组成、职责，分工与协作。

4.3.1.2 测区布设

海洋重力测线的布设密度和测图比例尺，要根据任务和条件来确定，主要考虑满足计算平均空间重力异常的精度要求，同时满足某些海域计算垂线偏差的精度要求。

（1）测网

1）在区域海洋重力调查中，基本比例尺有 1∶1000 000、1∶5000 000、1∶250 000、1∶100 000和 1∶50 000 等 5 种，前两种主要用于重力调查空白区，用以研究区域构造和地壳深部构造；后三种主要用于油气普查或经区域调查确定的成矿远景区。

2）走航式海洋重力测量是一种连续观测，在测线上可以获得较高采集密度的重力异常值。海洋重力测量的布设密度一般是指测线与测线之间的距离。关于测网的形状，为了获得地质构造的范围和形状，海洋重力测网以矩形为佳。这种测线网以主测线为主，主测线之间的间距较小，且主测线要与地质主构造方向或已知的重力异常走向相垂直，必要时可在同一测区内布置不同方向的测线。联络测线主要起到检查精度的作用，一般联络测线间距较大。

（2）测线

1）应根据不同的任务，进行测线布设。

2）分阶段实施作业，测网、测线应统一布设，包括主测线和联络测线的编号。

3）测线网的主、副测线一般布设成正交形，近海主测线应尽量垂直于区域地质主要构造线或海底地形走向线的方向，远洋区主测线如无特殊地质构造情况，可按南北向布设或与等深线垂直方向布设。

4）对测区中的群岛及大的岛屿四周水域，适当布设成放射状网。

5）相邻测区、前后航次、不同类型仪器、不同作业单位之间的结合都要有检查测线或重复测线。

6）在海底构造复杂或地形起伏较大其重力异常梯度大于 $3\times10^{-8}/s^2$ 的海区，要适当加密测线，加密的程度以能完善地反映重力异常变化为原则。

7）图幅衔接应重叠一定宽度，以便对比、拼接。

8）测线布设应参考最新版本海图，注意避让岛礁等障碍物。

4.3.1.3 基点布设

重力基点的作用有控制海洋重力仪零点漂移、控制测点的观测误差积累和传递绝对重力值等。基点可分为岸上基点、海上基点和其他基点三种。

(1) 岸上基点

建立在沿岸港口或岛屿的固定深水码头上，并设立有牢固的标志，均采用高精度陆上重力仪与国家等级重力点联测，联测误差限差为$\pm 0.3\times 10^{-5}m/s^2$。

(2) 海上基点

一般设在水域开阔、海底地形平坦、砂或泥底质的海区，基点用重复观测法联测，并采用高精度仪器或多台仪器同时作业测定。

(3) 其他基点

远洋区域无法建立基点时，应收集和采用其他国家在大洋中已建立的较高精度的重力点作为基点。

4.3.2 仪器设备

4.3.2.1 海洋重力仪的一般要求

(1) 仪器档案

每台重力仪必须设立专门仪器档案，详细记载仪器的附件、备件、使用情况，检修情况，定期测定的各种常数、系数，交接情况及技术鉴定等，并随仪器转交。

(2) 仪器搬运

重力仪是精密贵重仪器，因此搬运时要细心谨慎，严防震动、碰撞、颠倒，长途运输时必须装在原配的仪器箱或安全可靠的箱子内，并有专人护送。

(3) 仪器使用

使用人员必须熟悉仪器说明书中的各项要求，严格按说明书中有关要求进行操作和维修，不能任意拆卸。

4.3.2.2 海洋重力仪的安装与调试

(1) 仪器安装

1) 仪器应尽可能安装于测量船的稳定中心部位，即船的横摇、纵摇而引起水平加速度最小的舱室，同时受船的机械震动影响也要小。

2) 仪器的纵轴沿船的纵轴（首尾连线）方向，面板和平台调节装置面向船尾。

3) 稳定平台要固定，与船体连成一体，采取合理的减震措施。其他仪柜都应安装稳固，注意布局，以便于观察、操作检修，并易于散热。

4) 仪器室应有空调设备，以便防潮与保温。作业阶段，室温一般保持在（20±2)℃，每小时变化小于 2℃。

5) 陀螺和陀螺平台的电源转换器，不宜和重力仪安装在同一房间，防止其噪声和散热对重力仪的影响。电源转换器的启动开关必须安装在重力仪房间的墙上，以便于操作。

6) 调整重力仪在平台上的位置，使作用在平台上的力矩最小。在陀螺平台和重力传感器上的所有电缆必须处于自然状态，以免对平台形成力矩。调平平台上的水准器。

（2）仪器试验

1）静态观测试验。包括仪器开机的重复性试验；仪器静态零点漂移观测，要求每年度出海测量前连续观测 7 天以上，测量后连续观测 3 天以上，确定仪器零点漂移的线性度。

2）动态观测试验。测量前检查仪器在动态时零点漂移的线性度。

3）仪器调试要严格按照操作规程进行。

4.3.2.3 海洋重力仪常数的测定与校准

（1）常数测定

1）仪器上测量弹簧常数（格值）的测定，一般采用体倾斜法在室内进行，每年工作前后各测定一次，相对误差应小于 0.3%。仪器上测量弹簧常数还应采取已知点法（标准点法）测定，一般每 5 年测定一次，相对误差应小于 0.1%；测定常数时采用的两个已知点之间的重力差值，应不小于 $80\times10^{-5}m/s^2$。

2）水准器倾斜灵敏度的检验，在室内专用的倾斜平板上进行，要求每年工作前进行一次，误差要小于水准器的 1/5 格。

3）时间常数的测定，用阶跃变化和模拟线性重力变化法。在室内或船上进行，每年测定一次，误差要小于 10s。

4）锁制零点误差的测定，在室内或船上进行，最少每月测定一次，并详细记录，作为长期考察仪器的依据之一。

5）重力仪温度系数，每年室内测定一次，误差要小于 $0.5\times10^{-5}m/(s^2\cdot℃)$。

（2）校准

1）重力仪的线性化试验，在正弦升降机上进行，每变换一次光电灯泡时必须校准一次，当干扰加速度为 $100\times10^{-2}m/s^2$，周期为 6～10s 时，非线性（偏离值）应小于 $0.5\times10^{-5}m/s^2$。

2）重力仪与陀螺平台的联合试验，重力仪出厂前，在摇摆台上进行，最大偏差不应大于 $1.5\times10^{-5}m/s^2$。

4.3.3 海上测量

4.3.3.1 航行要求

航海要求如下。

1）重力测量时，要求调查船保持匀速直线航行，一条测线或测线段，航速误差在东西方向上不得大于±0.2kn，航向偏离在南北方向上不得大于±1°。

2）调查船偏离测线时要及时缓慢修正，修正速率最大不得超过 0.5°/s。

3）到达每条测线的第一测点前 20min 对准设计测线方向，测完每条测线最末一点

5min 后方可转向。

4）进行面积测量时，航线偏离计划测线不得大于 1/5 测线间距，大于 1 ∶ 50 万比例尺重力测量，船速不得大于 15kn。

5）调查船转向或变速时，航海部门应提前通知测量值班人员。

4.3.3.2 仪器检查与管理

（1）日检查内容

主要包括：①中心报警系统；②电源系统；③恒温器功能；④数字、模拟记录的一致性；⑤平台功能；⑥平台管状水准器的调平功能；⑦上测量轴位置；⑧重力仪时间标准与其他测量方法时间标准的一致性。

（2）特殊情况处理

1）发生明显碰撞平台或重力仪时，应返回刚测过的点或附近基点进行检查，确认仪器正常后才能继续测量。

2）测量过程中，发现重力仪测程调节旋钮和本体恒温选择旋钮位置变动，又查不清变化时间时，该航次测量结果作废，立即返回基点调整。

3）遇下列情况之一者，立即终止测量工作：断电，避碰，平台纵、横摇摆角超过 20°，仪器故障。

4.3.3.3 海上测量与现场资料质量控制

（1）测量前的准备工作

1）测量工作开始前，仪器应恒温 72h 以上，测量前 1h 开动陀螺平台系统。

2）调查船起航前应取得重力基点的有关数据：基点高程和绝对重力值，仪器稳定后（不少于 30min）的读数、水深、仪器距当时水面的高差及水面距基点的高差，仪器距码头基点的水平距离和方位，并绘略图。

3）根据测区重力值变化范围，调整重力测程。

（2）测量值班要求

1）海洋重力测量记录时间标准，一般采用北京标准时间，也可采用格林尼治时间，但一个测区时间标准必须统一，不得混乱。

2）值班员按操作规程（或仪器说明书）操作，详细填写值班报，内容包括测区、测线、方位、航速、航向、仪器状况、操作处置等。

（3）现场资料质量监控要求

1）海上测量中，技术负责人应经常检查测量资料的质量情况。

2）现场资料的质量监控内容包括各项记录面貌、仪器工作状态、是否突然掉格、分析引起重力异常及大梯度变化原因，估算测量交点的差值等。

3）发现问题，应及时提出重测或补测建议。

4.3.3.4 岩石密度测量

岩石密度测量方法如下：①在测区海底或附近陆地采集不同时代、不同岩类的岩石测量密度；②可收集测区及附近地区的岩石密度资料，作实测的补充或替代；③按地质时代排列并作地层、岩石密度柱状图，划分出密度界面。

4.3.4 资料整理

4.3.4.1 原始记录资料验收

原始记录资料验收的合格标准：①测线布设合理，能反映测区重力形态，测量准确度达到规定要求；②仪器工作状态正常，试验数据齐全，符合要求；③原始记录齐全、清楚，出现问题处理及时，并有文字说明；④一条测线上连续记录小于测线长的5%，累计缺失小于测线长的10%，不合格测线小于测线总数的5%。

凡达不到合格要求的测线与记录为不合格。

4.3.4.2 海洋重力测量数据预处理

海洋重力测量数据预处理主要包括重力基点比对、重力仪滞后效应校正、潮汐校正、重力仪零点漂移改正和测量船吃水改正等。

（1）重力基点比对

为了控制和计算重力仪器的零点漂移及测点观测误差的积累，同时将测点的相对重力值传递为绝对重力值，海洋重力测量要求在每一次作业开始前和结束后，都必须将海洋重力仪（即测量船）置于重力基准点附近进行测量比对。为此，要求重力基准点均需要与2000国家重力基本网进行联测，联测精度要求不低于$\pm 0.3\times10^{-5}\mathrm{m/s^2}$。

《海洋重力测量规范》规定，在近海区域测量，一般每7天比对一次重力基点；在远海区域测量，可一个航次（1个月左右）结束时比对一次重力基点。两次重力值比对互差，近海区要求小于$3\times10^{-5}\mathrm{m/s^2}$，远海区要求小于$5\times10^{-5}\mathrm{m/s^2}$。

（2）重力仪滞后效应校正

海洋重力仪记录的滞后现象，即在某一个瞬间所读得或记录的重力观测值，并不是当时测量船所在位置的重力值，而是在滞后时间前的那一瞬间的重力仪感应值。因此，在处理重力外业资料时，需要加以改正消除这一滞后影响，即滞后效应改正。不同重力仪在出厂时都有其特定的滞后时间，因此为了标定这一滞后时间，在使用仪器进行作业前，必须先在实验室内进行重复测试，然后取其平均值作为该仪器滞后时间常数，并登记在仪器观测记录簿上，以备对观测资料进行校正时使用。

（3）潮汐校正

在月亮和太阳作用下，海水每天两次的周期性涨落称为潮汐。潮汐现象非常明显，极易察觉。19世纪末，达尔文分析了当时积累的潮汐观测资料，发现接近平衡潮的月亮半月潮，实际潮高比把地球看成刚体时的理论潮小1/3。为了解释这种现象，只能认为地球的固体表面也发生与海水类似的周期性涨落，其涨落幅度约为海水涨落幅度的1/3。后来，把地球整体在月亮和太阳作用下的变形称为固体潮。

固体潮会引起地球重力场的变化，称为重力固体潮。假设在外力作用下地球不发生形变，这样的地球模型称为刚体地球。固体潮在刚体地球表面上引起的重力变化称为重力固体潮的理论值。由于月亮离地球的距离要比太阳离地球的距离小很多，固体潮效应大部分来自月亮。

但是理论的潮汐值与实际的潮汐值存在偏差，一般要利用潮汐比例因子对理论潮汐值进行换算，潮汐比例因子就是某个地区重力固体潮值与理论潮汐值的比值，其值大于 1. 2。潮汐校正一般直接利用软件进行。

潮汐校正是预处理中最先进行的，进行重复测量时，测点重力值的变化主要由两方面因素造成，一是潮汐变化，二是仪器性能的变化，若没有进行潮汐校正，先进行漂移校正，那么将无法区分测点读数变化究竟是潮汐引起的，还是仪器漂移引起的。

（4）重力仪零点漂移改正

海洋重力仪灵敏系统的主要部件，如主测量弹簧的老化及其他部件的逐渐衰弱引起重力仪真实读数的零位不断地改变，这种现象称为仪器零点漂移，又称仪器掉格。在海上进行作业时，我们不可能使每条重力测线都能在短时间内复位到重力控制网点或国家重力基准点上进行比对，因此要求海洋重力仪的零点漂移率不能太大，其变化率最好呈线性的低值变化规律。

可以说，几乎所有的重力仪都存在零点漂移问题，这是重力仪固有的一大缺点。但是只要其变化幅度不大，且有一定的规律性，那么就可对读数或记录进行零点漂移校正。关于零点漂移校正计算，通常采用两种计算方法，即图解法和解析法。考虑到图解法既费时又不便实现数据自动化处理，目前已经很少使用，本书仅介绍解析法。

假设某船某航次海洋重力测量开始和结束时分别在基点 A 和 B 上进行了比对观测。已知基点 A 的绝对重力值为 g_A，B 点的绝对重力值为 g_B，两基点的绝对重力仪值之差为$\Delta g = g_B - g_A$。重力仪在基点 A 和 B 上比对读数为 g_A'和 g_B'，其差值为 $\Delta g' = g_B' - g_A'$，比对的相应时间分别为 t_A和 t_B，其时间差为 $\Delta t = t_B - t_A$。则此次测量的零点漂移变化率为

$$k = \frac{\Delta g - \Delta g'}{\Delta t} \tag{4-16}$$

设，各重力测点上的观测时间与比对基点 A 的时间差为 Δt_i（$i = 1, 2, \cdots, n$），则各种测点的零点漂移校正值为 $k\Delta t_i$，各测点的重力值则为

$$g_i = g_i' + k\Delta t_i \tag{4-17}$$

式中，g_i'为重力仪在第 i 个测点的重力读数值（mGal）。

若测量开始和结束都闭合于同一个基点 A，则有 $g_A = g_B$，零点漂移速率可简化为

$$k = -\frac{g'_{A_2} - g'_{A_1}}{t_{A_2} - t_{A_1}} \tag{4-18}$$

（5）测量船吃水改正

测量船吃水改正的计算公式为

$$\Delta g_c = 0.3086(h_{c_2} - h_{c_1})\frac{t - t_1}{t_2 - t_1} \tag{4-19}$$

式中，Δg_c为测点吃水改正值（$10^{-5}\mathrm{m/s^2}$）；h_{c_2}和h_{c_1}为出测前和收测后船左、右舷甲板面（重力仪安装位置附近）到水面的高度的平均值（m）；t_1、t_2分别为出测前、收测后基点对比时间（h）。

4.3.4.3 资料计算与校正

（1）正常场计算

实际地球的形状比较复杂，不能直接计算地表上某点的重力，为此引入一个与大地水准面形状十分接近的正常椭球体来代替实际地球。假定正常椭球体的表面是光滑的，内部的密度分布是均匀的，或者呈层分布且各层的密度是均匀的，各层界面都是共焦点的旋转椭球面，这样这个椭球体表面上各点的重力即可根据其形状、大小、质量、密度、自转角速度及各点所在位置计算出来，在这种条件下得到的重力就称为正常重力。正常重力公式的基本形式为

$$g_\varphi = g_e(1 + \beta \sin^2\varphi - \beta_1 \sin^2 2\varphi),\ \beta = \frac{(g_p - g_e)}{g_e},\ \beta_1 = \frac{1}{8}\varepsilon^2 + \frac{1}{4}\varepsilon\beta \tag{4-20}$$

式中，g_φ为地理纬度φ处的正常重力值；g_e为赤道重力值；g_p为两极的重力值；β为地球的力学扁率；ε为地球扁率（约1/298）。g_e、β、β_1是确定正常重力值的关键，采用的参数值不同，得到不同的正常重力值计算公式。常用的有

1901～1909年赫尔默特重力公式

$$g_\varphi = 9.780\,30(1 + 0.005\,302\sin^2\varphi - 0.000\,007\sin^2 2\varphi) \tag{4-21}$$

1930年卡西尼国际正常重力公式

$$g_\varphi = 9.780\,49(1 + 0.005\,388\,4\sin^2\varphi - 0.000\,005\,9\sin^2 2\varphi) \tag{4-22}$$

1979年国际地球物理及大地测量联合会推荐的正常重力公式

$$g_\varphi = 9.780\,327(1 + 0.005\,302\,4\sin^2\varphi - 0.000\,005\sin^2 2\varphi) \tag{4-23}$$

以上重力公式表明：①正常重力值只与计算点的纬度有关，沿经度方向没有变化；②正常重力值在赤道处最小，在两极处数值最大，相差5×10^3mGal。

重力场同样随高度变化，在地面处重力的垂直梯度称为自由空气梯度F，受纬度和高程的影响变化

$$F = 0.308\,768 - 0.000\,440\sin^2\varphi - 0.000\,000\,144\,2h \tag{4-24}$$

式中，F的单位是mGal/m，方向垂直向下；h为高度（m）；φ为地理纬度。

在相对重力测量中，为了消除测点与总基点不在同一地理纬度而导致的正常重力的差值，必须进行正常场校正。

（2）厄特沃什校正

当测量船在同一条东西向的测线上测量重力时，由东向西所测得的重力值总是大于由西向东所测得的重力值，这是由科里奥利力附加作用于重力仪造成的。因为重力是地球引力与地球自转所产生的离心力的合力，当测量船向东航行时，测量船的速度加在地球自转速度上，使离心力增大，所测重力比实际重力小；相反，当测量船向西航行时，所测重力比实际重力大。科里奥利力对于安装在航行船只上的重力仪所施加的影响称为厄特沃什效

应。匈牙利学者厄特沃什推导出消除厄特沃什效应的数学模型，并于 1919 年用实验方法验证，并称为厄特沃什校正（图 4-10）。

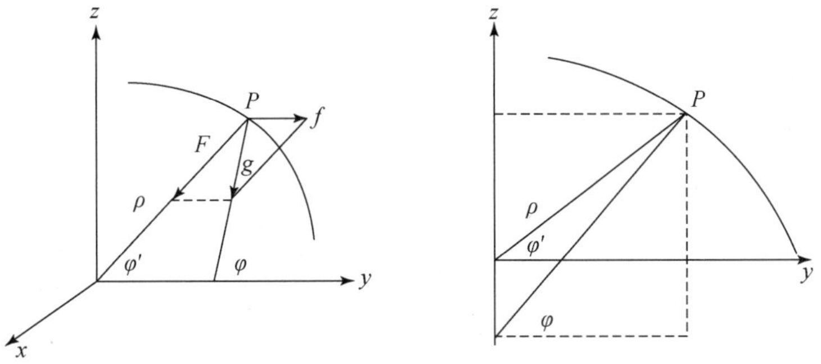

图 4-10　厄特沃什校正示意图

资料来源：吴时国和张健（2017）

设，P 点的地心纬度为 φ'，地理纬度为 φ，地心向径为 ρ，地球自转角速度为 ω。则 P 点在静止时的离心力 f 为

$$f = \omega^2 \rho \cos\varphi' \cos\varphi \tag{4-25}$$

如果测量船的航向角为 A，船速为 V，则向东和向北的两个分速度为 $V_E = V\sin A$，$V_N = V\cos A$。M 为地球两极半径；N 为赤道半径，则北向角速度分量 ω_N 的旋转半径为 M，东向角速度分量 ω_E 的旋转半径为 N

$$V_N = \omega_N M \quad V_E = \omega_E N\cos\varphi \tag{4-26}$$

北向角速度产生一个直接作用于重力方向的离心力 f_N

$$f_N = M\omega_N^2 = V_N^2/M \tag{4-27}$$

东向角速度与地球自转角速度 ω 直接相加为

$$\omega' = \omega + \omega_E \tag{4-28}$$

因此，改变后的离心力 f' 为

$$f' = (\omega + \omega_E)^2 \rho\cos\varphi'\cos\varphi + f_N = \left[\omega + \frac{V_E}{N\cos\varphi}\right]^2 \rho\cos\varphi'\cos\varphi + \frac{V_N^2}{M} \tag{4-29}$$

即可得厄特沃什校正为

$$\begin{aligned}\Delta g_E &= f' - f \\ &= 2\omega V_E \frac{\rho\cos\varphi'\cos\varphi}{N\cos\varphi} + V_E^2 \frac{\rho\cos\varphi'\cos\varphi}{(N\cos\varphi)^2} + \frac{V_N^2}{M} \\ &= 2\omega V_E\cos\varphi + \frac{V_E^2}{N} + \frac{V_N^2}{M} \quad (\rho\cos\varphi' = N\cos\varphi)\end{aligned} \tag{4-30}$$

（3）自由空气校正

自由空气校正是为了消除测点高度与基准面之间由高度差异造成的重力值变化，我们知道正常重力值随高度的增加而减小，所以高度校正值为

$$\Delta g_h = 0.3086(1 + 0.0007\cos 2\varphi)h - 7.2 \times 10^{-8} h^2 \tag{4-31}$$

式中，Δg_h的单位为 mGal；h 为测点与总基点的高度差。

当测区较小时，高程变化不大时地球的形状用球体近似，式（4-31）可简化为

$$\Delta g_h = 0.3086h \tag{4-32}$$

这种校正也称为空间校正、高度校正。

（4）中间层校正

海洋重力测量中，中间层校正是将海水密度替换成地壳的平均密度，一般取 2.2g/cm³ 或 2.67g/cm³，消除海水的影响，校正公式为

$$\Delta g_\sigma = 0.0419(\sigma - \sigma_0)h \tag{4-33}$$

式中，Δg_σ 的单位为 mGal；σ 为地壳平均密度；σ_0为海水密度，一般取 1.03g/cm³；h 为测点离海底的距离，在海洋重力测量中，一般为正值。

（5）布格校正

布格校正即自由空气（高度）校正和中间层校正的统称，布格校正公式为

$$\Delta g_b = \Delta g_h + \Delta g_\sigma \tag{4-34}$$

海洋重力测量分为海面重力测量、海底重力测量和近海底拖曳重力测量，其中海面重力测量是在海平面进行的，不需要进行自由空气校正。

1）海面重力测量。不需要进行自由空气校正，只需要进行中间层校正，将海水密度替换成地壳平均密度，布格校正公式为

$$\Delta g_b = \Delta g_\sigma = 0.0419(\sigma - \sigma_0)h \tag{4-35}$$

2）海底重力测量。海水位于测点以上，此时海水对测点的引力向上，产生的加速度也向上，所以需要将海水的影响消除，另外测点不在海平面处，需要进行自由空气校正，布格校正公式为

$$\Delta g_b = \Delta g_h + \Delta g_\sigma = -0.3086h_b - 0.0419(\sigma - \sigma_0)h_b \tag{4-36}$$

式中，h_b为正值。

3）近海底测量。测点受测点以上海水的影响，又受测点以下海水的影响，布格校正公式为

$$\Delta g_b = \Delta g_h + \Delta g_\sigma = -0.3086h_{c_1} - 0.0419(\sigma - \sigma_0)h_{c_1} + 0.0419(\sigma - \sigma_0)h_{c_2} \tag{4-37}$$

式中，h_{c_1}、h_{c_2}分别为距海面、海底的高度，均为正值。

（6）均衡校正

均衡改正相当于将有密度差的山根面（是根据高程或海底地形按艾利模型计算得到的地壳山根或反山根）引起的重力异常从实测布格重力异常中消除。

按艾利模型计算均衡异常的公式

$$\Delta g_I = \Delta g_B + \Delta g_i \tag{4-38}$$

式中，Δg_I均衡重力异常；Δg_B为布格重力异常；Δg_i为均衡改正值。

值得注意的是，布格重力异常是由地幔物质不均匀、地壳厚度变化（莫霍面起伏）及地壳内物质不均匀（括各层圈变化、岩体）等因素引起的，前两项为区域性异常，后一项引起的异常多呈局部性异常。

均衡改正的目的是调整地壳的密度，把真实的密度不均匀、厚度有变化的地壳调整为

具有地壳平均密度 ρ 和正常地壳厚度 T（指海平面以下的地壳厚度）的均匀地壳。在海平面以上的山区，即把高于大地水准面的质量移去，均匀填到它的山根中去，使山根的密度（$\rho=2.67\mathrm{g/cm^3}$）提高到山根下（岩石圈）的密度（$\rho_1=3.27\mathrm{g/cm^3}$）。在海域即把反山根的密度（$\rho_1=3.27\mathrm{g/cm^3}$）降低为正常地壳的密度（$\rho=2.67\mathrm{g/cm^3}$）。

均衡改正是利用地形改正公式计算具有补偿密度 $\Delta\rho$ 的山根或反山根对重力观测点引力的垂直分量（山根 $\Delta\rho=0.6$，反山根 $\Delta\rho=-0.6$）。将地形改正公式中的 ρ 改为 $\Delta\rho$，把对地形高度的积分改为对山根或反山根的积分，即可求得均衡改正值。在陆地，积分范围是山根上部（$h+T$）到底部（$h+T+t$），所求得的改正值为正。在海域，积分范围是反山根顶部（$T-t$）到底部（T），所求得的改正值为负。

对于在海洋的反山根厚度 t' 与海洋的海水深度 h 和地壳平均密度 ρ 及反山根密度 ρ_1 有如下的关系

$$(\rho-1.03)h'=(\rho_1-\rho)t' \tag{4-39}$$

可据此简单计算反山根厚度。反山根厚度与海洋的海水深度呈正相关，如果密度如前所述，海水每加深 1km，反山根增长 2.73km，即地壳厚度减小 2.73km。在该处地壳的厚度为 $T-h-t$。

在具体计算时，改正半径大于 20km 的情况下，要采用《区域重力调查规范》（DZ/T 0082-2006）中球面圆域公式。

（7）综合调差

1）测量资料经各项校正后，在不同测线上，测量值出现的系统误差，可采用综合调差方法消除。

2）综合调差根据主、联络测线交点的重复测量差值进行，并以主测线、联络测线依次整条测线调整，直到整个区域调平为止。

4.3.4.4 数据质量评价与测量误差估计

（1）海洋重力测量误差来源

1）海洋重力仪测量过程造成的误差 ε_j，包括仪器固有误差、外界干扰加速度引起的测量误差，温度系数校正误差、常数测定误差和仪器零点漂移校正误差，这类误差应不大于 $\pm1\times10^{-5}\mathrm{m/s^2}$。

2）比对重力基点带来的误差 ε_s，包括基点联测误差及比对测量误差，应不大于 $\pm0.5\times10^{-5}\mathrm{m/s^2}$。

3）厄特沃什校正不完全引起的误差 ε_e，包括由定位误差引起的航速、航向和地理纬度误差，应不大于 $\pm2\times10^{-5}\mathrm{m/s^2}$；1：20 万比例尺调查时，应不大于 $\pm1.5\times10^{-5}\mathrm{m/s^2}$。

4）正常场校正误差 ε_r，主要是由定位误差引起的地理纬度误差，应不大于 $\pm0.7\times10^{-5}\mathrm{m/s^2}$。

5）自由空间校正误差 ε_l，主要由重力仪弹性系统与平均海平面之间的高度误差引起，应不大于 $\pm2\times10^{-5}\mathrm{m/s^2}$。

6）布格校正误差 ε_b，主要由测深误差等布格校正不完全造成。

（2）海洋重力测量误差计算

1）外符合准确度计算公式

$$\varepsilon = \pm \sqrt{\sum_{i=1}^{n} \delta_i^2 / 2n} \tag{4-40}$$

式中，δ_i为两台仪器在同一测点上的测量差值；n 为比对测点数。

2）内符合准确度计算公式

$$\varepsilon = \pm \sqrt{\sum_{i=1}^{n} \delta_{i1}^2 / 2n} \tag{4-41}$$

式中，δ_{i1}为同一台仪器在某测点上的重复测量差值；n 为比对测点数。

3）经综合调差后，内符合准确度计算公式

$$\varepsilon = \pm \sqrt{\sum_{i=1}^{nm} \delta_{i2}^2 / 2(n-1)(m-1)} \tag{4-42}$$

式中，δ_{i2}为同一台仪器在某测点上经综合调差后的重复测量差值；n、m 分别为主测线和联络测线数。

测量误差计算中，允许舍去少数特殊交点值，但舍点率不得超过总交点数的 30%。

4.3.5 地质解释

4.3.5.1 定性解释

（1）定性解释的任务

定性解释是重力资料解释工作的基础和关键环节，其任务是根据重力异常场的特征和地质目标体初始地质地球物理概念模型及其识别标志，对各类重力异常的地质起因做出定性的推断，为定量解释提供先验模型。

因工作目的不同，在确定目标任务时，对不同地质目标体异常的研究程度应有主次详略之分。

（2）定性解释的基本方法

重力异常的定性解释基本上采用归纳推理的思维方式，即对比归类、分析综合、概括抽象等。因此，重力异常的定性解释经常采用的方法包括实测异常特征与概念模型重力异常标志的对比、实测异常曲线与模型正演曲线对比、反演密度与实测密度对比，重力异常与钻孔资料的对应分析、重力异常与其他地球物理异常的综合分析，重力异常图与地质类图件的对应分析等。

（3）定性解释的多解性

在工作程度较低的地区，由于资料不足，未能就一些基本的地质问题达成共识，出于不同的地质观点，可以提出不同的地质模型，致使其解释结论往往出现很大差异。重力异常的多解性，主要来自以下 4 种因素。

1）位场理论证明，场源外部的重力位不能确定唯一的场源。每个重力异常的场源，理论上都可以有无限多种。

2）求解位场反问题需要完整的资料——在包围场源的封闭曲面（或半无限平面）上的、连续的、准确的场值，而我们所持有的却是在有限的测区内、离散测点上、带有误差的数据。

3）同类地质体因其密度、空间形态、埋藏深度不同，异常特征会有很大差异；不同类地质体却可能具有相似的形态、埋藏深度和剩余密度，因而异常特征相近，即所谓同质异象和异质同象。

4）与演绎推理不同，归纳推理不能保证结论的唯一性。采用相同的资料，由于对比归类、分析综合和归纳概括的思路与侧重不同，可能得出不同的结论。

多解性是重力解释的难点，但并不是一个不可逾越的障碍。实践证明，用已有的地质信息、先验的地质模型、实测物性资料和综合地球物理解释提供约束，能够有效地减少定性解释的多解性。

（4）重力异常的识别

对于重力异常平面图上复杂的重力异常现象，可以从区域特征、分区特征、线性特征和局部特征 4 种角度进行观察与分析。这些特征是不同性质、不同规模、不同深度的地质体的综合反映，定性解释就是要识别出这些特征，给出场源的地质地球物理初始模型。

A. 重力异常的区域特征

区域重力异常笼统地说是研究区布格重力异常中的宏观成分，其具体含义因研究对象而异：在面积性资料的定性解释中，通过对全区数据的处理，把布格异常分解为区域重力异常和剩余重力异常两个层级，前者侧重反映能够左右全区重力异常场宏观形态的深部和大型地质体，后者侧重反映一般地质体和浅小地质体。把实测重力异常分解为区域重力异常和剩余重力异常两个层级，各有侧重又彼此呼应地进行定性解释是一种普遍采用的、行之有效的方法。

区域重力异常一般用趋势分析、滑动平均、向上延拓或低通滤波等方法从实测数据中提取。重力异常的区域特征一般用下述 4 种区域要素表述：①区域重力异常值平均场值和变化范围；②区域重力异常的宏观变化趋势；③场值变化的优势方向；④图幅内与图幅周边异常的延续情况。

无论图幅大小，区域重力异常的基本面貌不外乎 3 种类型：①呈现出向某个方向单调递升或递降的总趋势；②呈现遍及全图的区域性重力高或重力低；③图幅内场值变化不大，没有形成明显的区域背景。置于更大范围的小比例尺图件中观察，可以看到研究区内的区域异常实际上是某个大型或深部地质体重力异常的一个局部地段。由于“区域控制局部、深层制约浅层”是种普遍的地质规律，正确认识区域特征的地质起因对于分区特征、线性特征和局部特征的识别与解释都具有重要的导向作用。

B. 重力异常的分区特征

异常分区的主要依据是不同区块之间异常面貌的差异，即重力异常的分区特征。分区特征主要用以下 4 种分区要素表述：①“场值”，各区块内场的平均水平和变化范围；②“方向”，各区块内等值线和局部异常轴线的优势方向及其组合特征；③“结构”，各区块内局部异常的群落特征，数目多少、规模大小、幅值高低、平面形态、分布方式；④“边界类型”，区块分界线的类型和特点，重力梯级带或重力变异带。

识别这些分区要素，需要使用布格重力异常图、区域重力异常图、剩余重力异常图和能够突出局部信息的各种处理图件，如水平导数、水平梯度模、垂向导数等。

C. 重力异常的线性特征

重力梯级带是重力异常场的场值在较短的水平距离内发生较大变化的地段，在平面等值线图上表现为等值线密集带。重力梯级带异常的标志是长度、方向、场值落差、水平梯度以及这4项要素沿走向的变化。重力梯级带可以在布格重力异常图和剩余重力异常图上识别，在特定方向的方向导数图、水平梯度模图以及垂向导数图上异常现象更加醒目和便于定位。

当有断层切割地质体或老断层时，造成布格重力异常或剩余重力异常等值线的形态的局部变化，称之为重力变异标志，若干变异标志的连线构成重力变异带，它们是推断构造断裂和断裂带的重要信息。重力变异标志分为重力梯级带的变异标志、局部异常的变异标志、局部异常分布的变异标志和场区界限共4类9种，见表4-3。

表4-3　重力异常的变异标志

类别		变异标志	
Ⅰ	重力梯级带的变异标志	1	梯级带等值线同向扭曲
		2	梯级带走向转折
Ⅱ	局部异常的变异标志	3	异常轴错断平移
		4	异常轴方向转折
		5	异常宽度突变
Ⅲ	局部异常分布的变异标志	6	狭窄线性异常带
		7	串珠状的局部异常
		8	等值线的舌状扭曲
Ⅳ	场区界限	9	明显差异的异常场区分界线

重力变异标志只能作为“疑似”断层的信息看待，有许多非断层原因也能使梯级带或局部异常发生类似的形态变异，因此如果变异标志孤立存在可能并无特殊意义，如果有多个、多种可以断续追索的变异标志构成重力变异带，就可以作为推测断裂的重要依据。在实践中发现，大多数断裂带都有相应的重力变异带，或者重力梯级带与重力变异带交替出现。

重力变异带是线性构造在重力场上的反映，根据重力变异带可以推测断层的位置，判断其两盘的相对运动，主要是平推或旋转，有时可以量度其水平断距。重力变异带所反映的断裂晚于它所切割的地质体或断裂。凭借重力变异标志一般难以判断断层的产状和垂直断距。

图面上的众多变异标志为追索重力变异带提供了丰富的信息和想象空间，但是也很容易形成误导，因此要十分审慎地利用变异标志。

D. 重力异常的局部特征

局部异常分别以异常的形态特征和分布特征来描述，以便对比分类。不同比例尺图件上的规模迥异的异常，其形态学特征大体上都可以用这些特征要素来概括，但是其地质起因则可能大相径庭，需要根据具体情况做出地质推断。

局部异常的形态特征主要用平面形状、水平尺度、异常强度、水平梯度和延伸方向5种要素表述。其中，平面形状通常分为：等轴状或似等轴状，异常的方向性不明显；长轴状，异常向某一方向拉伸，长短轴之比为1.5∶1～3∶1；条带状或带状，异常的长短轴之比大于3∶1。在定量解释中，以上三者依次被视为三度体、二度半体和二度体。不规则状，局部异常的平面形状千姿百态，通常把形状不规则且没有明显拉伸方向的异常称为不规则块状，有明显拉伸方向的称为不规则条带状。不规则状异常往往是地质体的发育空间受构造限制所致，或者是多个比邻地质体的叠加异常。

局部异常的分布特征是指局部异常在一个区域内的展布方式，通常分为线状分布、面状分布、块状分布、散碎分布等：①线状分布，局部异常以条带状或长轴状居多，且方向一致或接近。这种分布特征通常是由于褶皱发育、岩浆岩受构造断裂控制，异常展布方向即主要构造线方向。②面状分布，场区平静或为大片稳定的梯级带，局部异常数量少、幅度小。这种分布特征表明，区内沉积盖层和基底或者岩性、厚度稳定或者呈均匀变化，岩浆岩侵入体较少。③块状分布，局部异常具有一定的规模和幅度，没有明显的优势方向。块状分布是一种常见的分布状态，尤其是在大比例尺图幅中，可能是盖层中的非线性构造、基底的小尺度起伏、岩浆岩侵入体发育等多种因素造成密度的横向变化频繁。④散碎分布，局部异常多，规模小、幅度低，图上局部异常显得相当细碎且其分布没有明显的方向性。

4.3.5.2 定量解释

定量解释的任务是根据重力勘查的具体任务，运用各种解反问题的方法（反演法）求取有关场源（拟定量解释的目标地质体或目标层）的几何参数和物理参数。

定量解释的目标地质体（层）模型分为单一的二度体或三度体模型、单层或多层的层状模型、复杂体（多个体及层的组合）模型三大类。后两类产生的重力场为多体（层）的叠加重力场。

（1）定量解释的条件

1）定量解释一般是在定性解释的基础上进行，已建立地质地球物理概念模型或理论模型。

2）在多个地质体（层）叠加重力场条件下，可以应用数据处理和位场的变换方法，将拟定量解释目标体（层）的异常分离或突显出来（特别是对于带有背景的局部异常），但处理后的数据往往使目标体的异常畸变。

3）对于定量解释目标体（层）的异常要有足够测点控制，基本形态已得到反映，并达到正常场，异常的精度满足相应要求。

（2）定量解释的方法

1）要确定拟定量解释目标体（层）的可能模型类型及其是几度体。

2）对于简单规则几何模型体的定量解释可采用数学解析方法（特征点法、切线法及直接法），其任务是求得某些几何参数、质心处的质量等。

3）对于单界面及多界面层状模型，有较多的方法可供采用，但也都要求有若干先验条件及约束条件；对于有限规模的层状模型，也可以采用二度半人机联作选择反演法，其任务是求得界面的埋深或起伏。

4）对于有一定走向的不规则形状三度体模型，一般采用二度半人机联作选择反演法；对于走向不明显且形态复杂的模型，宜采用可视化三度体人机联作选择反演法。其任务是求得模型的埋深及形态，成果应绘制成册状图或可透视的立体图。

5）对于复杂体（多个体及层的组合）模型，可以在异常分离基础上，对每个体或层的异常采用相应方法进行反演，而后将其组合成最终结果；也可以在定性解释建立的先验地质地球物理模型基础上，采用人机连作选择反演法，对整个异常进行整体反演，得出复杂模型体的最终解释结果。

（3）断裂位置、隐伏地质体（含盆地）边界位置的标定

1）对于断裂位置，根据水平梯度模平面图的极值点标定。

2）对于埋深较浅、有一定宽度而陡立的地质体，可以根据水平梯度模平面图的正负极值点标定其边界位置。

3）对于埋深大而陡立的地质体，根据水平梯度模正负极值点只能近似标定其边界位置，且宽度偏大。

4）对于边界缓倾（如穹隆状）的地质体，其边界位置随深度而变，不能用水平梯度模的极值点来标出边界位置。

5）对于后面两种情况均应采用人机联作选择反演法求得其埋深及形态，推断平面图所圈出的边界要注明是该地质体在某深处边界的投影或绘出其顶部埋深的等深线。

（4）定量解释的注意事项

1）分析和判断剖面上显示的某些异常是否是该剖面旁侧地质体引起的异常，对于这类异常一般可不进行定量解释，或根据平面图确定地质体后另行定量解释，并将其截面投影到剖面上，并加以说明。

2）判断剖面是否与地质体走向斜交，对于斜交的异常要进行特殊处理后，才能进行定量解释。

3）定量解释时要尽量用区内实测物性参数、已有工程控制的地下地质情况以及其他物探方法得到的结果，作为先验控制信息，并选用最可能的目标物形态、产状、物性参数作为初始模型和约束条件，进行有约束的反演或联合反演，以减少反演的多解性和不可靠性。

4）平面解释与剖面解释相结合，互为补充、借鉴和约束，这对于某些地质体边界的确定、某些界面的起伏和埋深的研究是十分必要的。根据多条剖面人机联作进行二度半（近似三度）定量反演结果绘制推断解释平面图或栅状平面图，除能更好地给出地下立体

概念外，其成果更可信，依据更充分。

解释的重要结果要应用正演进行复核，有条件时要与其他物探方法的结果进行对比，判断反演结果是否有误。要根据所选用的方法及物性参数是否恰当等因素给出反演结果的可能误差，并对反演结果的可靠性进行评价。其可靠性分为可靠、较可靠、可供参考三级。可根据资料是否符合定量计算的条件，处理方法和提取信息是否合适，约束条件是否满足定量计算，反演方法是否合理，使用的物性等参数是否合理，误差影响有多大等进行分级。

4.4 海洋地磁测量

磁性是物质的基本属性，磁场是物质存在的一种重要形式，也是人类熟知的自然现象。地球周围存在的磁场称为地磁场，是地球固有的物理特性。地磁场是由地球内部的磁性岩石以及分布在地球内部和外部的电流体系所产生的各种磁场成分叠加而成的，因此地磁场具有复杂的空间结构和时间演化信息。地磁学主要研究地球磁场，是一门古老的基础学科，也是一门充满活力的应用学科，对推进现代科学技术的发展起着至关重要的作用。

磁力勘探主要研究磁异常，磁异常主要由磁性岩（矿）石在地球磁场磁化作用下产生。根据观测领域的不同，一般可以将磁力测量工作分为地面磁力测量、航空磁力测量、海洋磁力测量、卫星磁力测量和井中磁力测量。其中，海洋磁力测量在海上进行地球磁场测定，对研究海洋磁场变化规律、海洋地质构造、矿产预测和国防建设等具有重要意义。

由于海洋环境的复杂性，海洋磁力测量受到测量仪器等多方面的影响，具有自己的独特之处。

4.4.1 技术要求

为了统一和规范海洋磁力测量工作，不同行业和部门制定了相应的标准和规范，为实际工作提供了技术要求，如国家质量监督检验总局和国家标准化管理委员会发布的《海洋调查规范 第 8 部分：海洋地质地球物理调查》（GB/T 12763. 8—2007）规定了海洋地质、地球物理调查的基本内容、方法、资料整理及调查成果的要求；国家军用标准《海洋磁力测量要求》（GJB 7537—2012）适用于军事海洋磁力测量，也适用于其他单位为资源调查和地学研究等进行的海洋磁力测量；地质矿产行业标准《海洋地质调查磁力测量技术规范》（报批稿）规定了海洋磁力测量的技术设计、海上作业、资料整理、资料处理与解释、成果汇交等技术要求。

明确研究目标和工作任务是开展海洋磁力测量工作的基础前提。该项工作需要充分借鉴已有的地质地球物理工作成果和经验，根据目标要求来设计测区范围和工作量，遵循经济、合理的基本原则。测区范围太大，工作成本与时间均不经济。范围太小，不可能获取工作目标所需要的完整资料，这会给成果解释带来诸多困难，甚至导致研究目的不能实现。

4.4.1.1 测网布设

在明确了研究目标和任务后，首先需要确定测网及测线的设计。在实际工作中，一般用比例尺表示对某一测量地区磁场研究的详细程度。比例尺越大，单位面积上观测的点数越多，对磁场的研究程度也越详细，相反则研究程度越粗略。海洋磁力测量的比例尺是根据任务而定的。例如，详查选用较大的比例尺，以1∶10万以上的为宜；如为普查，应该选用较小的比例尺，取1∶20万以下。海洋磁测多属于小比例尺的普查或概查性的工作，一般以区域研究为目的，常采用1∶500 000的比例尺（线距5km），或1∶1 000 000的比例尺（线距10km）。在需要更详细了解磁异常时，才使用1∶200 000以上的比例尺（线距2km），或根据实际需要局部加密测线。

测网方向的布设，通常情况下应该选取与地质构造走向相垂直的方向。其目的在于不仅有利于剖面资料的对比与分析，而且也不易漏掉重要的信息，从而提高经济效益。测网的形状一般有两种：①线距大于点距的长方形测网；②线距等于点距的正方形测网。

习惯上常用线距 m 与点距 n 的乘积 $m\times n$ 来表示测网的密度。一般在实际工作中，选用长方形测网或正方形测网，由研究的地质体形状而定。当地质体具有一定走向时，采用长方形测网；当地质体无明显走向时，可采用正方形测网。

海洋磁测工作中，因为采用了自动“连续”的观测，并且舰船航行的速度不大，一般小于12kn，仪器两次读数间的航行距离不大，所以常不考虑测点之间的距离问题。只需要根据工作比例尺确定测线间距，而不考虑测点点距。

4.4.1.2 测线布设

海洋磁力测量的测线设计应符合以下要求。

1）主测线应尽量垂直于区域地质构造走向，大洋磁性海上测量时可选择海山顶为中心进行放射状测线测量。

2）检查线应与主测线垂直，分布均匀，检查线里程总长度应达到主测线里程的5%～10%。

3）为确保对主测线两端数据实施有效检核，应尽量在主测线两端布设检查线，主测线端点至最近一条检查线的距离不得大于检查线间距的1/2。

4）采用不同的作业设备或由不同作业单位完成的相邻两个测区的结合部应进行拼接测量，拼接重叠带宽度应不小于图上1cm。

5）在海底构造复杂或地磁异常剧烈的海区，应适当加密测线，加密的程度以能完善地反映地磁异常变化为原则。

设计完测线布设方式之后需要检查布设的工作量，采用以主测线和检查线相交点重复测量的个数作为检查工作量，原则上交点的布设，按主测线在不同比例尺图幅上1cm长取一测点值计算，交点数应不少于测区总测点数的5%，个数不得少于30个。

4.4.2 仪器设备

可用于地磁场测量的仪器种类很多，按其内部结构和工作原理，磁力仪大体上可分为机械式磁力仪和电子式磁力仪，按其测量的地磁场参数和量值可分为相对磁力仪和绝对磁力仪。电子式磁力仪按工作原理可以分为磁通门磁力仪、质子旋进式磁力仪和光泵磁力仪三种不同类型。海洋地磁测量主要是采用船只携带仪器方式进行测量，一般分为三种形式：①在无磁性船上放置地磁测量仪器；②利用普通船只将磁力仪放入海洋中进行拖曳式测量；③把磁力仪直接沉入海底进行测量。

拖曳式测量是目前的主流测量方式，常用的海洋磁力仪有质子旋进式磁力仪、光泵磁力仪、海上磁力梯度仪（包括垂直梯度仪和水平梯度仪）等。

4.4.2.1 质子旋进式磁力仪

质子旋进式磁力仪利用氢原子在磁场中旋进的原理（图 4-11）来测量地磁场总强度。氢原子核只有一个带正电的质子，且不停自旋，产生一个自旋磁矩。在含氢液体（如煤油、甲醇、水）中有很多质子，当外磁场为零时，质子磁矩是任意取向，宏观磁矩为零。如果在液体的周围加有强大的人造磁场，此磁场引起液体内大多数质子自旋方向偏向一方，自旋轴都将转至人造磁场方向上定向排列。如果人造磁场突然消失，这时氢原子将在原有的自旋惯性力和地磁场力的共同作用下，以相同相位绕地磁场方向进动，即质子旋进。

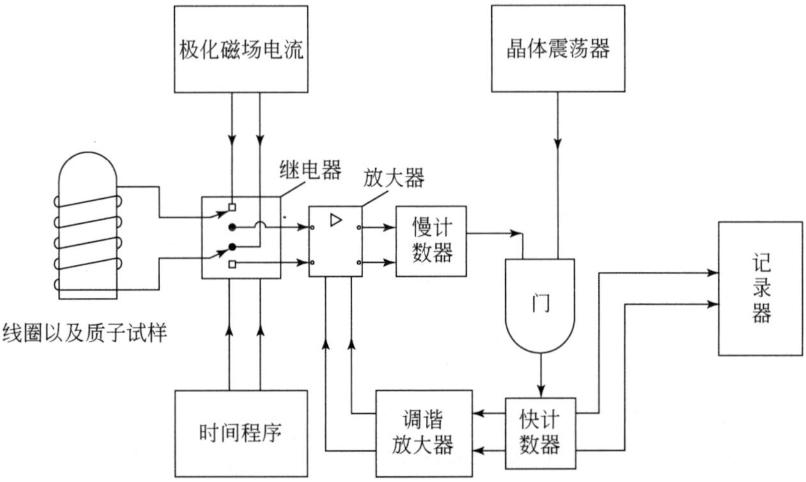

图 4-11　质子旋进式磁力仪原理

质子旋进初始阶段因相位相同，显示出宏观的磁性，它周期性地切割容器外的线圈，产生电感应信号，其频率和质子旋进频率相同。因为热搅动的作用，进动的一致性将下降，电感应信号随之急剧下降，所以要在信噪比较高时，也就是衰变的前 0.5s 测量质子

旋进频率。质子旋进频率和地磁场有如下关系

$$T = 23.4874f \tag{4-43}$$

式中，f为质子旋进频率；T为地磁场（nT）。式（4-43）表明T与f成正比，只要测量旋进信号的频率，就可以得到地磁场的大小。

基于质子自旋共振原理，在上述质子旋进式磁力仪基础上，经多方面改进的Overhauser（欧沃豪斯）磁力仪是目前主流海洋磁力仪。Overhauser磁力仪一般有两个轴线互相垂直且垂直地磁场的线圈，绕在装有工作物质的容器外面。一个是高频线圈，产生射频磁场，频率等于电子顺磁共振频率，约为几十兆赫；另一个是低频接收线圈。在工作物质中，存在电子自旋磁矩及质子磁矩两个磁矩系统。在射频场作用下，电子自旋磁矩极化。由于两种磁矩间的强相互作用，电子顺磁共振或电子的定向排列会导致核子的强烈极化，这种效应称为Overhauser效应。

Overhauser磁力仪和标准质子旋进式磁力仪之间的明显不同点是Overhauser效应通过电子-质子耦合达到质子极化。一种经过特殊加工的含有自由放射性原子（带有一个游离电子的原子）的化学试剂被加入到富质子液体中。当被暴露于特定跃迁能级相应的低频射频射线中时，游离电子很容易被有效激发。这时它并不辐射出射线以释放能量，而是将能量传送给附近的质子。这就可以不用施加强大的人造磁场来极化质子，其重要性在于Overhauser磁力仪最大输出信号取决于工作物质及化学试剂的设计，而不是取决于输入传感器的能量。因此只使用1～2W的能量磁力仪传感器就可以产生清楚而强大的进动信号，而标准质子旋进式磁力仪即使耗费数百瓦的能量也不能产生相同能级的信号。Overhauser磁力仪的另一个优点是传感器的极化可以和进动信号的测量同时进行，可成倍提高可用信息量，比标准质子旋进式磁力仪的采样频率更高。

4.4.2.2 光泵磁力仪

光泵磁力仪是根据原子能级在磁场中产生塞曼分裂的现象，采用光泵和磁共振技术制成的测量地磁场总强度的磁力仪（图4-12）。光泵磁力仪所利用的元素包括氦、汞、氮、氢以及碱金属铷、铯等，这些元素在特定条件下能发生磁共振吸收现象，而发生这种现象时的电磁场频率和样品所在的外磁场强度成比例。如果能准确测定这个频率，外磁场强度便可以推算出来。

光泵磁力仪中，一个装有碱金属蒸气的容器（吸收室）是光泵磁力仪的核心部件。光源产生的光线经过透镜、滤镜和偏振片后形成红外圆偏振光，偏振光随即通过吸收室，之后光束聚焦在一个红外光检测器上。红外圆偏振光进入吸收室后，光子将撞击到碱金属原子。如果碱金属原子拥有相对于光子合适的自旋方向，光子将被捕获并使得碱金属原子从一个能级跃迁到另一个高能级，光子被捕获使得光束强度被削弱。一旦大多数碱金属原子已经吸收过光子并处于不能再吸收其他光子的状态，则吸收室所吸收的光线将大幅度减少，并将有最多的光线击中光检测器。这时如果具有特定频率的震荡电磁场进入吸收室内，原子将被重新激发至能够吸收光子的方向上，并将有最少的光线击中光检测器。

这个特定频率叫作拉莫尔频率f_L，f_L与环境磁场有着精确的比例关系，因而可以通过

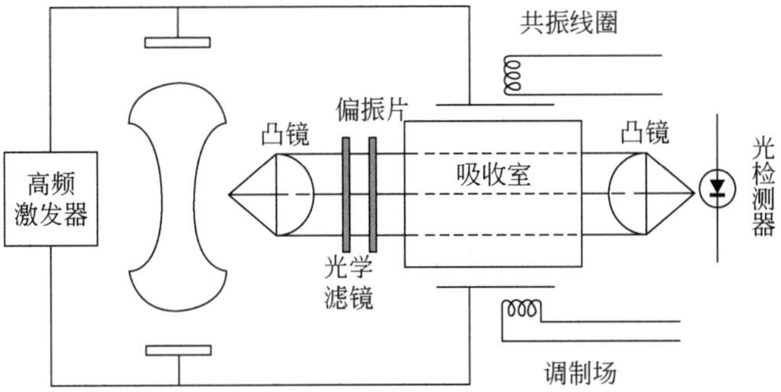

图 4-12　光泵磁力仪原理

测量光检测器上光强度最弱时的震荡电磁场的频率来测量环境磁场 T 的大小，即

$$T = Kf_L \tag{4-44}$$

式中，T 为被测环境磁场；f_L 为拉莫尔频率；K 为比例因子。K 对于特定的碱金属来说为一常数，不同碱金属的 K 值不同。

当外磁场变化时，改变此震荡电磁场的频率，使其始终维持通过吸收室的光线最弱，即震荡电磁场的频率自动阻止外磁场的变化，从而实现对外磁场的连续自动测量。

光泵磁力仪存在死区问题（图 4-13）。所谓死区是指磁力仪传感器方向相对于环境磁场方向的旋转角度，在这个角度内传感器不能产生信号，此时磁力仪将无法进行磁场测量。死区是光泵磁力仪特有的问题，因为其操作原理的限制，光泵磁力仪的死区无法消

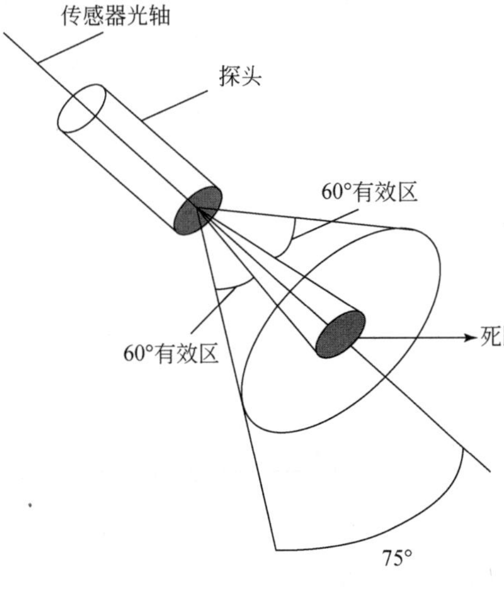

图 4-13　光泵磁力仪死区

地磁场与传感器光轴夹角在（0°，15°）和（75°，90°）范围内为光泵磁力仪的死区

除。在拖曳式海洋调查中，死区将限制磁力仪可以拖曳的方向。

4.4.2.3 海洋磁力梯度仪

为了提高磁性体探测效率以及消除日变的影响、削弱涌浪噪声等目的，可以使用磁力仪阵列和磁力梯度仪。磁力仪阵列是按一定的几何形状将多个传感器组合形成的阵列，其中单个磁力传感器称为阵元，按阵元的空间排列方式不同可分为线性阵、平面阵、球阵等。磁力仪阵列可有效提高搜寻强磁性目标体的作业效率。

一般情况下，地磁场有3个梯度方向可以测量，即垂直方向、水平方向（垂直于航迹方向）和经度方向（沿航迹方向），通过搭配组合磁传感器的空间位置可以形成多种组合。例如，基于不同数量探头和方向的组合形成水平横向梯度仪、水平纵向梯度仪、垂直梯度仪、二维梯度仪（二分量梯度）以及三维梯度仪（三分量梯度）等。

水平横向梯度仪在追踪电缆管线等磁性体时可以减少拖曳深度；水平纵向梯度仪可削弱地质体的影响而突出沉船、炸弹等块状磁性体，用在环境调查方面可以突出浅层沉积而削弱深层地质体影响；垂直梯度仪可以用于测定电缆管线等磁性体的埋深；二维梯度仪可以同时确定磁源的位置和埋深，而三维梯度仪则可以在确定磁源三维空间位置的同时确定磁性体的大小。

4.4.2.4 磁力仪性能指标及对比

目前国际上应用较广的磁力仪有美国 Geometrics、加拿大 Marine Magnetics、加拿大 GEM System、法国 Geomag SARL 等公司以及中国船舶重工集团公司第七研究院第七一五所的产品。下面选取三种类型中的典型产品进行简要对比介绍（表4-4）。

表4-4 海洋磁力仪技术指标对比

工作原理	标准质子旋进	Overhauser 效应	光泵磁力仪
仪器型号	G-877	SeaSPY2	G-882 铯光泵
量程	17 000～95 000nT	18 000～120 000nT	20 000～100 000nT
灵敏度	0.1nT	0.01nT	<0.004nT
分辨率	0.1nT	0.001nT	
绝对精度	<1nT	0.1nT	<2nT
进向误差	±1nT	无	<1nT
梯度容忍度		>10 000nT/m	>20 000nT/m
死区	无	无	0～15°/ 75°～90°

磁力仪的优劣通常用灵敏度、分辨率、绝对精度、稳定性和测量范围等技术指标来评价。灵敏度是指在相同磁场强度条件下重复读数的相对不确定性的统计值，是传感器基本噪声电平的直接函数。分辨率是指磁力仪在规定测量范围内可能检测出的磁场最小变化量的能力。分辨率由测量结果有效位的位数反映，一般情况下其数值比灵敏度的数值高一个数量级。绝对精度是用来描述物理量的准确程度，其反映的是测量值与真实值之间的误差。

海洋磁力仪通常还需要考虑漂移、进向误差和梯度容忍度问题。漂移是指磁力仪在实际磁场没有变化情况下的输出随时间或温度改变，既可能是传感器本身引起的漂移，也可能是电子电路引起的漂移。进向误差是指磁场方向相对于磁力仪传感器的改变而引起的磁力仪输出的改变。进向误差的原因：一是传感器的物理原理引起，无法消除，如一些光泵磁力仪，在实际测量中可通过布设一条或多条联络测线来进行部分补偿；二是在拖曳系统中存在感生偶极子，改变了传感器位置处的磁通密度，如果磁力仪系统整体设计精良，可以消除该原因引起的进向误差。梯度容忍度是指磁力仪能够正常工作时所允许的最大梯度，当所测量磁场的梯度超过此最大值时，磁力仪读数失去意义。

标准质子旋进式磁力仪应用最早，价格最为低廉，适合于对灵敏度要求不高的探测工作，目前在国内海洋工程和科研地球物理调查中已经较少使用。Overhauser 磁力仪的灵敏度高，无死区，无进向误差，耗电很低，操作简单，价格便宜，适合于大多数工程和科研地球物理调查。Overhauser 磁力仪和标准质子旋进式磁力仪同样是测量质子共振谱线，所以它们具有同样出色的精度和长期稳定性特征。除此以外，Overhauser 磁力仪带宽更大，耗电更少，灵敏度比标准质子旋进式磁力仪高一个数量级。但在磁场梯度很大的情况下，质子旋进信号可能急剧下降，从而导致仪器读数不可用。光泵磁力仪灵敏度高，梯度容忍度远大于标准质子旋进式磁力仪，由于工作原理的限制，一般有死区和进向误差。在对灵敏度要求较高的海洋磁力梯度调查等领域应用较多。

光泵磁力仪和 Overhauser 磁力仪是现在比较主流的两类磁力仪，已经广泛应用。Overhauser 磁力仪相对轻便，价格适宜，而光泵磁力仪采样速度更高一些，梯度容忍度更大一些，这两种类型的磁力仪各有优势，在实际工作中可据具体情况而定。

海洋地磁测量航迹已遍及各大洋。经过几十年的发展，海洋磁力仪在灵敏度、分辨率和精度等方面有了很大提高，并出现了多种类型的海洋磁力梯度仪。

4.4.3 海上测量

目前针对海洋磁力测量的海上采集部分可参照相关调查规范执行。

4.4.3.1 测量前准备

(1) 地磁日变站观测

海上测量前，首先要完成地磁日变站选址工作，确定日变观测仪器等相关准备工作。

1) 日变站选址原则。日变站应尽量布设在地基稳固的地方，并采取必要的防护措施避免人为干扰；日变站架设位置一经确定，应设立固定标志，无特殊情况不得更改，并测定点位坐标；应尽可能布设于测区中央纬线上，并尽量靠近测区中心；应避免布设于小岛或者海岛边缘，以减小海岛效应的影响；日变站磁力仪探头应架设在地磁场变化平缓的地方，探头附近的地磁场变化应小于 1nT/m；日变站应远离强磁性体、变电站、供电线、电话线、广播线和各类无线电信号发射塔以及其他磁干扰体；一二级测量的日变站控制范围不应超过 300km，三四级测量的日变站控制范围不应超过 500km，当测区范围超过日变站有效控制范围时应增设日变站；难以设置日变站的海区，可选用测区邻近地磁台站的日变观测资料；在远离陆地的海区，有条件时应布设海底地磁日变站。

2）日变观测仪器的性能指标。应不低于海上测量所用海洋磁力仪，日变观测开始之前应对日变仪器进行稳定性检验，为确保日变站供电稳定，应使用不间断电源（uninterruptible power source，UPS）供电。

3）日变站值班记录要求。每 30min 应在值班手簿上记录一组日变数据，应及时记录外界环境的人为干扰；随时观察日变曲线的变化，当出现磁暴或严重磁扰时，应及时记录并报告作业主管部门；应及时对备份数据做好登记。

每天应定时校准日变观测设备时钟，并与海上测量设备保持时间同步。日变站数据采样率不低于 1Hz。日变站起始观测时间应先于海上测量 2h，海上测量结束后，日变站应延续观测 2h。在海上测量期间，日变站每天应保持连续观测。若海上作业时间少于 24h，日变站连续观测时间不得少于 24h，并且每天应及时对数据进行备份，并对备份数据介质粘贴记录标签。

（2）海洋磁力仪安装与检验

海洋磁力仪舱室应尽量安排在测量船尾部，便于拖鱼及其拖缆的收放；拖缆应通过固定于船尾的滑轮入水，确保拖缆有一定的滑动余地。

海上测量前，首先要进行仪器的调试，在确保仪器工作状态良好的情况下，还应进行海上测量前的专项试验工作，并且对地磁日变站、海洋磁力仪、定位设备等进行开机检验，完成地磁日变站选址等相关准备工作。检验项目一般包括拖缆检查、拖鱼系统水密性检查、稳定性检验、拖鱼高度计（压力传感器）校准等。

（3）探头沉放深度与船体影响测试

为消除探头波动带来的噪声影响，需要反复试验，给探头确定一个合适的水面下的沉放深度。具体办法是：在船只以正常工作航速航行时，给探头附加不同重量的附加物，观察探头在何种深度时，仪器的记录面貌最佳，噪声电平最小即合适的探头沉放深度。

调查船只大都用强磁性材料组成，因此船体周围存在着船体磁场，这个磁场包括船体的永久磁场和感应磁场两部分。这将对地磁场的测量产生不可忽视的影响。为消除船磁场的影响，可从两个方面采取措施。

1）加长电缆长度，尽量让探头远离船体，但加长电缆会给测量工作的实施带来很多麻烦，因此需要实验。让调查船沿磁子午线方向往返航行，并不断改变探头的拖曳距离，在干扰噪声不变的情况下，仪器记录的抖动度不变时探头的拖曳距离即为最佳拖曳距离（一般为船体的 2 ~ 3 倍）。

2）进行方位试验（图 4-14），在确定了合适的拖曳距离后，船测对探头的影响只是得到了最大限度地抑制，而未能被彻底消除。特别是船只因受地磁场磁化而产生的感应磁场随航向不同（船只受磁化的方向不同）而不同，这必然会对磁测产生不同的影响，消除影响的具体做法是：选择平静磁场区域（磁场梯度小于 6nT/km）抛设一固定无磁性浮标，让船沿 8 个方位（0、225°、315°、180°、45°、270°、135°）依次通过浮标，并记录探头每次经过浮标时所测定磁场值及时间。经日变改正后，求出每个方位的校正量，并绘出各方位变化的异常曲线，以备消除船体影响的方位改正之用。

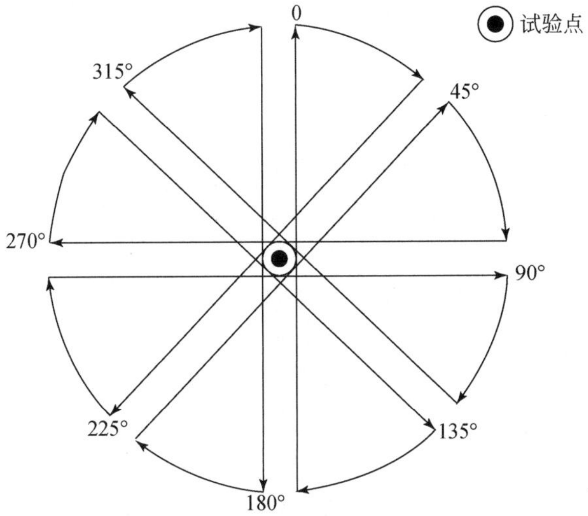

图 4-14　船磁方位改正测线示意图

4.4.3.2　施工要求

（1）海上测量的导航定位

采用有岸台设备的各种无线电定位系统和新型的卫星定位系统（如 GPS 等），它们均具有较高的定位精度。定位的基本要求如下。

1）船只的航迹与设计测线的左右偏离距离，不应大于线距的 1/10，因此必须随时定位，修正航向。

2）一般规定，在 1∶1 000 000 比例尺测量中，每 5km 应有一个定位点，每个定位点的定位误差不应大于 200 ~ 250m。在 1∶500 000 比例尺测量中，每 2.5km 应有一个定位点，每个定位点的定位误差不应大于 100 ~ 150m。

（2）进入海上测区

进入测区前 30min 开始上线测量各项准备工作，布放海洋磁力仪拖鱼，开启各种作业设备；测量船应提前 500m 对准测线，使船首、船尾和海洋磁力仪拖鱼三点呈直线上线测量，当前测线测量结束时，测量船应保持原航向航速继续航行 500m 后方可转向；测量船在线测量期间应尽量保持匀速直线航行，可根据测量任务性质、测区海况及其地磁异常等情况确定合适的航速，最大航速应不大于 10kn；测量船在线测量期间遇特殊情况需停船、转向或变速时，应及时通知测量值班员采取应急措施并记入海上测量值班手簿；航线偏离计划测线应小于测线间距的 1/5；因避船、磁暴或严重磁扰、人为干扰、断电等原因使部分测线数据无效，当无效数据段里程大于图上 2cm 时应补测，补测段应与正常测线重叠 500m 以上。

海上测量时，一条测线应该一次做完。若分段测量，则应尽量将连接点选在平静的磁场区。连接时，应重复测量两个定位点以上的距离。在磁异常区内，如果两个连接点的位置稍有偏移，异常值会相差较大，降低测量精度。测量船进入测线并开始定位时，船和拖曳的探头应位于同一测线上。有时船进入了测线，而探头偏离了原来的方向，则船体的影响将会引起不可消除的误差。

（3）检查线

检查线也称为联络线。为了检查不同日期的测量质量，评价测量精度，需要布置纵贯全测区，并与主测线相垂直的检查线（联络线）。一般情况下，检查线的布设只要有几条平行，且均匀分布全测区的测线即可，检查线应选在磁场比较平稳的地区。与海洋水深测量及重力测量相同，检查线与主测线交点的测量差值可用来评定测量的精度。

4.4.3.3 仪器检查与管理

仪器管理与仪器检查要求如下：值班人员要注意观察仪器各仪表显示器，发现异常时及时调试或检查维修；注意测量记录，出现模数不符或跳大数时应及时调试；每小时在模拟记录纸上打记时标和测量值，一般以北京标准时间为记时标准，大洋以格林尼治时间为标准；拖曳电缆要采取保护措施，发现变形或受损要及时处理。

每天工作之前都必须检查仪器的工作状态。

4.4.3.4 数据采集记录

海上数据采集与记录一般应采用自动化作业设备，有条件时应同步测定瞬时水深和拖鱼入水深度，实现地磁场总强度值与定位、瞬时水深、拖鱼入水深度等多要素数据的实时综合采集与记录。海上测量数据采样率应不低于1Hz。

海上数据采集信息应包括线号、点号、日期、时间、经度、纬度、拖鱼入水深度、地磁场总强度值等。每天应及时对海上测量数据进行备份，同时在备份数据的介质表面粘贴记录标签。

4.4.3.5 岩石磁性参数测定

与陆上磁测类似，海上地磁测量也需要进行岩石磁性参数测定，在测区内或邻近陆地采集不同时代、不同类型的新鲜岩石，测定它们的磁化率和剩余磁化强度。收集测区及围区已有的岩石磁性资料，按时代、岩石类别、磁性强弱列表整理。

4.4.4 资料整理

4.4.4.1 预处理与原始资料验收

首先需要对测量数据进行预处理，基本预处理项目如下：①日变站值班记录整理。②海上测量值班记录整理。③原始日变站观测数据文件整理。包括删除无效日变站观测数据、计算日变基值、查看每天的日变曲线并对日变站观测数据的适用性作出评价，如果某一天的日变曲线上下波动范围超过 100nT，该日变站观测数据无效。④原始船磁影响测定数据处理。包括删除无效船磁影响测定数据、计算船磁影响改正系数。⑤原始海上测线数据整理。包括删除磁扰、磁暴、过往船只干扰等原因造成的无效测线数据。⑥定位数据整理。删除各种原因造成的无效定位数据。⑦拖鱼位置归算。如果在数据采集时未进行拖鱼位置归算，在数据处理之前应先进行拖鱼位置归算。⑧原始资料验收。原始记录资料包括模拟记录纸卷、数字记录（硬盘、光盘）、导航定位记录、地磁日变观测记录、值班记录等。

4.4.4.2 数据处理与校正

（1）原始记录数据剔错改正

磁力数据和导航定位信息经常会因调查船的航向和航速突然变化等原因发生测量值突跳，一般需要对这些突跳点进行删除。为了保证资料的完整性，还需对漏记、错记的部分进行修改补充，对测量资料进行滤波圆滑等处理。

（2）电缆长度改正

磁力仪实时接收的定位信息为定位天线所在的位置，此位置与磁力仪探头之间有着固定的偏差，为了避免船磁的影响，在测量的过程中，一般要求磁力仪电缆的长度为船长的三倍，因此处理过程中将导航定位数据校正到磁力仪探头的位置。

（3）日变改正

一般要求在距测区 300km 的范围内设立地磁日变观测站，以控制地磁日变的影响。按照有关规定，进驻日变站前，应进行连续 48h 磁力探头激活调试及仪器稳定性试验，同时日变站工作小组应比海上测量提前几天进驻。以时间作为基准，从测量值中将日变改正值去掉。地磁日变观测的记录为连续自动记录，采样间隔一般为一秒一个。日变数据观测期间时刻检查仪器性能是否稳定，发现问题及时排除故障，保持连续观测，数据质量良好是进行预处理的前提。选取合理的方法求取日变改正基准值，从而求得日变改正值。

1）根据日变站或测区附近地磁台站同步测量所绘制的日变曲线进行日变校正，发现磁场水平偏高或偏低时，可引进磁场附加值进行调整，磁场图的基值等于日变基值加附加值。

2）同一测区使用两个以上日变资料时，它们之间的日变基值统一到某一台站。

3）变化幅度小于 100nT 磁扰日变记录，可用于日变校正，磁扰日的日变校正分为二个步骤：首先，对平静日（磁扰发生前后三天的日变曲线平均值）变化值校正，用地方时；然后，进行磁扰校正，用格林尼治时间。磁扰校正值为实测日变值减去平均磁平静日变化值。

日变改正的一般要求如下：①日变站无效的观测数据不得用于日变改正。②日变改正应根据海上测点与地磁日变站之间的经度之差进行时差平移处理。

选择一个地磁平静日所有日变观测值的算术平均值作为该站地磁日变基值，计算公式为

$$T_{\text{base}} = \sum_{i=1}^{n} T_{\text{diur},\ i}/n \tag{4-45}$$

式中，T_{base}为日变基值（nT）；$T_{\text{diur},i}$为第 i 个日变观测值（nT）；n 为日变观测数据个数。

日变改正计算公式为

$$\Delta T_{\text{d}}(t) = T_{\text{d}}(t + \Delta t) - T_{\text{base}} \tag{4-46}$$

式中，ΔT_{d}（t）为海上测点在时刻 t 的日变改正值（nT）；Δt 为海上测点与日变站之间的时差（s）；T_{d}（$t+\Delta t$）为（$t+\Delta t$）时刻的日变观测值（nT）。

（4）船磁影响改正

根据测量前采集的八方位船磁影响测定数据，采用最小二乘法求解式（4-47）中的参考点处地磁场总强度值和船磁影响改正系数，计算结果记入船磁影响记录表

$$T_i = a_0 + a_1\cos\beta_i + b_1\sin\beta_i + a_2\cos2\beta_i + b_2\sin2\beta_i \tag{4-47}$$

式中，T_i为沿第 i 条测线上通过参考点时地磁场总强度值（经过日变改正）（nT）；β_i为沿第 i 条测线上通过参考点时，拖鱼与拖曳点连线的瞬时坐标方位角（rad）；a_0为参考点处地磁场总强度值（经过日变改正）（nT）；a_1、a_2、b_1、b_2为船磁影响改正系数（nT）。

船磁影响改正计算公式为

$$\Delta T_{\text{s}} = a_1\cos\beta + b_1\sin\beta + a_2\cos2\beta + b_2\sin2\beta \tag{4-48}$$

式中，ΔT_{s}为船磁影响改正值（nT）；β 为船磁测量时，拖鱼与拖曳点连线的瞬时坐标方位角（rad）。

（5）正常地磁场值计算

依据测点位置、观测时间，采用国际地磁学与高空物理学协会（International Association of Geomagnetism and Aeronomy，IAGA）五年一度公布的国际地磁参考场（international geomagnetic reference field，IGRF）计算获取测点正常地磁场值（nT）。

国际地磁参考场计算公式采用地心球坐标的实型球谐级数及其导数

$$\begin{aligned}
v &= a\sum_{n=1}^{N}\sum_{m=0}^{n}(a/r)^{n+1}(g_n^m\cos m\lambda + h_n^m\sin m\lambda)P_n^m(\cos\theta)\\
X &= \sum_{n=1}^{N}\sum_{m=0}^{n}(a/r)^{n+2}[g_n^m(t)\cos m\lambda + h_n^m(t)\sin m\lambda]\frac{\mathrm{d}}{\mathrm{d}\theta}P_n^m(\cos\theta)\\
Y &= \sum_{n=1}^{N}\sum_{m=0}^{n}(a/r)^{n+2}(m/\sin\theta)[g_n^m(t)\sin m\lambda - h_n^m(t)\cos m\lambda]P_n^m(\cos\theta)\\
Z &= -\sum_{n=1}^{N}\sum_{m=0}^{n}(n+1)(a/r)^{n+2}(g_n^m\cos m\lambda + h_n^m\sin m\lambda)P_n^m(\cos\theta)\\
F &= (X^2 + Y^2 + Z^2)^{1/2}
\end{aligned} \tag{4-49}$$

式中，v 为地磁位函数；F 为国际地磁参考场总强度；X、Y、Z 分别是 F 的北向、东向、垂向分量；a 为地球参考半径（6371.2km）；r 为计算点至参考球心的径向距离；n 为最高阶数；θ 为余纬度；λ 为从格林尼治起算的东经度（0～360°）；g_n^m、h_n^m为球谐系数，由IAGA 每隔 5 年发布一次；P_n^m（$\cos\theta$）为 n 阶 m 次勒让德缔合函数。

测区中任意点的国际地磁参考场计算步骤如下：①任意点的高程、大地坐标的经纬度计算球心坐标的径向距离和余纬度；②计算参考场总强度球心坐标下的三个正交分量；③球心坐标下的三个正交分量转换计算大地坐标系下的各个参量。

(6) 海洋磁力异常值的计算

海洋磁力测量数据经过各项改正后，就可以对测量数据进行磁力异常值的计算，即磁力异常值等于地磁场总强度观测值与地磁日变改正值、船磁影响改正值、地磁场正常场值之差。计算公式为

$$\Delta T = R - \Delta T_{\mathrm{d}} - \Delta T_{\mathrm{s}} - F \tag{4-50}$$

式中，ΔT 为地磁场异常值；R 为地磁场总强度观测值；ΔT_{d}为地磁日变改正值；ΔT_{s}为船磁影响改正值；F 为国际地磁参考场，即正常地磁场值。上述各物理量的单位为 nT。

4.4.4.3 数据质量评价与测量误差估计

海洋磁力测量的误差来源很多，主要包括系统误差和偶然误差，如仪器的误差、测点位置的误差、正常场校正误差、地磁日变引起的误差、船体磁性校正误差等。

磁力测量精度是反映实测值与真实值之差程度的量，一般利用重复观测值之差来评定。设，第一次观测值为 $T_i'(i=1, 2, \cdots, n)$，第二次观测值为 $T_i''(i=1, 2, \cdots, n)$，两次观测值之差为 $d_i = T_i' - T_i''$。若观测没有误差，则 $d_i = 0$，但实际工作中不可避免会存在误差。

设，T_i'为等精度观测值，m_d为 d_i的中误差，m 为观测值 T_i的中误差，n 为每次观测值的个数。则由测量平差原理

$$m_d = \pm\sqrt{[d_i d_i]/n} = \pm\sqrt{2}m \quad m = \sqrt{2}m_d/2 \tag{4-51}$$

式（4-51）即为磁力测量中评价测量结果质量的常用公式。

不同的地质目标，磁力测量精度要求不同。观测强磁异常时，中误差可以大一些；观测弱异常时，中误差要求小一些，否则会把有意义的弱异常漏掉。

发现有意义的磁异常是海洋磁力测量的根本任务，尽量不漏掉有意义的弱磁异常是确定磁力测量精度的主要依据。磁力测量精度与可信异常相关，一般地，有意义的地质体（如铁矿、岩体等）引起的最小异常为 Δz，由于大于 3 倍中误差的概率仅有 0.3%，观测值 T_i的误差 m 应满足 $m \leqslant \Delta z/3$。考虑到在绘制异常图等值线时，一般规定最低有意义的异常要有两条等值线才认为是可信的，这样观测误差最终应满足 $m \leqslant \Delta z/6$。

《海洋地质调查磁力测量技术规范》规定：在进行大陆架区域地质调查中，当工作比例尺为 1∶50 万时，允许误差≤5nT；当工作比例尺为 1∶10 万时，允许误差≤3nT；当工作比例尺为 1∶5 万时，允许误差≤2nT。

4.4.4.4 基础图件编制

海洋磁力测量数据成果图是根据所有测点的定位数据和磁异常值绘制的一定比例尺磁异常图。一般而言，海洋磁测成果图件比例尺与工区调查比例尺和技术设计规定相同。成果图件主要包括实际材料图、地磁异常剖面图、地磁异常平面剖面图、地磁异常等值线图和地磁总场强度图等。

地磁异常剖面图是表示某一测线或某一特定方向上磁异常变化情况的磁异常图。该图是研究异常特征和异常计算的基本图件，也是编制其他图件的基础。海洋磁测中每一条测

线都要求编制地磁异常剖面图。

地磁异常平面剖面图由全测区的所有剖面图按照实际位置并列在一张平面图纸上构成。该图不仅可以反映磁异常沿测线方向的变化特征，而且可以清楚地显示异常在平面上的变化规律。

地磁异常等值线图按编图比例尺要求的间隔，从各剖面曲线上读取每个采样点上的异常数据，并依据实际位置标在一张平面上，然后将相同的异常数值用曲线连接起来，绘成一张异常平面等值线图。

4.4.5 地质解释

磁法是地球物理勘探方法中发展最早、最易实施的一种技术，在地质勘探前期的普查阶段以及后期的详查阶段都有重要应用。

磁力勘探的地质解释需要基本前提条件：①探测对象与围岩（或周围环境）有磁性差异，由这种差异引起的磁场变化，能被现代磁力仪测出来；②与探测对象无关的干扰因素产生的干扰磁场和探测对象产生的磁场相比，足够小或有明显特征，可以被分辨或消除。只要满足上述两个条件，就可用磁力勘探解决问题。

4.4.5.1 解释原则

磁异常的地质解释，通常是指根据磁测资料、岩（矿）石（目标物）的磁性资料以及地质和其他物性资料，运用磁性体磁场理论和地质理论解释推断引起磁异常的地质原因及其相应地质体（目标体）的空间赋存状态，平面展布特征，矿产和地质构造或其他目标体分布的全过程。为实现上述过程磁异常解释应遵循如下一般原则。

（1）以地质为依据

以地质为依据，就是要充分占有地质资料，掌握已有地质规律，建立测区内可能有的几种地质模型，以此指导磁异常的正反演解释。在解释过程中要防止简单对比与凑合地质结论，要善于利用磁异常与地质资料不一致的地方，细致对比分析与深入解释，提出新的见解，进而深化地质解释，修正或提出新的地质结论。

（2）以岩石物性为基础

岩石物性是基础，是联系地质与地球物理场的桥梁，是减少磁异常反演问题多解性的重要途径。没有扎实的物性资料，就没有可靠的地质解释。把地质规律与岩石物性结合起来就可以建立合理的物理-地质模型，作为磁异常解释的初始模型。岩石物性虽有一般规律，但有更强的特殊性，必须总结出当地岩石的物性规律，不能盲目套用一般规律。以花岗岩为例，在不同地区不同围岩环境中，磁性可以是弱磁或无磁，也可以是中等磁或较强磁。

（3）循序渐进，逐步深化

不同比例尺、不同网度和精度的磁测工作其解决地质问题的重点与深度不一样，一般应遵循由粗到细、由区域到局部逐渐深入细致的原则，尽量借鉴地质、地球物理条件相似地区的解释经验与方法，指导待研究区的解释工作。

（4）定性与定量、正演与反演、平面与剖面解释相结合

定性与定量解释的结合可以使两者互为补充，逐渐深化；正演与反演相结合可以不断修改补充原有解释模型，减少反演解释的多解性；平面与剖面解释相结合一方面利用典型剖面的精细解释、控制修正平面解释，另一方面利用平面解释的总体规律来指导剖面模型建立，达到相互借鉴、相互补充，提高解释成果质量的目的。

（5）综合解释

为了克服磁异常反问题的多解性及磁力勘探应用的局限性，有条件时应尽可能进行综合地质、地球物理解释，这样才能正确确定异常的地质原因，提高地质效果。

（6）多次反馈，不断修正

由于地质现象的复杂性，对其认识很难一次完成，对解释工作也是如此。它主要反映在两个方面：①在解释过程中应通过多次正反演、多次反馈不断修改物理-地质解释模型，使解释结果最佳符合当前的地质、地球物理资料。②每当补充新的资料，或通过验证发现新问题，则又应利用反馈的资料再解释，故解释工作是一个不断反馈、解释及深化的过程。

4.4.5.2 磁异常解释的基本方法与步骤

地质问题和目标决定了磁测资料解释的内容，不同地质任务对解释的内容和要求也不同。总体而言，磁测资料的解释过程步骤一般包括磁异常的预处理和预分析，磁异常的定性解释，磁异常的定量解释，地质结论和地质图示。

（1）磁异常的预处理和预分析

海洋磁测采集数据是测区地质体的综合反映。随着磁测精度的不断提高，实测异常中所包含的信息也不断增加。如何有效地提取和利用这些信息，成为磁异常解释研究的重要课题。在实践中，磁异常的预处理和预分析对提高磁法解决问题的能力与改善地质效果起到了应有的作用，已成为当今磁异常解释推断中不可缺少的重要环节。

磁异常的预处理和预分析的目的：①使实际异常满足或接近解释理论所要求的假设条件。例如，把分布在曲面上的实测异常换算成分布在同一平面上的异常，把叠加异常分解为孤立异常等，即把复杂异常处理成简单异常，以便于解释。②使实际异常满足解释方法的要求。例如，由磁场某单分量测量结果换算成其他分量的值，斜磁化换算成垂直磁化，由 磁场值换算成频谱值等。从而可以提供多方面的异常信息来满足一些解释方法本身的要求。③突出磁异常某一方面的特点。例如，通过向上延拓等方法来压制浅部磁性体的异常，相对突出深部磁性体的异常；通过方向滤波或换算方向导数来相对突出某一走向的磁异常特征等。

磁异常的预处理与预分析的内容：①圆滑和划分异常（如区域场与局部场的分离，深源场与浅源场的分离等）；②磁异常的空间换算（由实测异常换算其他无源空间部分的磁场）；③分量换算（进行地磁总强度矢量在不同坐标轴上的投影计算）；④导数换算（由实测异常计算垂向导数、水平方向导数等）；⑤不同磁化方向之间的换算（如化磁极等）

及曲面上磁异常转换等。

磁异常的预处理与预分析的方法包括空间域和频率域两类。频率域方法由于速度快、方法简单等优点，已成为主要方法。解析延拓分为向上延拓和向下延拓，向上延拓可以压制浅部高频成分，突出深部地质构造产生的重磁异常，达到低通滤波的效果，可以研究深部地质构造的演化特征。导数已经广泛应用于磁异常的解释，它是压制区域场，圈定局部场，分离叠加异常的常用方法。因此在有条件的情况下，可以开展磁场梯度测量，即直接用磁力梯度仪观测磁异常的水平导数或垂向导数，以补充信息，提高解释效果。化极是将磁异常转换为假定磁性体位于地磁极处产生的磁异常，即化到地磁极。实际测量的磁异常是地质体产生的总磁场 ΔT，它是地下磁性体的综合反映。地下磁性体存在斜磁化的问题，在斜磁化的前提下得到的 ΔT 磁异常与磁性体的实际位置有一个明显的偏移。因此斜磁化是 ΔT 解释中是一个十分明显的干扰因素。为了解决这个问题，需要将斜磁化条件下的 ΔT 磁异常转换为等价于垂直磁化条件下的磁异常 ΔT_z。如果研究区过大，单一的地磁方向并不适用于全部区域，应考虑变倾角、变偏角化极。

（2）磁异常的定性解释

磁异常的定性解释包括两方面的内容：①初步解释引起磁异常的地质原因；②根据实测磁异常的特点，结合地质特征运用磁性体与磁场的对应规律，大体判定磁性体的形状、产状及其分布。

首先需要收集测区及周边地区的区域地质构造、钻探、重力、地磁、地震和地热等资料，包括岩浆活动、断裂活动及结晶基底特征等资料，特别是要收集岩石密度、磁性等物性资料。对区内各类岩矿石都应采集不同数量的标本进行磁参数测定，了解感磁和剩磁的大小和方向，并用正演公式，粗略估算异常分布范围内各类岩矿石所引起的异常强度，然后与实测异常对比，以判断实测异常是地表还是地下深部岩、矿体所引起的。

由于实际地质情况差别很大，一般是根据异常的特点（如极值、梯度、正负伴生关系、走向、形态、分布范围等）和异常分布区的地质情况，并结合物探工作的地质任务进行异常分类。例如，普查时往往先根据异常分布范围，把异常分为区域异常和局部异常。区域性异常往往与大的区域构造或火成岩分布等因素有关；局部异常可能与矿床和矿化、小磁性侵入体等因素有关。

在研究异常时，应注意它所处的地理位置、异常的规则程度、叠加特点，同时还应大致判断场源的形状、产状、延深和倾向等。例如，根据磁异常的平面等值线形态判断地下磁性体的形态：球状体的垂向异常等值线为等轴状，有一定走向的地质体引起一定走向的长带状异常；如果正异常的两侧伴生有负异常，可认为磁性体为下延有限的磁性体；如只有正异常而无明显负异常伴生，则可认为磁性体下延很大；当正异常一侧伴生有负异常，另一侧无负异常，则判断较复杂。

（3）磁异常的定量解释

定量解释的目的在于：根据磁性地质体的几何参数和磁性参数的可能数值，结合地质规律，进一步判断场源的性质，提供磁性地层或基底的几何参数（主要是埋深、倾角和厚度）在平面或沿剖面的变化关系，以便于推断地下的地质构造；提供磁性地质体在平面上的投影位置、埋深及倾向等。定量解释通常在定性解释基础上进行，两者相辅相成，并无严格的分界。

对于区域磁测资料，若以配合地质填图、研究区域构造、基底构造、圈定岩体和油气区盆地为目标的解释工作，则应选择能应用于大面积多体磁异常快速反演的方法，如磁性界面（包括居里面）反演方法、视磁化强度填图方法、拟 BP 反演方法、各种快速自动反演深度方法、欧拉法、总梯度模法、Werner 法、切线法等。综合利用上列方法，再辅以合适的分场滤波方法即可获得深、浅层位的磁性构造、磁性层、磁性体的深度、轮廓以及空间展布规律。对于勘探区磁测资料，若以查明磁性体的三维形态细节为目标，则应选择精细三维正反演方法，如三角形多面体、二度半组合体人机交互可视化正反演方法等。

（4）地质结论和地质图示

地质结论是磁异常地质解释的最终成果，是磁场所反映的全部地质情况的归结，由定性、定量解释与地质规律结合所得出的地质推论。

磁异常是由不同地质体之间磁性差异产生的，某种地质体的异常特征与地质体的空间分布、形状、产状及磁性直接相关。海洋磁测资料最经典的应用在于海底扩张磁异常条带的成功解释。海底磁异常条带是 20 世纪 50 年代后期发现的，其特点是磁异常呈条带状、大致平行于洋中脊轴线延伸，正负异常相间排列并对称地分布于大洋中脊两侧，单个磁异常条带宽约数千米到数十千米，纵向上延伸数百千米而不受地形影响，在遇到洋底断裂带时被整体错开。海底磁异常条带不仅是由海底岩石磁性强弱不同所致，而且是在地球磁场不断倒转的背景下海底不断新生和扩张的结果。扩张的海底记录了地磁转向的历史。

利用区域磁测资料，根据异常的分布变化特点、异常的符号以及异常的走向及其排列组合特点划分不同的磁场区，对应不同的地质构造单元。根据磁异常可圈定侵入岩、喷出岩以及沉积岩和变质岩，确定接触带、断裂带、破碎带，编制基岩地质图和基底构造岩相图等。利用磁异常能圈定断裂带，因为断裂可以改变地层的产状或者改变岩石的磁性，或者沿断裂带伴有后期或同期岩浆活动，或者沿断裂带两侧具有不同的构造特点。

地质图示是磁测工作地质成果的集中表现，应尽可能以推断成果图的形式呈现，如推断地质剖面图、推断地质略图、推断矿产预测图等。

4.5 海洋地震调查

海洋地震调查（marine seismic surveys）是广泛应用于海底地质构造研究、海洋油气资源勘探、海洋工程地质勘查和地质灾害预测等方面的海洋地球物理调查方法。此方法利用海洋和地下介质弹性与密度的差异，通过观测和分析海洋与大地对天然或人工激发地震波的响应，研究地震波的传播规律，推断地下岩石层性质、形态及海洋水团结构。

海洋地震调查始于 20 世纪 30 年代，当时的设备和方法主要照搬陆地地震勘探，探测能力十分有限。50 年代末期，伴随着非炸药震源、漂浮组合电缆、多次覆盖技术和数据可重复性处理技术的出现，海洋多道地震获得迅猛发展，探测效率和精度大幅度提升，但使用的仍为模拟地震仪。70 年代中期，在计算机技术推动下出现了数字地震仪，地震道数逐步由 24 道发展到 96 道，震源能量和激发效率提高。80 年代以后，海洋地震调查方法在高采样率、立体组合震源、大偏移距、高覆盖次数、高分辨率探测、立体探测和时移地震等方面突飞猛进。

目前海洋多道地震系统可同时拖曳 20 多条等浮电缆，每条缆长 12km，带有 4000 多个检波器，可同时采集 80 000 道的地震数据。为了获得海底多波多分量信息、监测水中目标，分别产生了海底地震仪（ocean bottom Seismometer，OBS）、海底节点式地震（OBN）和垂直缆技术（VCS）。现今海洋地震观测方法主要有：①直线型常规观测，直线走航式施工，被拖曳的单条或多条电缆及震源浮于近海面，施工方便、效率高；②上-下缆观测，走航式施工时一对或多条电缆在垂向上具有不同沉放深度，并在室内将不同深度接收到的地震信号合并，充分利用不同深度鬼波陷频的差异，以达到拓宽频带的目的；③盘绕式观测，采用单船作业（一套震源、多条拖缆）或多船作业（多套震源、多条拖缆），船舶按照重叠环形或曲线路径采集作业，航迹覆盖整个工区，可实现全方位观测，并消除复杂地质体的照明阴影问题；④变深度缆观测，拖曳固体电缆以变深度的方式采集数据，充分利用不同沉放深度鬼波特征差异，获取低、高频信号，拓展原始数据频带；⑤海底电缆（OBC），船舶拖曳震源走航式激发，地震电缆放置于海底接收信号，其能采集到横波信息，受海上障碍物影响小、背景噪声小，可改善原始数据的品质；⑥OBS，将三分量检波器和水听器置于海底，接收来自海底及以下地层的纵波、横波、面波及转换波，具有背景噪声小、信噪比高的特点，能为海洋地球物理探测提供更为丰富的地震波场信息。

本节主要介绍利用拖缆接收人工激发地震波探测海底地壳和地球内部结构的海洋地震调查方法。

4.5.1　技术要求

海洋反射地震（marine seismic reflection）探测具有走航式连续作业、高效生产等优点，被广泛应用于海洋石油勘探中，也是海洋地质调查最常用的方法。

海洋反射地震探测一般将震源和接收电缆按固定偏移距拖曳于船尾，并以一定的时间间隔激发地震波（图 4-15）。波在向下传播的过程中，一部分能量被海水及海底之下的沉积地层或岩体边界、断裂面等反射回来，这些反射能量被放置在海底或海水中的检波器接收，形成近似双曲线的单炮记录。由于采集到的地震信号与震源特性、检波点位置、地震

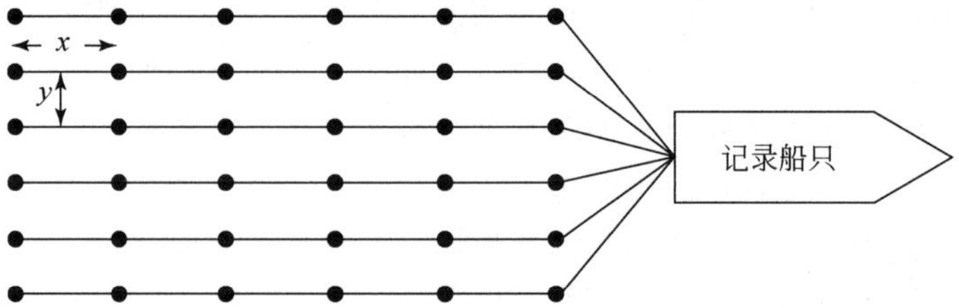

图 4-15　拖缆数据采集示意图

波经过的地下岩层性质和结构有关，通过数据处理能获取该处反映地球内部结构的地震剖面，以推断目标区岩层的性质与形态。地震波在传播过程中，波的振幅、频率、波形等的变化称为波的动力学特征，而振动质点所在的空间范围和传播时间关系称为波的运动学特征。地震波的这些特征受地层的岩性、结构和厚薄的影响，是地震资料解释的依据。

4.5.1.1 测网布设

地震调查的目的是得到某一海区范围垂直正下方的海底构造和油气情况，因此海洋反射地震探测首先要根据勘探目标，设计包含地质调查范围、满覆盖范围和作业范围的地震勘探工区测网。

由于海底大多数构造呈倾斜状态，要获取调查区地质情况，作业覆盖范围必须向四周扩大一个偏移孔径，扩大后的面积为满覆盖范围。经资料处理后，就得到地质调查范围。在作业过程中，作业船完成作业后还将继续前进，以便掉头后施工时把电缆拖直，继续前行距离一般为电缆总长度一半，该范围为作业方法，也是工区的一部分。

4.5.1.2 测线布设

海上地震调查测线方向主要考虑构造方向、长测线方向和海流方向，还应适当考虑工区内潮汐流向、羽角大小、工区形状、采集效率等方面的要求，根据具体情况合理选取测线方向。

通常主测线的采集方向应垂直于主要构造走向，而联络测线的方向应与主要构造的走向一致。在航行和构造条件允许的情况下，测线方向尽量与工区的长轴方向一致，使测线尽量变长，减少船只调头次数，提高工作效率。

海上实际作业时，受风向、潮流等因素的影响，船尾的接收拖缆方向往往会偏离设计的测线方向，从而产生羽角问题，为减少电缆羽角，在设计测线时应考虑选择平行潮流方向，以减小拖缆羽角。

目前，深水区大规模三维地震勘探采用地震拖缆采集观测系统。5 种不同的海上地震拖缆观测方式介绍如下。

（1）窄方位（NAZ）采集观测

海上三维地震勘探一般采用单船拖缆采集方式，这种观测系统的一个显著特点就是排列片横纵比很小，同时纵向覆盖次数明显高于横向覆盖次数（大多数情况下横向覆盖只有 1 次）。按单船采集的最大拖缆数 16 条，拖缆间距 100m，拖缆长度 6km 计算，单船观测系统排列片的最大横纵比一般只有 0. 125。

按照常规宽、窄方位角观测系统的定义：横纵比大于 0. 5 为宽方位观测系统，反之为窄方位观测系统。常规单船拖缆观测系统横纵比≤ 0. 125，属于窄方位观测系统。

窄方位拖缆的炮线一般平行于接收线，也称为平行观测系统。走航施工时，为了将接收电缆拉直又保持施工效率，需要将工区分成两个区域。当地震船航行到Ⅰ工区的边界时，继续沿原来直线向前航行半个拖缆的距离，然后转一个大弯到另一个方向相反的Ⅱ工区上，其地震船航行轨迹如同沿着田径跑道航行。窄方位拖缆采集地震数据比较容易实施，也节省费用，因此小规模的石油公司目前普遍都使用这种三维观测系统。

这种窄方位观测系统遇到复杂地质构造和折射率较高的地层时，地震波射线会发生弯曲，导致地震波无法到达深部构造区域，无法清晰成像。

（2）多方位（MAZ）采集观测

复杂地区的地层可能沿多个倾向展布，窄方位采集不能获取多个方位的反射波信息，若将窄方位采集的地震船沿多个航向进行多次数据采集，即在窄方位采集观测的基础上，额外增加 1 ~ 3 个方向航线，最终得到 2 ~ 4 个方向的采集数据并“加权叠加”到一起。这样的地震采集数据中包含了多个方位的信息。这种方法称为多方位地震采集，常见的有正交多方位采集、三方位采集和四方位采集等。

多方位采集可以改善地震成像质量，断层更加连续、清晰，有效压制来自水底的剩余绕射多次波，减少一些窄方位采集数据不能完全显示的模糊区域，但不能完全解决海底构造复杂成像问题。

（3）宽方位（WAZ）采集观测

在有盐丘、侵入体或高陡断层的复杂地区，地震拖缆采集会接收到来自这些构造的侧面反射，影响偏移归位处理效果。为了增加观测系统的横纵比，丰富方位角信息，克服侧面反射影响，需要宽方位观测系统。宽方位采集观测采用多条震源船，按一定的船间距沿横向依次排列，这样观测系统的横纵比就能到达 0.5 以上，使得近偏移距能得到全方位角的信息，远偏移距方位角也在 60°左右。

有多种常用宽方位观测系统，主要包括双船“之”字形宽方位、三船排列拉开的宽方位、四船震源拉开的宽方位、四船双拖缆片的宽方位。

1）双船“之”字形宽方位采集。双船“之”字形宽方位采集方式用一条沿“之”字形航线前进的震源船和一条拖着 4 条拖缆的采集船，沿直线航行的拖缆船采集地震数据。缆船与震源船的航速比为$\sqrt{2}$，两船以中间放炮的激发方式同时向前航行。当震源船走完一条炮线，按“之”字形顶点折转路径进入下一条炮线继续航行采集地震数据。“之”字形观测系统可以在测线方向获得更小的面元长度，有更高的道密度，遇到严重羽状漂移时，可以调整炮线来确保最优覆盖。“之”字形（WAZ）观测系统施工的主要缺陷是需要震源船穿过地震拖缆，震源激发容易损坏检波器，并且直达波的能量很强，干扰覆盖有效信号。

2）三船排列拉开的宽方位采集。三船排列拉开的宽方位采集方式将炮线固定，接收排列逐渐拉开进行宽方位采集的方法，简称为 BP 宽方位观测系统。这种宽方位采集方式配置了 1 条拖缆船和首尾两条双震源船。首尾两条震源船沿固定路线进行 6 次重复航行激发，拖缆船则分别航行 6 次，从而完成一束线的宽方位采集。将两条震源船航行的炮线横向滚动到一定位置，然后以相同的方式进行第 2 束线的宽方位采集。以此类推，实现全工区的宽方位数据采集。随着排列的逐渐拉开，观测系统的非纵距和方位角也逐渐增加，最终 6 个排列片在一束线上采集完成后，可以得到上下 40°方位角分布的宽方位地震数据。

3）四船震源拉开的宽方位采集。四船震源拉开的宽方位采集方式由 3 条单源船和 1 条含源拖缆船组成的宽方位排列片，也称为 1×4 排列片。如果拖缆船拖动 10 条间隔为 120m 的拖缆，拖缆长度为 7000m。4 个炮点的间距为 1200m，其非纵距可达到 4140m，排列片的横纵比能够达到 0. 59。若地震船按 5kn（2. 5m/s）的速度航行，记录 15s 的数据，4 个炮点依次激发的间隔为 37. 5m，相当于排列片在测线方向的移动间隔为 150. 0m。如果采用同时激发技术，即地震采集时震源 1、3 同时激发，然后移动 37. 5m，震源 2、4 再同时激发，这样可以使排列片在测线方向的间隔变为 75. 0m，4 个震源激发的周期减为 30s。这极大地增加了纵向上的炮密度，缩短了相邻炮线之间的记录间隔，从而能够有效地提高多船宽方位地震采集的效率，使覆盖次数加倍，信噪比增加，且同时激发的混叠采集数据在后期数据处理中可以有效分离出来。

4）四船双拖缆片的宽方位采集。四船双拖缆片的宽方位采集方式采用 2 条双震源船和 2 条含双源拖缆船，进行类似于螺旋结构的横向滚动观测系统，又称为 2×8 排列片。排列片在测线方向航行过程中，8 个震源按 25m 的炮点距依次放炮，直到该测线方向采集完成。将排列片在穿过测线方向滚动 1000m，再进行第 2 个排列片的采集，则第 2 个排列片的第 1 条船的位置是与第 1 个排列片的第 2 条船重叠的，以此类推排列片 2 的第 2 条船占据了排列片 1 的第 3 条船位置，排列片 2 的第 3 条船占据了排列片 1 的第 4 条船位置，而排列片 2 的第 4 条船则布置在一个新的位置上。继续这样滚动，第 1 ~4 个排列片滚动时，地下覆盖区域不断地交互重叠，第 4 个排列片采集完成后，就可以得到一个横向均匀覆盖 7 次的宽方位地震记录。这种海上宽方位采集方法的设计和操作更为简单，非生产时间更短、更经济。

（4）富方位（RAZ）采集观测

宽方位地震采集对压制来自深水中盐体遮蔽体的多次波效果很好，而多方位采集对处理各向异性效果很好，将二者结合起来就是富方位采集。2006 年，WesternGeco 为 BHP Billiton 在墨西哥海湾的 Shenzi 油田进行了一次富方位地震采集。观测系统为 1 条有 10 条拖缆的含源船和 2 条震源船，拖缆长度 7000m。按宽方位排列的 3 条船（相互间隔 1200m）沿 3 个方向航行采集数据，得到了不同方位角上炮检对分布不完全均匀的富方位采集的地震数据。

（5）全方位（FAZ）采集观测

全方位采集观测指的是利用环形观测系统进行海上全方位角地震采集的方法。环形激发时，地震拖缆船在一定半径的圆环上航行，并按一定的环间距进行纵横向滚动，从而完成一个工区的地震数据采集。一般情况下，其覆盖次数的分布是不均匀的，但中心区域覆盖次数最高，向边缘地区逐步降低。同样，不同覆盖区域的方位角的分布也具有类似的特征。目前，环形地震采集方式主要有三种类型：一是大丽花形环形采集，二是螺旋形环形采集，三是多船双环形采集。2008 年，挪威海的 Heidrun 油田使用了大丽花形环形采集，围绕一个中心点设计了 18 条交叉的环线，使用单源 10 缆的地震船进行了 4 天的环形地震采集，其中每个环形的半径近似为 5625m，缆长为 4500m，缆间距为 75m，震源间距为 25m，中心目标区域的覆盖次数达到 1000 次的全方位角、高覆盖数据。

在深水油气勘探中，对于复杂海底、中深部高陡构造、特殊岩体的下伏储层条件，宽方位或全方位、高密度的地震数据是十分必要的。但是全方位环形地震采集涉及拖缆间隔控制、检波器准确定位、环形航行时洋流噪声影响以及非均匀覆盖数据的规则化处理等技术问题，因此现阶段还是应该充分试验与研究多船多缆的宽方位地震采集方式。

4.5.2 仪器设备

海上地震调查仪器系统由数字地震仪、气枪震源和电缆组成。

4.5.2.1 数字地震仪

数字地震仪种类很多，根据其特点不同大致分为三类：集中式逻辑控制型数字地震仪、集中式数控型数字地震仪、分布式遥测型数字地震仪。

数字地震仪通常由前置放大器、模拟滤波器、多路采样开关、增益控制放大器、模数转换器、格式编辑器和回放系统组成。对应于每个观测点的地震检波器、放大系统、记录系统所构成的信号传输回路总称为地震道。由检波器获得的模拟地震信号，经过前置放大器初步放大，再进行假频滤波，以防止信号经离散采样后出现假频干扰。多路转换开关在一个采样间隔内和每道接通一次，把多道地震信号离散化，并合成一路，再经过模数转换器把离散的模拟量转化成数字量，按一定格式（SEG-Y、SEG-D）将其记录到磁盘或者磁带上。

近年来我国采用特制弯曲不敏感光纤制作检波器电缆，利用同轴套筒式结构，解决了信号传输光纤在电缆内弯曲损耗问题和光纤焊接点的耐油抗拉问题，实现了小型化光纤检波器。由此构建的小道距线阵光纤拖缆在海试中得到地震信号，具有体积小、噪声低、集成度大等特点，满足了高密度单检拖缆应用的技术要求。

4.5.2.2 气枪震源

震源系统是海洋地震探测的重要组成部分，震源的选用对海洋地震勘探成果的质量有着重要影响，决定着海洋地震勘探的地层穿透深度和分辨率。

不同种类的震源工作原理不同，震源特性也不同。海上震源分为炸药震源和非炸药震源两类。由于炸药震源的不安全性和不稳定性，20 世纪 50 年代末期，炸药震源逐步被非炸药类型的新型震源系统取代。现阶段使用的激发震源主要是空气枪震源和电火花震源，其中空气枪震源占到了 95% 以上。

气枪是使用最普遍的大型海洋地震探测震源，是一种在极高压力下将气体突然释放到水中，产生短促、高能地震脉冲的装置。各种枪具的结构各异，不同激发容量的同种枪具也存在结构差异，但工作原理都大致相同，即将空气压缩送入枪室中，达到一定压力时，在水中瞬间释放被压缩的高压气体，利用气体破裂时产生的气泡形成海洋地震探测中的激发震源。这种震源是典型的脉冲震源，类似于炸药震源产生的脉冲波。一般海上地震调查作业要求：单枪启动稳定性要求±1ms；组合枪阵内各枪同步启动误差应在±2ms；气枪容量不小于设计的 80%，声压不小于设计的 90%；气枪峰值比≥6。目前，在海上地震调查中使用的气枪震源主要有谐调枪阵（又称组合枪阵）、相干枪阵和 GI 枪阵。

（1）谐调枪阵

利用多个不同容量的气枪组合在同压同深条件下产生不同气泡周期的特点来压制气泡的振动。该方法能够有效抑制气泡振动，但缺点是气枪阵列较长，不符合高分辨率点震源的要求。另外，为了获取不同大小的气泡振动周期，需要多一些大容量的气枪，从而带来较多的低频成分，不利于高分辨率采集。但在海上常规地震调查中，目前主要采用的还是这类枪阵。

（2）相干枪阵

相同容量的气枪在相距很近时所产生的气泡互相抑制、缩小气泡振动。相干枪阵方法除了可以有效抑制气泡振动外，还具有阵列小、不使用大枪的优点，可使用几个容量相同的小枪相干代替大枪。该方法适应高分辨率地震采集要求，在实际海上地震调查作业中，相干枪往往与协调枪混合使用。

（3）GI 枪阵

GI 枪阵工作原理是在气泡内部注入气体，通过自身消除气泡振荡的影响。GI 枪的气室分为上、下两部分，上气室气体用来产生气泡，形成压力波场，称为 G 室；下气室气体用来消除气泡振荡，称为 I 室，I 室容量为 G 室容量的 2.3 倍。气枪激发后，G 室首先打开，释放高压气体，产生压力脉冲。当气枪产生的气泡达到最大体积时，I 室打开，向气泡内注入气体，使气泡内部压力迅速增大，直至和周围静水压力相等。此时，水体和气泡不再具有动能，气泡不再产生振荡。由于 GI 枪只有小部分气体用来产生压力脉冲，大部分气体用来消除气泡振荡作用，GI 枪主要用于浅层高分辨率地震勘探。GI 枪可以有效改善地震记录的品质，但深部勘探不适用。

4.5.2.3 电缆

水下拖缆总体设计包括带有检波器的工作拖缆的结构设计，完成海上拖缆地震所需要的其他辅助电缆的结构设计，完成电缆之间的连接、地震数据和状态数据采集传输、电源供电以及其他电缆辅助设备通信的物理结构的设计工作。海上地震调查作业要求：全缆绝缘电阻（下水前）应大于 10MΩ，电缆串音大于 60dB，电缆拖曳噪声小于 0.1Pa，各道间的相位差小于 1ms，各道间的振幅变化在 15% 以内，电缆定深器可控范围为 3～30m。

电缆主要由甲板电缆、滑环、前导段、前导段测试小段、光电转换模块、弹性段、旁路测试小段、连接包拉力小段、头部工作包、工作段、尾包、尾部弹性段、尾部滑环、尾靶等部分构成。其中，甲板电缆分为数据甲板电缆和电力甲板电缆，数据甲板电缆用来传输船载工作站下行命令以及电缆上行地震数据，长度为 80m。滑环用来时刻加电测量拖缆工作状态，采用光电滑环，光纤传输采用单模传输方式。前导段是铠装电缆，用来拖曳电缆工作，最大传输长度为 1500m，光纤传输采用单模传输方式。前导段测试小段是代替前导段来连接甲板电缆和后面弹性段电缆的小段，结构与前导段相同，前部分为光线接头和电接头，长度为 10m。光电转换模块将下行命令光信号转化为电信号，将上行数据电信号转化为光信号，在前导段尾部。弹性段用来降低船体给拖缆带来的震动，减小噪声，长度75m。旁路测试小段用于在甲板上测试电缆时，连接前导段或前导段测试小段与连接包或者头部工作包相连接，长度为10m。连接包用于弹性段之间的连接，作为光信号驱动作用。拉力小段负责拉力测量，同时设计有水断道，长度为4m。头部工作包进行命令解析，负责尾部半段电缆的采集工作，负责给光电转换模块以及连接包供电。工作段是带有检波器的电缆，用来接收地震信号。尾包是最后一个工作传输包。尾部弹性段是拖带后面尾靶，同时具有深度控制线圈，定位水鸟线圈，为尾靶供电。尾部滑环用于拖带尾靶，能够使拖缆自由转动，去除扭转应力。

4.5.2.4 检查

每日检查：工作前需获取一张指数振荡器记录。

每月检查：A/D 转换器、主放、前放直流漂移调零，前放增益调节。计算机检验，前放一致性、噪声和漂移、增益台阶准确度、串音、畸变、陷波、A/D 转换器线性、动态范围、脉冲响应、漏码率。模拟测试，主放比较器调零、主放对钟计时容限、A/D 转换器时钟计时容限、系统计时、自动增益控制（AGC）功能、头段解偏。

每年检查：检测数据振幅、扭曲和速度误差，修理或更换性能不佳或有隐患的机械部件和电子部件，全面校准测试仪器，检查回放系统。

4.5.2.5 使用与维护

海上地震调查作业的地震仪器使用与维护要求：建立仪器档案，详细记录仪器在使用过程中发生的故障及处理方法；仪器使用要遵循操作规程和仪器使用说明书的有关规定；仪器室要保持清洁、干燥、防尘，当湿度小于 40% 或大于 80%，以及温度高于 30℃或低于 5℃时，不应使用仪器；仪器室应放置二氧化碳灭火器，确保仪器安全；仪器长期不使用时，要经常充电，定期给仪器备用板充电；仪器必须取得合格的年、月检查记录后方可用于调查，每日工作前必须取得合格的日检记录。

4.5.3 海上测量

4.5.3.1 航行要求

海上地震调查作业船行要求：船速和航向应保持稳定，船速要求在 5kn 左右，船只偏离测线超出规定范围时，要及时缓慢修正，修正率不得大于 2°/km；到达测线起点前 2km 处应使电缆拉直，到达测线终点后，船只应继续沿航向工作，延续距离应等于半个排列长度，进入测线或测线结束一般要有合格的卫星导航定位点；地震测量中，一般由定位系统控制震源激发，采取等距离或等时间放炮，定位炮号与地震文件号相对应；航线偏离设计侧线不得大于测线间距的 1/5；船只必须偏离原定航向或减速时，应事先通知地震值班人员，随后应尽快修正航向使船只回到设计测线上；驾驶人员应经常监视拖带的震源和电缆，当发现有船只要通过电缆的水面时，应提前做好下沉电缆事宜。

4.5.3.2 测量方法与要求

海上反射地震调查一般用水平叠加［共深度点（common depth point，CDP）叠加］方法，覆盖次数与排列长度视具体地质任务而定。为解决某些特殊问题可采用合成排列剖面法（SAP）、扩展排列剖面法（ESP）、声呐浮标法或三维地震法和高分辨率地震法。

具体测量要求如下：仪器检验项目、时间、方法及技术指标应符合说明书及操作规程的规定；每日（或每条测线）工作前，录制正常工作条件下的电缆噪声，可录制在生产磁带上；地震电缆每次下水工作前，所有地震道、辅助道应处于正常工作状态，水断信号应记录正常；施工中测线测量中断，应在该航次补测，测线正向连接时，要炮点连续，反向连接时要重复观测一个排列（炮点至最远检波器的距离）的长度；月检以 30 天为限，最长不超过 37 天；根据不同任务，地震勘探前应进行仪器检验，确保最佳的仪器参数。

4.5.3.3 检测记录

海上地震调查作业检测记录包括每条测线的首尾炮点测量中每 40 炮应回放一张监视记录，特殊情况下要及时回放监视记录；首炮及测量中每间隔 40 炮取一张气枪记录，震源故障应及时记录并在班报中详细记载故障情况；选择某道记录作为单道监视剖面，监视记录中计时线应清晰，道亦均匀，气枪同步信号和激发信号（TB）的断点清楚；时标参考信号的相位和振幅稳定，时标的误差每 5ms 为±1ms；监视记录两端加盖登录章，填写各项内容；测量中海况突然变化或船加速时，应及时录制电缆噪声，噪声电平超过标准应停止作业。

4.5.3.4 地震班报要求

海上地震作业班报应满足：首尾炮号及测量中每隔 40 炮按照要求如实完整地填写一次数据；炮号和文件号需对应无误；记录测量中影响质量的因素需注明废品炮号、文件号、坏道号，按照时间放炮应注明放炮的时间间隔；班报用铅笔填写，不得用橡皮涂擦，有修改时，应将原记录单线划去并重写。

4.5.4 资料整理

4.5.4.1 原始记录资料验收

海上地震调查原始记录资料包括噪声、震源能量与沉放速度、仪器接收因素选择、设备更换及工作方法改变等；原始记录资料，包括数字地震磁带资料、数字地震监视记录、单道剖面记录、数字地震仪的日检和月检资料、气枪打印记录、导航定位资料以及记录和手簿等。

原始资料验收合格的记录和测线需满足以下要求：仪器日检、月检合格记录；仪器因素或方法符合设计要求；不正常工作道（死道、乱道、反道灵敏度低于邻道 6dB、噪声超过指标的地震道）不超过总道数的 1/24；电缆拖曳噪声不大于 3mPa，沉放深度误差不大于 2.5m，尾标偏离不大于 15°；组合气枪总容量不低于规定值的 80%，声压不小于 90%；炮间距误差在 500m 范围内小于±50m，整条测线的空废炮率小于 6%；n 次覆盖的 n 个连续炮点中不超过 $n/2$ 个空废炮；单道监视记录基本完整清晰。

凡是不满足上述要求者皆为不合格记录和测线。

4.5.4.2 资料处理要求

海上采集的地震记录包含有地下结构和岩性的信息，需要经过各种处理，提高信噪比、分辨率以及保真度，建立地震数据与地下构造和岩性明确的对应关系。

地震数据处理依赖于野外采集的数据的质量，而处理的结果直接影响解释的精确度和可靠性。目前海上常规地震资料已有一套明确的处理流程。可分为三个基本阶段，即预处理、常规处理和特殊处理。其中，常规处理主要是反褶积、叠加、偏移处理，反褶积可以提高时间分辨率，叠加在偏移距方向压缩数据体并得到叠加剖面，偏移将倾斜同相轴移到它们地下的真实位置，使绕射收敛，以提高横向分辨率。目前，国内外较为著名的地震资料处理系统有 Omega、Promax、CGG、Focus、Grisys 和 GeoEast。这些系统都有自身特色的处理模块，处理人员须熟悉并明确地质任务和地质特征，分析野外地震资料，确定处理流程和处理参数，监控和调整处理过程，才能获得满足地质解释要求的成像剖面。

地震资料数据处理从野外数据磁带输入，到最终提供给解释人员的处理成果，至少要包含震源子波处理、静校正、叠前去噪、振幅补偿、反褶积、多次波衰减、数据规则化、速度分析、偏移速度场、切除、偏移、增益及滤波等。

海上地震勘探数据资料处理具体要求如下。

（1）数据解编或格式转换

将输入数据格式转换为地震勘探数据处理系统接受的数据格式，转换过程中不应降低数据精度，并确保道头能够精确地转换；至少显示总炮数 1% 的单炮单炮数据，每条拖缆至少显示一个共炮检距剖面，检查格式转换的正确性和原始资料的质量。

海上地震数据存储文件主要包含三部分：文件头、道头和数据道。文件头包含数据集的所有信息，如勘察测量信息、先前处理流和数据参数；道头包含数据道的特性，如采样点的数目、采样率；数据道是匹配道头参数的一串数值，主要是量化的地震波振幅。海上地震记录一般采用按时分道方式存储地震数据，即先记录所有道的第一个采样值，然后记录所有道的第二个采样值，以此类推，按放炮顺序存储全部炮的数据。室内处理时，地震数据需要按道分时方式记录，即先记录第一道的所有采样信号，然后再记录第二道的数据，以此类推，将数据存储在计算机或工作站的硬盘中。不过，野外数据记录的格式和数据处理中采用的格式也多种多样，而各公司研发的地震数据处理系统中均拥有自身特色的格式，但不同系统间的数据可以交换和共享，一般通过公共的标准格式 SEG-Y 来相互转换。SEG-Y 是美国地球物理勘探工作者协会（Society of Exploration Geophysicists，SEG）推荐使用的标准通用格式，已在全球范围内广泛使用。所以数据解编的主要目的是将按时分道方式记录的海上地震数据，转换成按道分时的室内方便处理的数据格式，并根据采用的室内地震数据处理系统，转换成其需要的内部格式，是地震资料流程化处理最为基础工作。

道编辑就是将地震记录上明显的噪声道、带有瞬变噪声的道或单频信号道（坏道）剔除；若有极性反转道，则改正其极性；若有空白道，通过差值的方法弥补。若在记录上有不希望保留的成分，则进行充零处理，如初至切除、动校正（normal moveout，NMO）拉伸切除等。目前一般的道编辑工作，可以在海上现场交互处理系统上完成。对于废炮、废道和高频尖脉冲等干扰，可用肉眼或系统自动进行识别，直接剔除或切除。

（2）极性的规定

原始记录初至下跳（负值）为正极性，数据处理中应使用正常极性；对于没有明确提供极性信息的测线，应放大显示单炮记录初至，鉴定其极性，对于反常记录进行极性反转处理。

（3）子波处理

震源远场子波可通过子波模拟软件模拟、地震资料中提取、近场子波计算等方式获得；应显示震源的远场子波，对其进行振幅谱和相位谱分析，并进行去气泡处理；求取最小相位化或零相位化算子，应用于地震数据，获得最小相位或零相位地震数据；对比应用前后的振幅谱、相位谱及地层波组特征，确保相位谱转化为最小相位或零相位。

（4）观测系统

激发点和接收点定义应与野外施工记录的实际情况相符合；根据野外施工参数和处理要求定义处理原点坐标和面元网格大小，将定位资料与地震资料进行合并，定位信息置于地震道头；绘制三维观测系统激发点、接收点平面位置图、共中心点（common middle point，CMP）面元覆盖次数图和最小最大炮检距图，其结果应符合野外施工实际情况；用线性校正或其他方法检查观测系统定义的正确性。

为了解地下构造和岩性的分布情况，需要连续追踪各界面的地震波（即逐点取得来自地下界面的反射波、折射波和转换波信息），同时需要在测线上布置大量的激发点和接收点，以连续进行多次观测，而每次观测的激发点和接收点相对位置都保持一定的相对关系，地震测线上的这种相互关系称为观测系统。海上地震资料采集一般都按照预先设计的方案实施，包括测线长度、位置、方位，炮点坐标和炮间距，排列长度，检波点位置、方位、道间距，非纵距，横向、纵向覆盖次数，以及偏移距等。这些参数记录了地震数据的空间位置及记录间的相对关系。建立室内地震观测系统就是为了把所有道的炮点和接收点位置坐标等测量信息都储存于道头中，让储存在地震数据道头中的海上实际观测方式和观测数据形成一一对应的关系，以方便数据流的调用及处理参数的准确设置，为后续的精确处理、分析和各道的正确叠加提供保证。

（5）静校正

内容包括：炮点和检波点校正到平均海平面；根据班报记录进行震源和仪器延迟校正；根据潮汐记录进行潮差校正，消除因地震波在水中传播速度变化引起的时差。剩余静校正的计算视窗应该选在反射品质较好、构造相对简单的地震反射层位上。

海洋勘探中震源和水听器深度不同，需要进行海平面校正；海底地形崎岖不平时，需要进行海底地形校正；仪器接收信号有时间延迟，也需要校正。

海上纵波地震勘探激发和接收都在海面上进行，地震地质条件相对简单，静校正问题不像陆上那么严重。然而，对于海上多波地震勘探，静校正问题却十分突出。由于 P-SV 转换波传播速度较慢，通常约为纵波速度的 1/2，在浅层低速度带只有纵波速度的 1/10，因此浅层地层的速度和厚度在横向上的微小变化，都会引起较大的 P-SV 波传播时差。可以利用 CRP 叠加道相关优化法、共炮点（CSP）道集统计法求取各检波点的静校正量解决 P-SV 转换波静校正问题。

（6）叠前去噪

主要包括：剔除不正常的炮、道，剔除或压制异常的振幅值；压制地震记录上存在的随机噪声和相干噪声，在噪声压制过程中应保持振幅能量的相对关系；显示有代表性（具有不同噪声类型）的部分单炮记录和叠加剖面，检查去噪后的效果。去噪后的地震数据信噪比提高，去掉的噪声数据中无明显有效信号。

（7）振幅补偿

补偿地震波在传播过程中振幅的衰减，补偿后的地震记录在浅中深层的能量应基本均衡；消除炮间和道间因设备因素引起的能量差异；连片资料处理时，经振幅补偿处理后，各区块间应无明显能量差异；应对由近地表的激发接受条件差异引起的振幅变化进行地表一致性补偿。

振幅信息在地震处理和解释的各个阶段都起着非常重要的作用，它不仅能够反映地层界面的反射系数，而且还与地震波的激发、传播路径和接收等因素有关。这些因素包括地震波的激发条件、接收条件、波前扩散、吸收、散射、透射损失、入射角的变化、波干涉和噪声水平等。在地震资料处理时，需要对波前扩散、吸收、散射等导致的波能量进行恢复和校正。

A. 球面扩散校正

球面扩散校正也称几何扩散校正，因为由点震源激发的球面波向地下传播过程中，随着波前面的扩大，能量随距离呈平方反比衰减，振幅随距离呈反比衰减。球面扩散校正时，根据时距关系，将地震记录乘以 r 因子，补偿球面扩散造成的振幅损失。

B. 吸收衰减补偿

地下介质对地震波振幅的吸收衰减与地层的品质因子有关，即

$$A = A(t)\mathrm{e}^{\pi ft/Q} \tag{4-52}$$

式中，f 为地震波频率；t 为采样时间；Q 为地层品质因子。

利用式（4-52），在理论上可对地震波振幅或能量在频率域进行补偿，但实际中，地下地层的品质 Q 值往往是未知的，实际补偿困难。一般在实际数据处理中，采用地质统计

结合经验估算 Q 值，但结果有很多不确定性。

C. 振幅控制

地震波能量由地表到深部衰减很快，地震记录在浅层和深层能量相差极大，以统计规律为基础的能量控制方法，通过振幅控制处理，使浅部和深部的地震能量能够大体接近，同时保留一定的反射能量相对强弱关系，但该处理往往使得地震振幅记录失真。通常在对相对能量关系要求不是很高的情况下采用。

D. 振幅一致性处理

振幅一致性是指不同的共激发点道集和共接收点道集之间的振幅在时空上应相对一致。振幅一致性的目的是达到相对保幅，增加叠加的统计效应。由于地震波在地下传播过程中受地层吸收影响，加上激发接收因素的变化，导致地震波的振幅随时间及空间变化而强弱不同，降低了叠加的统计效应。针对炮与炮、道与道之间的振幅在时空上的振幅能量差异，需要采用振幅一致性校正来消除。在实际资料处理中，首先应进行不同激发点之间的能量差异补偿，消除激发点的能量差异，再进行接收的能量差异补偿。

（8）反褶积

根据处理目的选择合适的反褶积方法，反褶积处理的时窗应考虑水深的变化，显示反褶积处理前后有代表性的炮集（或共中心点道集）数据、叠加剖面、自相关函数和振幅谱，检查反褶积处理方法、参数应用的合理性。

反褶积除了能消除子波效应提高分辨率外，还可以压制不同类型的干扰波，如鸣震、多次波等。反褶积可以更好地划分微小地质构造、识别薄层和储层预测等，目前主要有最小平方反褶积、预测反褶积、同态反褶积、最大/小熵反褶积、变模反褶积、最大似然反褶积、基于人工神经网络的反褶积方法、Curvelet 反褶积等方法。

在实际资料处理中，不同的反褶积方法都有各自的优缺点及假设或限制条件，如最小平方反褶积、预测反褶积需要假设子波是最小相位以及反射系数是白噪序列。

（9）三维数据规则化处理

对常规窄方位海上地震资料，显示原始资料的面元覆盖图，了解近、中、远炮间距道的缺失情况。对宽方位或全方位资料可采取分方位近、中、远炮间距道缺失调查；剔除同面元同偏移距组内的冗余道，宽方位或多方位数据按划定的方位角范围分别处理；进行缺失道插值和已有道面元规则化处理，使每个面元中各偏移距道分布均匀，且反射点位于面元中心，宽方位或多方位数据按划定的方位角分别进行面元规则化插值处理；显示面元规则化前后的覆盖次数图、反射点位置图、反射方位分布等，规则化处理后的覆盖次数应均匀，各种炮间距的道齐全。

（10）速度分析

2D 数据速度分析点间隔应不大于 500m，3D 数据速度分析点网格应不大于 500m×500m，并应根据地质构造特征和地质任务合理调整速度分析点的密度，构造越复杂，速度分析点密度应越大；形成速度谱的 CMP 道集求和个数应合理，并应尽量包含多种不同炮间距数据，一般倾角越大，选用道集个数越少，地震信号信噪比越低，选用道集个数越多；速度扫描范围应大于实际资料存在的速度范围；速度解释要参考叠加剖面，考虑地质构造的变化；当速度谱质量较差，难以确定准确速度时，应做速度扫描分析；应显示等速度剖面图和速度分析点上动校正后的 CMP 道集和叠加剖面，检查速度拾取及速度场的合理性。

地震波在地下介质中的传播速度是地震数据处理和解释中非常重要的参数。速度参数不仅关系到地震数据处理诸多环节的质量，其本身也提供了关于地下构造和岩性的重要信息。速度分析是地震数据处理过程中的重要环节，在速度场准确的情况下，地震数据通过叠加和偏移处理能够较好地反映地下构造特征，反之可能会产生假象，甚至错误的解释结果。准确可靠地进行速度分析是地震数据处理的基础。

一般来说，可以通过常用的两种方法来求取叠加速度：一是速度谱，二是速度扫描。速度扫描法是选取一系列的常速度值在 CMP 道集上进行动校正，然后将所得结果进行并列显示，从显示图中选出能够使同相轴的校平程度最高的扫描速度，该速度就是符合要求的叠加速度。速度扫描的计算量比较大，处理方法也比较复杂，因此限制了它的广泛应用。而速度谱的运算方法相对来说就比较简单，它是对一个 CMP 道集，沿着双曲线同相轴的轨迹取时窗，然后在时窗内选取合适范围内的不同速度重复对道集进行动校正和叠加，同时将每一个速度所对应得到的叠加结果显示在速度–双程零炮检距的时间剖面中，处理结果即为速度谱。速度谱的求取方法比较容易，运算起来也方便，因而是速度分析中广泛应用的叠加速度求取方法。常规速度分析方法是基于地层各向同性假设，适用于地震时距曲线为双曲线的分析方法，主要有叠加能量法、速度扫描法、相似系数法和特征值法等。

A. 叠加能量法

叠加能量法速度分析原理：固定零炮检距时间 t_0，选定一系列的速度以相同的速度扫描间隔在所开时窗内进行计算，当选用的扫描速度与均方根速度相等时，各道的波形没有相位差，叠加后的能量最大，这时对应的速度就是要提取的叠加速度。利用叠加能量法进行速度分析所用的判别准则有两个：平均振幅能量准则和平均振幅准则。

B. 速度扫描法

应用一系列常速度值在 CMP 道集上进行动校正，并将结果并列显示，从中选取能使反射波同相轴拉平效果最好的速度作为 NMO 速度。

C. 相似系数法

基于相似系数计算的速度分析方法是将能量叠加升华至相似系数的计算，根据相似系数值的大小来判别叠加速度的值，相似系数的大小代表了速度分析效果的优劣。当所选取的扫描速度与动校正速度相等时，相似系数为 1，即相似系数达到最大值，此时的扫描速度即为要求取得叠加速度；其他情况下，相似系数小于 1。在实际资料处理中，相似系数不可能为 1，所以一般挑选相关性最高的速度函数，解释为叠加速度。

D. 特征值法

特征值速度分析方法是建立在求取数据协方差矩阵的基础上进行的，认为检波器接收到的信号由有效信号和噪声组成，且假设两者不相关、均值都是零。根据协方差矩阵的特性，求取主特征值后，可将信号和噪声进行有效分解，估算出信噪比。若选取的扫描速度不合理，时窗内计算得到的信噪比估算值较小，扫描速度选取合适时，估算的信噪比值大，表明该扫描速度即为要求取的叠加速度。这种方法能有效提高速度谱的时间分辨率和速度分辨率。

（11）多次波衰减

根据多次波的特点，通过试验选择有效的衰减多次波的方法；多次波和海上鸣震应得到有效衰减，同时应尽量不损失有效反射波。

（12）动校正和叠加

根据目的层段反射波最大反射角、地层各向异性特征，选择动校正方法；炮间距大于 5000m 的地震资料应采用高阶动校正处理；合理切除 CMP 道集上因动校正产生的拉伸噪声，在进行初至切除时应保留近道；最终叠加剖面的质量应优于中间叠加剖面的质量。

地下地层反射界面的反射波时距曲线，一般为双曲线形状，且在激发点处，接收的反射波时间表示界面的法线深度反射时间，所以将各个观测点的时间值都校正成其法线反射时间，则时距曲线与地下地层反射界面的形态就一致，这一过程为动校正。动校正的目的是消除炮检距对反射波旅行时的影响，校平共深度点反射波时距曲线的轨迹，增强利用叠加技术压制干扰的能力，减小叠加过程引起的反射波同相轴畸变。

正常时差随炮检距增大而增大，随界面埋藏深度的增大而减小。正常时差在速度很高、埋藏深度很深时，影响程度降低。应用于正常时差校正的速度叫作动校正速度。在上覆均匀介质的平反射层，如果在动校正方程中应用了正确的介质速度，反射波双曲线可按炮检距校正。一方面，如果应用的速度比实际介质速度高，双曲线就不会完全拉平，同相轴依然下弯，出现欠校正的情况，称为校正不足；另一方面，如果应用的速度比实际介质速度低，反射波动校正之后，变成向上弯曲的曲线形状，呈现过校正状态，称为校正过量。

按速度分析得出的最佳速度，对 CMP 道集进行正常时差校正，往往出现动校正拉伸畸变。作为动校正的一种结果，剖面上会出现频率畸变，特别是在浅层同相轴和大偏移距时更明显，这叫作动校正拉伸。如图 4-16 所示，主周期为 T 的波形，动校正后，周期拉伸至 T'，比 T 大。拉伸是一种频率畸变，同相轴向低频变化。考虑到浅层、远道动校正拉伸畸变严重，为防止浅层数据质量降低，在叠加前需将将畸变带切除。

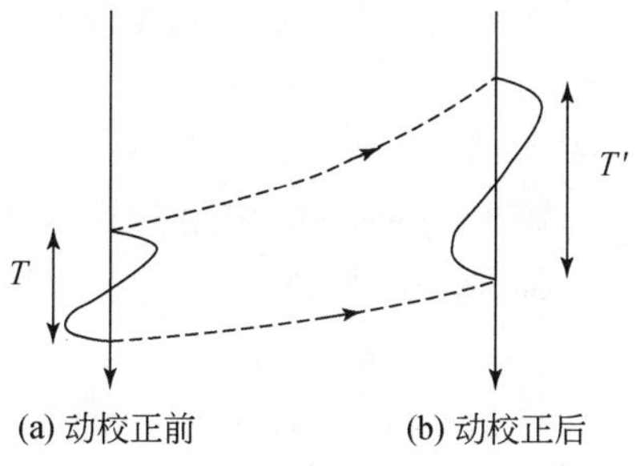

图 4-16　动校正拉伸示意图

水平叠加是将不同接收点、不同炮点条件下，记录的地下共中心点的地震波，经动校正后叠加起来，以提高信噪比，压制不规则的干扰波，改善地震记录的质量。当反射面为水平、上覆介质为均匀介质或水平层状介质时，共中心点等价于共反射点。对于单水平反射层的地层模型，动校正速度等于反射界面以上介质的速度；对于单倾斜反射层地层模型，动校正速度等于介质速度除以倾角的余弦；对于三维空间倾斜反射层，还需考虑方位角（倾斜方向与走向的夹角）的影响。然而，在实际地震资料处理中，经常忽略动校正速度和叠加速度的不同，认为叠加速度和动校正速度相等。

在速度分析和动校正之后，共中心点道集的反射波被校平，而噪声仍然随机分布在记录上，水平叠加能够增强有效反射波能量，压制随机噪声，从而提高地震记录的信噪比，这就是多次覆盖技术的本质，最终得到的叠加剖面能够比较直观地反映海底及地下地层构造情况。

（13）叠后时间偏移

根据偏移算法和偏移速度场试验分析结果，确定偏移算法和偏移速度场；当地层倾角较大，偏移可能产生假频时，应在偏移前进行地震道内插；偏移成果剖面上反射波、断面波应合理归位，绕射波收敛，断点清晰，无空间假频。

叠后偏移是在水平叠加剖面的基础上进行的，针对水平叠加剖面上存在的倾斜反射层不能正确地归位和绕射波不能完全收敛的问题，采用爆炸反射面的概念解决上述问题，即把水平叠加后的自激自收剖面看作在反射界面上同时爆炸产生地震波，并以半速度向外传播，在地面上观测到的上行波剖面。

A. 基尔霍夫积分法

基尔霍夫（Kirchhoff）积分法偏移是采用数学方法表示惠更斯原理，然后由数学表达式来求解空间位置上每一点的波场值，而且求得的波场值正好满足波动方程，从而达到偏移处理的目的。

基尔霍夫积分是以数学角度叙述波场从一个波前传播到任意一点的传播结果而导出的数学公式，它描述的是一个真实的物理过程。

B. 频率–波数域法波动方程偏移

根据爆炸反射面成像原理，把水平叠加后的自激自收剖面当作在地下反射界面上同一时刻起爆发出的地震波向外扩散，在地表进行接收记录，得到的上行波剖面。该观测方法就是从地下的反射界面处向上进行波场外推，这就是频率–波数域法波动方程偏移的基本原理。

C. 有限差分法波动方程偏移原理

有限差分法波动方程偏移就是在时间–空间域用有限差分法来求解上行波方程，然而直接求解上行波方程比较困难，需要先得到其近似表达式然后再进行求解。

有限差分法波动方程偏移的实质是由差分代微分，求微分方程的数值解的过程。为了将上行波方程表示为时间–空间域的表达式，需要将上行波方程表示为某种近似形式，然后在时间–空间域研究其差分方程及求解问题。

上行波方程在空间–时间域的表达式为

$$\frac{\partial p}{\partial z} = \mathrm{i}\sqrt{\frac{\omega^2}{v^2} - k_x^2 p} \tag{4-53}$$

对上行波用迭代法展开得

$$\frac{\partial p}{\partial z} = \mathrm{i}\,\frac{\omega}{v}\sqrt{1 - \frac{k_x^2 v^2}{\omega^2}}p = \mathrm{i}\,\frac{\omega}{v}\left(1 - \frac{k_x^2 v^2/\omega^2}{1 + R_n}\right)p \tag{4-54}$$

式中，$R_n = 1-(k_x^2 v^2/\omega^2)/(1+R_{n-1})$，$R_0 = 1$，由此可以得到上行波的各级近似方程。

以上几种方法各有优缺点，基尔霍夫积分偏移建立在物理地震学的基础上，利用基尔霍夫绕射积分公式把分散在各地震道上来自同一绕射点的能量收敛在一起，置于地下响应的物理绕射点上，适用于任意倾角的反射界面，对剖分网格要求比较灵活。缺点是难处理横向速度变化，偏移噪声大，“画弧”现象严重，确定偏移参数较困难，有效孔径的选择对偏移剖面的质量影响较大。有效差分法波动方程偏移是求解近似波动方程的一种数值解法。近似解能否收敛于真解与差分网格的划分和延拓步长的选择有很大关系。一般而言，网格剖分越细，精度越高，相应的计算量也越大。频率-波数域偏移不是在时间-空间域进行偏移，而是在频率-波数域进行偏移。它兼有差分法和积分法的优点，计算效率高，无倾角限制，无频散现象，归为效果好，计算稳定性好。缺点是不能很好地适应横向速度剧烈变化情况，对速度误差敏感。

（14）叠前时间偏移

用于叠前时间偏移的道集资料应进行相对保持振幅处理，道集上无明显的噪声干扰，偏移目标线的选取应具有代表性和控制性；应根据资料构造特征选择合适的偏移方法和合理的偏移参数，偏移孔径和偏移倾角参数的选择应能够保证工区内最陡倾角地层归位，选择去假频参数应避免出现反射同相轴相干过强现象；初始偏移速度模型应基本符合地质规律；分析目标线上有代表性的共反射点道集、速度谱或者剩余速度谱，以及目标线的偏移叠加剖面，检查偏移速度场的合理性，进行速度模型修正；检查叠前时间偏移最终速度场、共反射点道集及其切除参数的合理性；偏移成果剖面上反射波、断面应合理归位，绕射波收敛，断点清晰，无空间假频。

叠前时间偏移可视为一种能适应各种倾斜地层的广义 NMO 叠加，其目的是使各种绕射能量聚焦，而不是把绕射能量归位到其相应的绕射点上去。叠前时间偏移是成像和速度分析的重要手段，它能对陡倾角反射进行成像、提高横向分辨率、消除速度分析过程中不同倾角和位置的反射带来的影响、提高速度分析结果的精度和叠加剖面的质量。

（15）叠前深度偏移

用于叠前深度偏移的道集资料应进行相对保持振幅处理，道集上无明显的噪声干扰，偏移目标线的选取应具有代表性和控制性；应根据资料构造特征选择合适的偏移方法和合理的偏移参数，偏移孔径和偏移倾角参数的选择应能够保证工区内最陡倾角地层归位，偏移基准面应根据偏移方法和工区地表高程变化合理选择；在时间偏移成果剖面上进行层位解释，层位解释应符合地质规律，在纵测线方向和横测线方向的层位解释应闭合；利用叠前时间偏移的均方根速度，经过迪克斯（Dix）公式或其他方法得到初始的层速度模型，并综合地震速度、测井速度、垂直地震剖面（VSP）速度以及地质资料，建立与构造模式相吻合的初始速度模型；分析目标线的共反射点道集、速度谱或剩余速度谱，以及目标线的偏移叠加剖面，根据深度域共成像点道集、剩余速度、能量聚焦和偏移归位成果，检查速度场的合理性，并参考井资料对深度域速度模型进行修正；检查最终深度域速度模型、共成像点道集及其切除参数的合理性；深度偏移成果剖面上反射波、断面波应合理归位，绕射波收敛，断点清晰，无空间假频。

（16）叠前反演道集处理

道集资料应进行相对保持振幅处理；应用相对保持振幅去噪技术，压制道集上的各种噪声；应校平共反射点道集上的有效反射同相轴，并尽可能多地保留大反射角的反射信息。

利用地震数据处理分析手段，从地球物理资料中获得各种信息，就可以提取出地下介质的有关物性参数，如速度、密度等，并对构造、岩性等地质现象做出合理的解释与推断。获取地下物性参数，有地震正演和反演两种途径，它们是弹性动力学研究的两个基本方面。正演是在给定震源和介质特性的基础上，研究地震波的传播规律，而反演则是根据各种地球物理观测数据，推测地球内部的结构、形态及物质成分，定量计算各种相关的地球物理参数。

（17）叠后处理

对叠加和偏移后的数据，宜进行提高信噪比和分辨率处理；提高信噪比处理后的剖面，应无模糊断点，无“蚯蚓化”和“炕席”现象；提高分辨率后的剖面，波组特征应清楚，同步保持需要的信噪比。

（18）滤波和增益

合理选择滤波方式和参数，尽可能保留地震数据的有效频宽，对数据集进行滤波处理；合理选择增益方式和参数，增益处理后的最终成果，有效反射波组特征清楚，有利于地震资料解释。

（19）成果图件

海上地震资料数据处理过程中，对速度谱、频谱图件要求：每个速度谱、频谱均应打印测线号、CDP 号、谱的类别、处理日期、分析时窗等；速度谱的宽行列表参数应与处理设计书提供的一致；速度谱显示及道集动校正显示均应清晰；速度谱的取值范围能包含实际的速度值；速度谱的选点合理，其密度满足处理与解释的要求。

静电剖面要求：静电显示图的墨迹均匀、波形清晰、增益比例合适；图头名称与相应的作业宽行名称一致，其内容包括作业单位、测区、测线号、主要采集因素、处理流程的主要参数、剖面比例尺、处理日期、测线位置图等；时间剖面的两侧应有时间标注，深度剖面的两侧应有深度标注；剖面上方应有测线交点、CDP 号以及相应的炮点号。

照相剖面要求：每条剖面应有图头，内容同静电剖面；剖面上方应有测线方向、CDP 号及实际测线炮点号、相交测线标注、叠加速度数据、水深及电缆偏角；剖面中无波形畸变，无明显的振荡噪声和感应现象，增益与比例尺匹配，进道方向正确，步进距离均匀；洗相良好，图面清晰干净，无漏光、无折痕、手印、撕裂、色彩均匀、照片透明度好。

根据不同地质任务，成果图件成图比例尺通常有两种：①正常比例尺，时间比例10cm/s，横比例尺1.5～2mm、道间；②缩小比例尺，时间比例5cm/s，横比例尺0.75～1mm、道间。

4.5.4.3 处理成果质量评价

提交检验的各项成果资料应完成无缺，表格填写正确、齐全，资料处理的合格标准为：因转录造成丢失、废炮不大于总炮数的1%，深层出现的信号畸变小于总炮数的2%，任何100个CDP道内不正常值不大于4道；预处理造成的丢炮或数据不全的炮小于总炮数的2%～3%；预处理方案及参数、编码与任务书不一致，各主要模块及参数无错误，个别次要模块或参数使用错误，但不影响成果剖面质量；机器运转正常、程序运行正确、总CDP道数正确，出现的不正常道数小于总CDP的2%；处理任务书、处理记录本、宽行列表等文件齐全；成果剖面、洗相及图头显示整洁、齐全；波形基本无畸变、无振荡噪声及感应现象；变面积适当，灰阶度符合要求，胶片透明度较好；进道方向正确，距离和计时线错动不大于4ms；成果剖面能达到处理方案预期的地质效果。

4.5.5 地质解释

大致可以分为三个阶段，即构造解释、地层岩性解释和开发地震解释。20世纪70年代以前，地震勘探方法和技术在解决地质问题过程中，以地震资料的构造解释为主，即利用由地震资料提供的反射旅行时、速度等信息，查明地下地层的构造形态、埋藏深度、接触关系等。70年代以后，出现了地震资料的地层岩性解释，主要包括两方面：一是地震地层学解释，根据地震剖面特征、结构来划分沉积层序，分析沉积岩相和沉积环境；二是地震岩性解释，采用各种有效的地震技术，提取地震参数，并综合利用地质、钻井、测井资料、研究特定地层的岩性、厚度分布、孔隙度、流体性质等。

构造解释是整个地震资料解释工作中的重点和基础，地层与岩性的解释一般都是在构造解释工作之后进行的。构造解释主要包括时间剖面的对比、波长分析、时间剖面的地质解释、深度剖面与构造图的绘制等工作。

4.5.5.1 解释基础

正确理解地震数据是成功解释的必要前提。在层位追踪之前，必须确定数据的品质，以确定数据中可能提取的地质信息。解释人员必须考虑数据的品质、频率成分、分辨率、数据相位和数据极性，尽可能多地了解数据采集和处理相关内容，包括水深图、测线位置图、速度资料及相关数据、采集和处理过程中形成的数据和资料、相关的地质钻井以及重磁电热等其他地球物理资料。

4.5.5.2 定性解释

海上地震调查资料的定性解释主要包括三方面工作：时间剖面对比、速度对比和反射层序的划分。

(1) 时间剖面对比

时间剖面对比是地震解释中的一项最重要的基础工作，对比工作的正确与否直接影响地质成果的可靠程度。在反射波法地震资料解释中，反射波是有效波，有效波总是以干扰波为背景而被记录下来，因此解释工作的首要任务是在地震剖面上识别和追踪反射波。在地震时间剖面上反射层表现为同相轴形式。在地震记录上相同相位（主要指波峰或波谷）的连线叫作同相轴，所以在时间剖面上对反射波的追踪实际上就变为对同相轴的对比。根据反射波的一些特征来识别和追踪同一反射界面反射波的工作，叫作波的对比。

来自同一界面的反射波直接受该界面埋藏深度、岩性、产状及覆盖层等因素的影响，如果上述这些因素在一定的范围内变化不大，具有相对的稳定性，就会使得同一反射波在相邻接收点上反映出相似的特点，这是在一张剖面图上识别和追踪同一反射波的基本依据。

对于同一界面的反射波其同相轴一般具有 4 个相似的特点，也被称为反射波对比的 4 个标注：强振幅、波形相似性、向同性（同一反射波不同相位的同相轴应彼此平行）和时差变化规律（地震剖面经过了动校正和水平叠加，可以看作自激自收记录，在地震剖面上一次反射波的同相轴是直线，绕射波和多次波仍是弯曲的，而折射波、直达波等原来在共炮点道集上是直线型的同相轴，动校正后就变成了曲线，这是在地震剖面上识别波的重要依据）。

(2) 速度对比

根据我国海上地震调查作业要求，速度资料的分析应做到：①均方根速度，辨别有效反射波和其他干扰波的速度信息，提取有效波的均方根速度；②平均速度，对不同方法获取的速度资料进行综合分析，提取适合于时深转换的平均速度，由速度谱取得的速度资料进行校正和换算；③层速度，利用各种速度资料，提供各地质层位不同岩层的层速度；④对比平均速度和层速度的横向变化规律，编绘反映横向变化的有关剖面图和平面图件，提供给时深转换和进一步解释；⑤解释过程中对时间剖面上反射波的错断，同相轴的突变（数目和形状），反射波的分叉、合并、扭曲、强相位转换以及出现的特殊波，应反复对比、分析，以得出地质解释。

(3) 反射层序的划分

在对地震剖面进行对比及波场分析之后，接着要对时间剖面做出地质解释，其中最重要的是对反射层序的划分。地震资料解释的合理性很大程度上取决于对区域构造的了解程度，因此在反射层位标定之前，应尽量收集前人的资料，做好对本工区有关情况的调研工作。区域构造的发展演化及其格局，决定了地震剖面上波场的特征，而构造的发育总是一幕一幕的，在地层沉积过程中，受构造运动的影响，往往出现不同时期构造变动在地层中的不同反映，如某时期构造运动剧烈，地层就会发生褶皱与断裂，反之在平静阶段，沉积岩往往表现出产状较小变化的连续沉积。不同时期构造变动出现地层的不整合接触，这些不整合面是划分不同构造层的标志，在地震剖面上根据纵向出现的不整合往往可以划分出几个构造层。

要把地震剖面变为地质剖面，就需要对反射层进行层位标定，标定工作需要借助已知的钻探、测井、垂直地震剖面等资料。

在常规的地震资料解释中，使用井资料来标定过井地震剖面上反射层位。随着地震资料处理技术的发展，现在可以根据声速测井的资料，制作过井的合成地震记录，把它置于过井的地震剖面上来标定地震层位，也可以用垂直地震剖面的资料进行解释，由于垂直地震剖面本身资料的精确性，可使标定工作的精度得以提高。此外，还需要对浅中深层全面对比，着重于主要目的层，防止串层，根据波组系统中断、产状突变、断面波、绕射波等，结合偏移剖面，判断断点。波的对比解释应重复检查，利用多种方法处理的时间剖面，应验证对比解释的可靠性。

4.5.5.3 定量解释

时间剖面的地质解释一般是在水平时间剖面或偏移剖面上进行的。在剖面上把对比的反射层代号标注上地质年代，剖面上如果有断层，要做出断层线。通常把在地震剖面上所做的解释方案叫作地震解释剖面，把它变成深度剖面，并做出地质解释，即得到地震地质解释剖面。

深度剖面图的绘制方法：利用区域性长侧线，或通过构造及钻探井位的主要测线，绘制深度剖面图；深度剖面图用实线和虚线分别表示反射界面的可靠性，在不同界面的适当位置（如断点、高点、低点、测线交点）标志 t_0值。

等 t_0图或构造图绘制方法：选择有地质意义的、反射能量强，且能连续追踪，反映浅、中、深不同构造层结构形态的层面作平面图；将各条剖面上同一波组的断点绘制在平面图上，连接成同一条断层的断点；平面图上进行断点组合时，要分析同方向测线的剖面特征、断层性质、断开层位、断面产状、断距变化及相交测线的断层面组合情况，先连接断距大、延伸长的断层；以不同符号标示断层的可靠程度，同一地区的各类断层按统一标准划分等级，同一断层在不同层位的平面图上应统一命名或编号；构造图编绘必须进行空间校正，在等 t_0图上进行空间校正的同时，也要做断层校正；平面图应有相应的实际材料图。

4.6 海底地震探测

海底地震仪（ocean bottom seismometer，OBS）是一种将检波器直接布置在海底的地震记录仪器。由于 OBS 属于最新发展的海底地震探测仪器，目前世界上生产和研制 OBS 的单位仅有少数一些科研机构和高校（表 4-5）。

表 4-5　世界 OBS 生产主要国家和单位及其 OBS 数量情况

<table>
<tr><th>国家</th><th colspan="2">组织与单位</th><th>OBS 数量（约）/台</th></tr>
<tr><td>德国</td><td colspan="2">Geopro 公司</td><td>120</td></tr>
<tr><td rowspan="3">美国</td><td rowspan="3">美国国家海底地震仪器库
（US National Ocean Bottom Seismography Instrument Pool，OBS IP）</td><td>斯克里普斯海洋研究所（Scripps Institution of Oceanography，SIO）</td><td>34</td></tr>
<tr><td>伍兹霍尔海洋研究所（Woods Hole Oceanographic Institution，WHOI）</td><td>50</td></tr>
<tr><td>拉蒙特-多尔蒂地球观测站（Lamont-Doherty Earth Observatory，LDEO）</td><td>64</td></tr>
<tr><td rowspan="3">英国</td><td rowspan="3">英国海底仪器协会
（UK Ocean Bottom Instrumentation Consortium，OBIC）</td><td>杜伦大学（University of Durham）</td><td>10</td></tr>
<tr><td>安南普顿大学（University of Southampton）</td><td>28</td></tr>
<tr><td>伦敦帝国理工大学（Imperial College University of London）</td><td>数量不详</td></tr>
<tr><td rowspan="3">法国</td><td colspan="2">巴黎地球物理学院（Institut de Physique du Globe de Paris）</td><td>20</td></tr>
<tr><td colspan="2">L'UMR</td><td>24</td></tr>
<tr><td colspan="2">SERCEL 公司</td><td>数量不详</td></tr>
<tr><td>美国</td><td colspan="2">得克萨斯大学奥斯汀分校地球物理研究所
（University of Texas at Austin，Institute for Geophysics，UTIG）</td><td>19</td></tr>
<tr><td>美国</td><td colspan="2">美国地质调查局（The U. S. Geological Survey，USGS）</td><td>16</td></tr>
<tr><td>德国</td><td colspan="2">GEOMAR 公司</td><td>数量不详</td></tr>
<tr><td>日本</td><td colspan="2">北海道大学（Hokkaido University）</td><td>数量不详</td></tr>
<tr><td>中国</td><td colspan="2">中国科学院地质与地球物理研究所
（Institute of Geology and Geophysics，Chinese Academy of Sciences，IGGCAS）</td><td>200</td></tr>
</table>

资料来源：刘丽华等（2012）。

按照记录信号源频率的不同，OBS 可以分为短周期 OBS 和长周期（宽频带）OBS 两种，短周期 OBS 主要用于对海洋人工地震剖面的探测（主动源 OBS 探测），获取海洋地壳和地幔的速度结构以研究板块俯冲带、海沟、海槽演化的动力学特征等；长周期 OBS 主要用于天然地震观测（被动源 OBS 探测），等同于在海底布设流动地震台站，接收天然地震信号并利用走时层析成像技术开展地震活动性研究和地震预报等。本节主要介绍主动源 OBS 探测方法与技术，由于主动源 OBS 探测是目前获得海底深部结构最有效的手段之一，近年来，我国已利用该技术在渤海、黄海、东海及南海地区开展了较丰富的探测试验，获得了丰硕的成果。

主动源 OBS 探测中既可以利用折射波获取大套地层层内速度和主要折射界面的构造形态，又可以利用广角反射获得深部反射层信息。因此该方法不仅可以用于深部壳幔结构研究，也可用于高速屏蔽层（玄武岩、火成岩）下的成像研究。与 4.5 节所讲的常规海上多道反射地震（multi-channel seismic，MCS）探测相比，由于 OBS 摆脱了电缆的束缚，直接沉入海底并与其耦合，消除了海水层对地震信号的衰减影响，可以接收到更远偏移距的地震信号，具有非常深的勘探深度；三分量OBS避免了地震横波在海水中不能传播的限制，可以接收到转换横波信号，为地层岩性的识别提供了依据；多道地震得到的是共激发点（共炮点）记录，而OBS得到的是共接收点记录。

OBS探测与MCS探测相比，两者在工作方法上有很大不同，解决地质问题的能力也各有优劣（表4-6）。在实际工作中，常采用MCS与OBS相结合的方式进行地壳速度结构研究，MCS能够起到很好的浅部约束的作用，而OBS探测则具有更深的勘探深度，两者相结合可以形成互补效应。

表4-6　OBS与MCS探测工作方法和性能对比

性能	MCS	OBS
记录方式	共炮点记录	共接收点记录
获取信号	地震反射纵波	地震反射纵波、转换横波、折射波
数据处理	去噪、速度分析、叠加、偏移成像、信号增强等	去噪、滤波、增益、信号增强、震相拾取等
解释方法	波组对比与标定、速度转换、时间-深度转换	震相识别、射线追踪、走时层析成像
分辨率	中-高	低-中
勘探深度	浅层-中层（一般<10km）	深层、可达莫霍面
解释成果	地震纵波层速度、反射层时间和深度构造图	地震纵、横波层速度结构剖面
探测目标	中浅层的地质构造、断层组合、地层分布	深部速度构造特征和构造界面埋藏深度

4.6.1　技术要求

主动源OBS探测主要有2D测线和3D测网两种探测方式，但不管哪种探测方式，涉及海区的台站布设和震源激发，其作业过程必须保证经济、效率、安全、环保等众多方面，所以要求作业前有明确的计划和最优化的设计，作业中要有规范的操作和完整的班报或日志记录，作业后要有详尽的总结报告和完备的资料整理。与其他地球物理调查一样，主动源OBS探测在海上施工之前也需要根据勘探目标和设备条件设计好最优化的观测系统，以便高效的获得目标层的有效信号。

总体而言，全球范围内的OBS深部构造探测的观测系统设计基本相似，主要分为炮点设计与OBS投放点的设计两部分，包括炮点位置、炮间距、台站位置、台站间距以及最大偏移距等设计。

在主动源OBS探测中，一般规定炮线、OBS投放点连线以及探测目标层的方向一致，即三者的起始点与终止点位置相互对应。这样起始炮点与OBS起始投放点的位置决定了探测目标层的起始位置，而探测目标层的结束位置同理亦然。现阶段，由于OBS台站的数量限制，一般以气枪位置作为测线起点或终点，尽量将OBS均匀布设在气枪激发连线的中部位置，或OBS连线的一端留有足够大偏移距的气枪激发点，保证足够的偏移距，以确保足够的探测深度。

在主动源 OBS 探测中，震源能量和子波频带、台站间距、测线位置和测线长度、最大炮检距等观测参数需要根据勘探目标和设备条件以及实际地质情况而定，而 OBS 布设位置需保证仪器的安全以及不被较强的环境噪声干扰。一般地，炮间距与 OBS 间距一般为等间隔设计，且 OBS 间隔与炮间距呈倍数关系，这种设计使得观测系统设计较为简单，在资料处理时也更加容易和精确。在实际观测系统设计时由于 OBS 数量有限，根据研究的目的不同，在测线不同区域可以适当增加或减少 OBS 间距或炮间距以达到增加或减少射线密度（或覆盖次数）的目的。炮间距理论上只会影响探测目标层横向的分辨率，并不能提高覆盖次数；OBS 间距则决定了覆盖次数，理论上的最大覆盖次数等同于 OBS 的个数。在探测目标层横向范围确定的基础上，更多的 OBS 则意味着更多的覆盖次数，因此对于深部构造成像其效果会更好。

一般 2D 主动源 OBS 探测需保证台站连线、震源连线以及勘探目标的走向一致。在浅水地区，由于气枪阵列一般要求有一定的沉放深度，为保证 OBS 仪器的安全以及数据记录不会出现限幅现象，可以将气枪激发连线偏离 OBS 台站连线一定安全距离，但需确保它们的走向处于平行。在具体施工前，应有足够的野外踏勘工作，做到对施工区域有充分的了解，在提出最优设计的同时，也需要考虑实际中可能会遇到的问题，保留备选方案，以备不时之需。

4.6.2 仪器设备

目前世界各国生产的 OBS 型号多样，在外部结构、地震传感器、上浮系统、释放方式、电源系统以及数据读取方法等具体指标上存在一定差异（表 4-7），在选择 OBS 时应根据勘探目的和勘探成本综合考虑。

表 4-7 Geopro OBS 与 Micro OBS 技术参数表

技术参数	Geopro OBS	Micro OBS
仪器尺寸	550mm×550mm×520mm	400mm×400mm×600mm
仪器重量	自重 30kg+沉耦架 17kg	自重 20kg+沉耦架 10kg
采集通道数	四通道（三分量检波器+一通道水听器）	四通道（三分量检波器+一通道水听器）
工作水深	6700m	6700m
工作频带	2～100Hz	4.5～200Hz
连续工作时间	120 天	60 天
动态范围	>120dB	>120dB
采样率	1～1000sps	1～1000sps
电池类型	蓄电池	锂电池
存储介质容量	32GB	32GB
参数设置方式	开舱球读 SD 卡	WiFi 接口

注：sps 指每秒采样次数。

不同型号的 OBS 在总体组成、设计原理以及人机交互等主要方面是高度一致的，总的来说，一台 OBS 主要由仪器舱、水声通信模块、数据采集控制系统、电源模块、无线电传输模块、指示灯、姿控检波器等模块组成（图 4-17）。我国目前使用最多的是中国科学院地质与地球物理研究所研制的 I-7C OBS 和 Micro OBS，德国研制的 Geopro OBS 以及法国研制的 Sercel OBS，本节以国产 I-7C OBS 为例介绍其各个模块的性能指标和技术要求。

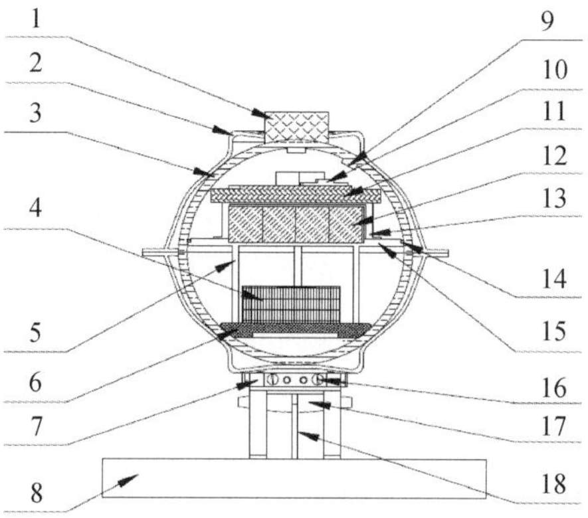

图 4-17　OBS 的整体构成示意图

1. 水声压力传感器，2. ABS 仪器舱罩，3. 玻璃仪器舱球，4. 姿控检波器，5. 电池板支架，6. 检波器托盘，7. 脱钩盘，8. 沉耦架，9. 真空气嘴，10. GPS 天线，11. 水声及控制电路板，12. 电池组，13. 电池组压条，14. O 形圈，15. 电池组托盘，16. 绕丝钉，17. 活动棍，18. 挂钩

资料来源：游庆瑜等（2011）

由于 OBS 投放后基本处于不可干预和控制的状态，必须在投放前保证各项指标均正常，否则可能会导致 OBS 回收不成功或仪器记录出错等问题，造成人力和财力的浪费。为此，OBS 投放过程应保持严谨认真的工作态度，按照标准的操作流程完成 OBS 投放工作。

在 OBS 投放之前，需要通过交互软件，仔细检查仪器功能和状态是否正常，包括测量释放电压和检查仪器舱压、舱温、电池电压、闪光灯等关键信息，检查存储介质剩余空间，并测量释放电压。安装前，启动仪器进入采集状态，检查是否能查看到实时波形来确定该 OBS 是否能够被正常使用。将能够正常工作的 OBS 与沉耦架连接好，设置好 OBS 的采集参数，并记录好仪器状态参数和采集参数。待布设船航行到指定位置后，OBS 仪器完成对钟过程，即可进行 OBS 的投放，同时需要记录好投放坐标和投放时间、仪器编码、仪器测距码和释放码、点位、点号、水深、水域环境等信息。OBS 回收后，应及时使用淡水清洗仪器表面，并将仪器设置进入休眠状态，以避免仪器内部传感器等零部件受损。

4.6.3　海上测量

主动源 OBS 探测海上作业时，首先根据研究区的地质构造条件，沿测线按照一定的间隔（1 ~ 20km）将 OBS 布设到海底，然后沿测线用大容量气枪等间距激发地震波，测线施工完成后，发声讯指令信号，OBS 启动上浮至海面，将其回收后读取记录数据。对于陌生地区，通常会随测线同步采集多道地震剖面，为后期的建模提供准确的水深数据和沉积基底面起伏情况。具体的海上测量流程可以分为 OBS 投放、气枪震源放炮和 OBS 回收阶段。

4.6.3.1 OBS 投放阶段

投放阶段主要包括对每台 OBS 进行检测安装、时钟同步、采集参数设置、声学释放单元测试等工作。随后将其放置在甲板上，对仪器进行气压和电压（燃烧线与负极之间）检查，查看有无漏气和燃烧线漏电现象。在投放前给每台 OBS 装上沉耦架，插上小旗子，固定深海水听器、回收信号发射天线及燃烧线，并再次对声学释放器进行检查。待到达指定站点位置 1km 时通知驾驶台减速，以确保船只在投放站点 100m 范围内停稳，然后在侧舷通过电动绞车将 OBS 置于空中缓慢下放至水面 1.5 ~ 2m，根据海况和水流方向迅速释放脱钩器，安全投放 OBS。OBS 以 1m/s 左右速度沉降到海底，投放时船速最好不要超过 1kn。

4.6.3.2 气枪震源放炮阶段

海上气枪震源常用的有 BOLT 枪和 G 枪等，由于其具有安全、环保、经济、可连续激发的特点，可设置相对密集的激发点，常被用作海洋深部结构探测中的震源。影响气枪震源效果的因素包括工作压力、系统压力、气枪容量、延迟时间、充气时间以及气枪沉放深度等激发参数和枪阵中单枪数量、气枪排列方式、气枪容量组合等组合参数，因此需要根据研究目标的不同，通过震源子波模拟和实地采集试验来确定气枪阵列的组合参数和激发参数。

在震源船开始正式激发前需要检查气枪的状态是否正常，将能正常使用的气枪沉放到预定深度，依据预先设计的放炮测线以定距或者定时放炮方式激发空气枪阵列。气枪震源工作中可能会发生单枪或多枪失灵的故障，需及时排查并做好班报记录，尽量保证气枪激发的一致性。震源船的航行轨迹，气枪激发点的位置坐标、精确的激发时间需要气枪系统能自动利用 GPS 导航定位系统精确、实时地记录。

4.6.3.3 OBS 回收阶段

震源激发任务完成后，主动源 OBS 探测地震数据采集工作则宣告结束，海上作业任务进入收尾阶段。首先是进行仪器回收工作，海上 OBS 的回收相对陆上台站要困难，并具有一定的回收不成功的风险。OBS 回收船到达 OBS 投放位置附近后，工作人员在船上利用甲板声学应答单元与 OBS 沟通，通过发送释放指令，OBS 熔断丝开始电化学腐蚀，使 OBS 与沉耦架分离。OBS 熔断丝熔断时间大约为 3min，在各海域盐度不同燃烧丝的熔断时间也不一样。OBS 与沉耦架分离后，约以 1m/s 的速度上浮到海面，待 OBS 浮出水面，仪器会自动再次进行对钟，并会通过数传电台或无线电设备向接收端发送其位置信息，方便海上作业人员发现并安全打捞回收。

打捞 OBS 到回收船上后，要静置仪器一段时间，确保其完成对钟过程。如果多次发出释放指令，并等待较长时间后仍未见 OBS 上浮出水，则可能是仪器出现了回收故障，只能暂时放弃回收，等仪器定时释放机制工作后再回收，也可等其他仪器回收后再返航回来进行最后的尝试。不管是否成功回收，均需实事求是的记录好回收过程，回收坐标、上浮时间等均需如实记录在班报上。OBS 回收到船上后，需要设置仪器进入休眠模式，以保护好仪器。

仪器回收任务结束后，需要将仪器中的数据导出备份，并检查仪器记录是否出现错误，做好标记，出现故障的仪器交由技术人员进行维修检测。最后将所有原始数据、野外班报记录、炮时文件和导航文件等资料交由数据处理技术人员进行整理与处理，并形成探测报告，对海上作业过程进行总结。

4.6.4 资料整理

OBS 记录了四个分量数据：一个垂直分量数据，两个水平分量数据，以及一个水听器分量数据。在四个分量数据中，垂直分量记录的主要是来自地层的纵波信息；水平分量记录的主要是纵波入射到速度分界面上发生波型转换后所产生的转换横波；水听器分量记录的是水波压力变化的纵波信息。由于 OBS 所记录的数据为共接收点道集数据，并且在最终的解释中要拾取各个站位中的震相走时，OBS 数据的处理有别于常规的反射地震处理方式，本节以国产 OBS 数据为例，按照数据解编、数据校正、震相识别以及速度建模的顺序介绍 OBS 主要的数据处理流程（图 4-18）。

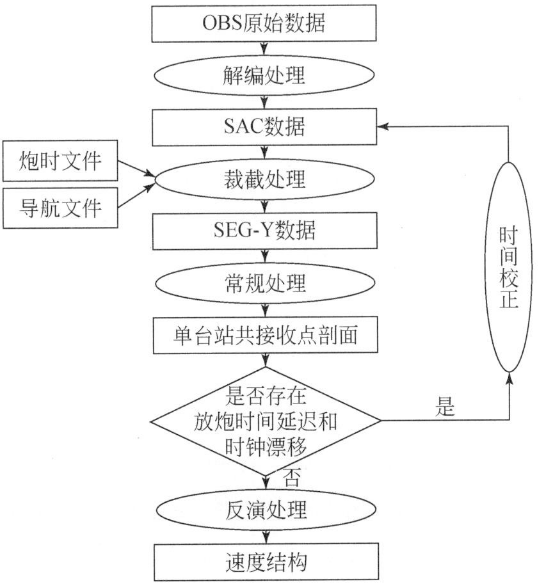

图 4-18　OBS 数据处理流程

资料来源：刘丽华等（2012）

4.6.4.1 数据解编

OBS 所存储的原始数据格式为二进制数据，同时 OBS 记录原始数据时为了减小储存空间和缩短读写时间，往往不会包含太多的地震信息以外的数据，包括台站坐标、采样率、钟差等重要信息。OBS 一般都是连续存储，多通道均写在同一文件下。这种原始数据格式并不适合于地震数据处理和共享，因此需要将 OBS 原始数据解编为所需的数据格式。目前主流的数据处理和交换格式包括 SAC 和 SEG-Y 两种。

SAC 格式是天然地震观测中最常用的数据共享格式之一，其记录包含两部分，第一部分是 158 字（每字 32 位）固定长度的 SAC 头段，包含数据记录的采样点数、时间、坐标等关键信息，数据类型有浮点型、整型、逻辑型和字符型；第二部分是连续的地震波形数据，数据格式为浮点型。由于 SAC 格式的地震数据是以连续的时间序列进行存储的，常被用于检查 OBS 数据记录是否有错以及寻找有效信号，并可在原始数据时间系统出错后，用于校正和确定文件起始时间。

SEG-Y 格式是由 SEG 提出的标准磁带数据格式之一，它是石油勘探行业地震数据的最为普遍的处理和共享格式。标准 SEG-Y 文件一般由三部分组成，第一部分是 ASCII 码文件头（卷头）(3200 字节)，用来保存一些对地震数据体进行描述的信息。第二部分是二进制文件头（400 字节）用来存储描述 SEG-Y 文件的一些关键信息，包括 SEG-Y 文件的数据格式、采样点数、采样间隔、测量单位等一些信息，并且这些信息一般存储在二进制文件头的固定位置上。第三部分是实际的地震道，每道地震道都包含 240 字节的道头信息和地震道数据。道头信息中一般保存该地震道对应的线号、道号、采样点数、大地坐标等信息，这些信息一般都位于道头的固定位置，但其他一些关键的参数位置（如线号、道号在道头中的位置）并不固定。SEG-Y 格式常被用于信噪比提高、震相拾取以及成像等的处理过程中，是 OBS 数据处理流程中最后阶段最重要的数据格式。

人工源 OBS 探测中，关注的是地震波走时信息，即地震信号与放炮时间的相对关系，以及放炮点与接收站位之间距离（偏移距）的变化曲线，即走时曲线。因此，最终需要将连续记录的地震数据按炮点时间进行裁截处理，只选取放炮时间前后的一段数据进行裁截、拼贴，转换为适合进行数据处理的 SEG-Y 格式，获得 OBS 共接收点道集，以便开展后续的数据处理，包括去噪、压制多次波、滤波、增益等常规地震数据处理。

4.6.4.2 数据校正

在海上进行地震作业过程中，由于海流、风浪等因素的影响，投放的 OBS 偏离设计位置；同时 OBS 内部时钟也会随着时间漂移，记录的时间存在偏差，影响后面地震剖面上各类震相的走时精度，因此，需要对 OBS 数据开展时间校正和位置校正。

（1）时间校正

影响主动源 OBS 探测中时间精度的主要原因有 OBS 仪器内部时钟精度及炮时时间精度两部分。OBS 仪器内部时钟精度又主要包括仪器本身内部晶振受温度、老化等原因导致的 OBS 内部时钟系统与真实时间系统之间的时钟漂移，OBS 内部晶振主频偏离标准晶振主频导致的累计时间误差，OBS 数据采集过程中由于相位滤波产生的 18 个样点的滤波延迟三部分。这三部分因素造成的时间误差被视为仪器钟差，其校正过程如下。

首先，解编仪器记录的起始时间。合并从启动采集至结束采集的所有文件，由第一个开始记录的文件名中解析出仪器开始记录的准确时间。因为采集过程中不会产生漏点或多采集情形，所以可以以文件长度得到采样点数，结合采用率计算出第二个文件之后的每个文件的起始时间。

其次，得到仪器记录时间段的钟差值（Total_ Err）。钟差值包括以下三部分。

1）以仪器内部晶振系统进行时间计数时，因其漂移产生的钟差（根据投放时对钟和释放时对钟计算得到），该值是记录在 TIMEERR. LOG 中的时间误差值（Err）。

2）仪器内部晶振主频（由 Tc 计算的 PClk）偏离标准主频引起的累计误差。

3）在数采过程中因相位滤波产生 18 个点的滤波延迟（所有仪器均为 18 个采样点）。利用下面公式计算仪器总的钟差值（Total_ Err）。

$$Total\_\ Err = Err + (PClk - PClk_0) * (NTPS * sps/1000) / PClk_0 - 18 * sps/1000$$

式中，PClk 为由 Tc 计算得到的晶振主频；$PClk_0$为标准晶振主频；NTPS 为文件总的采样点数；sps 为采样率，计算得到的 Total_ Err 单位为 s。

最后，根据计算出截取时间点的钟差值，利用线性插值方法进行插值后修正到炮时文件中去。

在实际生产中还会遇到 OBS 时钟系统与震源气枪的时间系统之间也存在不同步的现象，如果不加以校正，则会导致震相走时拾取的不正确。而这部分时间误差会对整个记录造成同样的偏差，因此需要根据水深数据确定零偏移距时直达波的走时来求取两者之间的时间偏差，并对整个记录加以提前或延迟相应偏差即可完成校正。

另一种时间误差是由 OBS 时间系统的错误导致的，而且这部分误差相对比较隐蔽，如果不仔细核对相邻台站的连续波形数据是很难发现的。因为按炮时文件截取的共接收点道集记录中看不到任何震相，会被当作数据记录错误的台站而不被利用。但在连续波形记录中能看到明显的、有规律的气枪信号，只是炮点时间间隔与炮时文件中计算的放炮时间间隔不相符。对比时间正常 OBS 台站与时间异常 OBS 台站同样时间长度的连续波形记录，可以发现时间异常 OBS 台站的记录相对会缺少或多出若干炮的信号，即说明异常 OBS 采样时的采样间隔偏离了之前设置的标准的采样间隔。对于这类时间异常数据的处理一般就是通过寻找正确的采样间隔，并按照该采样间隔来进行数据的解编。

（2）位置校正

主动源 OBS 探测中的位置校正主要包括炮点位置校正和 OBS 位置校正。由于气枪阵列震源一般拖曳在船尾一定距离，船载 GPS 所记录的炮点激发坐标是 GPS 天线所在位置的信息，而不是准确的炮点中心位置。炮点中心位置由 GPS 记录的位置和震源船的结构相关，炮点位置校正就是将船载 GPS 所记录的放炮位置校正到实际的枪阵震源中心位置获得准确的震源中心点坐标的过程。

2D 测线施工中，由于海上震源船正常作业时，枪阵中心、船体艏向及测线走向基本一致，并且枪阵中心与船载 GPS 天线的距离是一定的，这时可以直接利用测线方向与 GPS

天线距枪阵中心距离来获得炮点中心坐标。在3D探测中震源船转弯过程中，海流、海风影响明显时，测线方向与震源船艏向并不一致，此时应利用震源船艏向来确定炮点中心位置。

炮点位置校正公式如下

$$\begin{cases} x_1 = x_0 + d \times \sin(180° + \theta) \\ y_1 = y_0 + d \times \cos(180° + \theta) \end{cases} \tag{4-55}$$

式中，(x_0，y_0) 为GPS天线所在坐标；(x_1，y_1) 为校正后的炮点中心坐标；d 为GPS天线与炮点中心的直线距离，所有坐标和距离单位为m；θ 为艏向方位角。

OBS投放和回收过程中均会记录OBS的位置坐标信息，但OBS在投放后在降落到海底的过程中，尤其是在深水环境调查中，受海流、海风、船速、寻找时间等的影响，往往会造成投放坐标和回收坐标不一致，因此也就无法确定OBS在海底的着陆点坐标。OBS位置坐标反映的是OBS台站在测线上的位置，是整个观测系统中重要的参数之一。在高频近似的假设下，地震射线由震源激发，经过地下介质的透射、折射和反射后被OBS接收，接收到的地震记录携带的是地震射线所经过所有位置的地震属性信息的综合效应，若OBS位置不准确，则会导致地震射线路径的不准确，从而影响最终结果的准确性。另外，OBS位置会直接影响炮检距的确定，而炮检距的不确定性又会导致震相走时拾取的偏差。正是如此，OBS位置校正技术成为深海地区主动源OBS探测数据处理中最重要的基础环节之一。

实际生产中，一般均选用投放时OBS的坐标作为初始值，若投放后，OBS位置偏离了投放坐标，最直观的表现是在其数据记录的折合时间剖面上直达水波在零偏移距两侧走时曲线形态不对称。这时则需要利用OBS位置校正技术来确定OBS准确的着陆点，通过OBS位置校正使直达水波走时曲线形态归位为正确的对称形态。

目前，广泛使用的OBS位置校正方法是沿用天然地震定位方法的原理（图4-19），主要利用OBS接收的初至直达水波走时信息较准确及水中声速较稳定的特点，求取近偏移距附近若干炮的初至直达波走时与水中P波速度（1.5km/s）所确定半径的圆弧的交点，其即为OBS的准确位置。

设OBS坐标为（x，y，h），各炮点坐标为（x_i，y_i，h_i），各炮直达波走时为 t_i，水中P波速度为 v_w，则可以构建如下方程组

$$\begin{cases} d_1 = v_w \times t_1 \\ d_2 = v_w \times t_2 \\ \quad\cdots \\ d_i = v_w \times t_i \end{cases} \tag{4-56}$$

式中，d_1、d_2、d_i可以通过式（4-57）求取

$$d_i^2 = (h_i - h)^2 + (x_i - x)^2 + (y_i - y)^2 \tag{4-57}$$

简化成通用的矩阵方程为：$\boldsymbol{d}=\boldsymbol{Gm}$，则很容易看到，这是一个超定问题，通常可以通过最小二乘方法、蒙特卡罗法等求取该方程的解，从而反演OBS着陆点位置坐标。

在3D OBS探测中，由于存在交叉炮线，OBS落点位置理论上可以唯一确定。实际上，

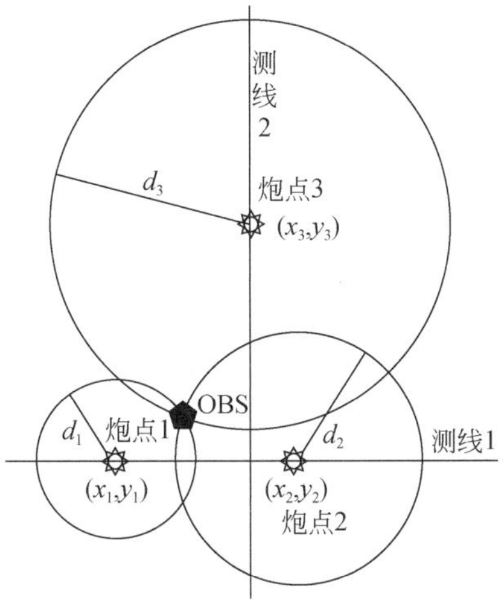

图 4-19　OBS 位置确定原理示意图

3D OBS 探测中常用的 OBS 位置确定方法对原理的部分进行简化，只需要利用 OBS 偏移距最小的 5 炮初至直达波精确走时，即可利用迭代方程计算 OBS 落点位置坐标

$$(t_i \times v_w)^2 = (h_i - h)^2 + (x_i - x)^2 + (y_i - y)^2 \tag{4-58}$$

式中，h 为 OBS 站位水深（m）；(x, y) 为待定 OBS 坐标（m）；(x_i, y_i, h_i, t_i) 为第 i（i=1，2，3，4，5）炮坐标（m）及初至波走时（s）；v_w为水中声波速度，一般取 1500m/s。

2D 主动源海陆联测中 OBS 位置确定的方法与 3D 探测的 OBS 位置确定方法是一样的。对于仅有一条测线的 2D 主动源 OBS 探测，由于只有单条测线的直达水波信息，这时通过计算初至直达波走时确定的半径的圆弧会在测线两侧各有一个交点。虽然这两个交点都能保证 OBS 沿测线方向的偏离得到准确校正，但对于垂直测线方向的偏离则有一半的概率不能准确归位，需要根据当时的水流方向来判断。另外对于这种 2D 主动源 OBS 探测中的 OBS 位置确定，最新的方法是可以先通过互相关的方法提取 OBS 台站记录的随机背景噪声中的面波信号，因为背景噪声具有随机和均匀分布的特点，可以将所提取的面波信号作为新的有效震源，从而构建成新的 3D 探测方式。再利用 3D 探测中的 OBS 位置确定方法来计算 2D 探测中 OBS 的准确坐标。

4.6.4.3　震相拾取

在地震共炮点/共接收点道集时间剖面图上显示的具有不同性质（到时、波形、相位、振幅、视速度、周期和质点运动方式等）或传播路径不相同的不同类型的波动组合即为不同的地震震相（seismic phase）。震相的特征取决于震源、传播介质和接收仪器的特性。不同的震相携带的是来自地下不同位置处介质的地震属性信息，其最直观的特征就是震相的走时曲线。由于各震相均具有一定的持续时间，在地震时间剖面上相互重叠、干涉，从而显示为一个比较复杂的但有规律可循的图像。震相拾取的主要内容就是识别地震时间剖面上的不同震相，从而利用所识别震相的运动学和（或）动力学特征反演地下结构。

地球地震学和地球内部物理学国际协会（IASPEI）于2003年针对入射到地球深部不同层位（从地壳到地核）而被反射/折射回接收点的地震震相提出了标准、清晰和明确的命名规则，并指出研究人员针对不同的研究对象可以具体问题具体分析，经过国际地震学界的大量协商，现已得到广大同行的认可，并相继使用到地震学研究中。由于主动源OBS探测主要研究对象是地球地壳和上地幔速度结构，且震源位置一般位于上地壳，本节主要介绍上地壳震源激发时在地壳和上地幔中传播的震相类型及其识别技术。

标准地震震相命名的规则主要是由入射波类型（P/S）、地震波所穿越的层位/界面以及接收波类型（P/S）三者综合命名（表4-8）。

表4-8　IASPEI标准地震震相

震相名称	含义
Pg	上地壳内震源的上行P波，或到达上地壳底部的上行P波
Pb（或P*）	下地壳内震源的上行P波，或到达下地壳底部的上行P波
Pn	穿过莫霍面到达上地幔顶层的上行P波，或震源位于上地幔顶部的上行P波
PnPn	Pn在自由表面处的反射波
PgPg	Pg在自由表面处的反射波
PmP	莫霍面外侧的反射P波
PmP*N*	PmP的多重自由表面反射波；*N*为正整数，如PmP2表示PmPPmP
PmS	入射P波在莫霍面外侧发生转换，反射的上行S波
Sg	上地壳内震源的上行S波，或到达上地壳底部的上行S波
Sb（或S*）	下地壳内震源的上行S波，或到达下地壳底部的上行S波
Sn	穿过莫霍面到达上地幔顶层的上行S波，或震源位于上地幔顶部的上行S波
SnSn	Sn在自由表面处的反射波
SgSg	Sg在自由表面处的反射波
SmS	莫霍面外侧的反射S波
SmS*N*	SmS的多重自由表面反射波；*N*为正整数，如SmS2表示SmSSmS
SmP	入射S波在莫霍面外侧发生转换，反射的上行P波
Rg	短周期地壳瑞利面波

资料来源：Storchak等（2003）；邹立晔（2004）。

地震波倾斜入射时，在波阻抗界面会产生波的转换（由P波转换为S波，或相反），所以地震剖面上记录的不同震相主要就是P波、S波以及层位或界面名称的一系列排列组合（图4-20）。

主动源OBS探测中的震相拾取主要是对记录到的不同震相加以识别并拾取其到时信息。主动源OBS剖面中由浅层至深层、由小偏移距到大偏移距常见的主要震相依次为直达水波Pw；浅层沉积层折射震相Ps；来自沉积基底面的反射震相P_1；地壳内的折射震相Pg，通常又将上地壳的折射称作Pg_1，中、下地壳的折射称为Pg_2；上地壳底界面的反射震相P_2；康拉德面（简称康氏面）反射震相PcP；来自壳幔界面莫霍的反射震相PmP；来自

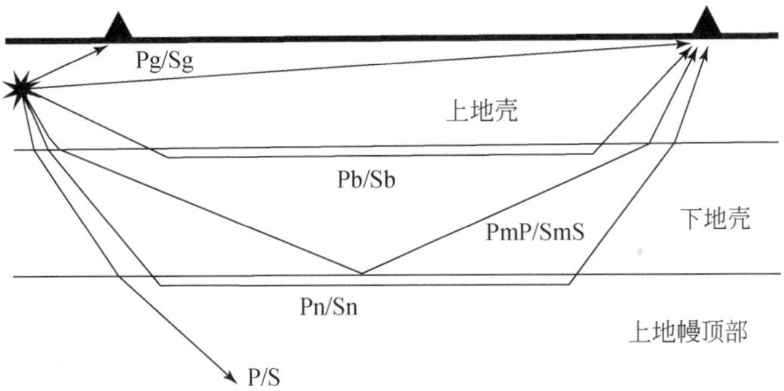

图 4-20　地壳、上地幔中常见标准震相射线路径

不包含转换波，震相名后部的 P 和 S 互换即可表示转换波震相路径

资料来源：Storchak 等（2003）

上地幔的折射震相 Pn 以及其他多次波震相（图 4-21）。而区分不同震相的特征主要有震相的视速度（折合剖面上同相轴斜率大小）是否在同一范围内；震相在单台站剖面上出现的时间和偏移距是否在同一范围内；相同路径的震相走时是否相等，即根据互换时间识别不同剖面上的同种震相。

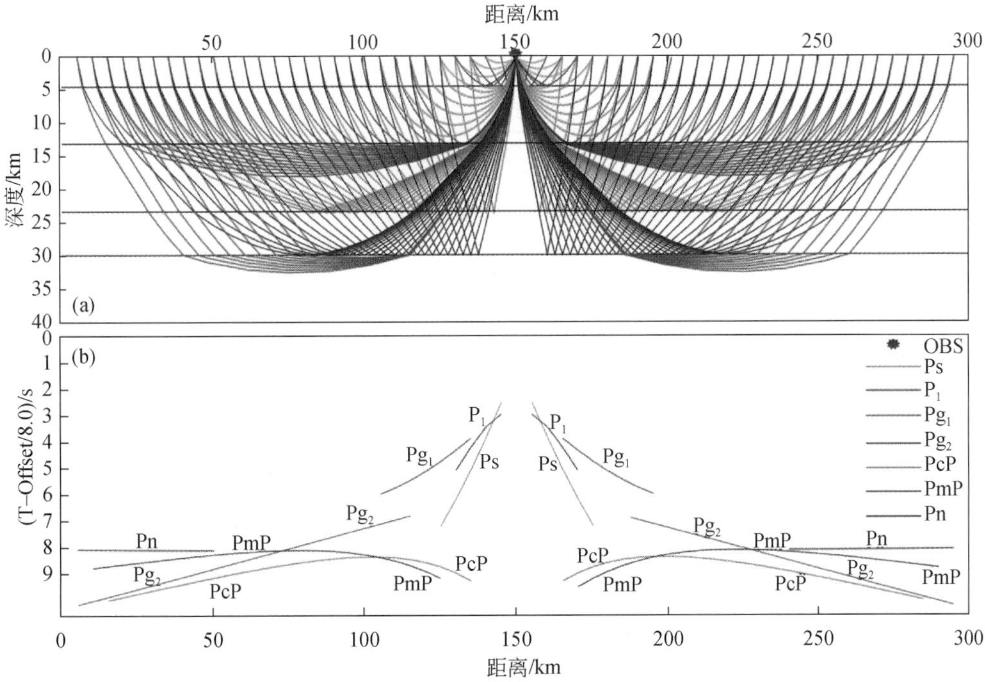

图 4-21　浅水区 OBS 探测常见震相射线路径及其走时曲线

（a）各震相射线路径；（b）各震相相走时曲线

资料来源：刘丽华等（2012）

实际数据因为地下介质的不均匀性、各向异性以及界面的倾斜等客观因素，通常地震剖面上的震相具有一定的不连续性和不确定性，使得实际地震剖面上震相拾取远远比理论模型复杂，因此，震相拾取需要对不同震相的特征有明确的认识。实际地震剖面震相拾取前需要先将各地震道按偏移距排列起来，排列后的地震剖面上直观反映了的震相拾取特征包括走时、偏移距、视速度和振幅，同一地区、同一震相的这些特征参数应在同一范围内（表 4-9）。实际数据通常远比理论模型复杂，海底面及基底面的起伏以及地壳内异常构造体的存在会引起震相的走时曲线发生强烈的变化，此外，震相的走时曲线往往存在不连续性，这些因素的存在使得震相拾取存在一定的不确定性。而震相走时的拾取是速度结构模拟的关键，错误的拾取会导致正、反演地壳结构的失真。因此在进行震相拾取之前，首先要了解各震相的走时规律以及研究区的区域地质背景，初步拾取的震相还需要在后期的速度结构模拟中进一步得到确认。

表 4-9　渤海主动源 OBS 探测剖面上常见震相特征

震相	震相定义	$T-\frac{\text{Offset}}{8.0}$/s	Offset/km	视速度/(km/s)
Ps	沉积层折射震相	0～4	<20	1.8～3.0
P_1	沉积基底面反射震相	2～3	<10	3.5～4.0
Pg_1	上地壳折射震相	3～5	10～40	4.2～5.6
P_2	结晶基底面反射震相	4～5	<10	6.0～6.5
Pg_2	中下地壳折射震相	4～6	40～80	5.6～6.4
PcP	康氏面反射震相	5～7	50～130	6.8～7.0
PmP	莫霍面反射震相	6～8	50～150	6.8～7.6
Pn	上地幔折射震相	6～7	>80	7.5～8.4

资料来源：Liu 等（2015）。

4.6.4.4　速度建模

主动源 OBS 探测地震数据速度建模是其数据处理的最后阶段，其获得的最终结果是关系到试验成败与否的关键阶段之一，也是了解该地区深部速度结构的重要成果和依据。地震数据速度建模方法的效率和实用性以及模型结果的准确性是地震数据建模技术的生命力，但由于所利用的有效信号不同，发展的速度建模技术也就各不相同。目前，主动源 OBS 探测中常用的速度建模技术包括初至震相走时层析成像、反射震相 CMP 叠加、反射/折射震相射线追踪三种。

（1）初至震相走时层析成像

初至震相走时层析成像，顾名思义是指利用地震记录初至震相的走时信息对地球内部速度结构进行层析成像的一种技术。由于初至震相是地震记录上最先接收的地震波，其在地震剖面上一般都比较清晰，拾取起来比较容易和可靠，近年来被广泛应用于地壳和上地幔速度结构研究中，并取得了良好效果。

地震走时层析成像技术的基本流程主要包括 4 部分：①对模型进行网格剖分和参数化，使地下介质属性可以利用数学理论来描述。②通过射线追踪方法对模型进行正演模拟，获得模型的理论走时信息。③对比理论走时信息和实际观测值，通过反演计算调整模型结构，并经过若干次迭代正演、反演和模型结构调整，使实测走时信息和理论计算走时信息误差满足一定要求，并将此时的模型作为实际地下速度结构模型。④分辨率分析，即对结果的可靠程度进行评价。目前常用于主动源 OBS 地震数据初至层析成像的工具有 TOMO2D、FAST 和 JIVE3D 等。

（2）反射震相 CMP 叠加

CMP 叠加方法原称 CDP 叠加，由 Mayne 于 1956 年首先提出。由于 CMP 叠加主要利用的是地震剖面上的反射震相信息，目前其已成为反射地震勘探数据处理中最常用的技术之一。CMP 叠加的基本理论建立在水平层状介质模型下，因为在水平层状介质的条件下共中心点也即共反射点，在观测系统的多次覆盖下，经过动校正消除炮检距对地震走时的影响后，可以将同一个反射点的地震波形同相叠加为一道，从而压制随机多次波，增强数据信噪比，改善地震记录质量。所有 CMP 道集均叠加完则可形成水平叠加剖面。叠加剖面对反射界面的形态有了直接的勾勒，通过同相轴的追踪，可以获得地下各反射界面的产状，从而获得地下结构信息。

规则的主动源 OBS 探测观测系统可抽取出若干个来自不同反射点的 CMP 道集，不同 CMP 道集的地震道数受 CMP 在反射界面上的位置和观测系统影响，一般测线中间部位由于覆盖次数较多，位于此处的 CMP 会接收到更多的地震信号，因此形成的 CMP 道集具有更多的地震道；模型两端，由于覆盖次数较少，可叠加的 CMP 道数较观测系统中部少。

将所有 CMP 道集进行上述广角动校正后，将同一 CMP 道集叠加为一道（即 CMP 的自激自收道），按 CMP 位置关系排列所有叠加后的道集，即可获得测线的自激自收 CMP 叠加时间剖面，叠加剖面勾勒了反射界面的起伏形态，若能获得研究区的速度信息，则可以将叠加剖面的走时换算成深度，从而获得各反射界面的埋深。

（3）反射/折射震相射线追踪

主动源 OBS 探测地震数据可获取全地壳及上地幔顶部不同层位的反射震相和折射震相以及首波等信号，若只利用其中的单一震相进行速度结构成像会造成数据的浪费。同时初至层析成像只能获得地下介质的速度异常，速度不连续面会被其平滑掉，而不能正确获得速度间断面的埋深和速度变化情况。由于反射震相对速度不连续面的埋深比较敏感，加入反射震相进行射线追踪则能很好地约束速度界面的埋深，从而获得更加接近地下结构的速度模型。增加反射震相也能增加模型中的射线密度，从而改善数据的分辨能力，提高结果的可靠性。因此，有必要开展反射/折射震相走时射线追踪的研究工作。

目前主动源 OBS 探测中使用较广的反射/折射震相射线追踪方法是由 Zelt 和 Smith（1992）发展的一种二维射线追踪反演方法（RayInvr），该方法在主动源海陆联测地震数据成像中具有以下显著特点：①能同时反演地层速度和界面深度；②适用于任意类型体波震相，反射震相、折射震相、首波、多次波均能追踪；③P 波、S 波及其转换波均能追踪；④模型参数化灵活，速度模型界面可以倾斜和尖灭；⑤可任意选择速度节点和深度节点以及所需震相的走时数据参与反演；⑥适用于广角地震数据的射线追踪；⑦能对反演结果的不确定性和分辨率进行评估；⑧可实现振幅模拟。

该方法主要包括模型参数化、试射法射线追踪、阻尼最小二乘反演和模型评价 4 部分，利用“剥皮法”的思想原则由浅层至深层逐层建立速度模型。

4.6.5 地质解释

OBS 探测地质解释前，应收集下列资料：测线或测网位置及水深数据、温盐数据；浅层 MCS 或其他高精度地层结构探测资料；区域地层速度结构及有关资料；采集和处理过程中形成的数据和资料；有关的地质、钻井和其他地球物理资料。

4.6.5.1 定性解释

定性解释的内容包括地壳分层结构；高低速层/体分布及其与构造单元之间的关系；深部界面的起伏和接触关系及其与构造单元之间的关系；速度异常和界面起伏与区域地质演化的关系。

4.6.5.2 定量解释

定量解释的内容包括地壳厚度及各分层界面埋深；地层速度大小；高低速体的尺度规模和位置。

参考文献

敖威，赵明辉，丘学林，等，2010. 西南印度洋中脊三维地震探测中炮点与海底地震仪的位置校正. 地球物理学报，53（12）：2982-2991.
邓勇，李列，柴继堂，等，2010. 琼东南盆地深水区地震资料品质影响因素探析. 中国海上油气，6：382-386.
丁维凤，罗进华，来向华，等，2008. 浅地层剖面交互拾取解释技术研究. 海洋科学，32（9）：1-6.
丁维凤，冯霞，傅晓明，等，2012. 海上单道地震与浅地层剖面数据海浪改正处理研究. 海洋学报（中文版），34（4）：91-98.
高金田，安振昌，顾左文，等，2005. 地磁正常场的选取与地磁异常场的计算. 地球物理学报，48（1）：52-56.
边刚，夏伟，金绍华，等，2015. 海洋磁力测量数据处理方法及其应用研究. 北京：测绘出版社.
管志宁，2005. 地磁场与磁力勘探. 北京：地质出版社.
李安龙，肖鹏，杨肖迪，等，2016. 基于浅剖数据的三维海底地层模型构建. 中国海洋大学学报（自然科学版），46（3）：91-95.
李平，杜军，2011. 浅地层剖面探测综述. 海洋通报，30（3）：344-350.
李旭宣，王建花，2014. 南海深水区地震采集技术研究与实践. 北京：科学出版社.
李亚敏，罗贤虎，徐行，等，2010. 南海北部陆坡深水区的海底原位热流测量. 地球物理学报，53（9）：2160-2170.
梁开龙，刘雁春，管铮，等，1996. 海洋重力测量与磁力测量. 北京：测绘出版社.

刘怀山，元刚，2013. 地震勘探新技术推动了环渤海地区油气勘探的可持续发展．地球物理学进展，6：2919-2928.
刘丽华，吕川川，郝天珧，等，2012. 海底地震仪数据处理方法及其在海洋油气资源探测中的发展趋势．地球物理学进展，27（6）：2673-2684.
刘依谋，印兴耀，张三元，等，2014. 宽方位地震勘探技术新进展．石油地球物理勘探，49（3）：596-610.
毛宁波，褚荣英，2004. 海洋石油地震勘探．武汉：湖北科学技术出版社．
牛雄伟，阮爱国，吴振立，等，2014. 海底地震仪使用技术探讨．地球物理学进展，29（3）：1418-1425.
裴彦良，梁瑞才，刘晨光，等，2005. 海洋磁力仪的原理与技术指标对比分析．海洋科学，29（12）：4-8.
丘学林，赵明辉，敖威，等，2011. 南海西南次海盆与南沙地块的 OBS 探测和地壳结构．地球物理学报，54（12）：3117-3128.
施小斌，杨小秋，石红才，等，2015. 中国海域大地热流//汪集旸．地学及其应用．北京：科学出版社：123-159.
孙文珂，2017. 重力勘查资料解释手册．北京：地质出版社．
王强，丘学林，赵明辉，等，2016. 南海海底地震仪异常数据的分析和处理．地球物理学报，59（3）：1102-1112.
卫小冬，赵明辉，阮爱国，等，2011. 南海中北部陆缘横波速度结构及其构造意义．地球物理学报，54（12）：3150-3160.
吴时国，张健，2014. 海底构造与地球物理学．北京：科学出版社．
吴时国，张健，2017. 海洋地球物理探测．北京：科学出版社．
徐行，罗贤虎，肖波，2005. 海洋地热测量技术方法研究．海洋科技，24（1）：77-82.
杨振武，2012. 海洋石油地震勘探．北京：石油工业出版社．
姚伯初，曾维军，HEYEA D E，等，1994. 中美合作调研南海地质专报．武汉：中国地质大学出版社．
游庆瑜，郝天珧，赵春蕾，2011. 便携式小型海底地震仪，中国，专利号：2011102786049.
张健，许鹤华，2015. 地球内热与热传递//汪集旸．地学及其应用．北京：科学出版社：19-63.
张莉，赵明辉，王建，等，2013. 南海中央次海盆 OBS 位置校正及三维地震探测新进展．地球科学-中国地质大学学报，38（1）：33-42.
张同伟，秦升杰，王向鑫，等，2018. 深海浅地层剖面探测系统现状及展望．工程地球物理学报，15（5）：547-554.
张训华，赵铁虎，等，2017. 海洋地质调查技术．北京：海洋出版社．
郑江龙，许江，李海东，等，2015. 海上单道地震勘探中船舶等背景噪声的影响分析及压制．应用海洋学学报，34（1）：17-23.
邹立晔，2004. 地震震相分析与测量的进展．国际地震动态，310：1-8.
德林格尔 P，1981. 海洋重力学．詹贤鋆，等译．北京：海洋出版社．
BALLARD M S，BECKER K M，GOFF J A，2010. Geoacoustic inversion for the New Jersey shelf：3-D sediment model. IEEE Journal of Oceanic Engineering，35（1）：28-42.
BULLARD E C，1954. The flow of heat through the floor of the Atlantic ocean. Proceedings of the Royal Society A：Mathematical，Physical and Engineering Sciences，222（1150）：408-429.
BUIA M，FLORES P E，HILL D，et al.，2008. Shooting seismic surveys in circles. Oilfield Review，20（3）：18-31.

CHRISTIE P, NICHOLS D, ÖZBEK A, et al., 2001. Raising the standards of seismic data quality. Oilfield Review, 13 (2): 16-31.

DAVIS E E, LISTER C R B, WADE U S, 1980. Detailed heat flow measurements over the Juan de Fuca Ridge System. J Geophys Res, 85: 299-310.

DAVIS E E, LISTER C R B, SCLATER J G, 1984. Towards determining the thermal state of old ocean lithosphere: heat-flow measurements from the Blake-Bahama outer ridge, north- western Atlantic. Geophysical Journal of the Royal Astronomical Society, 78 (2): 507-545.

DAVIS E E, WANG K, KEIR B, et al., 2003. Deep-ocean temperature variations and implications for errors in seafloor heat flow determinations. Journal of Geophysical Research Atmospheres, 108 (1): 327-327.

DONG M, ZHANG J, XU X, et al., 2019. The differences between the measured heat flow and BSR heat flow in the Shenhu gas hydrate drilling area, northern South China Sea. Energy Exploration and Exploitation, 37 (2): 756-769.

ERIŞ K K, ÖN S A, çAǦATAY M N, et al., 2018. Late Pleistocene to Holocene Paleoenvironmental Evolution of Lake Hazar, Eastern Anatolia, Turkey. Quaternary International, 486: 4-16.

FAKIRIS E, ZOURA D, RAMFOS A, et al., 2018. Object-based classification of sub-bottom profiling data for benthic habitat mapping. Comparison with sidescan and RoxAnn in a Greek shallow-water habita. Estuarine, Coastal and Shelf Science, 208: 219-234.

GERARD R, LANGSETH M G, EWING M, 1962. Thermal gradient measurements in the water and bottom sediment of western Atlantic. Journal of Geophysical Research, 67: 785-803.

GOTO S, MATSUBAYASHI O, 2008. Inversion of needle-probe data for sediment thermal properties of the eastern flank of the Juan de Fuca Ridge. Journal of Geophysical Research Solid Earth, 113 (B8): 231-234.

HAMAMOTO H, YAMANO M, GOTO S, 2005. Heat flow measurement in shallow seas through long-term temperature monitoring. Geophysical Research Letters, 322 (21): 365-370.

HARRISON C H, 2004. Sub-bottom profiling using ocean ambient noise. The Journal of the Acoustical Society of America, 115 (4): 1505-1515.

HARTMANN A, VILLINGER H, 2002. Inversion of marine heat flow measurements by expansion of the temperature decay function. Geophysical Journal International, 148: 628-636.

HOLE J A, ZELT B C, 1995. Three-dimensional finite-difference reflection travel times. Geophysical Journal International, 121: 427-434.

HUTCHISON I, 1985. The effects of sedimentation and compaction on oceanic heat flow. Geophysical Journal of the Royal Astronomical Society, 82 (3): 439-459.

HYNDMAN R D, ROGERS G C, BONE M N, et al., 1978. Geophysical measurements in the region of the Explorer ridge off western Canada. Canadian Journal of Earth Sciences, 15 (9): 1508-1525.

HYNDMAN R D, DAVIS E E, WRIGHT J A, 1979. The measurement of marine geothermal heat flow by a multipenetration probe digital acoustic telemetry and in-situ thermal conductivity. Marine Geophysical Researches, 4 (2): 181-205.

JAEGER J C, 1956. Conduction of Heat in an Infinite Region Bounded Internally by a Circular Cylinder of a Perfect Conductor. Australian Journal of Physics, 9 (2): 167.

LIU L H, HAO T Y, Lv C C, et al., 2015. Crustal structure of Bohai Sea and adjacent area (North China) from two onshore-offshore wide-angle seismic survey lines. Journal of Asian Earth Sciences, 98: 457-469.

LIU S, LI P, FENG A, et al., 2016. Seismic and core investigation on the modern Yellow River Delta reveals the development of the uppermost fluvial deposits and the subsequent transgression system since the postglacial period. Journal of Asian Earth Sciences, 128: 158-180.

LISTER C R B, 1979. The pulse-probe method of conductivity measurement. Geophysical Journal of the Royal Astronomical Society, 57 (2): 451-461.

LISTER C R B, SCLATER J G, DAVIS E E, et al., 1990. Heat flow maintained in ocean basins of great age: investigations in the north-equatorial West Pacific. Geophysical Journal of the Royal Astronomical Society, 102 (3): 603-628.

NIU Y L, 2014. Geological understanding of plate tectonics: basic concepts, illustrations, examples and new persectives. Global Tectonics and Metallogeny, 10 (1): 23-46.

OSHIDA A, KUBOTAL R, NISHIYAMA E, et al., 2008. A new method for determining OBS positions for crustal structure studies, using airgun shots and precise bathymetric data. Exploration Geophysics, 39: 15-25.

PADHI T, HOLLEY T K, 1997. Wide azimuths-why not? The Leading Edge, 16 (2): 175-177.

PETTERSON H, 1949. Exploring the bed of the ocean. Nature, 164: 468-470.

PFENDER M, VILLINGER H, 2002. Miniaturized data loggers for deep sea sediment temperature gradient measurements. Marine Geology, 186 (3-4): 557-570.

POLONIA A, BONATTI E, CAMERLENGHI A, et al., 2013. Mediterranean megaturbidite triggered by the AD 365 Crete earthquake and tsunami. Scientific Reports, 3: 1285.

RAKOTONARIVO S, LEGRIS M, DESMARE R, et al., 2011. Forward modeling for marine sediment characterization using chirp sonars, 76 (4): 91-99.

RAWLINSON N, SAMBRIDGE M, 2003. Seismic traveltime tomography of the crust and lithosphere. Advances in Geophysics, 46: 81-197.

REVELLE R, MAXWELL A E, 1952. Heat flow from the floor of the eastern north Pacific ocean. Nature, 170: 199-200.

SOUNDING E, 2003. High-resolution sub-bottom profiling using parametric acoustics. International Ocean Systems, 7 (4): 6-11.

STORCHAK D A, SCHWEITZER J, BORMANN P, 2003. The IASPEI Standard Seismic Phase List, Seismological Research Letters, 74 (6): 761-772.

VIDALE J E, 1988. Finite-difference calculation of traveltimes. Geophysics, 78: 2062-2076.

VIDALE J E, 1990. Finite-difference calculation of traveltimes in three dimensions. Geophysics, 55: 521-526.

VILLINGER H, DAVIES E E, 1987. A new reduction algorithm for marine heat flow measurements. Journal of Geophysical Research, 92: 12846-12856.

VON HERZEN R V, MAXWELL A E, 1959. The measurement of thermal conductivity of deep-sea sediments by a needle-probe method. Journal of Geophysical Research, 64 (10): 1557-1563.

VON HERZEN R V, MAXWELL A E, SNODGRASS J M, 1962. Measurement of heat flow through the ocean floor//Symp. Temperature 4th. New York: Reinhold Publishing Cor-poration, 1: 769-777.

YANG T C, YOO K, FIALKOWSKI L, 2004. Subbottom profiling using a ship towed line array. The Journal of the Acoustical Society of America, 116 (4): 2557-2558.

YANG T C, YOO K, FIALKOWSKI L T, 2007. Subbottom profiling using a ship towed line array and geoacoustic inversion. The Journal of the Acoustical Society of America, 122 (6): 3338-3352.

ZELT C A, 1999. Modelling strategies and model assessment for wide-angle seismic traveltime data. Geophysical Journal International, 139: 183-204.

ZELT C A, SMITH R B, 1992. Seismic traveltime inversion for 2-D crustal velocity structure. Geophysical Journal International, 108 (1): 16-34.

ZELT C A, BARTON P J, 1998. Three-dimensional seismic refraction tomography: A comparison of two methods applied to data from the Faeroe Basin. Journal of Geophysical Research, 103: 7187-7210.

ZHAO D, 2001. New advances of seismic tomography and its applications to subduction zones and earthquake fault zone: A review. The Island Arc, 10: 68-84.

ZHAO F, MINSHULL T A, CROCKER A J, et al., 2017. Pleistocene iceberg dynamics on the west Svalbard margin: Evidence from bathymetric and sub-bottom profiler data. Quaternary Science Reviews, 161: 30-44.

ZHAO M, CANALES J P, SOHN R A, 2012. Three-dimensional seismic structure of a Mid-Atlantic Ridge segment characterized by active detachment faulting (Trans-Atlantic Geotraverse, 25° 55′ N-26° 20′ N). Geochemistry Geophysics Geosystems, 13 (1): Q0AG13.

ZHAO M, QIU X, LI J, et al., 2013. Three-dimensional seismic structure of the Dragon Flag oceanic core complex at the ultraslow spreading Southwest Indian Ridge (49°39′E). Geochemistry Geophysics Geosystems, 14 (10): 4544-4563.

附　　录

附录一　习　　题

【1】求：函数 $u=\sqrt{x^2+y^2+z^2}$ 在点（1，0，1）处沿直线 $\boldsymbol{l}=\boldsymbol{i}+2\boldsymbol{j}+2\boldsymbol{k}$ 的方向导数。

【答案】$1/\sqrt{2}$

【2】求：函数 $u=3x^2y-y^2$ 在点 $\boldsymbol{M}$（2，3）处沿曲线 $y=x^2-1$ 的方向导数。

【提示】曲线沿 x 增大方向的切向矢量为 $\boldsymbol{l}=\boldsymbol{i}+2x\boldsymbol{j}$

【答案】$60/\sqrt{17}$

【3】求：标量场 $u=xy^2+yz^3$ 在点 $\boldsymbol{M}$（2，-1，1）处的梯度及在矢量 $\boldsymbol{l}=2\boldsymbol{i}+2\boldsymbol{j}-\boldsymbol{k}$ 方向的方向导数。

【提示】l 方向的单位矢量为 $\boldsymbol{l}^0=l/|\boldsymbol{l}|=2/3\boldsymbol{i}+2/3\boldsymbol{j}-1/3\boldsymbol{k}$

【答案】$\mathrm{grad}u|_M=\boldsymbol{i}-3\boldsymbol{j}-3\boldsymbol{k}$　$(\partial u/\partial l)_M=-1/3$

【4】标量场 $u=x^2yz^3$ 在点 $\boldsymbol{M}$（2，1，-1）处，沿哪个方向的方向导数最大？最大值是多少？

【答案】最大方向为 $\mathrm{grad}u|_M=-4\boldsymbol{i}-4\boldsymbol{j}+12\boldsymbol{k}$，最大值为 $4\sqrt{11}$

【5】求：圆柱螺旋线的矢量方程 $\boldsymbol{r}(\theta)=a\cos\theta\boldsymbol{i}+a\sin\theta\boldsymbol{j}+b\theta\boldsymbol{k}$ 的导矢 $\boldsymbol{r}'(\theta)$。

【答案】$\boldsymbol{r}'(\theta)=-a\sin\theta\boldsymbol{i}+a\cos\theta\boldsymbol{j}+b\boldsymbol{k}$

【6】已知：矢性函数 $\boldsymbol{A}(t)=(1+3t^2)\boldsymbol{i}-2t^3\boldsymbol{j}+0.5\boldsymbol{k}$，求：矢性函数的定积分 $\int_0^2 A(t)\mathrm{d}t$。

【答案】$\int_0^2 \boldsymbol{A}(t)\mathrm{d}t = 10\boldsymbol{i} - 8\boldsymbol{j} + \boldsymbol{k}$

【7】求：矢量场 $\boldsymbol{A}=xz\boldsymbol{i}+yz\boldsymbol{j}-(x^2+y^2)\boldsymbol{k}$ 通过点 $\boldsymbol{M}$（2，-1，1）的矢量线方程。

【答案】$\begin{cases} y=-\dfrac{1}{2}x \\ x^2+y^2+z^2=6 \end{cases}$

【8】设地热场 $\boldsymbol{q}=x\boldsymbol{i}+y\boldsymbol{j}+z\boldsymbol{k}$。求：穿过半球面 $x^2+y^2+z^2=a^2$ 的热通量。

【答案】$\Phi=2\pi a^3$

【9】求：矢量 $\boldsymbol{A}=4x\boldsymbol{i}-2xy\boldsymbol{j}+z^2\boldsymbol{k}$ 在点（1，1，3）处的散度。

【答案】$\mathrm{div}\boldsymbol{A}=8$

【10】已知：矢量 $\boldsymbol{A}$ 的通量 $\Phi=\iint_S y(x-z)\mathrm{d}y\mathrm{d}z+x^2\mathrm{d}z\mathrm{d}x+(y^2+xz)\mathrm{d}x\mathrm{d}y$，求：其在点

$\boldsymbol{M}$（1，2，3）处的散度。

【答案】$\mathrm{div}\boldsymbol{A}=3$

【11】已知：无限长直流导线 $\boldsymbol{I}$ 产生的平面磁场 $\boldsymbol{H}=-(y\boldsymbol{i}-x\boldsymbol{j})\ I/2\pi\ (x^2+y^2)$。求：此平面矢量场在点 M（x，y，z）处的散度。

【答案】$\mathrm{div}\boldsymbol{H}=0$

【12】求：矢量场 $\boldsymbol{A}=xz^3\boldsymbol{i}-2x^2yz\boldsymbol{j}+2yz^4\boldsymbol{k}$ 沿矢量 $\boldsymbol{n}=6\boldsymbol{i}+2\boldsymbol{j}+3\boldsymbol{k}$ 方向，在点 M(1，−2，1) 处的环量面密度。

【答案】$\mu_n|_M=18/7$

【13】求：矢量场 $\boldsymbol{A}=xy^2z^2\boldsymbol{i}+z^2\sin y\boldsymbol{j}+x^2\mathrm{e}^y\boldsymbol{k}$ 的旋度。

【答案】$\mathrm{rot}\boldsymbol{A}=(x^2\mathrm{e}^y-2z\sin y)\ \boldsymbol{i}+2x\ (y^2z-\mathrm{e}^y)\ \boldsymbol{j}-2xyz^2\boldsymbol{k}$

【14】矢量场 $\boldsymbol{A}=2xyz^2\boldsymbol{i}+(x^2z^2+\cos y)\ \boldsymbol{j}+2x^2yz\boldsymbol{k}$ 是否有势场？如果是，求：势函数。

【答案】是有势场，$\mathrm{rot}\boldsymbol{A}=\boldsymbol{0}$　$u=\sin y+x^2yz^2$　$v=-u+C=-\sin y-x^2yz^2+C$

【15】已知：平面调和场的力函数 $u=y^3-3x^2y$，求：共轭调和函数势函数 v。

【答案】$v=-3xy^2+x^3+C$

【16】已知：$u=3x\sin yz$，　$\boldsymbol{r}=x\boldsymbol{i}+y\boldsymbol{j}+z\boldsymbol{k}$，求：$\nabla\cdot(u\boldsymbol{r})$。

【答案】$\nabla\cdot(u\boldsymbol{r})=12x\sin yz+6xyz\cos yz$

【17】求：$\boldsymbol{A}=xz^3\boldsymbol{i}-2x^2yz\boldsymbol{j}+2yz^4\boldsymbol{k}$ 在点 M（1，2，1）处的 $\nabla\times\boldsymbol{A}$。

【答案】$\nabla\times\boldsymbol{A}|_M=6\boldsymbol{i}+3\boldsymbol{j}-8\boldsymbol{k}$

【18】利用弹性系数关系，完成下表。

系数	水	泥浆	砂岩	石灰岩	花岗岩
$E/\times10^9$ Pa			16	54	50
$K/\times10^9$ Pa	2.1				
$\mu/\times10^9$ Pa					
$\lambda/\times10^9$ Pa					
γ	0.5	0.43	0.34	0.25	0.2
$\rho/(\mathrm{g/cm^3})$	1.0	1.5	1.9	2.5	2.7
$\alpha/(\mathrm{km/s})$	1.5	1.6			
$\beta/(\mathrm{km/s})$					

附录二　习　　题

【1】已知：矩阵 $\boldsymbol{A}=\begin{bmatrix}1 & -3 & 7\\ 2 & 4 & -3\\ -3 & 7 & 2\end{bmatrix}$

求：①$|A^*|$、$|(2A)^{-1}|$、$|(2A)^{-1}-A^*|$；②分别用逆阵定理、行初等变换求 A^{-1}？

【答案】①$|A^*|=38\,416$；$|(2A)^{-1}|=63\,776$；$|(2A)^{-1}-A^*|=-38\,123$

$$②\boldsymbol{A}^{-1}=\begin{bmatrix}\frac{29}{196} & \frac{55}{196} & \frac{-19}{196}\\ \frac{5}{196} & \frac{23}{196} & \frac{17}{196}\\ \frac{26}{196} & \frac{2}{196} & \frac{10}{196}\end{bmatrix}$$

【2】已知：矩阵 $\boldsymbol{A}=\begin{bmatrix}1 & 0 & 1 & 0 & 0\\ -1 & 1 & 0 & -1 & 0\\ 2 & 1 & -a & -1 & 0\\ 0 & a & -1 & 1 & 0\end{bmatrix}$，若 $R(\boldsymbol{A})=4$，$a=$？

【答案】$a=0$

【3】已知：矩阵 $\boldsymbol{A}=\begin{bmatrix}1 & 2 & 1\\ 2 & 3 & 2\\ 2 & 2 & 1\end{bmatrix}$　$\boldsymbol{b}=\begin{bmatrix}1 & 1\\ 2 & 0\\ 2 & 3\end{bmatrix}$，求：用初等行变换解矩阵方程 $\boldsymbol{Ax}=\boldsymbol{b}$。

【答案】$\boldsymbol{x}=\begin{bmatrix}1 & 2\\ 0 & 2\\ 0 & -5\end{bmatrix}$

【4】已知：线性方程组 $\begin{cases}(1+\lambda)\ x_1+x_2+x_3=0\\ x_1+(1+\lambda)\ x_2+x_3=3\\ x_1+x_2+(1+\lambda)\ x_3=\lambda\end{cases}$，求：$\lambda$ 取何值时，方程组有唯一解？

【答案】当 $\lambda\neq 0$ 且 $\lambda\neq -3$ 时，此时有唯一解

【5】已知：矩阵 $\boldsymbol{A}=\begin{bmatrix}3 & 4\\ 5 & 2\end{bmatrix}$。求：方阵 $\boldsymbol{A}$ 的特征值 λ 和特征向量 $\boldsymbol{\alpha}$。

【答案】$\lambda=7$ 时，$\boldsymbol{\alpha}=[1,\ 1]$；$\lambda=-2$ 时，$\boldsymbol{\alpha}=[1,\ 1.25]$